Jodi Picoult, geboren 1966 in New York, studierte in Princeton und Harvard. Sie schrieb bisher 27 Romane, die vielfach ausgezeichnet wurden. Weltweit hat sie eine riesige Fangemeinde. Sie lebt mit ihrem Mann und zahlreichen Tieren in Hanover, New Hampshire. *Umwege des Lebens* stand wochenlang an der Spitze der amerikanischen Bestsellerlisten.

Jodi Picoults *Umwege des Lebens* in der Presse:

»Großartiges Lesevergnügen, lehrreich, hervorragend recherchiert.« *Mainhattan Kurier*

»Picoults Fans werden diesen raffiniert konstruierten, vielschichtigen Roman lieben.« *Publishers Weekly*

»Das Beste an diesem Buch ist der Blick auf das komplexe Seelenleben einer Frau in mittleren Jahren. Picoult regt uns zum Nachdenken an. Sie urteilt nicht, sondern sie wirbt um Verständnis.« *Washington Post*

Außerdem bei Penguin von Jodi Pacults lieferbar:

Bis ans Ende der Geschichte
Die Spuren meiner Mutter
Kleine große Schritte
Der Funke des Lebens

JODI PICOULT

Umwege des Lebens

Roman

Aus dem Amerikanischen
von Elfriede Peschel

PENGUIN VERLAG

Die Originalausgabe erschien 2020
unter dem Titel *The Book of Two Ways*
bei Ballentine Books a division of Penguin Random House,
New York.

MIX
Papier aus verantwortungsvollen Quellen
FSC
www.fsc.org
FSC® C014496

Klimaneutral*
Druckprodukt
ClimatePartner.com/14044-1912-1001

Penguin Random House Verlagsgruppe FSC® N001967

1. Auflage 2022

Umschlag: www.buerosued.de, München
Covermotiv: www.buerosued.de
This translation is published by arrangement with Ballantine Books,
an imprint of Penguin Random House, a division of Random House LLC.
Redaktion: Gerhard Seidl
Satz: Uhl + Massopust, Aalen
Druck und Bindung: GGP Media GmbH, Pößneck
Printed in Germany
ISBN 978-3-328-10955-6

www.penguin-verlag.de

FÜR FRANKIE RAMOS

Willkommen in der Familie (und bei meinen endlosen medizinischen Recherchefragen)!

UND FÜR KYLE FERREIRA VAN LEER

Der das Zweiwegebuch als Erster erwähnt und mich auf die Idee zu diesem Buch gebracht hat.

Sterben wäre ein ungeheuer großes Abenteuer.

J. M. Barrie, *Peter Pan*

Prolog

In meinem Kalender finden sich viele Tote.

Als der Alarm meines Telefons losgeht, angle ich es aus der Tasche meiner Cargohose. Wegen der Zeitverschiebung hätte ich daran denken sollen, die Erinnerungsfunktion auszuschalten. Ich bin noch schläfrig, aber ich klicke auf das Datum und lese die Namen: *Iris Vale. Eun Ae Kim. Alan Rosenfeldt. Marlon Jensen.*

Ich schließe die Augen und mache das, was ich jeden Tag in diesem Moment tue: Ich denke an sie.

Iris, die zum Vögelchen zusammengeschrumpft war, als sie starb, hatte früher mal aus Liebe zu dem Mann, der eine Bank ausraubte, einen Fluchtwagen gefahren. Eun Ae war Ärztin in Korea gewesen, hatte ihren Beruf aber in den Vereinigten Staaten nicht ausüben können. Alan hatte mir stolz die Urne gezeigt, die er für die Asche seiner sterblichen Überreste gekauft hatte, und scherzhaft gemeint: *Getestet habe ich sie noch nicht.* Marlon hatte in seinem Haus sämtliche Toiletten erneuert, neue Böden gelegt und die Dachrinnen gesäubert, außerdem die für seine beiden Kinder gekauften Geschenke für ihre Abschlussprüfungen versteckt. War mit seiner zwölfjährigen Tochter in den Ballsaal eines Hotels gegangen und tanzte dort Walzer mit ihr, filmte alles mit seinem Mobiltelefon, sodass es am Tag ihrer Hochzeit ein Video geben würde, das sie beim Tanzen mit ihrem Vater zeigt.

Sie waren einmal meine Klienten. Jetzt bewahre ich sie als meine Geschichten auf.

In meiner Sitzreihe schlafen alle. Ich stecke das Telefon wieder ein und klettere dann vorsichtig über die Frau zu meiner Rechten, ohne sie zu stören – Passagieryoga –, um die Toilette im hinteren Teil des Flugzeugs aufzusuchen. Dort putze ich mir die Nase und schaue in den Spiegel. In meinem Alter hält dieser Blick noch Überraschungen bereit, weil ich noch immer damit rechne, eine jüngere Frau als die zu sehen, die mir zublinzelt. Wie die Knickfalten einer vertrauten Landkarte streben fächerförmige Linien weg von meinen Augenwinkeln. Würde ich den Zopf über meiner linken Schulter lösen, könnte man bei dieser schrecklichen Neonbeleuchtung die ersten grauen Strähnen in meinen Haaren entdecken. Wie jede vernünftige Frau um die vierzig, die einen Langstreckenflug vor sich hat, trage ich bequeme Cargohosen. Ich nehme mir ein paar Papiertücher und öffne die Tür in der Absicht, an meinen Platz zurückzukehren, aber im kleinen Bordküchenbereich drängeln sich die Flugbegleiter. Sie sind in einem einzigen Stirnrunzeln vereint.

Als ich auftauche, unterbrechen sie ihre Unterredung. »Würden Sie bitte zu Ihrem Platz zurückkehren, Ma'am«, werde ich aufgefordert.

Mir fällt auf, dass ihr Job sich gar nicht so sehr von meinem unterscheidet. In einem Flugzeug ist man nicht mehr an dem Ort, von dem man aufgebrochen ist, aber auch noch nicht dort, wohin die Reise geht. Man ist dazwischen gefangen. Eine Flugbegleiterin hilft dabei, diesen Übergang angenehm zu gestalten. Als Sterbebegleiterin tue ich dasselbe, nur dass die Reise vom Leben in den Tod führt und man am Ende nicht mit zweihundert anderen Reisenden aussteigt. Man geht allein.

Ich klettere wieder über die schlafende Frau auf dem Gangplatz und schnalle mich gerade an, als die grelle Deckenbeleuchtung anspringt und Leben in die Kabine kommt.

»Meine Damen und Herren«, verkündet eine Stimme, »wir sind eben vom Kapitän darüber informiert worden, dass wir eine geplante Notlandung durchführen werden. Bitte hören Sie auf die Anweisungen der Flugbegleiter und befolgen Sie diese.«

Ich erstarre. *Geplante Notlandung.* Das Oxymoron setzt sich hartnäckig fest.

Eine Schockwelle erfasst die Kabine und entlädt sich geräuschvoll, aber ohne Kreischen, ohne laute Schreie. Selbst das Baby hinter mir, das während der ersten beiden Flugstunden geschrien hatte, ist still. »Wir stürzen ab«, flüstert die Frau auf dem Gangplatz. »Oh mein Gott, wir stürzen ab.«

Sie liegt bestimmt falsch, schließlich gab es nicht mal Turbulenzen. Alles war ganz normal gewesen. Aber dann positionieren sich die Flugbegleiter in den Gängen und vollführen ein merkwürdiges Stakkato-Ballett von sicherheitsdienlichen Gesten, während über Lautsprecher die Anweisungen vorgetragen werden. *Schnallen Sie sich an. Nehmen Sie die Klemmhaltung ein, sobald Sie dazu aufgefordert werden. Wenn das Flugzeug zum Stillstand gekommen ist, hören Sie die Aufforderung*: Lösen Sie die Anschnallgurte. *Steigen Sie aus. Lassen Sie alles zurück.*

Lassen Sie alles zurück.

Für eine Frau, die sich ihren Lebensunterhalt mit dem Tod verdient, habe ich mir über meinen eigenen nicht viele Gedanken gemacht.

Ich habe gehört, dass sich im Angesicht des Todes das eigene Leben vor einem abspult.

Aber ich habe nicht Brian vor Augen, meinen Ehemann, dessen Pullover die Spuren unvermeidlichen Kreidestaubs der altmodischen Tafeln seines Physiklabors trägt. Und auch nicht Meret als kleines Mädchen, das mich bittet, unter dem Bett nachzusehen, ob sich dort Ungeheuer eingenistet haben. Meine Mutter sehe ich ebenso wenig, weder so wie am Ende noch wie früher, als Kieran und ich jung waren.

Stattdessen sehe ich *ihn*.

So deutlich, als wäre erst ein Tag vergangen, habe ich Wyatt mit weiß blitzenden Zähnen mitten in der ägyptischen Wüste vor Augen, wo ihm die Sonne auf den Hut brennt und der ständige Wind ihm den Sand als Schmutzstreifen um den Hals legt. Ein Mann, der fünfzehn Jahre lang nicht mehr Teil meines Lebens war. Ein Ort, den ich verlassen habe.

Eine nie beendete Dissertation.

Im Glauben der alten Ägypter musste man erst in der Gerichtshalle für unschuldig erklärt werden, bevor man ins Jenseits gelangte. Ihre Herzen wurden gegen die Feder der Maat aufgewogen, der Göttin der Wahrheit.

Ich bin mir nicht sicher, ob mein Herz bestehen wird.

Die Frau zu meiner Rechten betet leise auf Spanisch. Ich krame mein Telefon heraus, überlege, es einzuschalten und eine Nachricht zu schicken, obwohl ich weiß, dass es kein Signal gibt, aber es ist mir nicht möglich, den Knopf meiner Hosentasche zu öffnen. Eine Hand umfängt die meine und drückt sie.

Ich senke den Blick auf unsere Fäuste, so fest zusammengepresst, dass ihnen kein Geheimnis entweichen könnte.

Klemmhaltung, rufen die Flugbegleiter. *Klemmhaltung!*

Während wir vom Himmel fallen, frage ich mich, wer sich wohl an mich erinnern wird.

Sehr viel später sollte ich erfahren, dass die Flugbegleiter bei einem Flugzeugabsturz dem Notfallpersonal am Boden mitteilen, wie viele Seelen sich an Bord befinden. Seelen, nicht Menschen. Als wüssten sie, dass unsere Körper ohnehin nur für kurze Zeit auf der Durchreise sind.

Ich erfuhr auch, dass einer der Treibstofffilter sich während des Flugs zugesetzt hatte. Und dass den Piloten, als nach fünfundvierzig Minuten Flug die Alarmleuchte für den zugesetzten Treibstofffilter zum zweiten Mal aufleuchtete und alle ihre

Versuche, ihn freizubekommen, ergebnislos blieben, bewusst wurde, dass sie eine Evakuierung zu Land vornehmen mussten. Man sagte mir, dass das Flugzeug kurz vor dem Flughafen Raleigh-Durham auf dem Fußballfeld einer Privatschule runterkam. Dort kollidierte eine Tragfläche mit der Tribüne, das Flugzeug kippte, rollte weiter und brach auseinander.

Sehr viel später erreichte mich die Information, dass sich die Reihe hinter mir vom Boden gelöst hatte und die drei Sitze mit der Familie und dem Baby aus dem Flugzeug hinausgeschleudert worden waren, was zum sofortigen Tod führte. Man berichtete mir von den sechs anderen, die zermalmt wurden, als das Metall nachgab, und von der Flugbegleiterin, die nie aus ihrem Koma erwachte. Ich las die Namen der Passagiere in den letzten zehn Reihen, die es nicht geschafft hatten, das Flugzeug zu verlassen, bevor der geborstene Treibstofftank explodierte.

Ich erfuhr, dass ich eine von sechsunddreißig Personen war, die sich selbst von der Absturzstelle entfernen konnten.

Benommen verlasse ich den Untersuchungsraum des Krankenhauses, in das man uns gebracht hatte. Im Flur spricht eine uniformierte Frau mit einem Mann, dessen Arm bandagiert wurde. Sie gehört zum Notfallteam der Fluglinie, das sich darum zu kümmern hat, dass wir ärztlich untersucht werden, frische Kleidung und Essen bekommen, und aufgeregte Familienmitglieder für uns einfliegt.

»Ms. Edelstein?«, spricht sie mich an, und mir wird blinzelnd bewusst, dass sie mich meint.

Vor einer Ewigkeit bin ich Dawn McDowell gewesen. Unter diesem Namen hatte ich veröffentlicht. Aber in meinem Pass und meinem Führerschein steht Edelstein. Wie bei Brian.

Sie hält eine Liste der Überlebenden des Absturzes in der Hand.

Macht neben meinem Namen ein Häkchen. »Wurden Sie schon von einem Arzt untersucht?«

»Noch nicht.« Ich schiele aufs Untersuchungszimmer.

»Okay. Sie werden sicherlich einige Fragen haben …?«

Das ist eine Untertreibung.

Warum bin ich am Leben und andere sind es nicht?

Warum habe ich diesen speziellen Flug gebucht?

Was wäre, wenn ich es nicht zum Check-in geschafft und den Flug verpasst hätte?

Wenn ich Tausende andere Entscheidungen getroffen hätte, die mich von diesem Absturz ferngehalten hätten?

Dabei muss ich an Brian und seine Theorie des Multiversums denken. Irgendwo in einer parallelen Zeitachse gibt es ein anderes Ich bei meiner eigenen Beerdigung.

Gleichzeitig denke ich – wieder und immer – an Wyatt.

Ich muss hier raus.

Mir ist nicht bewusst, dass ich das laut ausgesprochen habe, bis die Angestellte der Fluglinie darauf eingeht.

»Wenn wir die Bescheinigung des Arztes haben, steht es Ihnen frei zu gehen. Kommt jemand, um Sie abzuholen, oder sollen wir für Sie einen Flug buchen?«

Uns, den Glücklichen, hat man gesagt, dass wir ein Flugticket egal wohin bekommen können – zu unserem Ziel, zurück zu unserem Abflugort oder, falls nötig, auch anderswohin. Meinen Ehemann habe ich bereits angerufen. Brian hat angeboten, mich abzuholen, aber ich habe das abgelehnt. Ohne einen Grund zu nennen.

Ich räuspere mich. »Ich muss einen Flug buchen«, sage ich.

»Aber sicher.« Die Frau nickt. »Und wohin müssen Sie?«

Boston, überlege ich. Nach Hause. Aber aufgrund ihrer speziellen Fragestellung – *müssen* anstatt *wollen* – setzt sich mir ein anderes Ziel in den Kopf.

Ich mache den Mund auf und antworte.

LAND / ÄGYPTEN

Ich habe diese Lieder der alten Gräber gehört,
In denen davon gesprochen wird, das Irdische aufzuwerten und die Nekropole herabzumindern.
Aber warum so vorgehen gegen das Land der Ewigkeit,
Einem gerechten und rechtschaffenen Ort ohne Furcht?
Chaos wird die verruchte Tat bringen!
Keiner dort fürchtet den anderen.
In diesem Land ohne jeden Gegner
Ruhen alle unsere Familien
Seit Anbeginn der Zeit.
Jene, die noch nach Millionen und Abermillionen
Jahren geboren werden,
Alle sollen dorthin gehen!

Aus dem Grab von Neferhotep
nach der Übersetzung von Colleen und John Darnell

Meine Mutter, deren Leben und Sterben von Aberglauben begleitet wurden, verlangte vor jeder Reise von uns gemeinsam aufzusagen: *Wir gehen nirgendwohin*. Damit sollte der Teufel ausgetrickst werden. Ich kann nicht behaupten, dass ich an so etwas glaube, aber dann wiederum habe ich es nicht gesagt, als ich von zu Hause aufbrach, und man sieht ja, was es mir eingebracht hat.

Kairo im August fühlt sich an, als würde ich beim Verlassen des Flughafens die Oberfläche der Sonne betreten. Auch spät in der Nacht schneidet die Hitze wie ein Messer in die Haut und brandet einem in erdrückenden Wellen entgegen. Schon spüre ich, wie mir der Schweiß über den Rücken rinnt – darauf war ich nicht eingestellt. Um mich herum passieren andere Menschen: Eine zerknautschte, benommene Touristengruppe wird in einen Minivan gescheucht; ein Teenager schleift sein mit Klebeband gesichertes Gepäck vom Rollwagen zum Bordstein; eine Frau sichert ihr im Luftzug flatterndes Kopftuch.

Plötzlich bin ich umringt von Männern. »Taxi?«, schreien sie. »Sie brauchen Taxi?«

Die Tatsache, dass ich aus dem Westen bin, lässt sich nicht verbergen, ich signalisiere es von den roten Haaren bis zur Cargohose und den Sneakers. Ich nicke und nehme zu einem von ihnen Blickkontakt auf, einem Fahrer mit kräftigem Schnauzbart im langärmeligen gestreiften Hemd. Die anderen Fahrer ziehen sich zurück wie Möwen auf der Suche nach anderen Brotkrumen.

»Haben Sie Koffer?«

Ich schüttele den Kopf. Alles, was ich bei mir habe, ist die kleine Tasche, die ich über der Schulter trage.

»Amerikanerin?«, fragt der Mann, und ich nicke. Ein breites weißes Grinsen zerteilt sein Gesicht. »Willkommen in Alaska!«

Dass auch nach fünfzehn Jahren dieser lahme Scherz für Touristen noch immer eine Bank zu sein scheint, überrascht mich. Ich nehme auf dem Rücksitz seines Wagens Platz. »Bringen Sie mich zum Ramses-Bahnhof«, sage ich. »Wie lang dauert das?«

»Fünfzehn Minuten *Inschallah*.«

»*Shukran*«, erwidere ich. *Danke*. Ich bin erstaunt, wie rasch mir Arabisch wieder über die Lippen kommt. Irgendwo im Gehirn muss es einen Ort geben, der Informationen speichert, die man nie wieder zu benötigen glaubte, wie etwa den Songtext von »MacArthur Park«, oder wie man Matrizen vervielfältigt oder – in meinem Fall – alles Ägyptologische. Als Meret klein war, prägte sie das Wort *lasterday*, was vor fünf Minuten oder auch vor fünf Jahren bedeuten konnte – und genau dort befinde ich mich jetzt. Als befände ich mich wieder in dem Moment, der zurückblieb, als ich dieses Land verließ. Als hätte er all die Jahre darauf gewartet, dass ich zurückkomme.

Bei offenem Fenster spüre ich bereits, wie sich der Staub auf mich legt. In Ägypten ist alles voller Sand – die Schuhe, die Haut, die Luft, die man atmet. Selbst im Essen nistet er sich ein. Die Zähne der Mumien sind davon abgeschliffen.

Obwohl Nacht ist, zeigt Kairo sich voller Leben mit all seinen Widersprüchen. Auf der Autobahn teilen die Autos sich den Platz mit Eselskarren.

Metzgereien, wo das Fleisch draußen hängt, schmiegen sich an Souvenirläden. Ein aufgemotztes Muscle-Car rast vorbei und lässt einen Fetzen pulsierender Rap-Musik zurück, die sich mit dem aus dem Lautsprecher hallenden *Salat Al-Isha* mischt, dem nächtlichen muslimischen Gebetsruf. Wir fahren am Nil mit seinem zugemüllten Ufer entlang. Endlich taucht der Ramses-Bahnhof auf. »Fünfzig Pfund«, verlangt der Fahrer.

In Ägypten gibt es keine festgelegten Tarife, der Fahrer sagt einem, wie viel die Fahrt seiner Meinung nach wert ist. Ich gebe ihm vierzig Pfund als Gegenangebot und steige aus dem Wagen. Auch er steigt aus und brüllt mich auf Arabisch an. »*Shukran*«, beruhige ich ihn. »*Shukran.*« Obwohl eine solche Szene ganz alltäglich ist und keinen interessiert, rast mein Puls, als ich auf den Bahnhof zugehe.

Nach Mittelägypten zu gelangen ist für jemanden aus dem Westen nicht einfach. Man geht nicht davon aus, dass Touristen den Zug nehmen, also warte ich lieber, bis der Schaffner mich entdeckt, und stelle mich dann dumm. Da der Zug sich bereits in Bewegung gesetzt hat, ist es zu spät, also zuckt er mit den Schultern und lässt mich zahlen. Stunden später, als ich an meinem Ziel in al-Minya aussteige, bin ich die einzige Weiße auf dem Bahnhof. Eigentlich bin ich fast die Einzige auf dem Bahnhof.

Ankommen sollte ich um 2.45 Uhr, aber der Zug hatte Verspätung und inzwischen ist es bereits nach vier Uhr morgens. Ich fühle mich, als wäre ich vierundzwanzig Stunden lang durchgefahren. Der einzige Taxifahrer am Bahnhof von al-Minya ist in ein Spiel auf seinem Mobiltelefon vertieft, als ich an seine Scheibe klopfe. Er mustert mich in meiner ganzen zerknautschen Schwerfälligkeit. »*Sabah el-khier*«, sage ich. Guten Morgen.

»*Sabah el-noor*«, erwidert er.

Ich nenne ihm mein Ziel, das etwa eine Fahrtstunde weit entfernt ist. Er nimmt die östliche Wüstenstraße, die aus al-Minya hinausführt. Ich blicke starr aus dem Fenster und zähle die *Gebels* und *Wadis* – Hügel und Täler – die sich am Horizont im Dunkel abzeichnen. An den Kontrollposten, bemannt von Jungs, denen noch kein Bart wächst und die alte zerschrammte Maschinengewehre aus den Sechzigern in den Händen halten, wickle ich mir meinen Schal um den Kopf und stelle mich schlafend.

Der Fahrer wirft immer wieder verstohlene Blicke in den Rückspiegel. Vermutlich wundert er sich, was eine Amerikanerin im Herzen Ägyptens, in das sich sonst keine Touristenströme verirren, in seinem Taxi zu suchen hat. Ich male mir aus, was ich ihm sagen würde, wenn ich den Mut oder die sprachlichen Möglichkeiten dazu hätte.

Eine der Fragen, die ich meinen Klienten stelle, lautet: *Was ist nicht zu Ende gebracht worden?* Gibt es noch etwas, was unerledigt geblieben ist, aber noch erledigt werden muss, bevor man aus diesem Leben scheidet? Ich habe schon alle möglichen Antworten darauf bekommen: vom Richten der klemmenden Haustür bis zum Baden im Roten Meer; von der Veröffentlichung einer Biografie bis zum Pokerspiel mit einem Freund, den man seit Jahren nicht mehr gesehen hat. Für mich ist es *das* hier. Dieser Staub, diese aufreibende Fahrt, dieser knochenbleiche Landstrich.

In einem früheren Leben hatte ich vorgehabt, Ägyptologin zu werden. Ich verliebte mich in diese Kultur, als wir in der vierten

Klasse das Alte Ägypten durchnahmen. Ich erinnere mich noch gut, wie ich ganz oben auf dem Klettergerüst im Wind stand und mir vorstellte, auf einer *Feluke* den Nil zu überqueren. Meinen Ausstellungskatalog mit dem Titel *Tut: Schätze des goldenen Pharao*, den meine Mutter in einem Antiquariat entdeckt hatte, hütete ich wie einen Schatz. Auf der Highschool belegte ich Französisch und Deutsch, weil ich wusste, dass ich diese Sprachen benötigen würde, um Forschungsarbeiten zu übersetzen. Ich bewarb mich an Colleges, die Ägyptologieprogramme anboten, und studierte als Stipendiatin an der Universität Chicago.

Was ich über das Alte Ägypten gelernt habe, lässt sich im Wesentlichen auf zwei Dinge herunterbrechen. Zum einen die Historie – Ägypten wurde von zweiunddreißig Pharaonendynastien regiert, aufgeteilt auf drei Zeitphasen: das Alte Reich, das Mittlere Reich und das Neue Reich. Die erste Dynastie begann mit König Narmer, dem Pharao, der Ober- und Unterägypten um 3100 vor unserer Zeitrechnung vereinte. Das Alte Reich ist für seine Pyramiden bekannt, die als Grabmale der König erbaut worden waren. Um 2150 vor unserer Zeit brach dann ein Bürgerkrieg aus. Es gab zweiundvierzig selbstständige Territorien – oder Gaue – jedes von einem Gaufürsten regiert. Während dieser Zeit kämpfte jeder Nomarch, wie die Gaufürsten auch genannt wurden, für seinen eigenen Gau. Es gab Allianzen, aber der Pharao im Norden regierte kein vereinigtes Ägypten, vielmehr erinnerten die Zustände an ein ägyptisches *Game of Thrones*. Das Mittlere Reich begann, als ein König namens Mentuhotep II. um 2010 vor unserer Zeit Unter- und Oberägypten wiedervereinte. Es hielt, bis die Hyksos von Norden her eindrangen und eine Periode mit Herrschern aus fremden Ländern folgte. Erst als König Ahmose die Hyksos besiegte, kam es zu einer Wiedervereinigung Ägyptens im Neuen Reich ab 1550.

Das zweite wichtige Thema ist die altägyptische Religion. Sie konzentriert sich hauptsächlich auf den Sonnengott Re – der, als die Sonne, täglich in einem langen Boot, der Sonnenbarke, über den Himmel gezogen wurde – und Osiris, den Gott des Jenseits. Da Osiris zugleich der tote Sonnengott war, sind sie zusammengenommen die beiden Seiten einer Medaille. Für die alten Ägypter war das kein logisches Problem, denn Osiris und Re waren einfach zwei Seiten derselben Entität, wie die christliche Dreifaltigkeit aus Vater, Sohn und Heiligem Geist. Nacht für Nacht besuchte Re Osiris und vereinigte sich mit dessen totem Körper, der ihm die Kraft gab, am nächsten Tag die Sonne wiederauferstehen zu lassen. Das ägyptische Modell des Jenseits imitierte diesen Zyklus: Die Seele des Verstorbenen wurde täglich wiedergeboren wie Re und vereinigte sich jede Nacht mit dem Leichnam.

Unsere Kenntnisse über das Alte Ägypten verdanken wir hauptsächlich seinen Gräbern, die uns zeigen, welch gewaltige Anstrengungen unternommen wurden, sich auf das Sterben und das, was danach kam, vorzubereiten. Selbst Menschen mit geringen ägyptologischen Kenntnissen haben vom Totenbuch gehört – oder wie es im Alten Ägypten hieß: Das Buch vom Heraustreten in das Tageslicht. Es ist eine Sammlung von Zaubersprüchen aus dem Neuen Reich, die den Verstorbenen helfen sollten, seinen oder ihren Weg ins Jenseits zu gehen – die aber aus früheren, weniger bekannten Grabtexten hervorgegangen sind. Am Anfang standen die Pyramidentexte des Alten Reichs: Zaubersprüche, um böse Kreaturen abzuwehren, Worte, die der Sohn des toten Königs bei den Bestattungsritualen sprach, und Anweisungen für den Verstorbenen, damit dieser die nächste Welt erreichte. Im Mittleren Reich wurden Grabtexte auf die Särge von Adeligen und anderen Bürgern gemalt, darunter auch Zaubersprüche zur Wiederherstellung von Familienbanden, weil der Tod uns von Menschen, die wir lieben, trennen kann; Beschwörungsformeln, die dem Verstorbenen halfen, mit Re in seiner Sonnenbarke zu reisen, um Apep – das als Schlange dargestellte Chaos – zu besiegen, der versuchte, das Wasser unter der Barke aufzusaugen; sowie Sprüche, die dem Verstorbenen halfen, jede Nacht wieder eins mit Osiris zu werden.

Zu diesen Sargtexten gehört auch das Zweiwegebuch, die erste bekannte Landkarte des Jenseits. Man fand diese nur in einigen Särgen Mittelägyptens des Mittleren Reichs, für gewöhnlich aufgemalt am Sargboden. Sie zeigt die zwei Wege, die sich durch Osiris' Totenreich schlängeln: eine Landroute in Schwarz und eine Wasserroute in Blau, getrennt von einem See des Feuers. Folgt man der Karte, ist das, als hätte man die Wahl, die Fähre zu nehmen oder außen herumzufahren – beide Wege enden am selben Ort: dem Opfergefilde, wo die Verstorbenen mit Osiris in Ewigkeit tafeln können. Doch die Sache hat einen Haken – einige der Pfade führen ins Nichts. Auf anderen gelangt man zu Dämonen oder Feuerkreisen. Eingebettet in den Text findet sich die Zauberkunst, die man braucht, um an den Torwächtern vorbeizukommen.

Der erste Abschnitt, den ich aus dem Zweiwegebuch übersetzt habe, war Zauberspruch 1130: *Was jeden betrifft, der diesen Spruch kennt, er wird sein wie Re im Osten des Himmels und wie Osiris im Innern der Unterwelt. Denn er wird zum feurigen Hofstaat hinabsteigen. Nicht werden Flammen gegen ihn sein von Ewigkeit zu Ewigkeit.*

Von Ewigkeit zu Ewigkeit. *Neheh Djet.* Für die alten Ägypter verlief die Zeit anders. Sie konnte linear oder ewig sein wie Osiris. Oder zyklisch mit täglichen Reinkarnationen wie Re. Das schloss sich nicht gegenseitig aus. Um einen guten Tod zu bekommen, war beides erforderlich. Das Grab war das verbindende Gewebe, der magische Akku, der den Saft für das ewige Leben bereitstellte. Die meisten Ägyptologen studierten Darstellungen und Hieroglyphen in einem Vakuum, aber als junge Akademikerin galt mein Augenmerk ihrer Platzierung im Sarg und dem Zweiwegebuch auf dem Boden desselben. Was wäre, wenn die Mumie darin den Zauber wie einen Schlüssel aktivieren sollte?

Die veröffentlichten Versionen des Zweiwegebuchs stammen fast ausschließlich aus den Särgen von Gaufürsten aus der Nekropole von Deir el-Bersche, einer weitläufigen Ansammlung von aus dem Felsen gehauenen Gräbern der Gaufürsten, eine Stadt der Toten. Vor fünfzehn Jahren arbeitete ich als Doktorandin in diesen Gräbern auf der Suche nach Beweisen für meine These.

Was wurde noch nicht zu Ende gebracht?

Als der Fahrer nach Süden abbiegt, um mich zurück nach Deir el-Bersche zu bringen, wage ich wieder einen Blick aus dem Fenster und werde in den Bann der Schönheit des über der Wüste gähnenden Himmels gezogen. Seine blauen, pinken und orangefarbenen Streifen sind die Vorboten des Tages. Ein Stern zwinkert mir kurz zu, bevor er von der Sonne verschluckt wird.

Sirius. Meine Ankunft in Ägypten fällt zusammen mit dem Aufgang von Sothis.

Dank der Tallage Ägyptens kann man hier wie nirgendwo anders die Sterne beobachten, und die alten Ägypter verfolgten den Aufgang von Sternenkonstellationen in ihrem Sonnenkalender. Alle zehn Tage tauchte bei Tagesanbruch im Osten eine neue Konstellation auf, nachdem sie siebzig Tage lang verschwunden gewesen war. Der wichtigste dieser Sterne war Sirius – den sie Sothis oder Sopdet nannten. Der Aufgang von Sothis stand für Wiedergeburt, weil er in der Jahreszeit am Himmel erschien, wenn der Nil über die Ufer trat und fruchtbaren Schlamm zur Düngung der Nutzpflanzen ablagerte. Um das zu feiern, reisten die alten Ägypter zu Festen und hinterließen an den Orten, die sie besuchten, oftmals Graffiti. Aber hauptsächlich betranken sie sich und hatten Sex – jedes Mal, wenn der Nil das Land überschwemmte, ging es zu wie auf dem Coachella-Festival.

Wyatt erzählte mir einmal, dass die alten Ägypter sich auf diesen Festivals mit Absicht bis zum Erbrechen betranken, um auf diese Weise die Nilflut zu imitieren. *Die Ägypter*, meinte er, *wussten zu leben.*

Ich richte den Blick wieder gen Himmel und suche Sothis. Und wie die alten Ägypter sehe ich ihn als Zeichen.

Deir el-Bersche liegt etwa in Ägyptens Mitte in Höhe der Stadt Mallawi am Ostufer des Nils. Wegen der Schäden aufgrund früherer Erdbeben und aktueller Plünderungen bekommt nur Zutritt, wer über eine Genehmigung der Regierung verfügt.

Ich mustere die Landschaft, bis ich die vertrauten aus dem Felsen gehauenen Gräber sehe. Dutzende kleiner Metalltüren sind in den gestreiften Kalkstein eingelassen, als wäre ein Hotel in die Wände des Wadis gemeißelt. Ein Hotel des Todes. Ich kann genau erkennen, wo ich die drei Grabungssaisons im Grab von Djehutihotep II., dem Gaufürsten des Hare-Gaus, verbrachte. Darunter, überdeckt von einem Gerüst, befindet sich das neueste Grab. So sehr ich mich auch anstrenge, ich kann dort keine Aktivitäten erkennen.

Das sind nicht die einzigen Neuerungen in Bersche. Moderne Friedhöfe, die es 2003 noch nicht gab, breiten sich ein wenig südlich der Nekropole aus. Neben einer Moschee steht nun eine hell gestrichene Kirche für koptische Christen. An den Nilufern bewegen sich die ägyptischen Bauern entlang schmaler Pfade zwischen ihren Feldern oder heben die platten Fächer der Dattelpalmen auf Eselskarren. Und dann stehen wir unvermittelt vor dem Grabungsgebäude. Ich bezahle den Fahrer und werde, kaum verlasse ich das Taxi, von einer Sandwolke begrüßt.

Auch das Gebäude hat sich verändert.

Erbaut hatte es der britische Architekt Gerald Hay-Smythe 1908 in Anlehnung an die mittelalterlichen koptischen Klöster aus Lehmziegeln. Noch vor meinem ersten Aufenthalt hier als Doktorandin war die Veranda zusammengebrochen, und keiner hatte es geschafft, sie zu reparieren. Aber jetzt sehe ich, dass die Veranda neu aufgebaut wurde.

Es stehen keine Fahrzeuge davor, und die über dem Gebäude

liegende Stille lässt darauf schließen, dass es leer ist. An einem Beet wilder Zwiebeln und einem rostigen Fahrrad vorbei gelange ich in den äußeren Hof. Dort hängen Laken, Hemden und Dschallabijas, die langen kaftanartigen Gewänder, wie die Einheimischen sie tragen, auf sich überkreuzenden Wäscheleinen. Schon vor fünfzehn Jahren pflegte die ägyptische Familie, die sich um das Grabungsgebäude und die dort wohnenden Ägyptologen kümmerte, unsere Wäsche so aufzuhängen. Unser gesamtes Bettzeug duftete nach Sonnenlicht.

»Hallo?«, rufe ich. Es gibt keine Tür, an der man klopfen könnte, nur einen offenen Durchgang. Zögernd gehe ich weiter und erschrecke eine Katze. Sie miaut und rettet sich mit einem Satz auf einen bröckeligen Sims, von dem aus sie schmaläugig ihr Urteil über mich fällt, bevor sie im offenen Fenster verschwindet.

Ich durchmesse den langen Korridor, der die Unterkünfte der einheimischen Hausleute von denen des Archäologenteams trennt. Eine feine Sandschicht bedeckt den Boden, die Wände – einfach alles. »Ist jemand zu Hause?«, rufe ich, aber ich höre nur knisternde Swingmusik aus einem Lautsprecher im Inneren des Gebäudes. Ich blicke in ein Zimmer ohne Tür und sehe einen Stapel alter Doppelmatratzen mit den an Disney orientierten Gesichtern von Aschenputtel, Schneewittchen und Dornröschen. Ein Stück weiter befindet sich der Eingang zum Magazin – der Lagerraum, in den wir alle unsere Funde zur späteren Begutachtung bringen. Ich fühle mich magisch angezogen und betrachte dann im trüben Licht die ordentlich etikettierten Pappschachteln, die sich in den Regalen stapeln. Weil ich mir sicher bin, beobachtet zu werden, wirbele ich herum. Auf dem Klapptisch liegt eine Mumie, die sich bereits lange vor meiner Zeit in diesem Raum befand und hier wohl auch noch liegen wird, wenn ich schon längst wieder weg bin. »George«, murmele ich, wie wir ihn vor fünfzehn Jahren alle angesprochen haben. »Schön, dich wiederzusehen.«

Ein Stück weiter den Flur entlang liegt das Badezimmer mit Dusche und Toilette. Ich benutze es und streiche über das zerfaserte Schild, das noch immer auf der Rückseite der Toilettentür klebt: WAS NICHT HINUNTERGESPÜLT WERDEN DARF: ALLES, WAS GELB IST, TOILETTENPAPIER, DEINE HOFFNUNGEN UND TRÄUME.

»*Min hunak*«, höre ich eine Stimme. *Wer ist da?*

Man hat mich tatsächlich mit heruntergelassener Hose erwischt. Ich springe auf, wasche mir die Hände und verlasse schnell das Badezimmer, um die Situation zu erklären, werde stattdessen aber mit einer Erinnerung konfrontiert.

Als wäre es gestern gewesen, sehe ich diesen Mann mit seiner wettergegerbten braunen Haut, wie er mir mit sanften Händen einen Teller mit frischem Salat vorsetzt. Er ist alterslos, erstarrt in der Zeit, derselbe Hausmeister, der sich um dieses Gebäude gekümmert hat, als ich noch Doktorandin war. »Hasib?«, frage ich.

Er reißt die Augen auf und wechselt ins Englische, als er meinen Akzent hört. »Hasib war mein Vater.«

Ich blinzele. »Dann sind Sie … *Harbi*?«

Harbi war damals ein Junge gewesen, wenngleich einer unserer besten Arbeiter. Nichts war ihm zu viel, worum Professor Dumphries ihn bat – vom Aufstellen von Gerüsten, damit wir die Hieroglyphen ganz oben an einer Kammerwand studieren konnten, bis zu stundenlangem Verharren in der sengenden Sonne mit einem schräg gehaltenen Spiegel, um das Licht einzufangen, damit wir die Felsbildkunst genau kopieren konnten.

Er betrachtet mich aus schmalen Augen. »Dawn?«

»Sie erinnern sich an mich?« Wenn Harbi das tut, wird er hier nicht der Einzige sein.

»Natürlich. Sie haben mir Superman mitgebracht.«

Jedes Mal, wenn ich über Heathrow flog, habe ich für Harbi ein Buch und einen Cadbury-Riegel für Hasib mitgenommen.

»Diesmal komme ich mit leeren Händen«, gestehe ich. »Ist Ihr Vater noch immer hier?«

Er schüttelt den Kopf. »Er ist gestorben.«

Meine muslimischen Klienten konnten mit der Sprache des Todes immer besser umgehen als meine christlichen, für die der Übergang eher mit Angst behaftet ist. »Das tut mir sehr leid«, sage ich zu ihm. »Ich habe viele sehr gute Erinnerungen an ihn.«

Harbi lächelt. »Genauso wie ich«, sagt er. »Nun kümmern mein Sohn und ich uns um das Grabungsgebäude.« Er runzelt die Stirn. »*Mudir* hat mir nicht gesagt, dass Sie kommen.«

Als ich ihn *Mudir*, die Bezeichnung für den Leiter der Grabung, sagen höre, denke ich sofort an Dumphries, der als Vorsitzender des Ägyptologieprogramms von Yale diesen Titel trug. Aber natürlich gibt es jetzt einen neuen Direktor. Wyatt.

»Ich habe mich erst ganz kurzfristig dazu entschlossen«, weiche ich aus. »Wo sind denn alle?«

»Es ist Freitag«, erwidert Harbi achselzuckend. Der Freitag war immer unser freier Tag gewesen, an dem wir Ausflüge zu anderen Grabungsstellen machten. »Sie sind in Sohag und haben dort übernachtet.«

Sohag ist eine weitere von Yale geleitete archäologische Mission und liegt dreieinhalb Stunden weiter südlich. »Wann werden sie zurück sein?«

»Gegen Mittag, *Inschallah.*«

»Wäre es in Ordnung, wenn ich warte?«, frage ich.

»Aber ja doch«, sagt Harbi. »Aber Sie sind bestimmt hungrig, *Doctora.*«

Ich spüre, wie ich rot werde. »Oh«, korrigiere ich ihn, »ich bin keine *Doctora.*« Es ist nur natürlich, dass Harbi davon ausgeht, ein Besucher müsse genauso wie alle anderen aus Yale promoviert sein, und dass das Mädchen, das hier drei Grabungssaisons als Doktorandin gearbeitet hat, inzwischen seine Dissertation abgeschlossen haben würde.

Harbis Blick ruht erwartungsvoll auf mir. Als nichts mehr von mir kommt, geht er weiter. »Aber hungrig werden Sie dennoch sein«, befindet er.

Mir fällt auf, dass er hinkt, und ich frage mich, was passiert sein mag: ob er am Grabungsort gestürzt ist, ob seine Verletzung ihm Schmerzen bereitet. Aber persönliche Fragen kann ich nicht stellen, nicht, wenn ich selbst nicht bereit für sie bin.

»Großen Hunger habe ich keinen«, sage ich. »Machen Sie sich keine Mühe …«

Harbi ignoriert mich und führt mich in den größten Raum des Grabungshauses, der gleichermaßen Arbeitsplatz und Speisesaal ist. »Fühlen Sie sich bitte wie zu Hause.« Er lässt mich allein und schlurft mit seinen Gummisandalen, die über den Fliesenboden schrammen, in die winzige Küche. Unter der Kuppel aus Lehmziegeln steht noch immer derselbe zerkratzte, fleckige Tisch, an dem wir alle unsere Mahlzeiten eingenommen haben. Was mir aber den Atem raubt, ist das, was anders ist. Verschwunden sind die gerollten Mylarfolien und wackeligen Stapel von Aktenmappen und Papieren. Stattdessen stehen Computer auf den wie Puzzleteile auf der anderen Seite des Raums verteilten Schreibtischen – Kabel schlängeln und umwinden sich wie Meeresungeheuer und streben abenteuerlich verdrahtet mit Überspannungsschutz einer Wandsteckdose zu. Es gibt Tablets, die gerade aufgeladen werden, und zwei beeindruckende Digitalkameras. An der hinteren Wand hängt als riesiger Ausdruck die komplette Inschrift der Szene mit dem Transport des Kolosses im Grab von Djehutihotep – genau die, an der ich während meiner gesamten letzten Saison mit Wyatt gearbeitet habe. Ich sehe die sorgfältigen Zeichnungen, die ich eigenhändig auf Mylar gemacht habe, nun in Tinte reproduziert und mit Wyatts Übersetzung am Rand versehen. Wenn es eines Beweises bedurfte, dass ich einmal hier gewesen war und etwas Wertvolles geleistet habe – dann hatte ich ihn hier vor Augen.

Als ich gerade durch die Terrassentüren nach draußen in den Innenhof gehen will, kommt Harbi, einen Stapel Teller balancierend, wieder zurück. »Setzen Sie sich doch«, bedrängt er mich, und ich nehme meinen alten Platz am Tisch ein.

Er hat eine Schüssel Salat für mich hergerichtet – gehackte Tomaten, Koriander und Gurken – Weichkäse und *Aish Shamsi*, Brot, dessen Teig vor dem Backen in der Sonne gegangen ist. Erst als ich zu essen anfange und nicht mehr aufhöre, wird mir bewusst, wie ausgehungert ich bin. Harbi beobachtet mich lächelnd. »Nicht hungrig«, sagt er.

»Doch ein wenig«, gebe ich zu und ergänze dann grinsend: »Sehr.«

Zum Nachtisch serviert er *Basbousa* – eine Mischung aus Kokosnuss und Honig und grob vermahlenem Gries. Danach sinke ich in meinen Stuhl zurück. »Ich glaube, die nächsten drei Tage werde ich keinen Bissen runterbringen.«

»Dann bleiben Sie also«, meint Harbi darauf.

Das geht nicht. Ich habe schließlich ein Leben auf einem anderen Kontinent, eine Familie, die sich Sorgen um mich macht. Aber wieder hier zu sein, als wäre es mir gelungen, einfach die Uhr zurückzudrehen, hat etwas derart Irreales, dass ich das Gefühl habe, mir alles einfach nur einzubilden. Wie in einem wunderschönen Traum, in dem man weiß, dass man träumt, aus dem man aber nicht aufwachen möchte.

Erst nachdem Harbi wieder in die Küche zurückkehrt, wird mir klar, dass er keine Frage gestellt, sondern eine Vermutung ausgesprochen hat. Dass er mir diese Entscheidung bereits abgenommen hat.

Und ich ihm nicht widersprochen habe.

Meine Mutter pflegte zu sagen, dass blaue Augen Unglück bringen, weil sie erlaubten, alles zu sehen, was eine blauäugige Person dachte, aber als ich Wyatt Armstrong kennenlernte, beherzigte ich diese Warnung nicht. 2001 war ich neu auf die Yale gekommen, eine Studentin im Aufbaustudium mit fünfzig Dollar auf dem Sparkonto und einem möblierten Zimmer. Ich war seit drei Tagen in der Stadt, und soweit ich das beurteilen konnte, gab es in New Haven nur ein Wetter: kalten, peitschenden Regen. Es war der Abend vor Semesterbeginn und ich auf dem Heimweg von der Sterling-Bibliothek, als es zu schütten anfing. In meiner Verzweiflung, die mitgeschleppten Bücher zu schützen – darunter mehrere wuchtige Folianten von Adriaan de Bucks Transkriptionen der Sargtexte –, ging ich durch die erste offene Tür, die ich entdeckte.

Toad's Place brummte und das sogar an einem Mittwochabend. Das Publikum war eine Mischung aus Yale-Studenten und Studentinnen der Quinnipiac University, die mit dem Bus herkamen und die York Street in High Heels auf und ab staksten und Miniröcke trugen, die kaum den Hintern bedeckten. Die Plätze am Tresen hatten sich Studenten unterer Semester mit gefälschten Personalausweisen gesichert, die sie wie FBI-Dienstmarken zückten. Irgendwo im Hintergrund malträtierte eine Metal-Band ihre Instrumente und übertönte die hitzigen Rufe der Mädchen, die zwei Jungs bei ihrem Saufwettkampf anfeuerten.

Der Boden unter meinen Sneakers war klebrig, und der ganze Raum roch nach Budweiser und Gras. Ich schielte auf den Regenvorhang hinter mir und setzte nach einiger Überlegung, welches der beiden Übel das Schlimmere war, meinen Weg in den hinteren Teil der Kneipe fort. Ich kletterte auf einen Hocker, legte meinen Bücherstapel auf den Tresen und bemühte mich, unsichtbar zu bleiben.

Natürlich fiel er mir auf. Die Ärmel seines Hemds waren bis zu den Ellbogen hochgekrempelt, und das goldblonde Haar fiel ihm in die Augen, als er nach dem Schnapsglas griff, den Inhalt hinunterkippte und das leere Glas dann kopfüber auf den ramponierten Tresen knallte. Seine Entourage brach in Jubelschreie aus: *Mark! Mark! Mark!* Aber er lächelte nicht, hob die Arme nicht zur Siegespose, tröstete aber auch nicht den Verlierer. Achselzuckend akzeptierte er das Ergebnis als vorhersehbar und selbstverständlich.

Arschloch.

Auch an der University of Chicago gab es Studenten, die ihren Studienplatz dort ihrer privilegierten Herkunft verdankten, aber in Yale schienen sie die Norm und nicht die Ausnahme zu sein. Ich war zwar noch nicht lange hier, aber die wenigen Studenten, die ich bisher kennengelernt hatte, schienen direkt den Seiten des Lifestyle-Magazins *Town & Country* entstiegen zu sein. Meine Mitbewohnerin, zu der mich ein Zettel auf dem Schwarzen Brett geführt hatte, kam aus dem Hudson Valley und war begeisterte Dressurreiterin.

Plötzlich blickte der Typ auf und fixierte mich mit seinen blauen Augen. Ich musste an das Innerste eines Gletschers denken und auch an trockenes Eis, das sich nicht mehr von nackter Haut lösen lässt, wenn man es berührt.

Er öffnete den Mund stieß einen langen, tiefen Rülpser aus.

Angewidert wandte ich mich ab, als die Kellnerin eine Serviette vor mir platzierte. »Was kann ich dir bringen?«, fragte sie.

Was Alkoholisches erlaubte mein Budget nicht, aber ich konnte auch nicht den Regen abwarten, ohne etwas zu bestellen. »Mineralwasser?«

»Sie bekommt einen Hendrick's ohne Eis. Mit einem Zitronentwist.« Der Typ hatte sich stillschweigend, ohne dass ich es mitbekommen hatte, neben mich gesetzt.

Als Erstes überraschte mich sein Akzent – britisch. Als Zweites seine unglaubliche Arroganz. »Nein danke.«

»Der geht auf mich«, sagte er. »Und ich bin normalerweise ziemlich gut darin, zu erraten, welches Getränk typisch für jemanden ist.« Dabei nickte er in Richtung eines allein tanzenden

Mädchens im paillettenbestickten Bustier. »Alkoholfreie Margarita oder, Gott bewahre, ein gespritzter Rosé.« Dann deutete er auf zwei Männer in abgestimmter Motorradfahrerkluft. »Fireball Whisky.« Dann zeigte er auf mich. »Martini. Oder liege ich falsch?«

Tatsächlich bevorzugte ich Gin, aber lieber wäre ich gestorben, als ihm gegenüber zuzugeben, dass er das Richtige bestellt hatte.

»Mein Fehler: Mach ihr einen mit drei Blauschimmeloliven!«, rief er der Kellnerin zu und wandte sich dann wieder an mich. »Du magst es schmackhaft, nicht wahr.« Ein Grinsen umspielte seine Lippen. »Vielleicht bist du aber auch *geschmacklos*.«

Jetzt reichte es mir. Selbst wenn Regen und Wind sich inzwischen zum Hurrikan gesteigert haben sollten, wäre mir das immer noch willkommener, als hier neben diesem selbstgefälligen Idioten zu sitzen. Ich wollte schon nach meinem Bücherstapel greifen, aber da zog er den obersten Folianten herunter, schlug ihn auf und überflog die Hieroglyphen.

»Ägyptologie. Das habe ich nicht kommen sehen.« Er gab mir das Buch zurück. »Bist du ein antikes Artefakt von kultureller Bedeutung?«, murmelte er und rückte dabei noch ein wenig näher. »Ich grab dich nämlich an.«

Ich sah ihn perplex an. »Hat dieser Satz schon *jemals* funktioniert?«

»Mal ja, mal nein«, entgegnete er. »Ich hab aber noch einen in petto. Stell dir vor, ich bin ein Verfechter des Kulturrelativismus und du nimmst die Missionarsstellung ein, was sagst du dazu?«

»Ich bin froh, dass du's mit Geschichte hast, denn du bist so was von gestern.« Ich nahm einen großen Schluck vom Martini und sprang vom Barhocker. »Danke für den Drink.«

»Warte.« Er berührte mich am Arm. »Lass mich ganz neu anfangen, ernsthaft. Ich bin Wyatt.«

»Lügner.«

»Wie bitte?«

»Deine Freunde nennen dich Mark.«

»Ach, das ist ein Spitzname, eine Abkürzung für Marquess of Atherton.«

»Du bist ein Marquess?«

»Nein, bin ich nicht.« Er zögerte. »Mein Vater ist der Marquess. Ich bin bloß ein Earl.« Er hob sein Glas an meins und stieß gegen den Rand. »Durch und durch englisch in einer Linie bis zu William dem Eroberer, in ständiger Inzucht, wie ich befürchte.« Dabei lächelte er mich an, ein echtes Lächeln, als wollte er mich in einen Scherz miteinbeziehen. Plötzlich begriff ich, wie er zu einem derart überheblichen Arschloch hatte werden können. Es hatte nichts mit seinem Earl-Sein zu tun. Es war sein Lächeln – breit und fast entschuldigend –, das offenbar jeden auf Anhieb für ihn einnahm.

»Also«, begann er. »Du bist…?«

Ich stellte mein Glas auf den Tresen. »Schon weg«, antwortete ich.

Am nächsten Morgen war ich die Erste in dem kleinen Seminarraum, in den Ian Dumphries, der Leiter des ägyptologischen Instituts in Yale, alle Doktoranden dieses Jahrgangs für den Start ins akademische Jahr eingeladen hatte. Kennengelernt hatte ich ihn bereits bei meinem Bewerbungsgespräch für das Doktorandenprogramm. Anders als viele andere Ägyptologen konzentrierte er sich nicht nur auf Einzelaspekte des Studienfachs wie etwa Lehmziegelarchitektur oder die Schlacht von Kadesch oder ägyptische Grammatik. Die Themen, zu denen er veröffentlichte, waren breit gefächert: das Zweiwegebuch, Archäologe des Mittleren Reichs, Geschichte der ägyptischen Religion und gelegentlich widmete er sich auch einem demotischen Ostrakon, wie man die in verkürzter Kursivschrift beschrifteten Tonscherben nennt. Für die Thematik, die ich in meiner Dissertation behandeln wollte, wünschte ich mir einen aufgeschlossenen

Mentor. Dumphries war ein brillanter Kopf, den ich jedoch als einschüchternd empfunden hatte, deshalb überraschte es mich, von ihm namentlich begrüßt zu werden. »McDowell«, sagte er. »Willkommen in Yale.«

Allerdings war der Hauptgrund, weshalb ich an diese Universität gekommen war, die Aussicht, in Deir el-Bersche arbeiten zu können. In den 1890er-Jahren war diese Nekropole die Domäne eines britischen Ägyptologen gewesen, Percy E. Newberry, der gemeinsam mit Howard Carter arbeitete (der später dank Tutanchamun Berühmtheit erlangte.) Die Aufsicht darüber hatte vor 1998, als Yale unter Professor Dumphries die Konzession bekam, häufig gewechselt.

Fünf weitere Doktoranden traten ein, die sich als ganze Gruppe angeregt unterhielten. Es gab im gesamten Institut von Yale nur sieben von uns, was ein weiteres überzeugendes Argument für meine Wahl war. Sie nahmen am Seminartisch Platz und setzten ihr vertrautes Geplauder fort. Ich war die einzige neue Doktorandin in diesem Jahr.

»Schön zu sehen, dass Sie alle den Sommer gut überstanden haben«, sagte Dumphries. »Ich würde Sie gern mit unserem neuesten Opfer bekannt machen, Dawn McDowell. Wir haben sie von Chicago abgeworben. Ich schlage vor, Sie stellen sich ihr alle kurz vor und erzählen ihr, was Sie hierhergeführt hat.«

Neugierig sog ich auf, an welchen Universitäten sie studiert und welche Themen sie für ihre Dissertationen gewählt hatten. Als der letzte Student gerade zum Ende kam, wurde die Tür aufgerissen. Wyatt Armstrong trat ein, in einer Hand eine Schachtel Dunkin'-Donuts-Kaffee und in der anderen Munchkins balancierend. »Entschuldigung für die Verspätung. Es ist eine lange, schmutzige Geschichte mit einem Betonmischer, einem kreischenden Kind und einem Komodowaran, aber anstatt euch alle damit zu langweilen, habe ich Versöhnungsgebäck und mittelprächtigen Kaffee mitgebracht.«

Mein Herzschlag beschleunigte sich, als ich ihn, die Chancen abwägend, fassungslos anstarrte. Wie war es möglich, dass ich mir an einer Universität mit siebeneinhalbtausend Doktoranden ausgerechnet das winzige Institut ausgesucht hatte, wo ich auf die eine Person treffen würde, der ich nie wieder begegnen wollte?

Ich fragte mich, wie Dumphries, zugeknöpft und steif, wie er war, reagieren würde, aber er schüttelte nur den Kopf und verzog den Mund zu einem kleinen Lächeln. »Setzen Sie sich, Wyatt«, sagte er in dem Tonfall, den entnervte Eltern einem Kind gegenüber anschlagen, das sie zwar in den Wahnsinn treibt, dem aber insgeheim doch ihre Liebe gehört. »Sie kommen gerade rechtzeitig, um Ms. McDowell zu sagen, wer Sie sind und warum ich Sie hier dulde.«

Wyatt nahm auf dem freien Stuhl neben meinem Platz. Sollte er überrascht sein, mich hier anzutreffen, zeigte er es nicht. »Tja, hallo Olive«, sagte er gedehnt.

»Ich heiße Dawn.«

Er zog eine Braue hoch. »Tatsächlich«, murmelte er. »Ich habe Ägyptologie in Cambridge studiert und bin vor drei Jahren hergekommen. Als erklärter Linguistik-Freak habe ich sämtliche Grundkurse betreut, in denen es um Hieroglyphen, Hieratik und Demotike geht. Der Titel meiner Doktorarbeit lautet ›Rituelle Sprache und eingestreute Sprachmuster in Sargtexten‹. Ich habe sechs Monate gebraucht, um diesen geilen Titel zu finden, also bitte nicht klauen.«

»Die Sargtexte?«, wiederholte ich.

»Dawn hat vor, das Zweiwegebuch zu studieren«, warf Dumphries ein.

Wyatt warf mir einen bohrenden Blick zu. »Dann werden wir zwei ja viele Berührungspunkte haben.«

»Ich bin keine Philologin«, stellte ich klar. »Ich versuche nur, eine Lücke in der Forschung zu füllen.« Zur Erklärung wandte ich mich an die anderen Doktoranden. »Pierre Lacau hat den Text aus dem Zweiwegebuch in Kairo zwischen 1904 und 1906 veröffentlicht, aber man hat die wenigsten Sargtexte tatsächlich Särgen zugeordnet.« Die Worte kamen mir jetzt, da ich mich für mein Lieblingsthema warmlief, schneller über die Lippen. »Mir geht es um die Ikonografie. Man kann sich nicht einfach nur die Karte des Zweiwegebuchs ansehen, ohne an den Sarg als einen Mikrokosmos des Universums zu denken. Stellt euch die Vorderseite des Sargs als den östlichen Horizont vor. Die Rückseite ist der westliche Horizont. Der Boden ist die Unterwelt mit ihrer Karte. Der Deckel ist Nut, die Himmelsgöttin. Wird man also in den Sarg gelegt, ist dies, als würde man in ihren Leib zurückkehren – wiedergeboren werden aus dem Sarg ins Jenseitige. Die Mumie füllt den Raum zwischen Himmel und Erde.«

Dumphries nickte. »Also wird es in Wyatts Doktorarbeit um eine Neuübersetzung des Zweiwegebuchs gehen. Und Dawns Doktorarbeit wird zum ersten Mal all die illustrierten Darstellungen des Zweiwegebuchs zusammenführen.«

Einer der anderen Studenten meinte grinsend: »Ihr solltet es als Set publizieren.«

»Schön, dass Sie das ansprechen«, sagte Dumphries. »Dawn ist zu bescheiden, selbst darüber zu sprechen, aber sie hat bereits ein Kapitel ihrer Dissertation im *Journal of the American Research Center in Egypt* veröffentlicht.«

Ich errötete. Es kam so gut wie nie vor, dass eine studentische Arbeit von einer Fachzeitschrift für Ägyptologie veröffentlicht wurde, und mir war klar, dass dies mit ein Grund dafür war, warum Yale mich haben wollte. Und ich war sehr stolz darauf. »Der Titel lautete ›Erst der Leichnam vervollständigt den Sarg‹«, ergänzte ich.

Als ich die Hitze von Wyatts Blick spürte, drehte ich mich um. »Der Aufsatz war von *dir*?«, staunte er.

»Du hast ihn *gelesen*?«

Er bewegte ruckartig den Kopf, ein angespanntes Nicken. Er schielte auf Dumphries – der so voll des Lobes für mich war – und sah seine Stellung als Lieblingsschüler plötzlich weniger gesichert. In diesem Moment verschloss sich etwas in Wyatt Armstrong, er zog sich hinter einen Panzer zurück.

Während des folgenden Monats gelang es Wyatt und mir ganz hervorragend, einander aus dem Weg zu gehen, es sei denn, wir waren zum Miteinander gezwungen, wie das jeweils am Montag und am Mittwoch um 9.15 Uhr der Fall war, wenn wir beide sechzehn Studenten in Dumphries' Kurs »Götter des Alten Ägypten« betreuten. Aber selbst dann saßen wir auf entgegengesetzten Seiten des Seminartisches. Im Oktober wurde uns dann mitgeteilt, dass wir Dumphries und den Kurs zu einer Exkursion ins Boston Museum of Fine Arts begleiten würden, wo es eine neue Ausstellung zum Zweiwegebuch gab.

Bisher kannte ich die Karte vom Jenseits nur aus Büchern. Und deshalb würde auch nichts meine Begeisterung, einer tatsächlichen Darstellung des Zweiwegebuchs so nahe zu kommen, trüben. Nicht mal Wyatt.

Am Tag der Exkursion stand Dumphries vor einem Kursraum im Museum und klickte durch eine Reihe von Aufnahmen der Ausgrabungsstätte Deir el-Bersche. »Stellen Sie sich vor, es ist 1915«, begann er, »und Sie sind ein Ägyptologe, der in einer Nekropole des Mittleren Reichs einen zehn Meter tiefen Schacht unter einem Haufen Gestein entdeckt. Sie haben das Geröll beseitigt und sind eben zum ersten Mal in die Grabkammer 10 A gekrochen. Sie warten, bis Ihre Augen sich an die Dunkelheit gewöhnt haben, und was sehen Sie? Einen Sarg, auf dem eine geköpfte Mumie sitzt.«

Ein Student vor mir schüttelte den Kopf. »Dieser verdammte Indiana-Jones-Scheiß.«

Wyatt, der neben mir stand, prustete los.

»Grabkammer 10 A gehörte einem Gaufürsten namens Djehutinacht und seiner Ehefrau, ebenfalls Djehutinacht genannt.«

Wyatt beugte sich mir zu. »Muss ein ziemliches Chaos beim Sortieren der Post gegeben haben«, murmelte er.

»Sie lebten etwa zweitausend Jahre vor unserer Zeit im Mittleren Reich und regierten eine der Provinzen von Oberägypten. Irgendwann in den viertausend Jahren zwischen ihrem Tod und dem frühen zwanzigsten Jahrhundert brachen Grabräuber in die Grabkammer ein, stahlen das Gold und das Geschmeide und alles, was sonst von Wert war, und warfen die kopflose Mumie in die Ecke. Dann entfachten sie ein Feuer in der Grabkammer, um keine Spuren zu hinterlassen. Aber ein Teil des Materials überstand das Feuer und wurde von Ägyptologen Harvards 1921 hierher ins Museum von Boston gebracht. Jetzt wird es zum ersten Mal ausgestellt.«

Ich starrte auf das Dia auf der Leinwand: der in zerfranstes Leinen gewickelte Kopf der Mumie, braun von altem Harz. Die Augenbrauen über den leicht gewölbten Augenhöhlen waren mit der Hand aufgemalt. Die Mundwinkel zeigten nach unten, als wäre die Mumie ein wenig enttäuscht.

Ein Student meldete sich. »Wo ist der Rest von ihm?«

»In Ägypten«, erwiderte Dumphries. »Aber ist es denn der Rest von *ihm*? Oder von *ihr?* Ist es nicht erstaunlich, dass wir viertausend Jahre Zeit hatten, das herauszufinden, aber noch immer nicht alle Antworten kennen?« Er wechselte zum nächsten Dia. »Bei der Entwicklung der Sargtexte und des Zweiwegebuchs ging es um mehr als Geschmacksveränderungen hinsichtlich des Grabschmucks, denn immer mehr Menschen hatten nun Zugang zu einem seligen Nachleben. Da sich Särge im Mittleren Reich verbreiteten, konnten die Zaubersprüche, die man früher auf kostbaren Papyrus schrieb, nun auf das Holz des Sargs gemalt werden.«

Er klickte weiter, und man sah das vertraute Bild des Zweiwegebuchs mit seinen sich schlängelnden blauen und schwarzen Linien und dem roten See des Feuers, der sie daran hinderte, sich zu überschneiden.

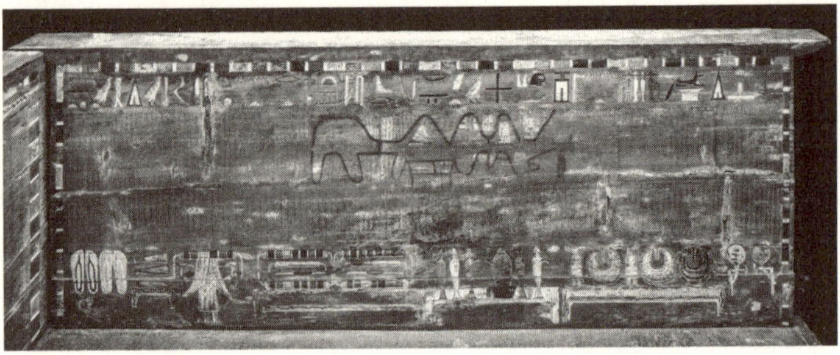

Foto © 2020, Museum of Fine Arts, Boston

»Das Zweiwegebuch ist eine weitere Bestätigung für die Einheit von Re und Osiris«, erläuterte Dumphries. »Hauptzweck von Res Reise durch die Unterwelt ist die Vereinigung mit dem Leichnam des Osiris. Re muss auf den Wegen durch die Unterwelt reisen, um zu Osiris zu gelangen. Um das ewige Leben zu erhalten, muss der Dahingeschiedene sowohl Re als auch Osiris werden.«

Er zog mit dem Finger die welligen Linien des projizierten Bildes nach. »Bedenken Sie, dass im Zweiwegebuch nicht wirklich *zwei* Wege erwähnt werden. Nur … *Wege.* Die schwarze und die blaue Straße sind nicht wirklich benannt, aber wir können uns darunter eine Land- und eine Wasserroute in das Jenseits vorstellen, die beide zum selben Ergebnis führen.«

Dumphries blickte sich um und mir wurde klar, dass ich gemeint war. »McDowell«, sagte er. »Erzählen Sie uns, was gemäß dem Zweiwegebuch der Schlüssel zur Wiederauferstehung war.«

»Wissen«, sagte ich und richtete mich auf. »Das ist auch der Grund, warum die Texte ihren Platz *im* Sarg hatten. Es sind Zaubersprüche für den Hingeschiedenen, die er braucht, um sämtliche Hindernisse auf seinem Weg zum Schrein des Osiris zu überwinden.«

»Genau. Und offen gestanden, wer kann schon auf Wissen *verzichten*, um die Herausforderungen dieser Welt ... oder der nächsten zu überleben?« An die Studenten gewandt sagte er: »Noch Fragen?«

Ein Student meldete sich. »Ist das wichtig für die Zwischenprüfung?«

Dumphries überging ihn mit einem verächtlichen Blick. »Der Nächste?«

»Musste man sehr reich sein, um sich das Zweiwegebuch in den Sarg malen zu lassen?«, wollte ein anderer Student wissen.

»Alles, was wir in Bersche gefunden haben, stammte von Adeligen aus dem Hare-Gau, aber ein guter Tod hing nicht vom wirtschaftlichen Status ab. Jeder Ägypter konnte zu einem *Ach* werden – einer verwandelten Seele.«

Eine Studentin fragte: »Wie steht es mit den Geschlechtern? Bekamen auch Frauen die Karte?«

»Ja«, sagte Dumphries, »man hat sie auch in den Gräbern von adeligen Frauen gefunden.«

Wyatt verschränkte die Arme. »Es gibt Ägyptologen, die behaupten, dass Frauen männliche Charakteristika annehmen mussten, um zu Osiris werden zu können, vergleichbar einer Pharaonin, die den rituellen falschen Bart des Königs trägt.«

»Das bezweifele ich«, wandte ich ein. »Das Wort Leiche ist im Altägyptischen bereits feminin. Und es gibt den Sarg einer Frau aus dem Mittleren Reich, in dem alle Pronomen der Zaubersprüche für die Verstorbene von männlich nach weiblich abgeändert wurden.«

Wyatt und ich starrten einander kämpferisch an, während Dumphries den Projektor ausschaltete. »Wenn Mami und Papi ihren Streit beendet haben«, warf er trocken ein, »werden wir euch im Museum von der Leine lassen. Armstrong, McDowell, ich übergebe euch den Stab.«

Während Dumphries mit dem Kurator des Museums aufbrach, um sich die Objekte aus Bersche anzusehen, die nicht ausgestellt waren, scheuchten Wyatt und ich die Studenten durch das Museum. Er hatte die Leitung inne, außerdem war er versierter als ich darin, über Hieroglyphen zu dozieren. Und ich musste zugeben, dass er das sehr gut machte.

Wyatt scharte die Studenten in einem Halbkreis um den Eingang zur neuen Ausstellung. Sie hielten einen Stapel mit den von den Särgen kopierten Hieroglyphen in der Hand, vor denen wir nun gleich stehen würden. Die Mädchen und auch einige der Jungs starrten Wyatt an, als hätte er gerade den Kosmos erschaffen. Mir war bekannt, dass es Studentinnen und Studenten gab, die sich für Dumphries Kurse wegen seines britischen wissenschaftlichen Assistenten einschrieben, der, wenn man dem Klatsch Glauben schenken konnte, offenbar Harrison Ford und die Wiederkunft des Herrn in einer Person war.

»Wir neigen zu einer Schwarz-Weiß-Sicht auf die Bildung im Alten Ägypten – entweder man konnte lesen oder nicht. Doch tatsächlich gab es im Altertum ein Kontinuum. Als Priester oder Bürokrat lernte man die Hieroglyphen. Wurde man zum Schreiber ausgebildet, lernte man die hieratische Schrift – die kursive Form der Hieroglyphen – für den Alltagsgebrauch in Verträgen und Testamenten und Urkunden in den Dörfern. Aber wer sich im öffentlichen Raum bewegte, verstand die grundlegenden Symbole, wie wir ein Stoppschild aufgrund seiner Form erkennen, auch ohne die Buchstaben darauf lesen zu können. Ihr alle werdet hoffentlich das Lektüreniveau eines Bürokraten erlangen. Lasst uns also damit anfangen.«

Die Entwicklung unseres Alphabets haben wir den alten Ägyptern zu verdanken. Reisende aus dem semitischen Kulturkreis, die aus dem jetzigen Israel nach Ägypten kamen, kannten kein Schreibsystem. Als sie sahen, dass die Ägypter ihre Namen auf Felsen schrieben, wollten sie es ihnen gleichtun. Sie griffen sich die Hieroglyphen heraus, die für Gebräuchliches standen – Wasser, ein Auge, einen Stierkopf –, und benutzten diese, um damit die Anfangsbuchstaben jener Worte in ihrer eigenen Sprache zu gestalten.

Wyatt betrat den Ausstellungsraum und blieb vor dem Schaukasten mit der äußeren Tafel von Djehutinachts Sarg stehen. Ich überflog die auf das alte Zedernholz gemalten Hieroglyphenspalten und suchte nach dem Namen des Besitzers.

Der Ibis stand für Djehuti – der altägyptische Name des Gottes Thot. Die Wellenlinie stand für Wasser, den Buchstaben *n*. Der Ast darunter war khet. Der Kreis mit den horizontalen Linien war *ch* – eine Wiederholung der Laute für den Ast – und der Brotlaib war *t*. Das Übersetzen von Hieroglyphen erfolgt in zwei Schritten. Zuerst werden die Laute der Hieroglyphen in einer Schrift wiedergegeben, die alphabetische Zeichen verwendet. Die Transliteration war also *ḏḥwty-nḫt*–

»Djehutinachts Sarg«, verkündete Wyatt. »Was müssen wir als Erstes herausfinden?«

»Zu welcher Seite die Gesichter der Zeichen ausgerichtet sind«, meldete sich ein Mädchen zu Wort. »Weil man zu den Gesichtern hin liest.«

»Richtig. In diesem Fall zeigt der Vogelkopf nach links und das bedeutet …?« Er sah das Mädchen an.

»Wir lesen die Spalten des Texts von links nach rechts.«

»Ganz genau. Einer der Gründe, weshalb es so lange gedauert hat, die Hieroglyphen zu entziffern, ist nämlich der, dass sie nicht rein phonetisch oder rein ideografisch sind. Es ist eine Mischung davon mit einem zusätzlich eingefügten Zeichentypus, der für weitere Verwirrung sorgt – einem Determinativ. Determinative sind wie Hinweise, die einem Informationen zu den Bedeutungen der Worte in ihrem Umfeld geben.«

Die Studenten rückten näher heran und betrachteten die Bilder auf der Außenseite von Djehutinachts Sarg. Sie waren von einem grünlichen Blau, manche davon hoben sich kräftig vor einem eierschalenfarbenen Streifen ab, andere waren so blass, dass man sie kaum von der Holzmaserung unterscheiden konnte. »Wer findet ein Ideogramm?«, fragte Wyatt.

Ein Student neben ihm zeigte auf die schmale Hundefigur, die auf einem Sockel hockte. »Der Schakal.«

»Sehr gut. Der Schakal ist der Gott Anubis oder *Inpu*, wie er im Altägyptischen genannt wurde. Die Hieroglyphe schreibt seinen Namen. Aber was kommt vorneweg?«

Er unterstrich mit seiner Fingerspitze eine Reihe von Zeichen auf der Scheibe.

Es war eine der allerersten Hierglyphen-Kombinationen, die ich je gelernt hatte, weil sie so oft vorkam.

»*Hotep di nisu*«, las Wyatt vor. »Eine Opfergabe des Königs zugunsten von …?«

»Anubis«, sagte der junge Mann, der auf den Schakal zeigte. »Der Gott der Einbalsamierung.«

»Richtig. Er ist ziemlich wichtig für die Mumien«, meinte Wyatt und grinste. »Und Väter. Was noch? Was bedeuten diese vier zusammengebundenen Töpfe?«

»Dass sich darin die Opfergaben befinden?«, schlug einer vor.

»Nein, denn es ist kein Ideogramm«, widersprach eine Studentin. »Es ist eine phonetische Hieroglyphe. Das Bild der zusammengebundenen Töpfe schreibt das Wort *khenet*. Das hat nichts mit Töpfen zu tun. Es ist nichts weiter als eine Schummelei, drei Buchstaben des Alphabets zu schreiben: *khn-n-t*.«

Wyatts Augenbrauen schossen nach oben. »Gut gemacht.«

Die Wangen des Mädchens liefen rot an. »Das von Ihnen zu hören bedeutet mir so viel!«

»Ach du lieber Himmel«, sagte ich vor mich hin.

Als er eine weitere Transliterationsübung begann, fiel mein Blick auf ein Modell, das man in Grabkammer 10 A zusammen mit den Särgen der Djehutinachts gefunden hatte. Zwei holzgeschnitzte Weber knieten vor einem Webstuhl. Die Frauen vor ihnen spannen Flachs. Unglaublich, dass nach viertausend Jahren die Flachsfäden und der Webstuhl noch intakt waren, genauso wie sie es wohl an dem Tag gewesen waren, an dem man sie mit den anderen Modellen, dem Geschirr und den *Uschebti*-Statuetten in die Grabkammer gestellt hatte.

»Zeit für eine Schnitzeljagd«, verkündete Wyatt, während er eine Liste der Objekte austeilte. »Sucht euch einen Partner oder eine Partnerin, ihr arbeitet in Zweierteams. »Die Antworten findet ihr irgendwo in dieser Ausstellung. Das erste Paar, das mit den Fotos auf dem Mobiltelefon zurückkommt, bekommt zehn Punkte für die nächste Hausaufgabe gutgeschrieben. Und los!« Als sich die Studenten verteilten, meinte er an mich gewandt: »War ich auch mal so dumm?«

»Willst du darauf wirklich eine Antwort hören?«, entgegnete ich.

Wyatt wanderte zu den Särgen der Djehutinachts. »Nein«, sagte er. »Aber sieh dir das an.«

Wir standen beide hypnotisiert vor dem Zweiwegebuch im Sarginneren von Gaufürst Djehutinacht. Da war das rote Rechteck der Tür zum Horizont. Die blaue Wasser- und die schwarze Landroute durch die Unterwelt. Die blutrote Linie zwischen den beiden, ein Feuersee. Nachdem ich dies so viele Jahre lang anhand von Abbildungen und Zeichnungen studiert hatte, kam ich mir nun vor, als wäre ich am Heiligen Gral angelangt, wenngleich verschlossen hinter einem Glasschaukasten.

»Ich frage mich, wer wohl als Erster erkannt hat, dass es sich um eine Landkarte handelt«, murmelte Wyatt.

»Na ja, der Sarg war nicht leer. Es liegt auf der Hand, dass der Verstorbene sich erheben und auf einen der beiden Pfade begeben sollte, um zum Opfergefilde zu gelangen.«

»Ich möchte ja deine Theorie nicht zerpflücken«, sagte Wyatt, »aber dieses Zweiwegebuch befand sich an der Wand von Djehutinachts Sarg. Was deine Aussage gewissermaßen widerlegt.«

Ich rückte von ihm ab und starrte auf die üppig bemalte Zederntafel der Vorderseite im Inneren des äußeren Sargs. Es gab eine Scheintür, durch die der *Ba* – Teil der Seele – zwischen dem Jenseits und dieser Welt passieren konnte. Djehutinacht war vor der Scheintür gemalt. Der Text daneben forderte Opfergaben vom König und von Osiris: Rauchwerk, Wein, Öle, Früchte, Fleisch, Brot, Gänse.

Im inneren Sarg dürfte Djehutinachts Mumie auf seiner linken Seite gelegen haben, die Augen Richtung Osten. Um die Innenwände gewickelte Zaubersprüche aus den Sargtexten schützten ihn wie eine zusätzliche Leinenschicht.

»Die Beschwörungen der Sargtexte waren nicht ohne Grund um die Mumie gewickelt«, erwiderte ich ruhig.

»Ja«, stimmte Wyatt mir zu. »Papyri zerfallen, Zedernholz nicht. Weißt du, ich will hier nicht den Mistkerl geben …«

»Aber schwer fällt es dir nicht, oder?«

Er erwiderte achselzuckend: »Es sind Texte, Olive. Und man muss den Begriff schon ziemlich weit fassen, wenn man sie in deine Theorie zur Ikonografie quetschen will.«

Ich verschränkte die Arme. »Ich heiße *Dawn*. Ich hasse es, wenn du mich Olive nennst.«

Wyatt lehnte sich so dicht ans Glas, dass es von seinem Atem beschlug. »Ich weiß«, sagte er. »Deshalb tue ich es ja.«

Wenn das Grabungsgebäude in der Spätnachmittagssonne zum Backofen wird, leiden auch alle, die sich darin aufhalten. Die Ventilatoren schaffen es nicht mehr, die Luft rasch zirkulieren zu lassen, und von den Lehmziegelwänden strahlt die Hitze ab. Eine Fliege, die mein Mittagessen umkreist hat, bricht auf dem Tisch zusammen. Die entlang des Nils wachsenden Alfalfa- und Maispflanzen legen ihre schlaffen Arme umeinander, eine Reihe betrunkener Soldaten, die nach Hause torkeln.

Dies ist die Tageszeit, in der ich als Doktorandin unter der sengenden Sonne von der Grabungsstelle zurückgetrottet bin. Manchmal arbeiteten wir dann im Magazin, aber weitaus häufiger zogen wir uns zum Ausgleich für unseren frühmorgendlichen Aufbruch zu einem Nickerchen in unsere Zimmer zurück.

Ich muss an mein altes Zimmer denken mit dem Ventilator, den ich mit Klebeband notdürftig funktionsfähig machen musste. Nackt bis auf die Unterwäsche legte ich mich auf das schmale Doppelbett und gab vor zu schlafen, bis ich das Klopfen an der Wand zwischen unseren Zimmern hörte. Dann klopfte ich ebenfalls. Während der Rest des Hauses im Hitzeschlaf lag, kam er in mein Zimmer geschlüpft und mit seinem an meinen geschmiegten Körper feuerten wir gegenseitig unsere Lebensgeister an.

Harbi bietet mir an, ein Feldbett für mich herzurichten, aber das käme mir vermessen vor. Nachdem er sich in seinen Wohnbereich zurückzieht, bin ich allein und warte.

Zu Hause ist es kurz vor zehn Uhr vormittags. Brian wird in der Arbeit sein. Meret in der Schule.

Ich sollte sie wissen lassen, wo ich bin.

Aber es gibt Gefühle, die das Englische einfach nicht adäquat wiederzugeben vermag. Eine Emotion wie Trauer sprengt den Rahmen ihrer Buchstaben. Das Wort *Freude* fühlt sich zu komprimiert und verkümmert an für das, was es auslöst. Wie soll man schon das Eingeständnis in Worte fassen, dass man einen Fehler gemacht hat, dass man die Zeit zurückdrehen und einen neuen Versuch unternehmen möchte? Wie sagt man das, ohne die Menschen zu verletzen, die einem seit fünfzehn Jahren am Frühstückstisch gegenübersitzen und wissen, was du bei Starbucks bestellst und welche Seite des Betts sie dir in einem Hotel überlassen?

Ohne herumschnüffeln zu wollen, sehe ich mich im Grabungshaus um. Um die im Hauptraum verstreuten Laptops und iPads mache ich einen Bogen und stehle mich in den kleinen Alkoven dahinter. Dort reihen sich Bücher auf schmalen Zedernholzregalen. In meiner Zeit als Doktorandin dienten sie uns zur Recherche. Mit ein paar neuer aussehenden Fachzeitschriften, die ich vom Regal nehme, setze ich mich im Schneidersitz auf den Fußboden und mache mich daran, die Geschichte von Wyatts Erfolg zu rekonstruieren.

2013 entdeckte er das Grab von Djehutinacht, Sohn von Teti, der während der elften Dynastie lebte, unmittelbar bevor Mentuhotep II. Ägypten wiedervereinte. Diesen Djehutinacht – ein im Mittleren Reich genauso gebräuchlicher Name wie Hans – kannten die Wissenschaftler aufgrund einiger Tinten-Graffiti in hieratischer Schrift, die er in den Gräbern seiner Vorfahren hinterließ, um damit für seine dort vorgenommenen Restaurierungsarbeiten zu werben. Aber dennoch konnte der Ort von Djehutinachts eigener letzter Ruhestätte nie gefunden werden.

2003 endlich lieferte die Entdeckung eines Dipinto – Tinte auf Stein – einen Anhaltspunkt. Die Nachricht beschrieb den Besuch eines späteren Gaufürsten – Djehutihotep – in Deir el-Bersche, der Sirius aufgehen sehen wollte und sich dafür über Nacht im Vorhof von Djehutinachts letzter Ruhestätte aufhielt.

Ich biss mir auf die Unterlippe, während meine Finger über das vertraute Bild der hieratischen Schrift wanderten, gefolgt von Wyatts hieroglyphischer Übersetzung, um zu verdeutlichen, wie er jedes Zeichen las.

Wie *wir* jedes Zeichen lasen.

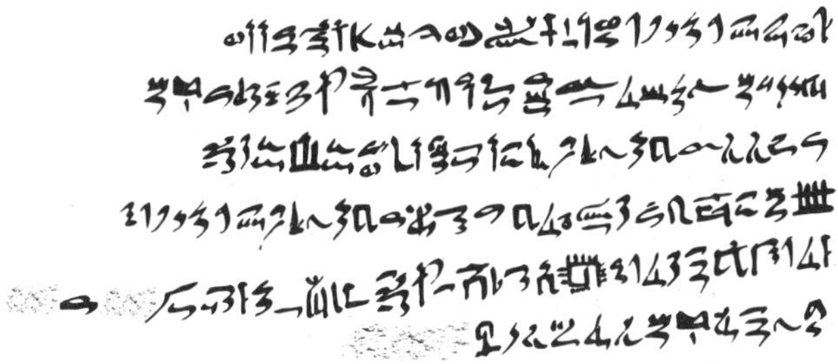

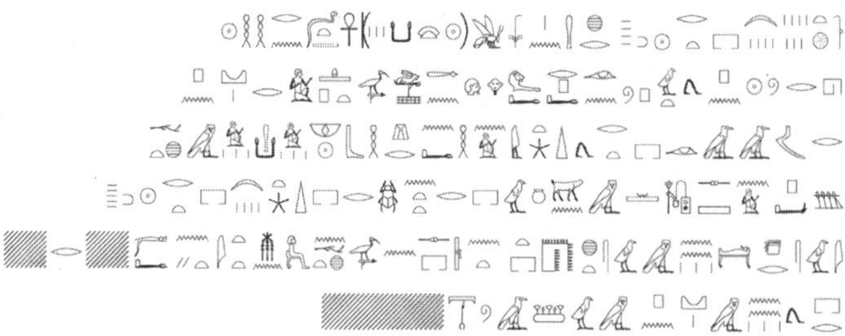

ḥsb.t 7 ꜣbd 4 pr.t 14 ḫr ḥm n nswt bỉty ḫꜣ-kꜣ.w-rꜥ ꜥnḫ ḏ.t r nḥḥ
hrw pn ỉwt pw ỉr.n ỉry-pꜥ.t ḥꜣty-ꜥ ḥry-tp ꜥꜣ n wnw ḏḥwty-ḥtp r ḏw pn r mꜣꜣ pr.t špd.t

ỉỉ.n=ỉ ḥnꜥ ẖry-ḥb.w ḥm.w-kꜣ m-ḫt šzp.n=ỉ sš m ẖnw r-nty ḫpr pr.t špd.t ꜣbd 4 pr.t 15
ỉw sḏr.n=n m wsḫ.t n ỉs n ḏḥwty-nḫt ms n ttỉ nty mḥ [. . .] *r* [. . .]
pr.n=n m ḏw pn m wšꜣw [. . .]

Königliches Jahr 7, vierter Monat der Jahreszeit Peret, Tag 14 unter der Regentschaft des Königs von Ober- und Unterägypten Kha-kau-re, dem ewig Lebenden.

An diesem Tag kam der Fürst, adelig von Geburt und Gaufürst des Hasengaus, Djehutihotep zu diesem Berg, um den Aufgang von Sothis zu sehen.

Nachdem ich den Brief vom Herrschaftssitz erhalten hatte, der den Aufgang für den vierten Monat der Jahreszeit Peret, Tag 15 vorhersagte, kam ich mit den Vorlesepriestern und Bestattungspriestern.

Wir verbrachten die Nacht im Vorhof des Grabmals von Djehutinacht, geboren von Teti, das […] Königsellen entfernt von […]

Tief in der Nacht machten wir uns von diesem Berg auf den Weg […]

Es ist atemberaubend, dies in seiner finalen publizierten Fassung zu sehen, und ich bin fasziniert von jeder Zeile, jedem Symbol. Doch wenn ich die Augen schließe, spüre ich den von der Sonne noch warmen Fels unter meiner Hand.

Ein weiterer Beweis dafür, dass ich einmal hier gewesen bin. Dass das, was ich tat, wichtig war.

Ich durchforste die Fachjournale, doch in ihnen steht nichts über Wyatts Entdeckung des Grabs. Dann fällt mir ein schmales, gebundenes Büchlein im untersten Regalfach ins Auge. Der Titel ist auf den Buchrücken gedruckt: *Rituelle Sprache und eingestreute Sprachmuster in Sargtexten.*

Ich sehe mir das Datum auf der Titelseite an: 2008. Wyatts Dissertation, nach meiner Abreise beendet und veröffentlicht.

Im ersten Abschnitt, den ich lese, erwähnt er einen Artikel – »Erst der Leichnam vervollständigt den Sarg« – 2002 veröffentlicht von McDowell.

Mir stockt der Atem, und meine Fingerspitze legt sich wie von selbst auf meinen Nachnamen.

Gespräche mit der Autorin dieses Artikels vor einem Sarg im Museum of Fine Arts in Boston ließen mich meine ursprüngliche Dissertation infrage stellen, schrieb Wyatt. *Im Lauf meiner grammatikalischen Analyse arbeitete ich heraus, wo die verschiedenen Sprachmuster (erste Person, Dialog, Schilderung in der dritten Person) auf dem Sarg auftauchten, und entdeckte dabei, dass die Verteilung der Texte einem geografischen Muster folgte, das sowohl mit den Körperteilen als auch mit den Teilen des Jenseits korrespondierte.*

»Du willst mich wohl verarschen«, sage ich leise.

Es ist unmöglich, folgerte Wyatt, *die Grammatik vom Kontext zu trennen.*

Mochte es auch Jahre gedauert haben, so habe ich ihn letztendlich dazu gebracht, zuzugeben, dass ich recht hatte.

Ich merke, wie die Worte auf der Seite verschwimmen, und wische mir über die Augen. Kurz bevor ich das Buch zuklappe, springt mir die erste Fußnote in Wyatts Dissertation ins Auge. In der Wissenschaft kommt der ersten Fußnote häufig die Bedeutung einer Zueignung des Autors gleich. Wyatt hat seine Widmung am Ende der Seite platziert, es ist ein Gedicht aus der Papyri-Sammlung von Chester Beatty, das er übersetzt und kommentarlos präsentiert hat.

Einzigartig ist die Schwester, nichts gleicht ihr, schöner ist sie
als alle Frauen.
Betrachte sie wie den Stern,
der am Beginn eines guten Jahres herrlich aufgegangen ist.

Vortrefflich glänzend, von lichter Tönung;
Aus schönen Augen sieht sie dich an, süß sind ihre Lippen,
wenn sie spricht –
Für sie ist kein Wort übertrieben.

Mit langem Hals, schimmernder Brust
Reinster Lapis ist ihr Haar,
Golden sind ihre Arme,
ihre Finger Lotusblüten.

Jeder, der Wyatts Dissertation liest, würde dies als das hinnehmen, was es ist: ein schönes Beispiel altägyptischer Liebeslyrik.

Das heißt … jeder, außer mir.

Der erste Europäer, der Deir el-Bersche zu Gesicht bekam, war der Dominikanermönch Johann Michael Wansleben, der über seinen Besuch der »hieroglyphischen Höhle« schrieb. Nicht-Ägyptologen ist häufig nicht bewusst, dass es bei dieser Kunst nicht nur um feine Striche und Gekritzel geht. Sie füllt die Wände und Decken der Grabkammern mit lebhaften Farben in Kobaltblau, Rostbraun, Türkis, Gelb, Ocker und Pechschwarz. Die Figuren zeigen Bewegung, Klang und Emotion. Dies sind nicht nur Monumente für die darin begrabenen Männer und Frauen. Es sind erzählte Geschichten.

Anders als die späteren Königsgräber des Neuen Reichs, in denen Wandtexte mit Wegbeschreibungen ins Jenseits und Bilder von Göttern die Norm waren, füllen die Gräber der Gaufürsten des Mittleren Reichs Szenen aus dem Alltagsleben. Man sieht, wie gekocht und Korn gemahlen, Wein gekeltert, geerntet, gebaut, gepflügt, getanzt, gespielt, Musik gemacht und gerungen wird, man sieht Basenji-Hunde, Jagd- und Sexszenen. In der Grabkammer von Baqet sind auf einer ganzen Wand Ringergriffe abgebildet. Es gibt eine Grabkammer, in der ihr Besitzer mit einem als Haustier gehaltenen Greifen an der Leine abgebildet ist, was demonstrieren soll, dass der Mann ein Abenteurer war – jemand, der so weit gereist war, dass er am Ende der bekannten Welt einem Fabelwesen begegnet ist. Man findet auch kryptografische Hieroglyphen, die als Wortspiele und

Rätsel für die Besucher gedacht sind. Alles in allem drängte sich einem in einer Grabkammer des Mittleren Reichs unweigerlich der Gedanke auf, dass diese Leute Spaß und Vergnügen hatten, und das vor viertausend Jahren. Ihre Grabkammern feierten das Hier und Jetzt – das, was man im Leben gemacht hat und nach seinem Tod mitnehmen würde.

Im Juli 2003 verbrachte ich meine dritte Grabungssaison der ägyptologischen Fakultät von Yale im Grabungshaus von Deir el-Bersche. Es war nicht unsere normale Jahreszeit – das war der Januar –, aber Professor Dumphries hatte wegen eines bevorstehenden Veröffentlichungstermins eine zusätzliche Exkursion vor dem Herbstsemester eingeplant, und die durfte ich natürlich nicht verpassen, obwohl es unglaublich heiß war. Wyatt und ich arbeiteten am Grab von Djehutihotep II., der Mitte der zwölften Dynastie herrschte.

Unsere Tage folgten einem geregelten Ablauf. Jeden Morgen um halb fünf schellte mein Wecker, woraufhin ich mir im Dunkeln mein langärmeliges Baumwollhemd und die Kakihose anzog und meine Stiefel schnürte. Wer als Erster bei Tisch war, bekam die ersten Omeletts, die Hasib zubereitete, und brauchte nicht zu warten. Für gewöhnlich waren ich und eine Knochenkundlerin aus England, die in dieser Saison mit uns zusammenarbeitete, die Schnellsten. Es gab auch noch einen Doktoranden im ersten Semester, einen Konservator, der einige der Kunstwerke in der Grabkammer reinigte, und Dumphries.

Wyatt kam immer als Letzter, die Haare nass und zerzaust, die Augen leuchtend. Er war der fröhliche Morgenmensch, den wir anderen am liebsten mundtot gesehen hätten. »Also ich«, verkündete er unter Geschirrklappern, »bin eine Vier, falls das jemand wissen will.«

»Unter möglichen zehn?«, hakte Yvonne, die Knochenkundlerin, nach.

»Wohl eher mögliche hundert«, murmelte ich.

»Hier geht's nicht um eine Verhältnisgröße«, fuhr Wyatt fort. »Es ist die Bristol-Stuhlformen-Skala. Typ vier: wie eine glatte, weiche Wurst …«

»Hör auf«, sagte ich. »Um Himmels willen. Wir essen alle.«

Dumphries lachte. »In der Wüste lässt sich das gut nachverfolgen. Ich würde mich als Typ drei bezeichnen.«

»Bestimmt ist auch *jemand* Typ zwei.« Wyatt grinste mich an. »Leichte Verstopfung.«

»Sollte ich Verdauungsprobleme haben, dann, weil du mir auf die Nerven gehst«, erwiderte ich, und die anderen lachten.

Normalerweise gelang es mir, mein Frühstück so zu timen, dass ich, wenn Wyatt sich an den Tisch setzte, aufstehen und meinen Tagesrucksack packen konnte. Ich musste acht Stunden mit ihm in der aus dem Fels gehauenen Grabkammer verbringen und versuchte, mich deshalb außerhalb dieser Zeit von ihm fernzuhalten. Jeder andere Doktorand arbeitete bei den Grabungen tagsüber so hart, dass wir um acht Uhr abends todmüde ins Bett fielen, aber Wyatt war nun mal ein besonderer Doktorand. Er fürchtete Dumphries' Ermahnungen nicht – im Gegenteil, er buhlte geradezu darum, indem er etwa eines Abends mit einer Flasche herumfuchtelte, die er von der Yale mitgebracht hatte, und uns zum Trinkspiel *Ich hab noch nie* herausforderte, mit Dumphries bis nach Mitternacht Poker spielte oder den einheimischen Arbeitern beibrachte, fließend auf Englisch zu fluchen.

Während Wyatt den Tisch mit einer Geschichte unterhielt, die mit der Universitätsklinik von Bristol und der von ihr entwickelten Skala begann und mit einer übergewichtigen Bulldogge und Prinz Charles endete, erhob ich mich von meinem Platz und ging in den Arbeitsraum, um zu packen.

Ich rollte einen neuen Bogen Mylar zusammen und stellte ihn neben meinen Rucksack. Dann überprüfte ich dessen Inhalt:

Taschenspiegel, ein Dutzend Marker, Bürsten, Notizbuch, Kamera, ein Zentimetermaß für Messungen, eine Flasche Wasser und Ausdrucke von Referenzfotos der Szene, an der wir arbeiteten. Das Rucksackpacken war eine Wissenschaft für sich, denn ich musste ihn den ganzen Weg bis zur Grabungsstelle schleppen. Dumphries und die größeren Gerätschaften fuhren im Rover, Kulis gingen zu Fuß.

»Aufbruch um fünf«, verkündete Dumphries, stand vom Tisch auf und ging, um seine Sachen zusammenzusuchen und mit Hasib zu sprechen.

Mein Blick fiel auf meinen Rucksack, weil ich spürte, dass etwas fehlte. Mein Schal. Den trug ich gegen den Sand und den Staub, der einen ständig umwehte, aber offenbar hatte ich ihn in meinem Zimmer gelassen.

Ich rannte über den Flur zu den Schlafquartieren und kroch gerade auf Händen und Knien unter mein Bett, wohin sich mein Schal verirrt hatte, als Wyatt seinen Kopf durch die Tür steckte. »Das nenne ich Fortschritt, Olive.«

»Was machst du in meinem Zimmer?« Ich ruckelte zurück und setzte mich auf die Hacken, den Schal in der Hand.

»Ich habe mein Notizbuch verloren.«

»Warum sollte sich *dein* Notizbuch in *meinem* Zimmer befinden?«

»Ich weiß nicht«, sagte er. »Deshalb suche ich ja danach.«

Ich richtete mich auf. »Frag die letzte Person, die in deiner Familie verstorben ist.«

Er kniff die Augen zu. »Wie bitte?«

»Das sagt meine Mutter immer. Ist ein Aberglaube. Sie ist Irin.«

»Kann ja nicht anders sein. Kein Wunder, dass wir beide nicht harmonieren.«

Achselzuckend erwiderte ich: »Es ist nicht mein Notizbuch, das vermisst wird.«

Wyatt fuhr sich mit der Hand durchs Haar. »Ich weiß nicht, wer zuletzt in meiner Familie gestorben ist.«

Ich schaltete das Licht neben dem Bett ein und den Ventilator aus. »Ist wohl *dein* Problem.«

»Verdammt noch mal. Also gut. Onkel Edmond aus Surrey.«

Ich verschränkte die Arme und zog die Brauen hoch.

»Onkel Edmond«, presste Wyatt heraus, »wo ist mein Notizbuch?«

Plötzlich stand Dumphries in der Tür. »Da sind Sie ja«, sagte er zu Wyatt und hielt ihm ein kleines braunes Notizbuch hin. »Gehört das Ihnen?«

Ich rauschte an den beiden vorbei. *»Irland für immer«*, raunte ich Wyatt zu.

Der Eingang zur Grabkammer von Djehutihotep II. erinnerte mich immer an *Planet der Affen* – eine beeindruckende in den Fels gemeißelte Steinfassade, die sich nach jahrelangen Erdbeben, Abbau und Raub nach links neigte. Architrav und Eingang waren behauen und mit Djehutihoteps Titeln und den Namen der Könige geschmückt, unter denen er gedient hatte. Zwei kannelierte Säulen stützten die Veranda, und die Außenkammer zeigte eine gewaltige Jagdszene in der Wüste sowie eine Fischfangszene. Ein schmaler Eingang führte in die innere Kammer – den Ort, an dem ich in jenem Juli arbeitete –, und sie maß siebeneinhalb Meter in der Länge, sechs Meter in der Breite und war fünf Meter hoch. Drinnen befand sich die berühmteste Abbildung des Grabs: der Transport einer massiven Statue von Djehutihotep II. Ergänzt wurde sie links von einem großen Bild Djehutihoteps, das ihn umgeben von seiner Familie, Wächtern und wichtigen Beamten zeigte. Das Tor des Gebäudes, wohin die Statue geschleppt wurde, befand sich rechts, und vor diesem Tor sah man Menschen, die Opfergaben darbrachten. In der ägyptischen Kunst richten sich die Größenordnungen nach der

Hierarchie – die wichtigsten Leute waren auch die größten. Die Gesichter der Individuen werden im Profil dargestellt, aber die Augen blicken einen an. Die damaligen Künstler nahmen die hervorstechendsten Züge – die Augen oder bei einem Torso eine Brustwarze – und hoben diese hervor.

Die bekannteste Publikation über das Grab stammt von 1894, von Percy Newberry. Für die Zeichnungen waren sein Mitarbeiter Marcus Blackden und der siebzehnjährige Howard Carter zuständig – lange vor seiner Entdeckung des Grabmals von Tutanchamun. Aber die Newberry-Publikation war fehlerhaft – Teile waren unvollständig, und es gab Ungenauigkeiten, die erst evident wurden, wenn man tatsächlich vor der Wand stand, wie Wyatt und ich. In dieser Saison bestand unsere Aufgabe darin, diese Fehler zu finden und zu erfassen, damit Dumphries eine korrigierte Version veröffentlichen konnte.

Trotz der frühen Morgenstunde stand die Luft im Grab bereits, und es war glühend heiß. Mohammed und Ali, zwei der Ägypter, die in dieser Saison für uns arbeiteten, markierten mit dem Tachymeter Aufrisspunkte. Die Doktorandin im ersten Jahr saß vor dem Grab und sortierte zerbrochene Tonscherben nach Typus: Schüsseln und Tassen, Brotformen, Krüge und alles, was ungewöhnlich war – wie etwa ein Stück mit einem Stempel darauf. Ich hatte die Oberfläche der Szene mit dem Transport der Statue abgebürstet, an der ich arbeitete, und war fertig mit meinem täglichen Kampf, die Mylarfolie mit Klebeband an der Oberfläche der Felswand zu befestigen. Die Arbeit mit Mylar kam für mich einem eigenen Kreis der Hölle gleich. Sie wurde in der Hitze klebrig und schlapp, im Winter aber hart und steif. Je dünner sie war, desto schlechter hielt sie bei dieser Hitze – war sie jedoch dicker, erschwerte dies den Blick auf die Hieroglyphen. Es war nicht die effizienteste Methode, aber etwas anderes hatten wir damals nicht, um eine dreidimensionale Wandinschrift auf zweidimensionales Papier zu übertragen.

Ich warf einen Blick auf Wyatt, der mit Mostafa, dem Antikeninspektor, sprach. Mostafa hatte Interesse am Erlernen der Bildsprache der Hieroglyphen bekundet, und Wyatt war äußerst zuvorkommend, zeichnete sie für ihn in den Staub auf dem Boden des Grabmals oder zeigte ihm ein Zeichen an der Wand. »Das hier, das wie ein Touchdown aussieht?«, testete Wyatt ihn.

Erstaunt stellte ich fest, dass er diesen Begriff einer amerikanischen Sportart kannte.

Er hatte das Zweikonsonantenzeichen für den *Ka* gezeichnet, den Teil der Seele, der das ausmacht, was von einer Generation auf die andere übergeht. Während Mostafa versuchte, sich das einzuprägen, wandte ich mich wieder der Wand zu.

Harbi hielt einen großen Spiegel, der das Licht vom Eingang zur Grabkammer von links nach rechts auf den Textbereich fallen ließ, den ich erforschte. Beim Abpausen erzeugte man die Illusion eines Lichteinfalls von oben links in einem Winkel von fünfundvierzig Grad, bei einer versenkten Hieroglyphe zog man eine Schattenlinie, die ein wenig dicker war.

Ich löste meinen Marker von der Folie und konzentrierte mich auf ein Detail, das ich nicht gut erkennen konnte.

»Harbi«, bat ich, »kannst du mir hier ein wenig mehr Licht drauffallen lassen?«

Er war jung, drahtig und kräftig und immer bemüht, den Spiegel so auszurichten, dass ich das Licht dorthin bekam, wo ich es brauchte. Aber so wie dieses spezielle Zeichen platziert war, gelang es ihm nicht.

»Ich habe eine Idee«, sagte ich, sprang von der Leiter und kramte aus meinem Rucksack den kleinen Spiegel heraus. »Ziel dorthin«, wies ich Harbi an und zeigte auf eine Stelle über meinem Kopf an der Wand. Dann hielt ich den Handspiegel hoch, fing den Lichtstrahl auf, den er dorthin gelenkt hatte, und ließ ihn auf das Zeichen fallen, das ich untersuchen wollte.

»Das ist mein Lieblingszeichen«, sagte Wyatt.

Er zeigte auf das, was er in den Staub gekritzelt hatte:

Mostafa runzelte die Stirn. »Eine Pistole?«

»Gewissermaßen«, entgegnete Wyatt. »Stellen Sie es sich eher … unterhalb des Gürtels vor.«

»Ist das ein Phallus?«

»Ja. Als Präposition in der Bedeutung von *vor etwas.*«

Wie auch anders, sagte ich mir.

»Es gibt eine Stelle in den Sargtexten, wo der Verstorbene jeden Körperteil von sich benennt, von den Fingern bis zu den Zehen, von den Ohren bis zum Phallus, und jedes davon entspricht einem anderen Gott.« Wyatt zeigte auf das Symbol im Staub. »Meinen würde ich Re nennen. Weil auch er jede Nacht wieder aufersteht.«

Ich verschob den kleinen Handspiegel ein wenig, sodass ein Lichtstrahl Wyatt direkt ins Auge traf. Er zuckte zusammen und hielt seine Hand hoch, um sich abzuschirmen.

»Hey Wyatt?«, sagte ich mit zuckersüßer Stimme. »Hast du vor, heute auch noch was zu arbeiten?«

Er richtete sich auf und wischte sich den Staub von den Händen. »Unterricht ist vorbei, mein Freund«, sagte er zu Mostafa. »Ich muss mir meinen Unterhalt verdienen.« Mit dem Stiefel verwischte er das Bild, das er gezeichnet hatte, und trat dann unter die Leiter, auf der ich hockte.

»Was erlaubst du dir eigentlich!«, herrschte ich ihn an.

»Dass ich Mostafa eine Hieroglyphe beibringe?«, meinte er unschuldig.

»Nein … du hast dich gerade unter die Leiter gestellt.«

»Lass mich raten. Wieder ein Aberglaube deiner irischen Mutter.« Er kramte einen Marker aus seinem Rucksack. »Was also soll ich tun, um zu verhindern, dass das ganze Grabmal um mich herum einstürzt?«

»Meine Mom würde sagen, du solltest noch mal rückwärts unter der Leiter durchgehen. Oder deine Finger kreuzen und gekreuzt lassen, bis du einen Hund siehst.«

»Einen Hund …?« Er schüttelte den Kopf. »Da riskiere ich es lieber und bewege mich am Abgrund.« Er spreizte eine Hand über einem Teil der Folie und begann, Hieroglyphen abzupausen, die er vom Boden aus erreichen konnte. »Der einzige Aberglaube, an den meine Familie sich immer gehalten hat, war der, auf keinen Fall einen Fingerbreit Brandy im Dekanter übrig zu lassen. Man musste ihn bis auf den letzten Tropfen leeren. Ich weiß nur nicht, ob das dem Aberglauben oder dem Alkoholismus geschuldet war.«

»Meine Mutter kennt jede Menge davon.«

»Welcher davon ist der komischste?«

Ich überlegte kurz. »Leg deine Füße nicht auf den Tisch, denn dort befindet sich Gottes Antlitz.«

»Auf dem Tisch?«

»Offenbar. Wenn man jemandem ein Taschentuch schenkt, bedeutet das, dass das Leben des Beschenkten voller Traurigkeit sein wird«, ergänzte ich. »Oh. Und Geschirr zerschlagen bringt Glück.«

Er wandte sich an mich. »Hast du viel Geschirr zerschlagen?«

Mir fiel auf, dass das Licht, das für mich einzufangen Harbi sich so sehr bemüht hatte, nun ganz mühelos Wyatts Haar berührte, wie eine Segnung. »Ja.«

»Dann hat sie dich damit wohl trösten wollen. Mir wurde gesagt, von Müttern werde so etwas erwartet.«

Ich warf einen kurzen Blick auf ihn, aber die Bitterkeit, die in seinem Ton mitschwang, verriet ohnehin, dass seine Mutter wohl nicht besonders liebevoll gewesen war. Allerdings war der Wyatt, den ich kannte, ein mit sämtlichen Privilegien dieser Welt ausgestatteter blaublütiger Weißer, sodass seine Mutter vielleicht auch nur mal vergessen hat, ihn vom Krickettraining abzuholen.

Doch kaum drängte sich mir dieser Gedanke auf, schämte ich mich bereits dafür.

Bevor ich hinterfragen konnte, ob Wyatt womöglich mehr verdiente als meine übliche Geringschätzung, wurden wir von Dumphries unterbrochen. »Hallo meine Lieben«, sagte er. »Wie geht's unserem Koloss?«

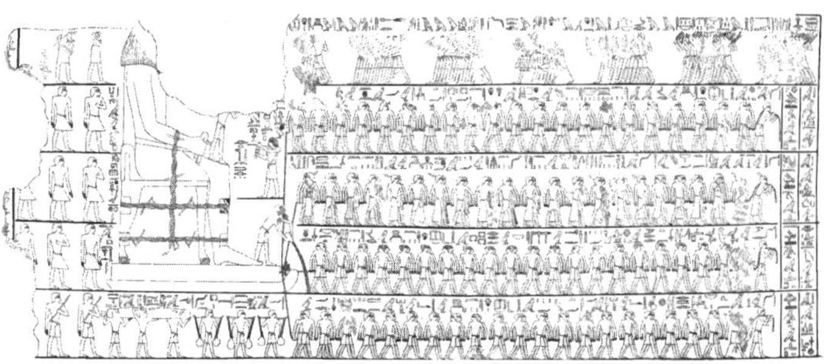

Ich kam von der Leiter herunter und stellte mich neben ihn. Wyatt gesellte sich dazu, und wir betrachteten gemeinsam die Darstellung des Transports der gewaltigen Statue von Djehutihotep II. Früher einmal war sie noch gewaltiger gewesen. 1890 wurde die Inschrift beschädigt – sämtliche Hieroglyphen links von der Statue waren herausgeschlagen worden. Teile des Texts waren mit Graffiti übermalt – auf Koptisch von den Leuten, die in den Grabkammern gelebt hatten, und auf Griechisch von Touristen des Altertums. Unsere Aufgabe bestand im Wesentlichen darin, diese Darstellung zu replizieren, und zwar mit allen Narben, die das Alter, die Erosion und Menschenhand hinterlassen hatten, sowie Hypothesen über die fehlenden Teile aufzustellen. Autobiografische Inschriften waren im Mittleren Reich ziemlich direkt, aber es fand sich immer eine seltsame Redewendung oder grammatikalische Besonderheit, deren Entschlüsselung schwierig und zeitintensiv war sowie Referenzwerke und Nachschlagewerke erforderlich machte. In Fällen wie diesen waren zwei Köpfe besser als einer.

Deshalb hatte Dumphries uns auch beide mit dieser Aufgabe betraut.

Er klopfte uns auf die Schultern: »Und wie es geschrieben steht, machen wir's«, zitierte er scherzhaft Ramses II. aus dem Film *Die Zehn Gebote*. »Was, wie ihr wisst, völliger Blödsinn ist.«

Er ging weiter zu den anderen, während Wyatt und ich wieder unsere Plätze einnahmen. »Wusstest du übrigens«, meinte Wyatt trocken, »dass der Film von Cecil B. DeMille sich genau auf diese Szene mit dem Koloss bezieht?«

Dumphries hatte uns in den zwei Wochen, seit wir hier waren, mindestens zwanzigmal davon erzählt. »Was du nicht sagst«, erwiderte ich todernst, »also das ist mir völlig neu.«

Dumphries ging darin auf, alles zu bekritteln, was an diesem Film falsch war. Im Film kam es so rüber, als wäre jedes Wort des Pharaos Gesetz, das von keinem in Zweifel gezogen wurde. Aber die Ägypter liebten Tribunale. Selbst wenn man davon ausging, dass ein Pharao ermordet worden war wie Ramses III., wurde ein unabhängiges Richtergremium einberufen und es musste jeder befragt werden, bevor dem Mörder die Strafe zugemessen wurde.

Ich arbeitete gerade an der Zeichnung des Aufsehers, der auf der Statue stand und jene anwies, die sie in Bewegung setzen sollten.

»Hast du *Die Zehn Gebote* schon mal gesehen?«, fragte ich Wyatt.

»Immer an Ostern«, antwortete er.

»Den Teil haben sie auch falsch dargestellt. Der Aufseher hielt keine Peitsche. Er klatscht. Sieh nur.«

Unvermittelt kam Wyatt über die andere Seite der Leiter hochgeklettert. Er strich mit dem Finger über die Hieroglyphen neben dem Aufseher. »Worte gesprochen: bleibt im Takt mit den Soldaten von … das kann ich nicht entziffern … Djehutihotep, geliebt vom König.« Er sah mir in die Augen. »Er ist der DJ.«

»Hört mit diesem kranken Rhythmus auf.« Ich lachte.

»DJ Hutihotep«, fiel Wyatt ein. »Was geht, Deir el-Bersche! Ich will eure Hände oben sehen!« Er sprang von der Leiter und deutete auf die Männer, die den Koloss zogen. »Und das ist noch nicht alles, was Cecil DeMille versaut hat. Die Jungs, die dieses Ding ziehen, sind nicht versklavt. Da fehlt ein Teil der Inschrift, die besagt, dass der Koloss von drei Truppen mit Rekruten gezogen wurde, zusammen mit den Steinmetzen und den Steinhauern, die ihn gemeißelt haben.«

»Ja, aber Charlton Heston musste im Bild sein«, sagte ich und verlor in dem Moment das Gleichgewicht.

Ich wäre auf den Steinboden geknallt, aber irgendwie war Wyatt zur Stelle und wir fielen gemeinsam übereinander. Er rollte sich ab und fing so, seine Arme um mich geschlungen, die Wucht des Aufpralls ab.

Wir hätten in dieser Grabkammer, wo die Zeit stehen geblieben war, durchaus zu zweit allein sein können, im Schwebezustand. Seine Hände auf meinen Schultern bewegten sich, und ich sah echten Schrecken in seinen Augen – nicht seinet-, sondern meinetwegen. »Bist du in Ordnung?«, murmelte er, und da er mir so nah war, konnte ich seine Stimme eher fühlen als hören.

War ich das?

Dann stöhnte er unter meinem Gewicht, und ich rollte von ihm herunter. »Danke, dass du meinen Sturz abgefangen hast«, sagte ich.

»Danke, dass du mir das Knie gebrochen hast.« Er bewegte das Gelenk und stand auf. »Und dabei habe ich gedacht, dass *mir* Übles droht.«

Irgendwie hatten wir es geschafft, bei unserem Sturz die Mylarfolie mitzureißen. Und beim Gedanken, wie viel Mühe es machen würde, sie wieder in die richtige Position zu bringen, war es an mir zu stöhnen. Doch von ihr befreit lag das Kunstwerk nun in einer Schönheit vor mir, die absolute Bewunderung verdiente: das kräftige Rot der Haut derjenigen, die die Statue zogen, die verblasste Gelbtönung der Steinfigur, die türkisfarbene Fayencehalskette des gebieterischen Gaufürsten, der der Statue folgte, seine raffiniert gefaltete weiße Robe. »Ich, Ozymandias, aller Helden Held, künd euch mein Tun! Ihr Mächtigen, erbebt!«, zitierte ich murmelnd Shelley.

Wyatt kam neben mich und schaute zu ihr hoch. »Falscher Koloss«, sagte er.

Das wusste ich. Shelley hatte sein Gedicht über das gewaltige Abbild von Ramses II. verfasst. »Ja«, gab ich zu, »aber die Idee dahinter ist dieselbe.«

Wyatt schwieg einen Moment. »Ich denke, Djehutihotep würde sich freuen, wenn er wüsste, dass wir viertausend Jahre später über ihn sprechen. Allein indem wir seinen Namen aussprechen, lebt er weiter. Ich meine, sieh doch.« Er machte eine ausholende Geste. »Die Namen, die Taten, die autobiografischen Texte hier überall – die sind der Grund dafür, warum Gräber besucht werden sollten. Auf diese Weise werden Erinnerungen bewahrt.« Wyatt sah mich an. »Und deshalb wollen wir doch auch publizieren, oder?«

Ich schüttelte den Kopf. »Du meinst, wir werden unsterblich? Zwei unbedeutende Doktoranden als Fußnote in einer von Dumphries' Abhandlungen?«

Wyatt lachte. »Ich werde dich nicht vergessen, Olive. Auch wenn du dich noch so sehr anstrengst.«

Ich knuffte ihn in die Schulter. »Das ist aber nicht dasselbe wie erinnert zu werden.«

Er lächelte mich an. »Ist es das *nicht*?«

Ich weiß nicht, wie viele Stunden vergehen, in denen ich im Schneidersitz auf dem Boden Wyatts Dissertation lese. Die Sonne steht inzwischen so tief, dass mir vor Anstrengung beim Lesen die Augen brennen. Es gibt Lampen, aber ich will nicht aufstehen, um sie einzuschalten. Meine Angst, all dies hier könnte verschwinden und ich würde in Boston aufwachen und entdecken, dass die Seifenblase eines Traums geplatzt ist, ist viel zu groß.

Obwohl die Sargtexte nicht aussagen, dass der Sarg dem Mikrokosmos der Unterwelt gleichkommt, schreit die Anordnung der Texte dies geradezu heraus (McDowell, 2002), lese ich.

Zauberspruch 1029, der erste im Zweiwegebuch, beschreibt die aufgehende Sonne: Zittern fällt auf den östlichen Himmelshorizont, auf die Stimme der Nut hin. Wenn sie die Wege für Re bahnt, vor dem Großen, dass er herumgehen möge. Erhebe dich, Re, erhebe dich doch, der du in deinem Schrein bist …

Ich schließe die Augen, und es taucht eine Reihe von Erinnerungen in rascher Folge auf: Harbi, der im Vorhof eine Orange schält; meine eigenen Hände und Nägel braun vom Staub; die überraschende Erleichterung, die heißer Tee an einem glühenden Tag bewirkt. Meine schmerzenden Füße nach einem auf den Beinen verbrachten Tag. Das wehende Ende eines Schals, hinter mir auf dem Fahrrad. Ich sitze auf dem Lenker, Wyatt strampelt.

Nut ist die Himmelsgöttin, die Mutter von Osiris. Die Unterwelt befindet sich zugleich in ihrem Leib; der Sarg kann Nut sein, und somit wird die Mumie in ihrem Bauch zu Osiris.

Ich erinnere mich an den Mond, der auf meinem Fenstersims saß und meinen Schlaf bewachte. Den kratzigen Sand unter meinen nackten Schenkeln. Das Schnurren des Ventilators in meinem Zimmer, wenn er nach einem Stromausfall wieder keuchend anlief. Das Geräusch seines Atems.

Der Terminus erhebe dich *bedeutet genau das, was eine Mumie tut – wie in erwachen –, also ist Re hier eine Mumie; hier ist Re der Verstorbene im Sarg.*

Als wir damals hier waren, gab es immer so viel Staub und Sand, dass ich mir jeden Abend die Augen mit einer Salzlösung ausspülte und mich danach blinzelnd neu in der Welt zurechtfinden musste. Genauso fühlt es sich jetzt an, wenn ich die Erklärungen der Theorien lese, die ich nie beweisen konnte.

»Meine Güte.«

Ich blicke auf und strenge meine Augen an. Wyatt sieht noch genauso aus, wie ich ihn in Erinnerung habe. Zwar älter, aber nur, was die Breite seiner Schultern angeht und den Fältchenfächer an den Augenrändern. Alles noch verbliebene Licht im Raum bündelt sich in seinen Haaren, noch immer blond, eine Krone für einen Prinzen.

»Ich hab Harbi nicht geglaubt, als er es mir erzählte«, sagt er.

Ich stehe auf, seine Dissertation noch immer in der Hand haltend. Zwischen uns spüre ich eine bewegliche Wand, als wären wir Magnete mit gleicher Polung, die uns auf festem Abstand halten. Aber ich spüre auch, wie es sein könnte, wenn eine Polung sich verändern würde.

Wyatts Gesicht ist ernst, meins ebenso. Ich recke das Kinn. »Du hast mal gesagt, du würdest alles für mich tun«, sage ich.

»Dawn …«

»Ich möchte hier arbeiten«, unterbreche ich ihn. »Ich möchte beenden, was ich begonnen habe.«

WASSER / BOSTON

Das Leben fragt den Tod: »Warum lieben mich die Menschen, hassen dich jedoch?«
Der Tod antwortet: »Weil du eine schöne Lüge bist und ich eine schmerzhafte Wahrheit bin.«

– Unbekannt

Als ich nach Hause komme, wartet Brian schon auf mich. Er starrt mich an, als wäre ich eine Halluzination, dann nähert er sich mir vorsichtig – so, wie man sich einem wilden Tier nähert oder jemandem, dessen Welt sich aufgelöst hat. Er umfängt mich mit seinen Armen. »Oh mein Gott, Dawn«, sagt er mit bebender Stimme. »Ich dachte, du wärst auf Nimmerwiedersehen verschwunden.«

Langsam kommen meine Arme hoch, um ihn zu umarmen. Ich schließe die Augen, schiebe aktiv die aufsteigenden Erinnerungen beiseite und zwinge mich dazu, nur noch nach vorn zu schauen.

Was, wenn es wirklich so einfach ist, neu anzufangen? Ich erinnere mich, dass Meret, als sie klein war, als Spielzeug einen Block hatte, in den winzige Metallspäne eingeschlossen waren, die man mit einem Magnetstift bewegen konnte. Wenn sie irgendwas X-beliebiges gezeichnet hatte und am Hebel zog, fielen alle Späne nach unten und sorgten wieder für eine unbeschriebene Fläche. Aber nach einigen Monaten hatten sich frühere Zeichnungen als verschwommene schwarze Schatten in den Fasern des Spielgeräts festgesetzt. Auch wenn sie neue Bilder malte, konnte ich die Gespenster ihrer Fantasie erkennen.

»Dawn«, sagt Brian. Eine Entschuldigung, ein Anfang.

»Ich möchte nicht darüber sprechen.« Es war noch zu frisch. Vielleicht irgendwann, aber heute war nicht der richtige Tag dafür.

Er nickt, schiebt die Hände in die Taschen. Das macht er immer, wenn er nervös ist. »Geht es … dir denn gut?«

»Ich bin hier, oder?« Ich sage das möglichst locker, aber die Antwort fällt wie Nebel und erschwert mir die Sicht.

»Das ist mein Fehler.«

Ich korrigiere ihn nicht. Wäre nicht gewesen, was er getan oder auch nicht getan hat, wäre ich gar nicht erst weggegangen.

»Ist Meret …«

»Sie ist in ihrem Zimmer.« Ich steuere auf die Treppe zu, aber Brians Stimme hält mich zurück. »Sie weiß es nicht. Ich wollte ihr keine Angst machen.«

Ich wirble herum. Entweder wollte er damit Meret oder auch sich selbst schützen. Wie auch immer, im Moment ist es ein unerwartetes Geschenk.

Merets Zimmer überrascht mich immer wieder aufs Neue. Obwohl es lange her ist, dass wir es für ein kleines Mädchen hergerichtet hatten, erwarte ich noch immer, die Rosa- und Gelbtöne und eine Tapetenbordüre aus tanzenden Flusspferden zu sehen. Wenn ich jetzt die Wäsche sortiere und ihre bunten BHs sehe, erschrecken sie mich, weil ich erst gestern noch die mit Marienkäfern bedruckten Bodys und die Baumwollkleidchen mit eingearbeiteten Petticoats zusammengefaltet habe.

Obwohl sie im Teenageralter ist, hängen bei ihr weder Sia noch 21 Savage an den Wänden. Sondern eine antiquarische Insektengrafik von Adolphe Millot und stark vergrößerte mikroskopische Aufnahmen von Zwiebelhautzellen und Wasserpestwurzel. Seit Brian ihr half, mit vier Jahren ihren ersten Backsodavulkan in der Küchenspüle zu machen, hatte Meret nach dem Vorbild ihres Vaters Wissenschaftlerin werden wollen.

Die Beleuchtung in ihrem Zimmer ist an, aber sie schläft auf ihrem Bettzeug. Ein Buch – *Blattgeflüster* – liegt auf dem Boden, es scheint ihr aus den Händen gefallen zu sein. Ich lege es auf das Nachtkästchen und will gerade die Lampe ausschalten, da regt sie sich und blinzelt mich an. »Du bist zurück«, flüstert sie. Ich frage mich, was Brian ihr tatsächlich erzählt hat. Und ob sie uns hat streiten hören, bevor ich ging.

Ich schlage die Decke zurück, damit sie ins Bett kriechen kann. Ihr Pyjamaoberteil schiebt sich nach oben und entblößt über dem Bund der Hose eine Speckrolle. Ich beiße mir auf die Lippe – sie hasst sich für ihr Aussehen, was nicht nur damit zu tun hat, dass sie vierzehn ist, sondern zudem die Tochter von Eltern, die beide dünn sind. Ich erspähe etwas Zusammengeballtes in Violett im Papierkorb – es ist das Shirt, das ich ihr zum Geburtstag gekauft habe. Beim Auspacken hatte Meret ein Lächeln aufgesetzt, aber ich habe gesehen, wie ihr Finger über das Etikett strich: Junior XXL. *Mom*, hatte sie gesagt, so *dick bin ich nicht.* Ich habe mich schrecklich gefühlt. Aber wäre es nicht schlimmer gewesen, ich hätte eine Nummer kleiner genommen, die ihr dann nicht gepasst hätte?

Wenigstens habe ich an ihren Geburtstag gedacht, sage ich mir.

»Bleibst du, bis ich einschlafe?«, bittet Meret mich.

In einem anderen Universum hätte ich dazu nicht Ja sagen können.

Ich streiche ihr übers Haar und nehme dies als Gnade – den Stimmungsumschwung, der mir wieder ihre Gunst sichert, die Tatsache, dass mir mein Geburtsgeschenk verziehen wurde; die Mischung aus Kummer und Erleichterung in Brians Augen über etwas, das fast passiert wäre.

Ich denke darüber nach, dass ich, obwohl ich dieses Haus verlassen habe, nun irgendwie wieder dort angelangt bin, wo ich begonnen hatte.

Als kleines Mädchen pflegte ich Todesanzeigen zu lesen und fragte meine Mutter dann eines Tages, warum die Menschen in alphabetischer Reihenfolge sterben. Meine Mutter gab mir darauf keine Antwort. Sie spuckte auf den Boden, weil Sprechen über den Tod diesen ins Haus holte. Sie war Irin und abergläubisch – eine doppelte Dosis Dickschädel; in meine Kleidung steckte sie Sicherheitsnadeln, um den bösen Blick abzuwehren, sie wies uns an, niemals im Haus zu pfeifen, und wenn wir, nachdem wir das Haus verlassen hatten, wieder hereinkamen, mussten wir in einen Spiegel schauen, damit uns das Glück nicht verließ. Ich hörte meine Mutter tatsächlich nie über den Tod reden, deshalb ist es auch so ironisch, dass sie der Grund für meine Arbeit als Sterbebegleiterin ist.

Es war meine dritte Grabungssaison in Ägypten als Doktorandin, als ich erfuhr, dass sie im Sterben lag. Sie hatte vor mir und meinem Bruder geheim gehalten, dass sie an Eierstockkrebs im vierten Stadium litt. Kieran war erst dreizehn, und sie hatte ihn nicht ängstigen wollen. Ich ging meiner Leidenschaft nach, und dies hatte sie nicht stören wollen. Mein Vater, ein Armeehauptmann, war bei einem Helikopterabsturz ums Leben gekommen, als meine Mutter mit Kieran schwanger war, und das bedeutete, dass ich jetzt für ihn die Verantwortung übernehmen musste. Ich war wütend, dass meine Mutter mir nichts von ihrer Krankheit erzählt hatte. Doch den Platz an ihrer Seite im Hospiz verließ ich nur, um rechtzeitig zu Hause zu sein, wenn Kieran von der Schule heimkam. Ich musste mit ansehen, wie sie immer mehr in den Laken verschwand, einer Erinnerung immer ähnlicher. Eines Tages kurz vor dem Ende drückte meine Mutter mir die Hand. »Dein Vater ist allein gestorben«, sagte sie. »Ich habe mich immer gefragt, ob er Angst hatte. Ob er noch etwas sagen wollte.« *Hast du Angst?*, wollte ich fragen. *Gibt es etwas, das du sagen möchtest?* Aber meine Mutter kam mir zuvor, indem sie lächelnd meinte: »Wenigstens habe ich dich.«

Ich dachte an meinen Vater, der sich fast am anderen Ende der Welt befand, als er seinen letzten Atemzug tat. Dachte an meine Mutter, die ihre sie aufzehrende Krankheit so lange verborgen hatte, bis sie nur noch ein Schatten der Frau war, die ich kannte. Der Tod ist unheimlich, verwirrend und schmerzhaft, und ihn allein durchzustehen sollte nicht die Norm sein.

Mir wurde bewusst, dass ich dagegen etwas tun konnte.

Mit dem Tod meiner Mutter war mein Leben, so wie ich es gekannt hatte, vorbei. Ich konnte nicht zurück an die Yale, denn ich war Kierans Vormund. Ein Job musste her, und den fand ich im selben Hospiz, in dem meine Mutter gestorben war. Anfangs stellte mich die Leiterin aus Mitleid ein, sodass ich wenigstens die Rechnungen bezahlen konnte. Als Akademikerin verfügte ich über keinerlei praktische Fertigkeiten und arbeitete deshalb am Empfang, war Mädchen für alles und plauderte mit den Patienten. Und genau darin, im Plaudern, war ich besonders gut. Ich hatte Freude daran, mir ihre Geschichten anzuhören, ihre Biografien auszugraben und die Bilder zu dem zusammenzusetzen, wer sie einmal gewesen waren. Archäologen machen schließlich auch nichts anderes. Eines Tages schlug mir die Leiterin des Hospizes vor, eine Zukunft in diesem Berufsfeld ins Auge zu fassen. In Onlinekursen machte ich meinen Master in Sozialarbeit und wurde Sozialarbeiterin im Hospiz. Ich war dafür verantwortlich, die Verzichtserklärungen auf Wiederbelebung unterschreiben zu lassen, mich um Beerdigungsarrangements zu kümmern, herauszufinden, wie die Familien finanziell aufgestellt waren. Ich unterstützte sowohl den Patienten wie auch die Bezugsperson, die beide eine große Last trugen. Meine Aufgabe sah ich darin, ihnen diesen schweren Packen für eine Stunde von den Schultern zu nehmen und Zeit zu geben, ihre Angelegenheiten zu regeln, bevor sie ihre Last wieder schultern mussten. Aber eine Stunde war nie genug, und es gab Aspekte des Jobs, die mich aufrieben – dass man viel zu viele Patienten und endlosen Papierkram hatte oder lächelnd die widerlichen Scherze eines Hospizarztes über sich ergehen lassen musste. Oder dass die Patienten nach neunzig Tagen neu zertifiziert werden mussten, um sicherzustellen, dass sie noch immer den Hospizkriterien entsprachen … wobei jene, die aus dem Raster fielen, noch so krank waren, dass sie Pflege oder Hilfe benötigten, um das zu verarbeiten, was mit ihnen geschah.

Nach fast einem Jahrzehnt Hospizarbeit hörte ich von einem Kurs, der sich »Intro to Death Midwifery – Einführung in die Sterbebegleitung« nannte. Ich erkannte den Sinn darin – wir haben Hebammen, die den Übergang eines Einzelwesens zur Mutter begleiten, warum also nicht Todesammen für den Übergang vom Leben in den Tod? Leider war der Kurs bereits belegt, als ich mich meldete. Doch ich ließ mich nicht abwimmeln und sagte der Kursleiterin, ich würde meinen eigenen Imbiss, meinen eigenen Stuhl mitbringen, wenn sie mich nur Mäuschen spielen ließe. Von den ersten Worten der Leiterin an – dass Sterbe-Doulas aus einer Zeit kommen, als die Menschen noch nicht allein starben – war ich begeistert. *Doula* ist griechisch für »Frau, die dient« – und so, wie Geburts-Doulas wissen, dass es Unannehmlichkeiten und Schmerzen während der Geburt gibt, für die man Abhilfe schaffen kann, verfolgen die Sterbe-Doulas dasselbe Ziel am anderen Ende der Lebensspanne.

Vor fünf Jahren machte ich mich dann als Sterbebegleiterin selbstständig, ein Beruf, von dem die meisten Menschen noch nichts gehört haben. Es gibt Institutionen, die Kernkompetenzen festlegen und Befähigungstest für Sterbebegleiter durchführen, aber es ist noch immer ein recht ungeordneter Bereich der Pflege. Meine Dienste werden von unserem Gesundheitssystem Medicare nicht übernommen, und was ich mache, hat für unterschiedliche Menschen unterschiedliche Bedeutung. Es ist weiß Gott Bedarf vorhanden – der »silberne Tsunami« der in die Jahre kommenden Babyboomer mit viel beschäftigten Kindern, die keine Pflege übernehmen können, oder Kindern, die nicht in der Nähe wohnen. Die Gesellschaft verändert sich kulturell, und Unterstützung ist überall gefragt. Außerdem wächst das Bewusstsein darüber, dass wir nur kurze Zeit auf Erden verweilen.

Sterbe-Doulas übernehmen keine medizinischen Aufgaben – ich habe keine Haftpflichtversicherung gegen Kunstfehler. Ich arbeite in Wohnungen, in Pflegeheimen, in Hospizen und in Einrichtungen des betreuten Wohnens. Während das Hospizmodell auf Teamarbeit setzt, arbeitet die Sterbe-Doula allein und erledigt bis auf die medizinische Versorgung alles andere. Ich kann mich rund um die Uhr um einen Klienten kümmern, aber das muss nicht so sein. Es hängt vom jeweiligen Individuum ab, und im Krankheitsverlauf können sich Veränderungen ergeben. Ich höre zu. Ich beruhige die Bezugspersonen. Ich sorge dafür, dass keiner allein ist, wenn er es nicht möchte. Ich sammele Informationen und teile sie – was die Beerdigung betrifft oder was einen während des Sterbevorgangs erwartet. Ich sehe voraus, was gebraucht werden wird, und erstelle dafür einen Plan – wie etwa eine Totenwache oder einen Gedenkgottesdienst in der Kirche. Ich kümmere mich um Seelsorger oder Ärzte. Ich spende physischen und emotionalen Trost durch Fußmassage, Chakrenreinigung, Visualisierung, Meditation und begleitetes Atmen. Ich kann einer Pflegeperson bei den alltäglichen Verrichtungen helfen – Zähneputzen, Duschen –, aber auch das ist eine individuelle Präferenz. Ich bringe Sachen in die Reinigung, kaufe Lebensmittel ein oder begleite einen Klienten zum Arzttermin.

Obwohl ich mit Fachkräften aus dem Hospiz zusammenarbeite, weiß ich, dass ein Teil der Pflege nicht-medizinischer Natur ist – sie ist ganzheitlich und spirituell –, und ich leiste sie. Das kann das Ausrichten einer Trauerfeier zu Hause sein oder Unterstützung der Familie beim Waschen und Aufbahren der Leiche. Möglicherweise wird Akupunktur zur Schmerzreduzierung gewünscht oder fachmännischer Rat für den Verkauf eines Autos, das in der Garage herumsteht und seit 1970 nicht mehr gefahren wurde. Manchmal helfe ich Familien auch beim Sortieren des Nachlasses des Verstorbenen und kümmere mich darum, dass die Sozialversicherungskarten und Bankauszüge dann ungültig gemacht und vernichtet werden. Eine Sterbe-Doula bietet alles aus einer Hand, ich bin die Generalbevollmächtigte des Todes. Allerdings beschreibe ich es lieber folgendermaßen: Wenn Sie um drei Uhr morgens Lust auf Pekanbutter-Eiscreme haben und im Hospiz sind, können Sie vielleicht einen Freiwilligen bitten, diese beim nächsten Besuch mitzubringen. Stellen Sie jedoch eine Sterbe-Doula ein, wird diese Ihnen das Gewünschte bringen. Aber wenn Sie mich engagieren, habe ich sie bereits im Eisfach.

Nach fast dreizehn Jahren Arbeit im Dienste des Lebensendes weiß ich, wie beschissen wir intellektuell und emotional auf den Tod vorbereitet sind. Wie kann man das Leben genießen, wenn man jede Minute damit zubringt, dessen Ende zu fürchten. Ich weiß, dass die meisten Menschen – wie auch meine Mutter – Angst davor haben, über den Tod zu sprechen, als wäre er ansteckend. Ich weiß, dass man, wenn man stirbt, noch dieselbe Person ist, die man auch im Leben gewesen ist – hat man das Leben beherzt gemeistert, wird man auch das Lebensende beherzt meistern. Wenn man als Gesunder nervös war, wird man auch auf dem Totenbett nervös sein. Menschen, die sterben werden, brauchen mich als Spiegel – um mir in die Augen zu sehen und zu wissen, dass ich sie so sehe, wie sie einmal waren, und nicht, wie sie jetzt sind.

Nach dreizehn Jahren glaubte ich, eine Menge über den Tod zu wissen.

Ich lag falsch.

Ich schlafe in Merets Zimmer ein und bleibe die ganze Nacht dort. Am Morgen umkreisen Brian und ich uns vorsichtig und auf Abstand bedacht. Wir sprechen nur, wenn nötig, und selbst dann geht es nicht um Gefühle, sondern um praktische Fragen. Er bricht heute nach Ontario auf, um in Waterloo am Perimeter Institute als Hauptredner über sein Arbeitsgebiet, die Quantenmechanik, zu sprechen, und das ist ein großes Ding. Noch vor fünfzehn Jahren bewegte man sich in einem Randgebiet, wenn man als theoretischer Physiker an Paralleluniversen glaubte, jetzt verfolgen mehr als die Hälfte der Wissenschaftler auf seinem Gebiet diesen Ansatz.

Ich bin froh, dass er zu dieser Geschäftsreise aufbricht, denn auf diese Weise lässt sich das Unvermeidbare hinauszögern. Ich gehe erst unter die Dusche, als Brian unten ist und Kaffee kocht, in der Küche vermeiden wir es dann, einander in die Augen zu schauen, finden aber die richtigen Worte, sodass Meret die angespannte Lage nicht mitbekommt. Er will keinen Druck auf mich ausüben, weil er Angst vor dem Ergebnis hat, und ich möchte aus denselben Gründen nicht bedrängt werden. Also schenke ich Brian einen Becher ein für unterwegs, er gibt Meret einen Kuss auf die Stirn und nimmt seine kleine Reisetasche. Er bricht zum Flughafen auf, kurz bevor Meret den Bus erwischen muss, der sie zum MINT-Lerncamp bringt.

Zum ersten Mal seit meiner Rückkehr bin ich allein im Haus. Tief durchatmend lasse ich alle Verstellung fahren, vergrabe mein Gesicht in den Händen und frage mich, wie ich wieder zurück in die Normalität finden soll.

Plötzlich geht die Haustür wieder auf. Ich rufe: »Was hast du vergessen?«

Aber anders als erwartet, ist es nicht Meret. Brian steht an der Schwelle zur Küche, die Schlüssel wie zur Erklärung hochhaltend. »Dich«, sagt er. »Ich habe *dich* vergessen.« Er kommt herein und setzt sich mir gegenüber an den Tisch. »Ich kann das nicht, Dawn. Wir müssen reden.«

Das haben wir bereits getan, aber man sieht ja, wohin mich das gebracht hat.

»Ich weiß nicht, was du von mir hören möchtest«, entgegne ich ihm.

Brian senkt den Blick. »Du brauchst nichts zu sagen. Du brauchst mir nur zuzuhören.«

Ich kenne ihren Namen: Gita. Weiß, dass sie in Cambridge war, bevor sie als Postdoktorandin nach Harvard kam. Ich erinnere mich sogar noch, dass Brian sie zu einem Essen mit anderen Kollegen mitgenommen hat, um sie davon zu überzeugen, an ihrem Physikprogramm mitzuarbeiten. *Passt sie denn auch gut dazu?*, hatte ich gefragt. *Denkst du, mit ihr arbeiten zu können?*

Als ich das nächste Mal von ihr hörte, erzählte Brian mir, er habe sie zum Essen ausgeführt, weil sie sich nicht in die Gruppe der anderen Postdoktoranden einfügte. Ich dachte nur, wie typisch für Brian: Über die Maßen freundlich versuchte er, einem nur als Möglichkeit vorhandenen Problem zuvorzukommen. Manchmal war er so in seine Arbeit vertieft, dass er vergaß, auf persönliche Anhaltspunkte zu achten, und ich sah eine positive Entwicklung darin, dass er sich um die Zufriedenheit eines Neulings kümmerte. Eine Woche später dann bat Gita ihn, ihr beim Autokauf zu helfen. Offenbar hatte sie gehört, dass Frauen, wenn sie keinen Mann an ihrer Seite hatten, die gegen die Reifen traten oder sich nach der Kraftstoffeffizienz erkundigten, vom Autohändler leichter übers Ohr gehauen wurden. Brian hatte sich noch bei mir beklagt – *ich bin nicht ihr Babysitter* –, aber er hatte sie begleitet – und sie war in einem Toyota RAV4 vom Hof gefahren. Eine Woche später war er mit einem

Korb voll Cadbury Flakes, Crunchies, Twirls und Rolos nach Hause gekommen, ein Geschenk, das Meret in Tränen ausbrechen ließ, weil sie eine Anspielung dahinter vermutete. *Gita hat das aus England mitgebracht*, hatte er ziemlich bestürzt gemeint. *Es sollte ein Geschenk sein.*

Aber dann hatte er eingewilligt, nach der Arbeit mit in Gitas Wohnung zu kommen, um ihr beim Aufbau einer Klimaanlage zu helfen. Darüber hatte er den Geburtstag seiner Tochter vergessen und dass wir diesen am Abend mit einem Essen feiern wollten. Stattdessen folgte er Gita wie ein Hündchen zu ihrer Wohnung. Er hatte sich bis aufs Unterhemd ausgezogen und das Gerät nach oben geschleppt, es nach Anweisung im Schlafzimmerfenster montiert und dieses dann mit charakteristischer Gründlichkeit mit Plastik und Klebeband abgedichtet, sodass kein Ungeziefer durch die Ritzen kommen konnte.

Ich schickte ihm zwei Textnachrichten: *Wo bist du?* und: *Merets Geburtstag???* Er las sie, ohne darauf zu reagieren.

Als er ins Wohnzimmer zurückkam, saß Gita dort in dem von ihm abgelegten Hemd auf der Couch vor einer Flasche Champagner und zwei Gläsern. *Als Dankeschön*, sagte sie.

Brian berichtete, er sei sofort aufgebrochen.

Ich glaubte ihm, als er sich die Beichte abrang. Glaubte ihm, weil ich bei ihm, wäre er auf Gitas Angebot eingegangen, die Schuldgefühle mit Händen hätte greifen können.

»Warum hast du meine Textnachrichten nicht beantwortet?«, wollte ich wissen.

»Da war ich mittendrin, das Klimagerät einzubauen«, erwiderte Brian.

»Und warum hast du nicht geantwortet, als du damit fertig warst?«

Er spreizte die Hände, weil er wusste, dass er nur das Falsche sagen konnte. »Es tut mir leid, Dawn. Es tut mir so leid. Das ist alles mein Fehler.«

»Ich muss gehen«, murmelte ich.

»Gehen? Wohin?«

Ich ging ihn an. »Ich glaube nicht, dass du mich das jetzt fragen solltest.« Doch schon, als ich durch die Tür rannte, spürte ich, wie er mich ankettete, fest und unbeweglich, wie die Gewichte, mit denen die Ballons in den Läden für Partybedarf am Boden festgehalten werden, deren einziges Bestreben es ist, aufzusteigen.

Das war dann, dies ist jetzt. Wir können in diesem Haus nicht so weitermachen, ohne eine Art von Waffenstillstand zu schließen.

»Ich höre«, sagte ich.

Er strich sich mit den Fingern durch sein kräftiges Haar. »Ich weiß nicht, wie sich das, was geschehen ist, rückgängig machen lässt.«

Diese Passivkonstruktion. Als wäre er ein Zuschauer, als hätte er gar nicht mitgewirkt.

»Ich habe nichts mit ihr gemacht«, sagt Brian. »Ich schwöre es.«

»Wenn du *nichts gemacht* hast«, wiederhole ich, »warum hast du mir nicht erzählt, dass du an jenem Tag zu ihr mit in die Wohnung gegangen bist? Warum hast du meine Textnachrichten ignoriert?« Ich schlucke. »Warum tust du dann so, als hättest du etwas zu verbergen?«

»Weil ich mich wie ein Idiot gefühlt habe, als mir klar geworden ist, dass ich Merets Geburtstag vergessen habe.«

Ich starre ihn an. »Denkst du wirklich, das war der Grund, weshalb ich gegangen bin?«

Er zuckt zusammen. »Ich dachte … ich dachte, ich könnte helfen. Ich wusste nicht, dass sie mehr wollte. Und mir … mir wird jetzt klar, dass ich das hätte merken müssen.«

Das denke ich auch. Brian nimmt manchmal alles so wörtlich, dass man ihn regelrecht schütteln muss, bis er Andeutungen als solche erkennt. Aber ich glaube zudem, dass er ein Geheimnis hat, eins, das er sich womöglich selbst noch gar nicht eingestanden hat – dass er sich nämlich, konfrontiert mit einem schönen Mädchen, Champagner und der sich bietenden Gelegenheit, gewünscht hatte, sich in einer anderen Zeitschiene zu befinden.

Auch ohne sein entsprechendes Handeln bedeutet das nicht, dass es kein Treuebruch war.

Brian lässt die Schultern hängen und neigt sich tiefer über den Tisch. Es dauert, bis ich begreife, dass er etwas tut, was ich ihn während der langen Dauer unserer Ehe nie habe tun sehen.

Er weint.

Brian war immer so gefasst, überlegt und kompetent, die Spule meines Winddrachens, die Erdung meiner Elektrizität. Als ich im wahrsten Sinne nicht mehr wusste, wohin auf der Welt, hat er mir sein Zuhause angeboten. Wenn ich einen Patienten vor meinen Augen habe sterben sehen, schließe ich danach ihn in die Arme und weiß dann wieder, wie es sich anfühlt, lebendig zu sein. Immer hatte er mir zuverlässig helfen können. Bis jetzt.

Ihn so erschüttert und unsicher zu sehen gibt mir das Gefühl, die Welt sei ein wenig aus dem Lot geraten, vertraut zwar, aber doch ein wenig falsch, wie wenn man den Scheitel auf der anderen Seite zieht. Tief in mir vibriert etwas und bereitet Schmerz. So ist das, wenn man verheiratet ist, sage ich mir. Man wird zur Stimmgabel für Gefühle.

Das Muskelgedächtnis unserer Beziehung lässt mich aufspringen, bevor mein Kopf mithalten kann. Ich stehe vor Brian und streiche ihm übers Haar, weil ich es nicht ertrage, ihn leiden zu sehen, obwohl er es war, der *mir* wehgetan hat.

Wie der Blitz schießt er hoch und packt die Rettungsleine, die ich ihm anbiete. Und ganz ehrlich, es *ist* eine. Das Leben, so wie wir es die letzten fünfzehn Jahre gekannt haben, hat sich unwiderruflich durch die Aufmerksamkeiten einer jungen Physikerin verändert, und dies ist ein Wink, wie er zu mir zurückfinden kann. Eine Brotkrumenspur aus tausend Umarmungen wie diese. Das ist vertrautes Terrain.

Die Person in die Arme zu schließen, die einen seit fünfzehn Jahren festgehalten hat, gibt einem das Gefühl des Ankommens, als würde man sich auf den bequemsten Platz der Matratze rollen oder die letzte Lücke im Kreuzworträtsel schließen. Es ist die Kaminwärme, die in den Raum ausstrahlt. Die Brieftaube, die ihren Schlafplatz erspäht.

Aber es hat auch was mit selektiver Amnesie und Schönfärberei zu tun, und selbst als meine Haut unter Brians Berührung nachgibt, greift mein Kopf nach dem Rauch des alten Streits, der uns auseinandergebracht hat.

Ich kann nicht anders – ich vergrabe mein Gesicht in seinem Hemdkragen und atme tief ein. Seife. Stärke. Keine Rosen. Ich schließe die Augen.

Dann schrecke ich plötzlich hoch. »Deine Rede.«

»Pfeif auf die Rede«, sagt Brian. »Da ergibt sich eine andere Gelegenheit.«

Ich muss lächeln. »In einem anderen Universum hast du sie bereits gehalten und dafür tosenden Applaus bekommen.«

»In einem anderen Universum wurde ich von der Bühne gebuht.«

Ich sehe in Brians tannengrüne, sich schwarz verdunkelnde Augen, die mich anstarren. Als Naturwissenschaftler war er nie gut im Umgang mit Worten, aber selbst sein Schweigen erlaubt mir, die Flugbahn seiner Gedanken nachzuverfolgen. Brians Gehirn arbeitet in Kets, den kleinen Kästchen, mit denen die Physiker über den Quantenzustand dessen sprechen, was sich in den Klammern befindet. Oder laienhaft ausgedrückt: die Art und Weise, wie etwas wirklich ist – in diesem Fall unsere Ehe. »In einem anderen Universum sind wir bereits nackt«, erwidere ich.

Wochen später werde ich mir diesen Zeitmoment vornehmen und im Geiste umdrehen wie eine Schneekugel. Ich werde mich fragen, warum ich das gesagt habe, als die Schuld noch wie zäher Brei zwischen uns war. Vielleicht wollte ich ausprobieren, ob wir einander nah genug kommen konnten, sodass für Vorwürfe kein Raum mehr blieb. Vielleicht aber war es nach allem, was passiert war, einfacher, anstatt über Vergangenes zu streiten, schamlos und instinktiv im *Jetzt* zu sein.

Er starrt mich an, wartend – *hoffend* – auf die Absolution. Denn trotz des Wissens, dass ich, als wir zuletzt beisammen waren, nicht schnell genug von ihm wegkommen konnte, bin ich wieder da.

Ich ziehe mir das Shirt über den Kopf.

Brian küsst mich und übernimmt, zieht mir die Shorts aus. Er katalogisiert jeden Zentimeter von mir, den er freilegt. Dann hebt er mich auf die Küchentheke und stellt sich zwischen meine Beine. Ich fummle an seinem Gürtel herum, schiebe die Hose nach unten. Seine Hände liegen wie Klammern um meine Hüften und umschließen die sich überstürzenden Laute: *dies, bitte, jetzt*. In einer raschen Bewegung zieht er mich nach vorn, wickelt meine Beine um seine Taille, während er gleichzeitig in mich eindringt. Seine Zähne schrappen über meinen Nacken, meine Nägel graben sich in sein Fleisch. Er beginnt, sich zu bewegen, aber ich lasse nicht zu, dass sich zwischen uns auch nur der kleinste Raum auftut, und wir steigen gemeinsam empor wie eine Schimäre. In dem Moment, als ich mich anspanne, lässt er los, und dass ich gleich darauf noch immer weiß, wo ich bin, liegt daran, dass ich seinen Herzschlag in mir hüpfen spüre.

Brian sieht mich mit einem selbstzufriedenen Grinsen an. »Tja«, sagt er.

Ich lache.

Wir haben ein, wie ich annehme, ganz normales eheliches Sexleben – ein paar Mal in der Woche, Bewegungen, die wir zeitökonomisch perfektioniert haben, mit Lustgarantie, dazu ein fester Nachtschlaf. Wer als Erster kommt, sorgt dafür, dass auch der andere den Höhepunkt erreicht. Gut ist es immer, manchmal auch großartig. Wie gerade eben. Wenn *Sex* gar nicht mehr das richtige Wort dafür ist. Sondern über die Grenzen des jeweils eigenen Körpers hinweg ein gegenseitiger Austausch stattfindet.

In vielerlei Hinsicht stellt dies den Mikrokosmos der Ehe dar. Zwar besteht dieser auch aus viel *Hast du die ganze Kaffeesahne aufgebraucht?* und *Gehst du heute zur Post*?, aber immer mal wieder kommt es zu Momenten der Transzendenz: wenn man sich gemeinsam erhebt, weil die Tochter zum Abschluss der fünften Klasse auf die Bühne kommt, wenn man auf einer Dinnerparty über den Tisch hinweg einen Blick tauscht, der eine ganze stille Konversation enthält, wenn man sich dabei ertappt, dass man mit einem Blick das eigene Zuhause und die Familie erfasst und denkt: *Das hier. Das hier haben wir geschaffen.*

Brian hatte sich Hals über Kopf in mich verliebt. Er sagte mir einmal, wenn er mit mir zusammen sei, fühle er sich nicht in den Hintergrund gerückt. Auch das Essen schmecke besser. Die Luft sei frischer. Er meinte, ich hätte seine Welt verändert. Hätte *die* Welt verändert.

Brian greift nach einem Geschirrtuch und reicht es mir für die Nebenaspekte des Liebesspiels, mit denen sich in Hollywood keiner herumschlagen muss. *Was machen die da?*, hatte er mir im Kino zugeflüstert. *Schlafen die etwa auf dem nassen Fleck?* Er küsst mich flüchtig und klopft leicht auf die Marmortheke. »Versprich mir, dass du das abschrubbst, bevor du darauf Essen machst«, sagt er und beginnt, sich zurückzuziehen.

Ich hake meine Fußgelenke ineinander und halte ihn gefangen, schaue ihm in die Augen. So etwas macht man nicht oft, wenn man mit ein und derselben Person so lange zusammen ist, wie ich das bin. Man streift den anderen mit einem Blick, flüchtig, fängt seinen Blick auf, aber man saugt seine Züge nicht wirklich auf, als wären sie eine Oase in der Wüste. Aber jetzt ruht mein Blick auf Brian, bis er unruhig und verlegen wird.

»Was ist?«, fragt er. »Ist was mit meinem Gesicht?«

»Nein«, sage ich. Aber ich sehe sie endlich – die Verwunderung. Den Glauben, er könnte aufwachen und all das hier wäre nur ein Traum. *Oh, da bist du ja*, sage ich mir. *Der Mann, in den ich mich verliebt habe.*

Ich lernte Brian in der Gemeinschaftsküche des Hospizes kennen, in dem meine Mutter im Sterben lag. Vor der Kaffeemaschine liefen wir uns über den Weg. Nach einigen Tagen wusste ich, dass er aromatisierten Kaffee mochte – Haselnuss oder französische Vanille – und Linkshänder war. Immer befand sich ein Rest von Grafit auf seiner Hand, als hätte er den Tag über mit Bleistift geschrieben.

Den Snack, den ich mir meistens mitbrachte, wenn ich am Bett meiner Mutter saß, nahm ich manchmal auch an dem zerkratzten kleinen Tisch in der Gemeinschaftsküche zu mir. Dort traf ich dann auch Brian, der sich mathematische Notizen in so kleiner Schrift machte, dass ich die Augen zusammenkneifen musste, um die Zahlen zu erkennen. Es waren Zahlen, die für mich keinen Sinn ergaben: Fakultäten und Exponenten und Gleichungen, für die meine Schulkenntnisse in Algebra nicht ausreichten.

»Guter Tag oder schlechter Tag?«, fragte ich ihn. Das war die Entsprechung im Hospiz für die Frage *Wie geht's?*, denn auf diese gab es hier nur eine Antwort: *dem Ende zu.*

»Schlechter Tag«, sagte Brian. »Meine Großmutter leidet an Alzheimer.«

Ich nickte und war in diesem Punkt dankbar dafür, dass meine Mutter so klar im Kopf war.

»Sie hält mich für einen Nazi, weshalb ich es besser fand, mal rauszugehen.« Er strich sich mit der Hand durchs Haar. »Das nervt ziemlich, wissen Sie. Da hat dein Körper den Holocaust überlebt und dann lässt dich dein Gehirn im Stich.«

»Sie sind ein wirklich guter Enkel, dass Sie immer hier sind.«

Er zuckte die Achseln. »Sie hat mich großgezogen. Meine Eltern kamen bei einem Autounfall ums Leben, als ich acht war.«

»Das tut mir leid.«

»Es ist lange her.« Brian sah zu, wie ich eine Packung Knabbergebäck aufmachte. »Ist das alles, was Sie essen?«

»Ich hatte keine Zeit zum Einkaufen …«

Er schob mir die Hälfte seines Truthahn-Sandwichs zu. »Es geht um Ihre Mom, nicht wahr?«

Es dürfte nicht schwer gewesen sein, das herauszufinden, und es schmerzte noch immer zu wissen, dass ein anderer Fragen gestellt, Schlüsse gezogen und mich bemitleidet hatte. »Dazu braucht es keine Raketenwissenschaft.«

»Nein. Aber Quantenmechanik.«

Verdutzt blickte ich auf und sah ihn wieder kritzelnd über seine Papiere gebeugt.

»Sie sehen gar nicht aus wie ein Physiker.« Ich schielte auf das gläserne Meer seiner Augen und die Haare, die ihm ins Gesicht fielen, weil sie zu lang waren.

»Wie sollte ich denn aussehen?«

Ich spürte, wie mir die Röte ins Gesicht schoss. »Ich weiß nicht. Ein wenig …«

»Fettig? Fahrig?« Er zog eine Augenbraue hoch. »Was ist mit Ihnen? Was machen Sie, wenn keiner im Sterben liegt?«

Seine unverblümte und aufrichtige Art darüber zu reden, war das Erste, was mir an Brian gefiel. Keine Euphemismen, keine Spitzfindigkeiten. Damals fand ich diese Direktheit erfrischend. Aber die Worte laut aussprechen konnte ich nicht – dass ich Ägyptologin war, herausgerissen aus Ägypten, keinen Weg mehr sah, der mir erlaubt hätte, meine Doktorarbeit abzuschließen. Dass es, anders als bei seinen numerischen Gleichungen auf Papier, keine einfache Lösung für mein Problem gab.

»Quantenmechanik war für mich immer ein Buch mit sieben Siegeln«, lenkte ich das Gespräch von mir ab. »Klären Sie mich ein wenig auf.«

Er blätterte zu einer leeren Seite und zeichnete einen winzigen Kreis. »Schon mal was von einem Elektron gehört?«

Ich nickte. »Das ist ein Teilchen, richtig? Wie ein Atom?«

»Subatomar eigentlich. Aber für unsere Zwecke brauchen Sie nur zu wissen, dass es sich wie eine Kugel verhält. Und wenn wir eins über Kugeln wissen, dann, dass sie sich um sich selbst drehen können, nicht wahr? Entweder im Uhrzeigersinn oder gegen den Uhrzeigersinn.«

Er zeichnete einen zweiten Kreis auf das Blatt. »Wirklich mega-cool sind Elektronen deshalb, weil sie sich gleichzeitig im Uhrzeigersinn und gegen den Uhrzeigersinn drehen können.«

»Das ist Blödsinn.«

»Ich kann's Ihnen nicht verdenken. Aber es hat unzählige Experimente gegeben, die sich nur mit diesem Phänomen erklären lassen. Stellen Sie sich beispielsweise eine dunkle Leinwand vor, die keinerlei Licht durchlässt. Dann schneiden Sie zwei kleine Löcher hinein – nennen wir sie Schlitz 1 und Schlitz 2. Wirft man einen Laserstrahl auf diese Schlitze und man blockiert Schlitz 1, würde man erwarten, dass man auf der Wand dahinter einen kleinen Lichtpunkt in der Linie von Schlitz 2 sieht. Blockiert man Schlitz 2, würde man erwarten, einen kleinen Lichtpunkt in der Linie von Schlitz 1 zu sehen. Und was passiert, wenn man beide Schlitze gleichzeitig öffnet?«

»Man sieht zwei Lichtpunkte?«

Seine Augen strahlten. »Würde man denken, oder? Aber nein. Man bekommt eine ganze Reihe von Lichtpunkten in gleichmäßigen Abständen, aber unterschiedlicher Intensität zu sehen. Man nennt es Interferenzmuster. Wir Physiker können uns das nur damit erklären, dass das Licht, das aus Schlitz 1 kommt, mit dem Licht aus Schlitz 2 offenbar interagiert, weil wir wissen, dass wir, wenn nur ein Schlitz geöffnet ist, nur einen einzigen Lichtpunkt an der Wand sehen … sind jedoch beide geöffnet, entsteht etwas, das wir noch nie zuvor gesehen haben. Dann kam Einstein und erklärte uns, dass Licht kein Düsenstrahl ist, sondern aus lauter individuellen Partikeln besteht, weshalb das Muster womöglich von individuellen Partikeln aus verschiedenen Schlitzen stammt, die aufeinandertreffen. Forscher haben den Laserbeschuss so weit verlangsamt, dass immer nur ein Photon durch den Schlitz ging, und fest damit gerechnet, das verrückte Muster würde verschwinden. Aber das tat es nicht. So blieb den Physikern als einzige Erklärung, dass dieses eine Photon tatsächlich gleichzeitig beide Schlitze durchdringt und mit sich selbst interferiert. Obwohl jeder in uns angeborene Instinkt sich gegen diese Vorstellung wehrt.« Er sah mich an. »Und für den Fall, dass Sie noch immer denken, ich erzähle Blödsinn: Das Interferenzphänomen sorgt übrigens dafür, dass Ihr Laptop funktioniert.«

»Und was hat das nun mit den Elektronen zu tun?«, hakte ich nach.

»Wir wissen, dass sie sich im Uhrzeigersinn und gegen den Uhrzeigersinn drehen«, holte Brian aus. »Nehmen wir mal an, Sie sperren ein Elektron in eine Kiste. Neben dem Elektron befindet sich ein kleiner Auslöser, der aktiviert wird, wenn sich das Elektron im Uhrzeigersinn dreht, aber nicht aktiviert wird, wenn es sich gegen den Uhrzeigersinn dreht. Wird der Auslöser aktiviert, sendet er ein Signal zu einer Waffe, die dann schießt und eine Katze tötet.«

»Muss ’ne große Kiste sein.«

»Arbeiten Sie mit«, forderte Brian mich auf. »Wenn sich das Elektron also im Uhrzeigersinn bewegt …«

»Aktiviert das den Auslöser, die Waffe geht los, die Katze stirbt.«

»Und wenn das Elektron sich gegen den Uhrzeigersinn bewegt?«

»Passiert nichts.«

»Genau.« Er sah mich an. »Aber was passiert, wenn sich das Elektron gleichzeitig sowohl im Uhrzeiger- als auch gegen den Uhrzeigersinn bewegt – was es ja kann, wie wir wissen?«

»Ist die Katze entweder tot oder nicht?«

»Tatsächlich«, korrigierte Brian mich, »ist die Katze sowohl lebendig als auch tot.«

»Das ist ja postapokalyptisch«, murmelte ich. »Nette Geschichte, aber ich habe noch keine Zombiekatze gesehen.«

»Das hat in etwa auch Niels Bohr gesagt. Er wusste, dass die Mathematik das behauptete, aber auch er hatte noch nie eine lebend-tote Katze gesehen. Also überlegte er, dass es an der besonderen Art der Beobachtung liegen müsse, die bewirkt, dass die Katze nicht mehr gleichzeitig lebendig *und* tot ist, sondern stattdessen einfach lebendig *oder* tot.«

»Durch das menschliche Bewusstsein?«

»Das hat John von Neumann vorgeschlagen. Aber was macht den Menschen so besonders, dass er über das Resultat eines Quantensystems entscheiden kann, in einen einzigen definierten Zustand zu kippen? Was passiert, wenn kein Mensch … sondern ein Frettchen zusieht? Und was ist mit der Katze in der Kiste? Man weiß, dass sie ein eigennütziges Interesse am Ergebnis hat. Verfügt sie also über die Macht, auf den Zustand des Elektrons, des Auslösers oder der Waffe einzuwirken?« Nach einer Pause fuhr Brian fort: »An die Kollapstheorie haben die coolen Jungs bis in die Fünfzigerjahre geglaubt, bis Hugh Everett III. eine andere Erklärung auf den Tisch legte, warum wir keine Zombiekatzen herumlaufen sehen. Er sagte, dass genauso, wie das Elektron und der Auslöser und die Waffe und die Katze Quantenobjekte sind, dies auch der- oder dasjenige ist, der beobachtet, was sich in der Kiste abspielt.« Er zeichnete ein kleines

Strichweibchen mit Rock, das winkt. »Anfangs steht sie vor der Kiste und weiß nicht, was sie sehen wird, wenn sie hineinschaut. Aber sobald sie den Deckel anhebt ... wird sie in zwei eigenständige Kopien von sich gesplittet. Die eine Version sieht eine Katze, deren explodiertes Gehirn in der ganzen Kiste verteilt ist. In der anderen hört sie ein Miauen. Fragt man sie, was sie gesehen hat, wird die eine Version sagen, dass die Katze tot ist, die andere, dass die Katze lebt. Der Beobachter sieht immer nur ein Ergebnis, nie beide, obwohl uns die Gesetze der Quantenmechanik sagen, dass beide Versionen dieser armen verdammten Katze existieren. Der Grund, weshalb sie nur ein Ergebnis sieht, ist der, dass sie in einer der Zeitachsen gefangen ist und somit nicht in der Lage, die andere zu sehen.« Er grinste mich an. »Das ist Everetts ganze Erklärung. Der Grund, warum wir keine Zombiekatzen oder Elektronen sehen, die sich gleichzeitig in beide Richtungen drehen, ist der, dass wir in dem Moment, da wir sie betrachten, als Teil einer mathematischen Gleichung in multiple Zeitachsen gesplittet werden, wo verschiedene Versionen von uns verschiedene konkrete Ergebnisse sehen.«

»Wie in einem Paralleluniversum«, warf ich ein.

»Genau. Ich habe den Begriff *Zeitachse* gebraucht, aber Sie können ebenso gut *Universum* sagen. Und dabei geht es nicht darum, dass Katzen in Kisten sind, sondern, dass wir alle aus Molekülen wie diese Elektronen bestehen. Wenn man immer weiter reinzoomt, lässt sich alles, was wir tun, durch Quantenmechanik erklären.«

»Was passiert mit diesen beiden verschiedenen Zeitachsen?«

»Sie streben weiter und weiter auseinander. Die Beobachterin, die sieht, dass die Katze tot ist, könnte dadurch möglicherweise so deprimiert sein, dass sie die Schule nicht schafft, von Meth abhängig wird und nie die Technologie erfindet, die uns beim Kampf gegen den Krebs helfen könnte. Gleichzeitig glaubt die Beobachterin, die sieht, dass die Katze lebt, dass sie etwas entdeckt hat, und wird Dekanin für Physik in Oxford.« Er strich mit dem Daumen über den Stapel Papiere, an denen er gearbeitet hat. »Und was tue ich? Ich zerstöre nach und nach meine Karriere, indem ich darauf beharre, dass das Multiversum sich ständig verzweigt und neue Zeitachsen hervorbringt, wann immer wir eine Entscheidung fällen oder eine Interaktion haben.«

»Und warum sollte das Ihre Karriere zunichtemachen?«

»Sagen wir mal, dass die Physiker, die das glauben, Außenseiter sind. Aber eines Tages …«

»Eines Tages wird man Sie ein Genie nennen.« Ich zögerte. »Oder vielleicht geschieht das ja bereits in einer anderen Zeitachse.«

»Ganz genau. Alles, was geschehen *kann*, *geschieht* auch – in einem anderen Leben.«

Ich hielt den Kopf schief und sah ihn an. »In einem anderen Universum liegt meine Mutter also nicht im Sterben.«

Er zögerte mit seiner Antwort. »Nein. Tut sie nicht.«

»Und in einem anderen Universum sind wir uns nie begegnet.«

Brian schüttelte den Kopf und lief rot an. »Aber in *diesem* Universum«, sagte er, »würde ich Sie wirklich gern zum Essen ausführen.«

Als ich aus der Dusche komme, steht Brians Reisetasche auf dem Bett. Ich werfe einen Blick darauf, weil ich im Bad erneut das Wasser rauschen höre, wende mich dann jedoch mit einem Seufzer ab und ziehe Unterwäsche, Shorts und ein Tanktop an.

Ich kämme mir die Haare und flechte einen Zopf, dann habe ich keinen Grund mehr, im Schlafzimmer zu verweilen, aber verlassen kann ich es auch nicht.

Die Dusche plätschert noch.

Ich gehe auf die Tasche zu und öffne den Reißverschluss.

Brians Waschbeutel und Schuhe liegen obenauf. Ich lege sie beiseite, ziehe einen Baumwollpullover heraus und schnüffele daran. Ich rieche was Blumiges – etwa wieder Rosen? Oder bilde ich mir das nur ein?

»Dawn?«

Er steht hinter mir, ein Handtuch um die Lenden gewickelt. Meine Hand wird taub, mein Körper erstarrt. Auf frischer Tat ertappt. Ich bin eine Diebin, eine Spionin. Ich bin Daisy, die in Gatsbys Kleidern wühlt.

»Ich dachte … das sei geklärt zwischen uns«, sagt Brian.

»Weil wir Sex hatten?«, erwidere ich. »Ich bin mir ziemlich sicher, dass du es warst, der mir erklärt hat, das habe keine Bedeutung.«

»Ich hatte keinen Sex mit ihr.« Brian setzt sich aufs Bett und zieht mir den Pullover aus den Händen.

»Nein. Du hast nur daran *gedacht*.«

Ich bin gehässig, unverschämt und nachtragend. Ich reibe Gift in meine Wunden. Brian hat sich entschuldigt, ich sollte ihm verzeihen. Oder nicht?

Aber er war am Tag von Merets Geburtstag mit *ihr* zusammen. Kam nicht zum Abendessen. Tauchte dann eingehüllt in Rosenduft auf – in seinen Kleidern, seinen Haaren, über unsere Ehe gestreut.

»Magst du sie?«, würge ich hervor. Die Worte schneiden mir wie Messer in die Kehle.

»Na ja … ich meine«, stammelt Brian. »Ich habe sie eingestellt.«

»Falsche Antwort«, blaffe ich und entferne mich vom Bett. Ich bin schon fast an der Tür, als er mein Handgelenk packt und mich herumdreht.

»Ich habe nie eine andere außer dir geliebt.«

Einmal gab es in Boston ein Erdbeben. Ich war mit Meret auf dem Heimweg vom Kindergarten und wir kamen unterwegs an ein paar umgestürzten Bäumen vorbei. Es war nur ein winziges Erdbeben verglichen mit denen entlang der Sankt-Andreas-Spalte, aber für Menschen, die es nicht gewohnt sind, dass der Boden unter ihren Füßen bebt, war es schockierend.

Ich ging meinem Alltag nach, bereitete für Meret einen Cheeseburger zum Mittagessen, ging mit ihr in den Park und schubste sie beim Schaukeln an, bevor ich sie zum Babysitter brachte, damit ich mich um eine Hospizpatientin kümmern konnte. Mit weit aufgerissenen Augen erzählte mir die Frau, wie das Bett zusammen mit ihr über den Boden geschlingert war und ihre Tablettengläschen vom Regal gestürzt waren, als hätte eine Geisterhand sie gestoßen. *Haben Sie es gespürt?*, fragte sie mich, aber ich schüttelte den Kopf. Auto fahrend, dessen Reifen genauso gepoltert hatten wie die Erde, hatte ich nicht mal gewusst, dass was passiert war, bis sie es mir sagte. Eine Katastrophe hatte ganz subtil die Welt verändert, ohne dass ich es mitbekommen hatte.

Brian will meine Hand nicht loslassen. Mit seinem Daumen zeichnet er meine Fingerknöchel nach. »Bitte, Dawn. Ich weiß, dass ich es nicht ungeschehen machen kann. Aber es wird nie wieder passieren.«

Ich glaube ihm. Doch ich vertraue ihm einfach nicht.

»Verflucht, wie ich diese Rosen hasse«, sage ich und verlasse den Raum.

Das Verrückte daran, wenn man das alte Leben, nachdem es fast zu Ende gegangen ist, wieder aufnimmt: Es geht seinen gewohnten Gang. Mag dein Herz auch gebrochen und du mit den Nerven am Ende sein – der Müll muss trotzdem rausgebracht werden. Lebensmittel müssen eingekauft werden. Du musst tanken. Leute rechnen mit dir.

Auf dem Weg zur Wohnung einer neuen potenziellen Klientin rufe ich meinen Bruder an. Als Neurochirurg an einer Klinik nimmt er selten ab, deshalb erschrecke ich fast, als ich ihn selbst anstatt des Anrufbeantworters erreiche.

»Kieran?«

»Dawn?«

»Ich hatte gar nicht mit dir gerechnet.«

Die Belustigung in seiner Stimme ist nicht zu überhören. »Tut mir leid, wenn ich dich enttäusche. Ich komme gerade aus dem OP. Was ist los? Warte. Lass mich raten. Du hast einen komischen Ausschlag?«

Sicher, ich neige dazu, ihn immer dann anzurufen, wenn ich eine medizinische Frage habe, etwa, ob die Grippewelle Boston bereits erreicht hat, und was man bei Plantarsehnenentzündung tun kann oder wegen eines Dutzends anderer Probleme, für die er keine Lösung hat, weil sie nicht in sein Spezialgebiet fallen. »Ich bin nicht krank. Ich wollte einfach nur deine Stimme hören. Ich … habe dich vermisst.«

»Mist, vergiss den Ausschlag, du bist kränker, als ich dachte. Vielleicht solltest du sofort in die Notaufnahme kommen.«

»Hör auf«, erwidere ich, muss aber lächeln.

»Was ist denn tatsächlich im Busch?«, hakt mein Bruder nach.

Ich zögere. »Ich habe mich zu erinnern versucht, ob Mom und Dad je miteinander gestritten haben.«

»Da kann ich dir nicht weiterhelfen. Schließlich war ich erst eine Zygote, als Dad noch lebte.«

»Ich weiß«, sage ich.

»Geht es um dich und Brian?«, fragt Kieran. »Ihr streitet doch nie.«

»Vermutlich gibt es für alles ein erstes Mal.«

Er wartet, rechnet damit, dass ich das erläutere, aber ich zögere, mehr preiszugeben.

»Hör zu, Dawn, du hast nichts zu befürchten. Du und Brian, ihr seid die *Regel*. Der Standard. Ihr seid die eheliche Entsprechung für die Sonne, die jeden Tag aufgeht, und den Himmel, der blau ist, wenn du die Augen aufschlägst. Ihr werdet bis ans Ende eurer Tage zusammen sein. Das willst du doch, oder?«

»Ja«, sage ich. »Natürlich.«

Im Hospiz hatten wir eine Katze, die den Tod vorhersagen konnte. Für die Getigerte, die, soweit ich weiß, nie einen anderen Namen als Katze hatte und in dem Gebäude lebte, gab es sogar ein Budget für das Futter. Wir hatten zwei Therapiehunde, die zu den Patienten auf Besuch kamen, aber die Katze war im Grunde genommen unnahbar und wollte nicht gestreichelt werden. Ihre einzige Bestimmung, soweit ich das beurteilen kann, war es, uns wissen zu lassen, wenn jemand nur noch weniger als vierundzwanzig Stunden zu leben hatte.

Wenn ich in einen Raum kam und die Katze dort am Fußende von jemandes Bett zusammengerollt liegen sah, wusste ich, dass der- oder diejenige kurz darauf sterben würde. Ich weiß nicht, ob ein sechster Sinn im Spiel war oder etwas Olfaktorisches – man hat schließlich Hunde darauf trainiert, einige Krebsarten zu erschnüffeln –, auf jeden Fall hatte die Katze eine hundertprozentige Erfolgsrate.

Nachdem ich als Sozialarbeiterin im Hospiz angefangen hatte, dauerte es fast ein ganzes Jahr, bis jemand vor meinen Augen starb. (Selbst jetzt sterben viele meiner Klienten erst dann, wenn alle das Zimmer verlassen haben, als hätten sie sich mit reiner Willenskraft an die Menschen geklammert, die sie vermissen werden.) Eines Morgens kam ich in Judiths Zimmer, und die Katze starrte mich an und zuckte mit dem Schwanz.

Ohne ihre TochterAlanna zu alarmieren, die ihre Hauptbezugsperson war, nahm ich an Judith eine kurze Untersuchung vor. Sie reagierte nicht und atmete schwer. Ich sah die Katze an und nickte, woraufhin sie vom Bett sprang und verschwand.

»Alanna«, sagte ich, »wenn Sie Ihrer Mutter noch irgendetwas sagen möchten, sollten Sie das bald tun.«

Sofort fing die Frau zu weinen an. »Ist es schon so weit?«

Wenn ich eins gelernt habe, seit ich im Dienst des Todes stehe, dann, dass er immer überraschend kommt, selbst im Hospiz.

Ich holte mir einen Stuhl und setzte mich neben sie. Alanna saß vorgebeugt da und hielt unbewusst jedes Mal die Luft an, wenn ihre Mutter einatmete. Cheyne-Stokes-Atmung – wie sie manchmal bei einem sterbenden Menschen vorkommt – ist ein Zyklus, bei dem langsame Atemzüge sich mit schnellerem Keuchen abwechseln, gefolgt von fehlender Respiration, bevor alles wieder von vorn anfängt. Das Muster wiederholt sich alle paar Minuten. Obwohl es etwas ganz Normales ist, weil das Atmungssystem sich abschaltet, klingt es qualvoll, und es fällt schwer, es mit anzuhören, vor allem für Familienmitglieder, die wissen, dass es der Anfang vom Ende ist.

Meine Aufgabe ist es, nicht nur meine Patienten, sondern auch deren Angehörige zu betreuen. Und so versuchte ich, Alanna abzulenken, indem ich sie fragte, wie die Nacht gewesen war und wann ihre Mutter zuletzt die Augen geöffnet hatte. Als ich merkte, wie Alanna sich immer mehr verspannte, fragte ich sie, wie ihre Eltern sich kennengelernt hatten.

Ich habe mal gelesen, dass jede Geschichte eine Liebesgeschichte ist. Die Liebe zu einer Person, einem Land, einer Lebensweise. Und das bedeutet natürlich, dass sich alle Tragödien um den Verlust dessen drehen, was man liebt.

Wenn jemand mit einer tödlichen Krankheit nicht aufhören kann, sich vor der Zukunft zu fürchten, ist es tröstlich, sich der Vergangenheit zu widmen. Wir neigen dazu zu vergessen, dass wir alle mal jung waren. Und dass es eine Zeit für Anfänge anstelle von Enden gegeben hat.

Alanna blickte mich an. »Der jeweilige Hintergrund meiner Mom und meines Dads war sehr verschieden. Dads Familie hatte Vermögen, meine Mom so gut wie nichts. Sie beschlossen, eine Reise in die Nationalparks zu machen, und meine Mom kam mit einer Kühltasche voller Sandwiches an, weil ihre Mom ihr immer, wenn sie als junges Mädchen irgendwohin gefahren war, sämtliche Mahlzeiten mitgegeben hatte. Restaurants als Alternative hatte sie nie in Erwägung gezogen.«

Ich stellte mir Judith – wo immer sie im Moment auch sein mochte – vor, wie sie ihrer eigenen Geschichte lauscht und innerlich grinsen muss. Wir wissen, dass das Gehör als letzter von allen Sinnen seinen Dienst einstellt.

»Sie fuhren zum Old Faithful«, erzählte Alanna. »Mein Dad hatte geplant, dort um ihre Hand anzuhalten. Aber ein Typ, der zufällig dort war, stellte ständig Fragen, und meine Mutter – die vor der Reise alles über den Geysir gelesen hatte – beantwortete diese. Wie oft bricht er aus? Etwa zweiundzwanzig Mal am Tag. Welche Höhe erreicht er? Gute vierzig Meter. Wie heiß ist das Wasser? Fast hundert Grad Celsius.« Sie lächelte matt. »Meinem Dad riss der Geduldsfaden. Also tippte er meiner Mom schließlich auf den Arm und sagte: ›Ich habe eine Frage.‹ Dann kniete er nieder und sagte: ›Wohin geht all das Wasser?‹«

Ich lachte. »Und was war die Antwort?«

»Keine Ahnung. Sie gab sie ihm nicht. Sie sagte einfach Ja.«

Wir betrachteten Judith, die einen undeutlichen Seufzer ausstieß und dann ganz zu atmen aufhörte.

Alanna wurde still. »Ist das … ist sie …?«

Ich antwortete nicht, weil ich mich vergewissern musste, ob die Atmung aufgehört oder nur einen Moment ausgesetzt hatte. Aber nachdem fünf Minuten ohne ein weiteres Atemgeräusch vergangen waren, bestätigte ich Alanna, dass Judith tot war.

Sie drückte die Stirn auf die Hand ihrer Mutter, die sie noch immer in der ihren hielt. Als sie zu schluchzen anfing, tat ich, was ich immer machte – rieb ihr den Rücken, tröstete, ließ ihr Zeit für ihre Trauer. Ich schlich mich aus dem Zimmer und ging zum Empfang. »Wir brauchen eine Krankenschwester, die den Tod bestätigt«, sagte ich und ging dann zurück, um Alanna beizustehen.

Nach einer Weile richtete sie sich auf und trocknete sich die Augen. »Ich muss Peter anrufen.« Ihren Ehemann. Und vermutlich noch ein Dutzend weitere Verwandte. Ihre geschwollenen Augen spiegelten ihre aufgelöste Verfassung.

»Das kann doch noch warten«, sagte ich, denn ich wollte Alanna etwas mit auf den Weg geben. »Judith erzählte mir immer wieder, wie viel es ihr bedeutet hat, Sie hier zu haben.«

Alanna berührte das Handgelenk ihrer Mutter. »Was denken Sie, wo wird sie jetzt sein?«

Auf diese Frage gibt es alle möglichen Antworten, die alle genauso richtig oder falsch sind. Ich erzählte ihr also, was ich mit Gewissheit sagen konnte. »Ich weiß es nicht«, erwiderte ich und zeigte auf die Leiche. »Aber da drin ist sie nicht.«

Und in dem Moment bewegte sich Judiths Kiefer, und sie holte tief und zäh Luft.

Alanna suchte sofort meinen Blick. »Ich dachte, sie sei …«

»Ich auch.«

Die Krankenschwester kam, sah die atmende Patientin und zog eine Braue hoch. »Falscher Alarm?«

Ich erzähle diese Geschichte oft auf Konferenzen und Workshops: dass die erste Person, die vor meinen Augen starb, zweimal starb. Das bringt mir jedes Mal Lacher ein, aber es ist nicht lustig, ganz und gar nicht. Man stelle sich nur vor, dass Alanna ein zweites Mal um ihre Mutter trauern musste. Stelle sich vor, dass einem das Schlimmstmögliche widerfährt – und man es dann noch einmal durchleben muss.

Meine potenzielle neue Klientin hat am gleichen Tag Geburtstag wie ich. Nicht nur, was Monat und Tag betrifft, sondern auch das Jahr. Ich war auch schon Sterbe-Doula bei Klienten, die jünger waren als ich, und in ein paar schrecklich traurigen Fällen auch bei Kindern. In der Vergangenheit habe ich das philosophisch gesehen: Es ist nicht meine Zeit, es ist ihre. Aber heute blicke ich auf den Aufnahmeantrag, und es fühlt sich wie eine Metapher an.

Winifred Morse wohnt in Newtonville in einem kleinen Zweifamilienhaus, das an die Grünfläche des Campus der juristischen Fakultät von Boston grenzt. Ihre tödliche Diagnose lautet Eierstockkrebs im vierten Stadium, und im Unterschied zu den meisten meiner Klienten und Klientinnen hat sie sich selbst an mich gewandt. Normalerweise bekomme ich die Anfrage von besorgten Familienmitgliedern, die mich zur Unterstützung eines Angehörigen hinzuziehen möchten, ohne dass der Klient weiß, was ich mache, als könne allein die Nennung des Begriffs Sterbe-Doula todbringend sein. Jobs dieser Art übernehme ich nicht, weil ich mir unaufrichtig vorkäme. Aber ich bitte die Angehörigen dann zu warten, bis die Klientin selbst sich dem Tod stellt und akzeptiert, dass sie Hilfe benötigt.

Vor ihrem Zuhause angekommen, verweile ich kurz, schließe die Augen und atme ein paar Mal tief durch, um die Verspannung in Schultern und Rücken zu lösen und die Sache mit Brian in den Hintergrund zu schieben. Die einzigen Probleme, die ich im Moment zulassen werde, sind die Probleme von Winifred Morse. Um mich selbst kann ich mich später wieder kümmern.

Ihr Ehemann Felix öffnet mir die Tür. Er ist ein Zweimetermann und besteht nur aus Ecken und Kanten – wie eine Gottesanbeterin. Als ich mich ihm vorstelle, zeigt er ein flüchtiges Lächeln. »Kommen Sie rein, kommen Sie rein«, fordert er mich auf, und ich finde mich in der Diele wieder, an deren Wänden moderne Kunst hängt. Leinwände mit hellrosa Klecksen, die aus einem bestimmten Winkel an die Formen einer Frau erinnern. Es gibt auch Bilder mit wütenden schwarzen Schrägstrichen wie von den Klauen eines wilden Tiers, das reißend versucht, sich aus dem Rahmen dahinter zu befreien. Eines ist von oben bis unten gewissenhaft mit sämtlichen Abstufungen von Blau gefüllt, wie die Stimmungen des Meeres. Ich muss dabei an meine Mutter denken.

Ich bin nicht besonders bewandert in moderner Kunst, weiß nur, dass sie Gefühle wachrufen soll, und ich kann den Blick nicht von diesem gemalten Ozean abwenden. »Das mag ich auch sehr gern«, sagt Felix und stellt sich neben mich, die Hände in den Taschen, die Ellbogen spitz abgewinkelt. »Das hat Win gemalt, als sie mit Arlo schwanger war.«

Ich speichere diese Information und frage mich, wo ihr Sohn wohl sein mag und wie er ihre Krankheit verarbeitet. »Dann ist sie also Künstlerin«, stelle ich fest.

Felix' Mund zuckt. »War sie. Seit sie krank geworden ist, hat sie eigentlich nichts mehr gemalt.«

Ich berühre ihn am Arm. »Und was ist mit Ihnen?«

»Ich bin kein Künstler. Ich kann nicht mal ein Strichmännchen zeichnen. Ich bin Fahrlehrer.« Er sieht mich verlegen an. »Ich wollte Arzt werden, aber meine Noten reichten dafür nicht aus. Also überlegte ich mir einen anderen Weg, Leben zu retten.«

Ich versuche, mir Felix vorzustellen, wie er seine Gestalt auf den Beifahrersitz eines Wagens faltet und dem Fahrschüler oder der Fahrschülerin geduldig die Anweisung erteilt, vor dem Losfahren erst den Blinker zu setzen. »Ich habe nicht von der Arbeit gesprochen«, erwidere ich. »Ich meinte … wie geht es Ihnen? Essen Sie? Schlafen Sie?«

Er sieht mich neugierig an. »Sollten Sie das nicht Win fragen?«

Ich nehme den Pflegenden immer für eine Unterhaltung unter vier Augen beiseite, wenn ich einen Klienten besuche. Manchmal fällt ihnen etwas auf, das mir nicht auffallen würde – das Zittern einer Hand, wenn sie nach dem Wasserglas greift, oder nächtliche Unruhe. Sie teilen mir dann mit, ob die Klientin Schlafprobleme hat, launisch ist, Menschen sieht, die nicht anwesend sind. Manchmal setzt eine Klientin eine tapfere Miene auf und gibt nicht zu, dass sie Schmerzen oder Angst hat, wenn sie mit mir zusammen ist, doch Pflegende erzählen immer die Wahrheit, weil sie davon ausgehen, dass es mir helfen wird, Fragen zu beantworten, die sie ihren Lieben nicht stellen können: *Wann und wie wird es geschehen?*

Vorwegnehmende Trauer ist real und zermürbend. Sie kann von *Wie soll ich allein weitermachen?* bis zu *Was mache ich, wenn das Internet aussetzt, weil sie immer diejenige war, die den Provider angerufen hat*? reichen.

»Ich werde ihr diese Fragen stellen«, antworte ich Felix, »aber es gehört auch zu meiner Arbeit, mich zu vergewissern, dass es Ihnen gut geht.« Ich nehme den Flur in Augenschein, wo sich – verteilt zwischen der Kunst – die begleitenden Attribute der Krankheit befinden: ein Gehstock, ein Paar Kompressionsstrümpfe, ein paar Rezepte auf dem Beistelltisch. »Der Krebs hat auch Ihr ganzes Leben in Beschlag genommen.«

Er ist einen Moment lang still. »Mein ganzes Leben«, murmelt Felix, »ist auch ihr ganzes Leben.« Er sieht mich an. »Sie werden es sehen. Jemandem wie ihr bin ich nie mehr begegnet. Wenn ich daran denke, dass sie nicht mehr sein wird … nicht mehr hier sein wird, vermag ich mir das nicht vorzustellen. Ich kann mir nicht vorstellen, dass jemand ihren Platz einnimmt. Wenn sie nicht mehr ist, wird dieser nach Win geformte Raum zurückbleiben, und ich habe Angst, er könnte bodenlos sein.« Als er das gesagt hat, sind seine Augen feucht, und es scheint ihn zu überraschen, mich hier vorzufinden. »Ich werde es Ihnen zeigen«, sagt er.

Er führt mich in den Kaninchenbau des Hauses, das mehr Drehungen und Wendungen hat, als ich in diesem winzigen Zweifamilienhaus erwartet hätte. Win ist im Arbeitszimmer, wo die vom Boden bis zur Decke reichenden Bücherregale sich hinter ihr ausbreiten wie die Flügel eines Riesenadlers. Ihre Bewegungen sind postoperativ langsam, aber sie ist noch auf den Beinen und schlurft zum Regal, um ein Buch zurück an seinen Platz zu stellen. Sie wendet sich mir zu, und sofort fällt mir auf, wie Chemo-, Bestrahlungs- und medikamentöse Therapie sie gezeichnet haben: die papierdünne Haut, das leicht gelbliche Weiß ihrer Augen. Über dem Ausschnitt ihres Shirts stehen die Schlüsselbeine hervor. Das neu nachgewachsene Haar ist so weich wie Daunen. Der Bauchraum ist von Flüssigkeiten aufgetrieben.

»Sie müssen Dawn sein«, sagt sie und reicht mir die Hand.

Selbst in ihrem reduzierten Zustand geht von ihr eine derart anziehende knisternde Energie aus, dass einem nichts anderes übrig bleibt, als ihr Aufmerksamkeit zu schenken. Goldgelbe Augen heben sich sündhaft schön von ihrer dunklen Haut ab. Ich male mir aus, wie anziehend sie wohl war, bevor sie krank wurde. Felix dürfte keine Chance gehabt haben.

»Ich freue mich sehr, Sie kennenzulernen, Winifred«, sage ich aufrichtig. Einer der Gründe, warum ich meinen Job liebe, sind die Menschen, denen ich begegne. Sicher, ich verliere jeden Einzelnen von ihnen, aber auf gewisse Weise macht dies das Kennenlernen noch bedeutsamer.

»Nennen Sie mich Win«, sagt sie und grinst. »Ist zwar ein unpassender Name, da ich offensichtlich in der Todeslotterie gewonnen habe.«

»*Sterben* ist ein unpassender Begriff. Denn Sie leben, bis Sie das nicht mehr tun.« Ich schiele auf Felix. »Wenn wir außerdem schon über unpassende Bezeichnungen sprechen, dann bekommt sein Name den Preis. Felix Morse bedeutet auf Lateinisch mehr oder weniger *fröhlicher Tod.*«

Win lacht. »Ich denke, ich mag Sie.«

Darum geht es im Grunde genommen beim ersten Treffen – ich erfahre nicht nur, ob meine potenziellen Klienten sich bei mir wohlfühlen, sondern spüre auch, ob *ich* mich mit *ihnen* wohlfühle. In Wins Fall spielt natürlich auch ihr Alter eine Rolle.

Allerdings darf ich mich nicht selbst in meine Arbeit hineinprojizieren, weder bewusst noch unbewusst. Ich kann nicht als Sterbebegleiterin arbeiten, wenn ich denke: *Was würde ich mir in dieser Situation wünschen?* Oder: *Das könnte ich sein.*

Als ich in Chicago studiert habe, leistete ich Freiwilligenarbeit in einem Frauenhaus. Dort gab es eine Frau etwa in meinem Alter, die sehr jung ihren Vater verloren hatte und sich um ihr zweijähriges Kind kümmern musste, und sie ging mir unter die Haut – bis zu dem Punkt, dass ich nicht schlafen konnte, bis ich mich vergewissert hatte, dass sie am Abend etwas zu sich genommen hatte, ihr Sohn satt und sie nicht zu Hause bei ihrem gewalttätigen Ehemann war. Die Koordinatorin der Freiwilligen rief mich zu sich und teilte mir mit, dass ich nicht lang durchhalten würde, wenn ich mich jedes Falls auf diese Weise annähme. *Sie ist nicht Sie*, erklärte sie mir. Seitdem habe ich gelernt, Distanz zu wahren, aber manchmal fällt das so schwer, dass ich diese Aufträge eigentlich nicht annehmen sollte. Es gibt Grenzen, die ich nicht überschreiten darf, auch nicht auf einem Gebiet, wo die Grenzen zwischen den Menschen routinemäßig wegbrechen.

»Sollen wir uns nicht setzen?«, schlage ich vor.

Win und Felix nehmen auf einer Ledercouch Platz, ich ziehe mir einen Sessel heran. »Nun«, beginne ich, »was sollte ich wissen?«

»Also zunächst mal haben die Ärzte mir gesagt, dass mir weniger als ein Monat bleibt«, berichtet Win.

Ich beobachte, wie Felix' Finger sich zwischen ihre schieben. »Das ist medizinische Praxis, man geht von einer gewissen Lebensdauer aus, kennt diese jedoch nicht wirklich. Sie könnte länger, aber auch kürzer sein. Meine Aufgabe ist es, dafür zu sorgen, dass Sie vorbereitet sind, egal, was passiert.«

»Wir sollten vielleicht über die Kosten sprechen«, wirft Felix ein.

»Das werden wir«, erwidere ich. »Aber nicht bei diesem Besuch. Das ist wirklich nur ein erstes Kennenlernen. Damit wir sehen, ob wir zusammenpassen – und dann können wir unsere Zukunft planen.« Ob ich eine Klientin annehme (oder ein Klient mich einstellt), entscheide ich nicht vor dem zweiten Treffen. Die erste Begegnung muss sich erst gesetzt haben.

Ich wende mich an Win. »Wie fühlen Sie sich heute?« Ich beginne immer erst mit dem physischen und wende mich dann dem seelischen Wohlbefinden zu.

»Ich bin auf«, berichtet Win. »Ich habe geduscht.«

Ich verstehe ihre Botschaft: Heute ist ein guter Tag. Es gibt auch Tage, an denen eine Klientin das Bett nicht verlassen und sich auch nicht anziehen kann.

»Gibt es irgendwelche Schwellungen um den chirurgischen Eingriff?«

Win schüttelt den Kopf.

»Was ist mit Händen und Füßen?«

Die Fragen folgen einem Muster: *Haben Sie irgendwo Schmerzen? Ist es Ihnen warm genug? Haben Sie heute etwas gegessen? Haben Sie geschlafen?* Ich frage Felix, ob das Hospiz sie mit Morphin versorgt hat – als beruhigende Maßnahme im Kühlschrank, zusammen mit anderen Medikamenten für den Fall, dass sie rasch gebraucht werden, bevor die Hospizkrankenschwester kommen kann.

»Haben Sie das Gefühl, die Unterstützung zu bekommen, die Sie brauchen?«, frage ich.

Win sieht Felix an und zwischen ihnen findet ein ganzes Gespräch statt. »Ja, habe ich. Aber ich würde es ihm lieber ersparen. Das ist ihm gegenüber nicht fair.«

»Es ist nicht fair, Punkt«, brummelt Felix.

»Ich möchte Ihnen erläutern, was meine Rolle als Sterbebegleiterin ist«, sage ich und beuge mich vor. »Ich bin hier, um Ihnen zu assistieren und dafür zu sorgen, dass Ihre Bedürfnisse schnellstmöglich befriedigt werden. Ich kann Ihnen bei allem helfen, was unerledigt geblieben ist – ich kann mit Ihnen die Beerdigung planen; kann dabei helfen, Ihr Testament aufzusetzen oder Ihre Finanzen zu regeln; ich kann Ihre Garage aufräumen, wenn das Gerümpel Sie nervt. Ich kann einen Lagerraum nach einem Foto von Ihrer Großmutter durchsuchen, das Sie unbedingt sehen möchten. Ich kann mit Ihnen noch ein letztes Mal in die Oper gehen oder Ihnen *Fifty Shades of Grey* laut vorlesen. Kann mich, wenn es so weit ist, um Ihre Social Media Accounts kümmern und Ihre Freunde wissen lassen, dass Sie gestorben sind. Kann Sie nach draußen bringen, damit Sie Vögel beobachten können.«

Ich liste dies auf, wie ich es immer tue: sachlich, ohne Beschönigung oder indem ich so tue, als wäre der Tod nicht unvermeidlich.

»Gibt es auch etwas, was Sie *nicht* machen?«, fragt Felix scherzhaft.

»Fensterputzen«, erwidere ich grinsend. »Nein, Spaß beiseite – Sie bekommen von mir keine Medikamente. Ich darf sie weder verschreiben noch verabreichen. Das ist Ihre Aufgabe. Genauso das Wechseln von Windeln, sofern dies nötig werden sollte. Ich werde beim Wechseln der Bettwäsche helfen oder auch beim Umsetzen in den Rollstuhl, aber das ist eigentlich die Aufgabe einer Pflegekraft, und ich bin dafür nur verantwortlich, wenn ich mit Win allein bin.« Ich wende mich ihr zu. »Sie brauchen mir nur zu sagen, womit ich zu Ihrer Beruhigung beitragen kann, und das zu jeder Zeit, und ich werde mein Bestes dafür geben.«

Sie sieht mich mit klarem Blick an. »Werden Sie hier sein, wenn ich sterbe?«

»Sofern Sie das möchten«, sage ich, »ja.«

Der Raum umhüllt uns wie ein Kokon und in ihm haben wir bereits begonnen, uns zu verändern. »Wie werden Sie wissen, wann dies der Fall sein wird?«, hakt Win vorsichtig nach.

»Ich halte Kontakt zu Ihrem medizinischen Team. Und es gibt Zeichen und Symptome, die erkennen lassen, dass der Körper sich abschaltet.«

Win sieht mich unentwegt aus zusammengekniffenen Augen an, als würde sie ihre nächsten Worte abwägen. »Ich mag Sie«, sagt sie schließlich. »Sie verscheißern mich nicht.«

»Ich nehme das als Kompliment.«

»Sollten Sie auch«, sagt Win. »Wie sind Sie übrigens zu diesem Beruf gekommen?«

»Meine Mutter ist im Hospiz gestorben, und wie sich herausstellte, war ich gut darin, Menschen auf den Tod vorzubereiten.«

»Sicherlich erleben Sie einige wahnsinnig traurige Dinge.«

»Manches ist wahnsinnig traurig«, gebe ich zu. »Manches nur wahnsinnig.«

»Ich vermag mir nicht vorzustellen, um was man Sie alles gebeten hat«, sinniert Win.

»Während meines Praktikums als Sozialarbeiterin wurde ich in die Notaufnahme zu einem Mann gerufen, der bei der Ankunft bereits tot war – er kam zusammen mit der sechzehnjährigen Babysitterin seiner Kinder. Mit ihr hatte er eine Affäre, und sie hatten beschlossen, gemeinsam Meth auszuprobieren, doch da er bereits Viagra genommen hatte, bekam er einen Schlaganfall und starb. Das Mädchen war hysterisch, und die Krankenschwestern versuchten, seine Familie zu erreichen. Die Frau und die Kinder trafen ein, aber der Tote hatte noch immer eine Erektion, weshalb ich den Arzt bitten musste, sich etwas einfallen zu lassen, diese zu verstecken, damit die Kinder sie nicht sahen. Wir klebten sie an seinem Bein fest und legten sechs Decken darüber. *Sechs*. Dann verließ ich den Raum und setzte die Babysitterin in ein Taxi. Sie fragte mich, ob sie meiner Meinung nach zur Beerdigung gehen solle. Ich gab ihr daraufhin den Rat, ihre Lebensführung ganz allgemein zu überdenken.«

Win prustete los. »Ich verspreche Ihnen, dass Sie meine Erektion nicht abkleben müssen, wenn ich sterbe.«

»Nun, wenn doch, kostet das extra.« Win ist eine Frau, mit der ich durchaus hätte befreundet sein können, wenn wir uns unter anderen Umständen kennengelernt hätten. Das allein ist vermutlich schon Grund genug für mich, mir klarzumachen, dass ich mehr Distanz brauche – doch irgendwie weiß ich, dass sie meine Klientin werden wird. »Gibt es etwas, was ich Ihnen jetzt gleich geben kann?«, frage ich.

»Zeit«, erwidert Win sofort.

»Ich habe eigentlich eher an ein Kissen oder einen Schoko-Milchshake gedacht«, antworte ich. Aber ihre Sorge um die Zeit, die ihr bleibt, beruht vermutlich auf der Angst, die Menschen, die sie liebt, zurücklassen zu müssen. Felix. Oder ihren Sohn. »Wir könnten mit Arlo skypen.«

»Wenn Sie das tun können«, sagt Win, »werde ich Ihnen in meinem Testament alles vermachen.«

»Arlo ist tot«, erklärt Felix. »Er starb vor drei Jahren.«

»Das tut mir sehr leid. Ich würde gern mehr über ihn erfahren.« Aber zum ersten Mal während des Besuchs hat sich zwischen uns eine Mauer aufgestellt, und Win rückt ein wenig von mir ab. Um das Thema zu wechseln, versuche ich es mit einer einfacheren Frage. »Was haben Sie heute gemacht?«

Sie blickt auf und erlaubt mir, sie wieder aus sich herauszuholen. »Ich habe über Willard Wigan, den Mikroskulpteur, gelesen.«

»Mikroskulpteur?«

»Er ist Künstler, aber seine Kunst passt in ein Nadelöhr oder einen Stecknadelkopf«, erklärt Win. »Man braucht ein Mikroskop, um sie zu erkennen.«

»Felix sagte mir, Sie sind auch Künstlerin.«

»Wigan ist ziemlich berühmt. Ich … war nur eine Dilettantin«, wiegelt Win ab.

»Vergangenheit.«

Sie ignoriert meine Bemerkung und spricht stattdessen über den Künstler. »Mich fasziniert die Idee, an einem Kunstwerk vorbeizugehen, weil man es nicht mit bloßem Auge erkennen kann. Die Vorstellung, sich gesagt zu haben: *Oh, da ist nichts.* Ich meine – *nichts* kann verdammt groß sein.«

Ich sehe Win an und weiß, dass sie den Entwicklungsverlauf ihrer Krankheit vor Augen hat: das erste Zwicken, der stumpfe Schmerz, das anfängliche Abtun. Ich gehe in mich und denke an Brian.

Mit erhobenem Kinn lächele ich Win und Felix an. »Erzählen Sie mir, wie Sie sich verliebt haben«, fordere ich sie auf.

Felix erzählt mir von Wins gelbem Sommerkleid, das ihren Körper wie eine elektrische Ladung umgab und seinen Blick magnetisch anzog. Win wirft ein, so sei es nicht ganz gewesen. Denn schließlich sei er dafür bezahlt worden, sicherzustellen, dass sie nicht in den Straßengraben oder einen Baum fuhr.

Sie wechseln sich ab im Erzählen ihrer Geschichte. Beenden gegenseitig die Sätze, als wären die Worte eine Süßigkeit, die sie Bissen um Bissen miteinander tauschen.

Win meint, ein derart zuverlässiger Mensch wie Felix sei ihr noch nie begegnet. Zehn und zwei hatte er ihr gesagt. So hält man die Hände am Lenkrad, damit einen nichts überraschen kann. Irgendwie hatte sie es ans Ende ihrer Zwanzigerjahre geschafft, ohne dass ihr jemand diese Lektion fürs Leben erteilt hätte.

Felix wirft ein, dass er verliebt sei, habe er gewusst, als sie ihm verriet, den vollständigen Text von »A Whiter Shade of Pale« zu kennen.

Win sagt, er habe freundliche Augen.

Beim Bowling hat Felix ihr einen Heiratsantrag gemacht. Da Win in New England mit Candlepin Bowling aufgewachsen war, hatte sie noch nie eine große, schwere Kugel in der Hand gehalten. Prompt rutschte ihr die Kugel aus den Fingern, als sie mit dem Arm ausholte, traf Felix am Mund und schlug ihm zwei Frontzähne aus.

In der Notfallpraxis des Zahnarztes bat er sie dann, ihn zu heiraten.

Da hätte nichts schiefgehen können, meinte er. Denn selbst wenn sie ihn nicht liebte, hätte sie allein schon wegen ihrer Schuldgefühle Ja sagen müssen.

Auf dem Nachhauseweg steuere ich einen Platz in der Nähe des Bostoner Hafens an. Der liegt zwar überhaupt nicht auf meinem Weg, aber ich suche ihn immer auf, wenn ich das Gefühl habe, die Welt anhalten zu müssen.

Im Sommer kann man dort jeden Tag die Boote sehen, die zur Walbeobachtung rausfahren und genauso groß und stabil sind wie die Beute, nach der sie suchen. Touristen strömen an Bord wie Krill durch die Barten. Man sieht Eisverkäufer, Paare mit Selfiesticks und als Kolonialpatrioten verkleidete Männer, die für historische Führungen Reklame machen. Weiter draußen entdeckt man die USS *Constitution* und in der anderen Richtung das schräge Dach des New England Aquarium, wo meine Mutter früher anderen Kindern die Welt der Mollusken, Seesterne und Gezeitentümpel näherbrachte.

Meine Mutter war es auch, die mich zum ersten Mal hierhergebracht hatte. Sie trug Kieran in einem Tragetuch vor der Brust und hielt meine Hand so fest, dass es wehtat. »Als ich damals nach Boston kam«, berichtete sie mir in ihrem trällernden Singsang, der mich immer an Sommer und Bienen erinnerte, die von einer bunten Blüte zur nächsten flogen, »war dies der letzte Ort, an dem ich sein wollte. Aber ich kam dennoch jeden Tag her, weil ich dachte, meine Heimat sehen zu können, wenn ich nur scharf genug hinsah.«

Irland sehen zu können, war unmöglich, selbst am klarsten aller Tage, aber sie hörte nicht auf, darauf zu hoffen.

»Eines Tages hielt ich es nicht mehr aus und sprang genau an dieser Stelle ins Wasser und fing zu schwimmen an.«

Nichts davon hatte mich überrascht. Meine Mutter war für den Ozean bestimmt. In Irland schwamm sie jeden Tag vor der Küste Kerrys, egal, wie kalt das Wasser war. Sie erzählte mir, dass die Delfine ihr folgten und sie manchmal stundenlang schwamm und so weit weg von ihrem Ausgangspunkt landete, dass ihr Vater mit seinem alten Lastwagen kommen und sie aufsammeln musste. Als sie mit mir schwanger war, schwamm sie jeden Tag stundenlang in einem YMCA. Da ich eine Steißgeburt war, meinten die Hebammen, das verwundere sie nicht, denn ich hätte schließlich keine Ahnung von der Schwerkraft, wüsste nicht, wo oben, wo unten sei.

Als meine Mutter immer weiter aufs Meer hinausschwamm, blieb sie eine ganze Weile unentdeckt. Bestimmt hatte sie sich aalglatt und sicher zwischen den Bojen und Booten hindurchgeschlängelt, bis die Wellen dann an der unsichtbaren Linie zwischen Hafen und Ozean dunkler und kabbeliger wurden. Sie erzählte mir, dass ein Kormoran sie begleitet habe, dessen eleganter weißer Bauch wie ein Pfeil über ihr flog. Die Nacht hatte sich bereits herabgesenkt, als ein Schlepperkapitän, der nur Portugiesisch sprach, sie aufnahm und kopfschüttelnd auf ihre Beine zeigte, als wäre er überzeugt gewesen, eine Meerjungfrau ins Boot zu ziehen.

»Und weißt du was, Maidan«, erklärte sie mir, indem sie meinen Kosenamen benutzte, das irische Wort für *Morgen*. »Ich hätte es fast geschafft. Der Ozean ist anders in Irland, weißt du. Süßer, weniger salzhaltig. Und ich konnte die Küstenlinie sehen. Ich war *so* dicht dran.«

Als ich klein war, glaubte ich ihr. Jetzt weiß ich natürlich, dass eine kleine Frau unmöglich in ein paar Stunden den Atlantik überqueren kann. Aber darauf kommt es letztlich nicht an, oder? Wir haben alle unsere Geschichten, die wir uns so lange erzählen, bis wir sie für wahr halten.

Meine Mutter hat sich ihr ganzes Leben lang gefragt, wer sie hätte sein können, wenn sie Irland nicht verlassen hätte. Vielleicht eine Schwimmerin bei Olympischen Spielen. Oder einfach jemand, der im Pub ihres Vaters arbeitete. Die Frau eines anderen Mannes, die Mutter eines anderen Mädchens.

Auch ich habe darüber nachgedacht. Hätte man mich vor fünfzehn Jahren gefragt, hätte ich gesagt, dass ich längst auf dem Gebiet der Ägyptologie publiziert und mir dort meinen Platz gesichert haben würde. Vielleicht wäre ich Kuratorin im Metropolitan Museum und wohnte in Chelsea, hätte sämtliche Subway-Linien im Kopf und einen kleinen Hund, mit dem ich durch den Central Park renne. Vielleicht wäre ich Professorin mit eigener Grabungskonzession in Ägypten, nähme zweimal im Jahr Studenten mit dorthin und höbe Geheimnisse aus dem Sand. Vielleicht würde ich auch am Queen's College in Oxford unterrichten und durch die Magazine des Ashmolean Museums schlendern oder auf den jährlichen Konferenzen für aktuelle Forschungsergebnisse der Ägyptologie in Madrid, Prag oder Krakau Vorträge halten.

Vielleicht befände ich mich auch im Grand Café an der High Street und kramte gerade in meiner Tasche, um ein paar Pfundmünzen für meinen Latte zu finden, als der Mann hinter mir in der Reihe mir anbot, für mich zu bezahlen.

Vielleicht wäre dieser Mann Brian, der in der Stadt war, um einen Gastvortrag über das Multiversum an der Physikfakultät von Oxford zu halten.

Das jedenfalls rede ich mir ein: dass wir füreinander bestimmt waren.

Dass es so sein sollte.

Als Meret sieben war, kaufte Brian ihr zu Weihnachten ein Mikroskop. Ich gab zu bedenken, dass es für ein Kind, das eigentlich nicht mit Glasplättchen spielen sollte, ein sehr teures Geschenk war, aber ich lag falsch. Meret konnte sich stundenlang damit beschäftigten und betrachtete, zwischen den fünf Vergrößerungsmöglichkeiten hin und her wechselnd, die präparierten Objektträger mit Libellenflügeln, Gurkenfruchtknoten, Pferdehaar und Tulpenpollen. Mit größter Sorgfalt hantierte sie mit Pinzetten und Tupfern, um ihre eigenen Proben herzustellen und mit Eosin oder Methylenblau einzufärben. An den Wänden ihres Zimmers hingen die vergrößerten Zeichnungen dessen, was sie sah: das Spitzenmuster eines verblühten Fliederblatts, die wie Spaghetti verschlungenen Bakterien, der geometrische böse Blick von Zwiebelzellen. Damit begann ihre Liebesbeziehung mit der Wissenschaft, die bis heute andauert.

Die Lehrer lieben sie, warum auch nicht? Sie ist intelligent und neugierig und klüger, als ihr Alter das vermuten lässt. Man sieht sie an und erkennt, welches Potenzial in ihr steckt. Andere Schüler jedoch scheinen sich durch ihr Äußeres an einem tieferen Interesse für ihre Person abschrecken zu lassen.

Als die meisten Kinder in der Grundschule ihre runden Bäuche und prallen Bäckchen verloren, zog Meret nicht mit. Aber nicht, weil sie träge wäre oder sich nicht gesund ernährt. Sie ist einfach so gestrickt und wenn das nicht zu den Standardvorstellungen von Perfektion passt, dann müssen die Leute eben ihren verdammten Standard revidieren.

Aber …

Ich weiß noch sehr gut, wie man sich mit vierzehn fühlt. Kann mich erinnern, dass ich mich beim Blick in den Spiegel nicht wiedererkannte. Ich weiß, dass es Meret genauso geht, wenn sie sich zwingt, sich ihrem Spiegelbild zu stellen – wenngleich mir auffällt, dass sie das um jeden Preis zu vermeiden versucht. Der Unterschied ist allerdings, dass mein Körper sich verändert hat und ich mich deshalb unwohl fühlte. Bei Meret ist es das genaue Gegenteil. Ihr Körper bleibt gleich – kurvig, weicher, umfangreicher – und das versucht sie verzweifelt zu verstecken.

Letztes Jahr, als ihr nur noch Kleidergrößen passten, die mir zu weit gewesen wären, erklärte ich ihr, dass die Größen unterschiedlich ausfielen und mir etwa bei der einen Marke eine Vierunddreißig passte, ich bei einer anderen eine Achtunddreißig brauchte. Sie sah mich daraufhin lange an. *Eine solche Antwort ist genau das, was einer dünnen Person einfällt*, erklärte sie mir und schloss sich für den Rest des Tages in ihrem Zimmer ein.

Als ihre Mutter bin ich verdammt, egal ob ich etwas unternehme oder nichts unternehme. Koche ich zum Abendessen Gemüse, sieht sie darin einen Vorwurf. Ich versuche, die Themen Essen, Sport, Therapie, Gewicht nicht völlig zu vermeiden. Ich weiß, dass sie jedes Mal, wenn ihr jemand sagt, sie sei mein Ebenbild, denkt: *Ja, nur vergraben unter zusätzlichen Pfunden.* Ich wünschte, ich wüsste, wie ich ihr klarmachen kann, dass ihr Name sie treffend beschreibt: ein Homonym für ein Wort, das *Wert* bedeutet.

Brian ist gleichermaßen hilflos. Er war als Kind nie übergewichtig, ist es jetzt ebenso wenig. Aufgrund seiner Beziehung zu Meret ist er mir gegenüber jedoch im Vorteil – wenn sie ihn ansieht, vergleicht sie sich nicht mit ihm. Vielleicht ist das der Grund, warum die Bindung, die sie haben, immer ein wenig stärker, ein wenig enger gewesen ist. Man kann über Brian sagen, was man will, aber seine Begeisterung, Vater zu sein, übersteigt alles andere. Er hätte gern noch zehn Kinder gehabt, aber das war uns nicht vergönnt und irgendwann hörten wir dann auch auf, es zu versuchen. Monat für Monat, wenn ich ihm – wieder einmal – sagte, dass ich nicht schwanger sei, meinte er: *Zweifellos können wir das Originalmodell nicht besser machen.*

In diesem Sommer ist Meret in einem MINT-Camp für Teenager, einem Ferienlager mit naturwissenschaftlichem Schwerpunkt. Fast hatten wir sie dazu zwingen müssen, aber da sie nach den Ferien als Neuntklässlerin auf eine neue Schule kommt, gibt ihr dies Gelegenheit, neue Bekanntschaften zu schließen, bevor das Schuljahr beginnt. Es scheint zu funktionieren. Sie spricht ständig von einem Mädchen namens Sarah, angehende Biologin wie sie selbst. Heute hat sie mir eine Textnachricht geschickt und angefragt, ob sie zum Abendessen zu Sarah gehen könne.

Deshalb überrascht es mich, als ich sie durch die Haustür kommen sehe, während ich für mich und Brian koche. »Hi«, begrüße ich sie, »was machst du denn schon zu Hause?«

»Wohne ich hier etwa nicht?«, entgegnet sie und lässt sich auf die Couch fallen. Sofort greift sie sich ein Sofakissen und legt es auf ihre Leibesmitte. Ich weiß nicht mal, ob sie sich bewusst darüber ist, dass sie das jedes Mal macht, wenn sie sich hinsetzt. »Was gibt's zum Abendessen?«

»Ich dachte, du wolltest bei Sarah essen«, erwidere ich und zucke zugleich besorgt zurück, sie könnte das als versteckte Kritik an ihrem Hunger interpretieren.

»Hab ich ja und hab ich auch nicht.« Meret zupft am Fransenrand des Sofakissens. »Ich habe nur herumgestochert.«

Ich sehe sie mitfühlend an. »Gab es was mit Schweinefleisch?«

Meret hasst Schweinefleisch. Sie hat es boykottiert, seit sie erfahren hat, dass Schweine klüger sind als jedes andere Haustier. »Nein, gebratenes Hühnchen und Caesar Salad.« Sie errötet. »Es ist schwer, weißt du. Wenn ich nur Salat esse, denken sie: *Armes Ding, sie ist so bemüht*. Esse ich das Hühnchen, denken sie: *Oh, deshalb ist sie so dick.*«

Ich wische mir die Hände an einem Geschirrtuch ab und gehe ins Wohnzimmer, um mich neben sie auf die Couch zu setzen. »Baby«, sage ich, »keiner denkt so.«

»Sie hat mich gefragt, ob ich zum Abhängen am Samstag zu ihr kommen möchte.«

»Das ist doch großartig!« In diesen Worten schwingt zu viel Begeisterung mit.

Meret lässt sich tiefer in die Couch sinken.

»Was habt ihr heute gearbeitet?«

Sie beginnt zu strahlen. »Wir haben die DNA von Spinat isoliert.«

»Wow. Und warum?«, frage ich erstaunt.

»Weil wir es *können*. Es sah aus wie Spinnweben.« Sie lässt das Kissen los und setzt die Hände beim Sprechen ein. »Wusstest du, dass wir fünfundachtzig Prozent unserer Gene mit dem Zebrafisch teilen? Und dass weniger als zwei Prozent unserer DNA tatsächlich die Anweisungen enthalten, Proteine zu produzieren? Der Rest wird ›Müll-DNA‹ genannt, weil es nur ein Haufen zufälliger Sequenzen sind, die kein Code für etwas Wichtiges zu sein scheinen.«

»Da wird dann aber eine Menge Platz in einem Chromosom vergeudet«, erwidere ich.

»Ja. Es sei denn, es *ist* wichtig und bisher hat nur noch keiner den Rosetta-Stein der DNA ergründet.«

Ich ziehe an einer ihrer Locken. »Vielleicht wird das dein großer Beitrag zur Wissenschaft.«

Sie zuckt die Achseln. »Weißt du, was man sagt? Wenn du den richtigen Mann für eine Aufgabe suchst … nimm eine Frau.« Dann stürzt sie sich unvermittelt nach vorn und umarmt mich. Adoleszenz ist wie Sommerwetter in Boston – Stürme, die binnen einer Minute der Sonnenschein vertreibt. Gelegentlicher Hagel. Und dazwischen immer mal wieder ein wolkenloser Himmel.

Ich schließe sie in die Arme, als könnte ich sie nach wie vor beschützen und alles Schlimme von ihr fernhalten. Dabei erinnere ich mich, wie es sich angefühlt hatte, als sie sich unter dem

Schirm meines Brustkorbs niedergelassen hatte und ich den doppelten Herzschlag spürte. Den spüre ich noch immer. Er ist nur manchmal schwerer zu vernehmen.

In dem Moment kommt Brian herein. Nachdem er das Perimeter Institute angerufen und seine Rede in letzter Minute abgesagt hatte, war er ins Labor gegangen. Er wirft seine Aktenmappe auf die Küchentheke und nimmt sich eine Scheibe Mozzarella von der Platte mit Capresesalat, die ich fürs Abendessen hergerichtet habe. »Igitt«, sage ich, »wasch dir doch erst mal die Hände.«

»Sie hat recht«, ergänzt Meret. »Ein einziges Gramm menschlicher Kacke kann eine Trillion Keime enthalten.«

»So viel also zum Hunger …« Brian beugt sich herab und umarmt Meret – und nach kurzem Zögern dann auch mich.

Ich atme ein. Neutrogena-Shampoo. Old Spice.

Ich atme aus.

»Meret hat heute DNA isoliert«, teile ich ihm mit.

Er stößt einen Pfiff aus. »Wie viel kostet dieses Ferienlager?«

»Es war vegetabile DNA. Aber immerhin.« Plötzlich springt sie auf. »Oh! Aber danke für mein Geburtstagsgeschenk! Es ist perfekt.«

Offenbar hat er ihr etwas gekauft und in ihr Zimmer gestellt, während ich bei Win war. Sein Blick streift mich, als Meret ihn umarmt. »Tut mir leid, dass es so spät kommt«, sagt er.

»Ist schon in Ordnung«, beruhigt Meret ihn.

Für einen kurzen Moment überfällt mich Eifersucht. Warum bekommt er jedes Mal einen Freispruch, wohingegen ich jedes Mal verurteilt werde?

Ich kenne Eltern mit mehr als einem Kind, die behaupten, ihre Kinder alle gleich zu lieben, aber das nehme ich ihnen nicht ab. In der anderen Richtung ist es wohl genauso. Ein Kind wird sagen, es liebe beide Eltern gleichermaßen, aber wenn es zu Reibungen kommt, passt die raue Kante manchmal bündig zu dem einen Elternteil, während sie sich beim anderen verhakt.

Ich wünsche nur manchmal, ich könnte diejenige sein, die sie mehr liebt.

Aber das behalte ich für mich. Ich setze ein Lächeln auf und frage Meret: »Was hat Dad dir denn geschenkt?«

Bevor sie antworten kann, wirft Brian ein. »Jetzt hätte ich es fast vergessen. Ich habe für Samstag Karten fürs MIT besorgt. Dort spricht eine Gastdozentin der Zoologie darüber, wie sie von einer Fledermaus gebissen und von einem Gorilla gejagt wurde. Man munkelt, sie werde einen lebenden Oktopus mitbringen.«

»Hört sich cool an«, sagt Meret.

»Aber du bist doch bei Sarah eingeladen.« Ich versuche, Blickkontakt mit Brian aufzunehmen, um ihm schweigend zu vermitteln, dass er sie nicht bedrängen und sich klarmachen soll, dass es viel wichtiger ist, Zeit mit einem anderen Teenager zu verbringen, als einem Zephalopoden zu begegnen.

»Ich habe doch gar nicht gesagt, dass ich auch wirklich *hingehe.*« Meret starrt mich wütend an. »Sie möchte an ihrem Pool abhängen.«

Draußen hat es zweiunddreißig Grad bei hoher Luftfeuchtigkeit. »Klingt doch perfekt.« Ich sende einen bedeutungsvollen Blick an Brian. »Oder nicht?«

»Ja«, sagt er. »Ich denke, wir können uns die Vorlesung sicherlich auch online ansehen.«

»Ich. Gehe. Da. Nicht. Hin.«

»Aber Meret …«

Sie schwingt herum, die Fäuste seitlich geballt. »Wenn ich zu ihrem Pool gehe, muss ich mein Shirt ausziehen. Und ich möchte mein Shirt nicht ausziehen.«

»Sie wird sich nicht lustig machen über dich …«

»Genau. Sie wird mich bemitleiden. Und das ist viel schlimmer.« Meret verschränkt die Arme vor der Brust, als wären es Flügel, hinter denen sie verschwinden kann. »Du verstehst *überhaupt* nichts«, sagt sie und rennt nach oben.

Ich rubble mir mit den Händen das Gesicht. »Jesus.«

Brian folgt mir in die Küche. »Es war nur ein Oktopus.«

»Das konntest du nicht wissen.«

Ich hole die Hähnchenbrust aus dem Ofen, schneide sie in drei Stücke und verteile diese auf Tellern. Dann gebe ich Reis dazu sowie ein paar Scheiben Tomaten-Mozzarella. Wir richten beide unsere Blicke auf die Treppe. »Willst du sie runterrufen?«, frage ich.

Brian schüttelt den Kopf. »Nicht für eine Million.«

Ich decke den Teller mit Folie ab. »Den bringe ich ihr später hoch.«

Während ich das Essen zum Tisch trage, tanzt er einstudiert und routiniert um mich herum zum Schrank und holt Gläser und Besteck heraus. Die Art und Weise, wie wir einander auf diesem engen Raum umkreisen wie Sonne und Mond, hat eine eigene Ästhetik. Ich weiß nur noch nicht, wer von uns beiden wer ist.

Doch ohne Meret als Puffer zwischen uns wird die Luft zundertrocken und jedes böse Wort könnte sie explodieren lassen.

»Wie war dein Tag?«, erkundigt sich Brian. Neutral. Sicher.

»Gut.« Ich schlucke einen Bissen hinunter. »Und *deiner*?«

»Ich habe mit den Organisatoren der Konferenz gesprochen. Sie baten mich, stattdessen im Oktober zu präsentieren.«

»Gut.«

»Ja.«

Als ich aufschaue, bemerke ich, dass Brian mich beobachtet. »Wann ist das alles so schwer geworden?«, fragt er leise. Und hat den Anstand, dabei zu erröten. »Nicht nur das«, sagt er und zeigt auf uns beide. »Sondern alles.« Er schielt zur Treppe.

Ich lege meine Gabel am Tellerrand ab. Mir ist der Appetit vergangen. Vielleicht wäre das ein Tipp für Meret. Dass es der beste Diätplan ist, eines Morgens aufzuwachen und sich zu fragen, wie man hierhin gekommen ist. »Darf ich dich was fragen? Wie viele Karten hast du für den MIT-Vortrag gekauft?«

Brian hält den Kopf schief. »Ist das eine Fangfrage?«

»Nein. Bloß Neugier.«

»Zwei«, sagt er. »Du besuchst samstags meist Klienten, und ich nahm an …«

»Du nahmst an …«, falle ich ihm ins Wort.

Er ist ernsthaft verwirrt. »Möchtest du den Oktopus sehen? Ich bekomme sicher noch eine weitere Karte …«

»Es geht nicht um den Oktopus«, sage ich. »Warum hast du mich denn nicht mal gefragt, ob ich mitkommen möchte?«

Brian reibt sich die Stirn. »Können wir … nicht streiten?«, seufzt er. »Können wir einfach … essen?«

Ich nicke, greife zu Messer und Gabel und fange an, mein Hühnchen in kleine Happen zu zerteilen. Immer kleinere. Ich frage mich, wie klein ich sie hinbekomme, und zähle dabei bis hundert. Dann schiebe ich die winzigen Stücke auf meinem Teller herum.

»Dawn.«

Brian hat mich die ganze Zeit über beobachtet. Seine Stimme ist in Watte gepackt, so weich, dass ich sie kaum verstehe. Es ist die Verzweiflung über den Riss, der sich nicht schließen will.

Ich begegne seinem Blick über den Tisch hinweg, der plötzlich so riesig ist, dass wir uns auch auf verschiedenen Kontinenten befinden könnten. Wie meine Mutter, die in Boston mit zusammengekniffenen Augen nach der Küste Irlands Ausschau hält.

»Sag mir, was du von mir willst«, fleht Brian.

Ich sollte eintauchen und losschwimmen, aber ich versinke bereits hier auf dem Trockenen.

»Das sollte ich nicht tun müssen«, entgegne ich.

LAND / ÄGYPTEN

Eigentlich kann Wyatt mich nicht einstellen, um an seiner Grabung mitzuwirken. Es ist eine Yale-Konzession, und ich habe keinerlei Verbindung mehr zur Yale. Die Doktoranden und Kollegen, die jedes Jahr unter der Schirmherrschaft der Universität stehen, haben Arbeitsvisa und waren von der ägyptischen Regierung auf ihre Qualifikation auf dem Gebiet der Altertumsforschung hin geprüft worden.

Ich habe keine Erklärung dafür, warum ich Wyatt um einen Job gebeten habe. Es ist mir anstelle all der anderen Dinge, die ich hatte sagen wollen, rausgeplatzt. Aber die Bitte um einen Job ist einfacher, und ich gewinne Zeit für den Rest.

»Es muss doch jemanden geben, den du fragen kannst«, flehe ich ihn an. »Jemand, der die Vorschriften umgeht.«

Und unvermittelt fällt mir wieder ein, dass es damals, als ich weggegangen bin, westlichen Besuchern nicht erlaubt war, die Wüstenstraße zwischen Minya und Kairo zu befahren. Hasib – Harbis Vater – hatte Wyatt empfohlen, diese Durchgangsroute zu meiden, als er ihm den Weg zum Flughafen beschrieb. *Es sei denn*, hatte er gemeint, *Sie sind mutig*. Und das war Wyatt und hatte sich, als wir an einem Checkpoint angehalten wurden, dumm gestellt und behauptet, er wisse nichts von dieser Einschränkung, bis wir durchgewinkt wurden.

Wyatt lässt sich auf der Lehne eines ramponierten Sessels nieder. »Verzeih mir, aber ich gehe davon aus, dass du während der vergangenen fünfzehn Jahre nicht mehr auf dem Gebiet tätig warst, oder?«

Es trifft mich zu erfahren, dass er mein Leben und was aus mir geworden ist, nicht im Auge behalten hat, aber warum sollte er das auch? Ich war diejenige, die weggegangen ist, ohne einen Blick zurück. Ich zwinge mich, ihm in die Augen zu sehen. »Nein.«

»Warum, Dawn?«, fragt er leise. »Warum jetzt?«

Ich zögere und überlege, wie ich ihm die Wahrheit sage, ohne dabei auf sein Mitleid abzuzielen. »Du weißt doch, dass man beim Betrachten der Jahresringe eines gefällten Baums all die Momente erkennen kann, in denen sich etwas verändert hat? Wie etwa einen Waldbrand. Oder einen Käferbefall. Ein Jahr, in dem es eine Dürre gab, ein anderes, wo etwas gegen den Stamm prallte und ihn in eine andere Richtung weiterwachsen ließ?«

Er nickt.

»Das jetzt wäre einer dieser Momente.«

»Wenn du in Ägypten gelandet bist, dürfte es dich ziemlich weit vom Kurs abgetrieben haben«, meinte Wyatt.

»Oder ich war ziemlich weit vom Kurs abgetrieben, als ich aufbrach.«

Er kneift die Augen zusammen. »Pass auf. Ich würde dir ja gern helfen, aber ich kann nicht einfach …«

»Wyatt«, falle ich ihm ins Wort. »Bitte.«

»Ist alles in Ordnung mit dir, Dawn? Wenn du in Schwierigkeiten steckst …«

»Ich brauche einfach einen Job.«

Wyatt seufzt. »Vielleicht kann ich für nächsten Januar was einfädeln. Das hier ist gar nicht unsere reguläre Grabungssaison.«

»Aber du bist hier. Und arbeitest. Ich meine, das ist doch ein Zeichen, oder? Dass du hier bist – und ich hier bin …« Ich schlucke. »Ich weiß, dass du Hilfe gebrauchen kannst. Du brauchst mich auch nicht zu bezahlen. Du musst mir einfach nur eine Chance geben. Und dann …« Ich zögere. »Dann brauchst du mich nie wieder zu sehen.«

Wyatt sieht mich an. Seine Augen strahlen noch immer so blau wie das Herz einer Flamme, so blau wie der Himmel, wenn man zu lange hineingeschaut hat und dann die Augen schließt, das Blau jedoch auf die Netzhaut gemalt ist. Seine Finger klopfen ein Tattoo auf seinen Schenkel. Fast kann ich ihm beim Verarbeiten seiner Gedanken und Beweggründe zusehen. »Ich weiß, dass ich dir vor langer Zeit ein Versprechen gegeben habe«, setzt er an, und in dem Moment weiß ich, dass er mir etwas erzählen wird, das ich nicht hören möchte.

Ich wappne mich und weiß auch, dass ich einen Fehler gemacht habe. *Was wäre wenn* kann das *Was ist* nicht übertrumpfen.

»Ich kann es nicht garantieren, aber ich werde mich darum bemühen, dir eine temporäre Zulassung zu besorgen.«

Ruckartig blicke ich auf. »Das willst du tun?«

»Das willst du doch, oder?«

»Ja«, hauche ich. Ich gehe einen Schritt auf ihn zu, aber dann erinnert mich diese seltsam flexible unsichtbare Wand zwischen uns, dort zu bleiben, wo ich bin. »Danke.«

»Bedank dich nicht.« Wyatt erhebt sich. »Noch habe ich nichts getan, und wenn du bleibst, erwartet dich ein Knochenjob. Ich stell dich erst mal allen vor, dann können wir am Nachmittag zum Antikenamt nach Minya fahren.« Er verlässt die Bibliothek und erwartet von mir, dass ich ihm folge. Das Haus summt, ich höre Harbi und seine Familie auf Arabisch schwatzen, während sie eine Mahlzeit zubereiten, und das Räuspern der Leitungen, durch die nun Wasser schießt.

Völlig unvermittelt bleibt Wyatt stehen, sodass ich fast in ihn hineingelaufen wäre. Er dreht sich um, und wir stehen uns auf dem Flur Auge in Auge gegenüber. »Noch eins«, sagt er. »Ich weiß nicht, warum du hier bist. Ich weiß nicht, was du verbirgst. Und du könntest auch aus der Übung sein.« Dann geistert ein Lächeln um seine Lippen, eine Kampfansage. »Aber schließlich verdiene ich mir meinen Lebensunterhalt damit, Dinge ans Licht zu holen.«

Bis vor Kurzem hatten Ägypter mit Collegeabschluss eine Garantie auf Jobs bei der ägyptischen Regierung, und das bedeutete, dass ein Überangebot an Regierungsbeamten herrschte, für die es nicht allzu viel zu tun gab – einer Studie nach leistete der durchschnittliche Regierungsbeamte täglich nur eine halbe Arbeitsstunde. Aus diesem Grund war die Arbeit bei der Yale-Konzession ein Traumjob, und Harbis Vater und die anderen, die ich vor fünfzehn Jahren gekannt hatte, machten ihre Arbeit so gut, dass es zu einem Familiengeschäft wurde, das von einer Generation auf die andere überging. Wyatt stellt mich Mohammed Mahmoud vor, dem Sohn des Mohammed, den ich damals kannte. Nun kümmert er sich zusammen mit Harbi, Abdou und Ahmed um die Essenszubereitung und die Reinigung des Grabungsgebäudes sowie um die Arbeiten an der Grabungsstelle. Zwischen den Grabungssaisons leben er und seine Familie in Luxor.

Denen, die ich noch nicht kenne, stellt Wyatt mich als eine alte Freundin vor. Einige nennen mich *Doctora*, wie das auch Harbi getan hatte. »Einfach Dawn«, erwidere ich fröhlich, bin mir dabei aber ständig der auf mir ruhenden Augen Wyatts bewusst. Als wir die Küche verlassen, frage ich: »Was ist mit Harbis Bein passiert?«

Wyatt lehnt sich mit der Schulter gegen die Gipswand. »Wieso hast du deinen Abschluss nicht gemacht?« Als ich nicht darauf eingehe, meint er achselzuckend: »Sieh es als Währung. Wenn du eine Antwort willst, musst auch du eine geben.«

»Ich habe stattdessen einen Master in Sozialarbeit«, erwidere ich. »Eine akademische Laufbahn stand nicht zur Debatte.«

Mit forschendem Blick versucht Wyatt offenbar zu ergründen, ob ich ihm die Wahrheit sage. »Harbi hat sich vor fünf Jahren das Bein gebrochen, als in einem Schachtgrab die Leiter nachgab. Ist nie richtig zusammengewachsen.«

Plötzlich sehe ich die Leiter im Grab von Djehutihotep II., auf der meine eigenen Füße den Halt verlieren, Wyatt mich aber auffängt und den Sturz abfedert. Ich weiß noch genau, dass er nach der in seinen Kleidern eingebackenen Sonne und nach Buttertoffee roch. Er hatte nämlich, wie ich Wochen später erfahren sollte, in seiner Tasche immer Bonbons dabei, für sich selbst und für die barfüßigen Kinder, die in der sengenden Sonne schon am Eingang zum Wadi auf ihn warteten, wenn wir zur Arbeit aufbrachen.

»Komm mit«, fordert er mich auf. »Ich zeig dir, woran wir arbeiten.«

Im Hauptraum des Grabungsgebäudes spielt noch immer Swingmusik. Ein junger Mann mit kurz geschorenen Haaren steht über einen Tisch gebeugt und skizziert paläolithische Feuersteine, die in ordentlichen Reihen vor ihm liegen. Wyatt nimmt einen und gibt ihn mir, ich streiche mit dem Finger über die ausgebogte Kante. »Joe«, sagt er, »das ist Dawn.« Joe rückt seine Brille zurecht und nickt mir zu, während er auf eine Erklärung von Wyatt wartet, die aber nicht kommt. »So spät im Jahr ist er der einzige Doktorand hier«, erklärt Wyatt.

»Ich hoffe auf eine Trophäe.« Joe lacht. »Oder wenigstens eine Grabinschrift: Hier liegt Joe Cullen, vertrocknet in der Wüste.«

»Und diese Feuersteine sind Bestandteil Ihrer Dissertation?«, frage ich.

Er nickt und ritzt Zahlen in ein winziges Metallschildchen. »Ja, mich fasziniert alles, was die alten Ägypter mit ihren Händen gemacht haben. Das hier sind primitive Werkzeuge, ich protokolliere die Saison, das Datum und den Fundort.«

»Früher haben wir Papierschilder verwendet«, murmele ich.

Joe blickt auf, sichtlich überrascht, dass ich das weiß. »Es gab eine europäische Expedition, die im Süden gearbeitet hat und in ihrem Magazin in Assuan Tonscherben in Palmrippenkisten lagerte, über die sich dann Termiten hergemacht haben, sodass am Ende nur ein Haufen nicht bezeichnete Tonscherben übrig blieb. Dieses System rettet uns vor zwei Dingen, die sich in Ägypten kaum vermeiden lassen: Ausbleichen und Ungeziefer.«

Ich lege den Feuerstein vorsichtig zurück auf den Tisch.

»Das ist ein Schaber«, sagt er. »Wir haben Unmengen davon gefunden, was darauf schließen lässt, dass mitten in der Wüste jede Menge Tierhäute präpariert wurden.«

»Das ist wirklich inter…«

»Ermutige ihn nicht«, scherzt Wyatt. »Oder er holt seine Handäxte heraus.« Er führt mich auf die andere Seite des Raums, wo ein Mann in den Dreißigern seinen dunklen Kopf über einen Computerbildschirm beugt. »Hast du ihn wieder ans Laufen gebracht, Alberto?«

Er nickt und bemerkt mich dann zum ersten Mal. Sein Gesicht, schmal und mit prominenter Nase, verändert sich, wenn er lächelt und seine strahlenden Zähne zeigt. »Du hast mir nicht gesagt, dass wir Besuch haben. Hübschen Besuch.«

Ich spüre, dass ich rot werde. Wann ist mir das zum letzten Mal passiert?

»Sie ist kein Besuch. Sie arbeitet hier.« Wyatt sieht mich an. »Vielleicht.« Ich schiele auf den Bildschirm, auf dem sich ein dreidimensionales Modell eines in den Fels gehauenen Grabs dreht. »Alberto ist ein digitaler Archäologe aus Italien.«

Vor fünfzehn Jahren gab es diesen Job noch gar nicht.

Wyatt lacht, als er meinen Gesichtsausdruck sieht. »Ich weiß. Wir sind alt.«

»Dann zeichnen Sie digitale Modelle von der Ausgrabungsstätte?«, frage ich.

Alberto schüttelt den Kopf. »Ich mache Bildmessung und Geomatik. Digitale Kartierung in 3-D statt der linearen Vermessung, die einmal Standard war.«

Mit ein paar Tasteneingaben zoomt Wyatt das Modell auf dem Bildschirm heran, bis ich die Hieroglyphen an der Wand erkennen kann. Es ist fast, als wäre man dort. »Schon erstaunlich, nicht wahr?«, murmelt Wyatt.

»Es ist unglaublich«, erwidere ich. »Wie funktioniert das?«

»Ich mache ein Foto von der Ausgrabungsstätte, füge es dann in die entsprechende Software ein, und – wie sagt man – Simsalabim haben wir ein 3-D-Modell mit Topografie.«

Wyatt deutet auf ein Icon auf dem Desktop. »Zeig ihr das mal.«

Er reicht mir ein VR-Headset, und ich streife es mir über den Kopf und warte dann, bis das Bild vor meinen Augen lädt. Ich halte die Luft an, denn plötzlich befinde ich mich in einem Wadi, das ich nur allzu gut kenne: ein Felsüberhang, darunter eine dunkle Höhlung. Ich strecke einen Arm aus, als wollte ich diese berühren, aber natürlich ist sie nur digital.

»Dreh dich nach links«, instruiert Wyatt mich, und ich mache es, indem ich mich vorbeuge, um eine Gehbewegung zu simulieren, bis ich dicht genug dran bin, um die aufgemalte hieratische Felsinschrift zu lesen, die wir vor Jahren entdeckt haben.

Es ist alles so anders als damals zu unserer Zeit. Die Mylarfolie, die wir benutzten, hat Staub angezogen, ist bei der brutalen Hitze geschmolzen, und stets waren Lichtpunkte auf dem Plastik, sodass ich mein Abbild immer wieder mit dem in den Fels geschnittenen Zeichen abgleichen und korrigieren musste. Das hier – das kam einer Revolution gleich.

»Die Ausgrabungsstätten, die wir ergraben, befinden sich in situ in einer Landschaft«, erläutert Wyatt. »Sie sind dafür gedacht, dort betrachtet zu werden. Aber hiermit kommt man dem so nahe wie möglich, ohne dass Mittelägypten von Touristen überschwemmt wird. So, wie wir es früher gemacht haben, ging die halbe Information verloren – nämlich *warum* die Inschriften an dieser speziellen Stelle und nicht irgendwo anders angebracht waren.«

Ich beuge mich wieder vor, komme der virtuellen Felswand noch näher. »Die Epigrafik dürfte jetzt nur noch halb so lang dauern.«

»Du kannst es dir nicht vorstellen«, erwidert Wyatt. Er zieht mir die Brille ab und reicht mir ein iPad. »Alberto erstellt ein abgeflachtes Orthoimage basierend auf dem hochauflösenden 3-D-Bild und schickt es mir hierauf. Damit kann ich dann die Hieroglyphen abpausen, als wär's ein Bilderbuch. Man kann die Farbe manipulieren und den Kontrast verstärken, wenn der Stein unruhig ist wie der Kalkstein und man untersuchen muss, welcher Aspekt dem Stein geschuldet ist und nicht zum Relief gehört.«

»Wenn er dann alles nachgezeichnet hat, kann ich es wieder ins 3-D-Bild der Ausgrabungsstätte übertragen«, ergänzt Alberto.

»Das bedeutet, wir bekommen eine finale Zeichnung in nur einem Bruchteil einer Grabungssaison.«

»Und für Örtlichkeiten wie die, an der wir jetzt arbeiten, ist es einfach unglaublich«, fährt Alberto fort. »Anstatt entscheiden zu müssen, ob wir ein Profil auf diese oder jene Weise durchführen wollen, und anstatt bei jeder Freilegung Schichten zu zerstören, macht man ein 3-D-Foto, bevor man anfängt, ein weiteres Foto, wenn man die erste Schicht abgetragen hat, noch eins nach der zweiten Schicht – *e così via* –, es ist, als hätte man einen Geburtstagskuchen vor sich, den man teilen und teilen und wieder teilen kann, wie man möchte.«

»Einziger Nachteil dabei«, meldet Joe sich von der anderen

Raumseite, »sind die sich überhitzenden iPads, deren Akkus dann den Geist aufgeben, und meine zarten Ohren müssen dann vielsprachige Flüche über sich ergehen lassen.«

Einen Moment lang überlege ich, ob ich nicht womöglich Jahre zu spät komme. Es keine Möglichkeit gibt, dort weiterzumachen, wo ich aufgehört habe. Dann nimmt Wyatt das iPad aus meinen Händen und tippt auf ein paar Icons, bis ein neues dreidimensionales Bild erscheint. »Djehutinachts Grabmal«, sagt er und reicht es mir.

Als Doktorandin hatte ich von der Freilegung der Djehutinachts gelesen, deren Särge sich im Bostoner Museum befanden – aber das Bild kommt mir nicht vertraut vor. Hier sehe ich eine Grabkapelle und einen Schacht in diversen Stadien der Freilegung.

»Das ist nicht Djehutinacht II.«, klärt Wyatt mich auf. »Das ist Djehutinacht, Sohn von Teti.«

Mit zusammengekniffenen Augen betrachte ich den Bildschirm, versuche, dichter dranzukommen.

»Es ist noch nicht publiziert«, sagt er leise.

In anderen Worten: Ich bin die erste Person außerhalb seines Teams, die es zu Gesicht bekommt.

Nichts – aber auch gar nichts – lässt sich damit vergleichen, die Erste zu sein, die ein Stück von der Welt entdeckt, das verloren geglaubt war. Der Puls rast, das Herz klopft, man vergisst zu atmen. Man verweilt und möchte diesen Moment festhalten, solange man mit dem Wunder allein ist, bevor alle anderen sich einmischen. Mir wurde einmal das große Glück zuteil, diese Erfahrung zu machen – mit Wyatt. Und Meret zur Welt zu bringen, kam dieser am nächsten.

»Ich hatte gehört, dass du es gefunden hast«, murmele ich. Aber darüber zu lesen und das hier auf dem Bildschirm zu sehen, waren zwei völlig verschiedene Dinge.

Mir ist nicht bewusst gewesen, dass ich das laut ausgesprochen habe, bis ich Wyatts unergründliche Miene wahrnehme. »Wenn du es leibhaftig vor dir hast, ist es noch viel besser«, sagt er. »Lass uns nach Minya fahren.«

Wyatt erkundigt sich, ob ich mich umziehen möchte, bevor wir in die Stadt zurückfahren. Als ich ihm sage, dass ich ohne Gepäck gekommen bin, sieht er mich aus schmalen Augen an. »Du bist ohne Koffer nach Ägypten geflogen?«

»Ja.«

»Mit dem Vorhaben, an einer Ausgrabung teilzunehmen?«

Ich hebe mein Kinn ein wenig. »Ja.«

»Ohne angemessene Kleidung.«

»Es war gewissermaßen eine Entscheidung in letzter Minute«, rechtfertige ich mich.

Er öffnet den Mund, als wolle er etwas sagen, schließt ihn dann aber wieder. »Alberto«, ruft er. »Ich brauche deine Hilfe.«

Ich höre ihre Stimmen – gedämpft und streitlustig. Die einzigen Worte, die ich heraushöre, sind *unqualifiziert* und *täglich*. Wyatt sagt: »Ich bin noch immer der Leiter.« Auf Italienisch: *Avere gli occhi foderati di prosciutto.* Dann sich entfernende Schritte.

Zehn Minuten später stecke ich in einer Hose von Alberto. Er hat als einziger Archäologe im Grabungsgebäude schmale Hüften und ist auch nur ein paar Zentimeter größer als ich. Ich ziehe den Gürtel fest und kremple die Hosenbeine auf, dann gibt Wyatt mir eins seiner eigenen langärmeligen Baumwollhemden. Es ist frisch gewaschen, aber es riecht dennoch nach ihm. »Hier«, verkündet er ohne Umschweife und lässt vor mir ein Paar Stiefel fallen, während ich noch mit dem Aufrollen der Hemdsärmel beschäftigt bin, die mir sonst über die Finger hängen würden. Es sind Damenstiefel in Größe neununddreißig, sie passen perfekt. Ich hätte gern gewusst, wem sie wohl gehören mögen, aber ich habe kein Recht, danach zu fragen.

Von einem Tisch neben der Tür nimmt Wyatt sich einen Hut – verbeult, mit steifer Krempe, die beim ständig wehenden Wind nicht umklappt. »Nimm dir einen«, sagt er und zeigt auf die Kollektion: Panamahüte und Topfhüte, Baseballkappen mit Nackenschutz gegen die sengende Sonne. Meine Wahl fällt auf einen Cowboyhut aus Stroh, den ich mir auf den Kopf setze und mich dann beeile, mit Wyatts langen Schritten mitzuhalten, der einen von einer Staubschicht überzogenen Land Rover ansteuert. Auf dem Beifahrersitz mitzufahren, fühlt sich seltsam an, als Doktorandin hatte ich immer zu Fuß gehen müssen. Ich beobachte Wyatt, der geschickt kuppelt, während wir über die von Schlaglöchern übersäte Straße hoppeln, die vom Grabungsgebäude in die Wüste führt.

Das lokale Antikenamt befindet sich in Mallawi, aber da die wichtigen Genehmigungen in Minya erteilt werden, fahren wir nun denselben Weg zurück, den ich hergekommen bin. Die Fahrt ist staubig und schweißtreibend, und ich werde kräftig durchgerüttelt. Der rissige Ledersitz ist so heiß, dass es sich anfühlt, als wäre die Sonne eine zwischen uns zusammengerollte Katze. Ständig beuge ich mich vor, um mein verschwitztes Hemd vom Körper zu ziehen. Wie eine Fahne ziehen wir die Wolke aufgewirbelten Staubs hinter uns her.

Nach einer im Schweigen verharrten Viertelstunde mache ich ein Friedensangebot. »Ich hab nicht gewusst, ob ich dich im August hier antreffen würde.«

»Und doch bist du hier.«

Ich wende mich wieder der Straße zu, weil ich nicht weiß, wie ich weitermachen soll.

»Alberto und Joe scheinen nett zu sein.«

Ich habe mal einen Artikel über die unterschiedlichen Gesprächsmuster von Männern und Frauen gelesen – dass Männer es bevorzugen, den Gesprächspartner neben sich zu haben, wohingegen Frauen sich lieber von Angesicht zu Angesicht unterhalten, um alle nichtverbalen Anzeichen mitzubekommen. In dem Artikel wurde deshalb empfohlen, schwierige Themen mit dem Ehemann im Auto anzusprechen anstatt am Essenstisch.

Der Autor dieses Artikels dürfte dabei keinesfalls Wyatt in einem Land Rover vor Augen gehabt haben.

Mit dem Handgelenk auf dem Lenkrad betrachtet er mich von der Seite. »Sind wir jetzt beim Small Talk angelangt?«

»Ich versuche nur, ein Gespräch zu führen.«

»Zuvor schienst du darauf nicht sonderlich erpicht gewesen zu sein.«

»Es fällt mir schwer …«

»Denkst du etwa, mir fällt es leicht?«, wirft Wyatt ein. Seine Worte treffen mich wie Messerstiche, die mich am Sitz festnageln.

Ich schließe die Augen. »Es tut mir leid.«

Auch ohne hinzusehen, spüre ich, dass er mich anstarrt. Die Luft ist zäher geworden. Aber dann, als hätte jemand während einer Feuersbrunst eine Fensterscheibe eingeschlagen, kann ich plötzlich atmen. Wyatt hat seinen Blick wieder auf die Straße gerichtet, seine Züge sind glatt. »Dass ich jetzt hier bin, obwohl es heißer als in der Hölle ist, hat mit dem Semesterende im Mai zu tun«, berichtet er, als hätte die Hälfte unserer Kommunikation gar nicht stattgefunden. »Dann war Ramadan, aber ich muss dieses Grab freilegen, bevor die Kurse Mitte September wieder anfangen.«

Es gibt eine Zusatzinformation, die er mir nicht mitteilt – vielleicht geht es um Fördergelder. Vielleicht bekommt er keine mehr, ohne den Beweis, dass er ein neues Grab mit einem intakten Sarg gefunden hat. »Du kannst froh sein, dass du nicht den akademischen Weg eingeschlagen hast«, ergänzt er. »Doch ich kann mir vorstellen, dass Sozialarbeit auch kein Zuckerschlecken ist.«

Das sagt er mit sanfter Stimme, ein Friedensangebot. »Ich bin keine Sozialarbeiterin«, entgegne ich. »Ich bin eine Doula für das Lebensende.«

»Eine … was?«

»Ich kümmere mich um Menschen, mit denen es zu Ende geht.«

»Dann sterben deine Klienten also, um dich kennenzulernen«, erwidert Wyatt.

Ich lache. »Könnte man so sagen. Der Wechsel vom einen Beruf in den anderen war weniger gravierend, als ich gedacht hatte. In gewisser Weise habe ich mich ja mit dem Tod befasst, seit ich achtzehn war.«

Er streift mich mit einem Blick. »Geht mir auch so«, meint er freimütig.

»Und du? Konzentrierst du dich immer noch aufs Zweiwegebuch?«

Wyatt nickt. »Aber die Übersetzung, die wir benutzt haben, weißt du? Die ist 2017 durch eine neue Publikation auf der Strecke geblieben. Wie sich herausstellt, existieren zwei voneinander unabhängige Zweiwegebücher, und selbst wenn es Überschneidungen bei den Zaubersprüchen gibt, so unterscheiden sich die Texte doch sehr.«

Nun spricht er nicht mit mir, als wäre ich eine Feindin, eine Geflüchtete, sondern eine Kollegin. Ich halte die Luft an und habe ein Gefühl wie schon lange nicht mehr: eine kleine Explosion in meinem Gehirn wie bei einer herausragenden Vorlesung oder wenn ich ein kniffeliges Übersetzungsproblem lösen konnte.

»Dann war die alte Übersetzung also falsch.«

»Nun, sie war nicht *richtig*«, stellt Wyatt klar. »Oh! Erinnerst du dich, wie wütend es dich immer gemacht hat, weil die Pyramidentexte, die wir in den Särgen gefunden haben, nie Eingang in die Publikationen der Sargtexte fanden?«

»*Wütend* ist vielleicht ein bisschen übertrieben …«

»Sie wurden schließlich mit aufgenommen. 2006. Hast du das mitbekommen?«

»2006 habe ich nur *Goodnight Moon* gelesen.« Ich lache.

Wyatt sieht mich an. Die Luft zum Atmen im Wagen ist plötzlich weg. »Das ist doch ein Kinderbuch? Du hast Kinder?«

»Ein Kind«, sage ich leise. »Eine Tochter.«

»Vermutlich hat sie auch einen Vater«, erwidert Wyatt, den Blick starr auf die Straße gerichtet.

Ich schlucke. »Hat sie.«

Ich betrachte meine im Schoß gefalteten Hände und drehe an meinem Ehering, während sich zwischen uns Schweigen ausbreitet.

»Ich habe an dich gedacht, weißt du«, murmelt Wyatt. »Und mich gefragt, wie jemand sich in Luft auflösen kann.«

Es gibt so vieles, was ich ihm erzählen möchte, erzählen *muss*. Aber die Worte stecken mir hinter einem Damm Angst in der Kehle fest: Angst, dass er keine Zeit hat, Babysitter einer Frau mittleren Alters zu sein, die sich die Frage stellt, wie ihr Leben anders hätte verlaufen können, Angst, dass er mich wegschickt oder über mich lacht. Oder – was vielleicht schlimmer wäre – sich gleichgültig zeigt. Mich wie eine Amateurin behandelt – wie wir das damals als Doktoranden an der Yale mit denen machten, die in der Kindheit ein bisschen was über Pyramiden gelesen hatten und von Brendan Fraser in *Die Mumie* besessen waren – höflich, aber abwertend.

Und ich? Hatte ich an Wyatt gedacht? Ich würde lügen, wenn ich es verneinte. Ich verzehrte mich nicht nach ihm, ich liebte Brian. Aber es kam immer wieder vor, dass er mir plötzlich in den Sinn kam, wenn ich wohlig in meinem Alltag versunken war. Als wir zu meinem dreißigsten Geburtstag nach Griechenland fuhren und ich auf den Kopfsteinpflasterstraßen Kinder Tonscherben sortieren sah. Wenn ich Eyeliner auftrug und den geschwungenen Flügel im Spiegel betrachtete und Wyatt vor

Augen hatte, der die mit Kajal umrandeten Augen einer Gaufürstenfrau auf ein Blatt Mylar zu skizzieren versuchte – und scheiterte.

»Ich musste an dich denken, als das FBI den Fall des abgetrennten Mumienkopfs im Bostoner Museum knackte«, teile ich ihm mit. »Erinnerst du dich noch, dass Dumphries nicht wusste, ob er zu der männlichen Mumie oder dessen Frau gehörte?«

Ich hatte die Geschichte in *The Boston Globe* gelesen – von den Ärzten, die ein CT vom Kopf der Mumie machten und denen dabei auffiel, dass es Verstümmelungen im Bereich von Mund und Kiefer gab, den Körperteilen, die mit Nahrungsaufnahme zu tun hatten. Und sofort war mir der Grund dafür klar gewesen – die Mundöffnungszeremonie, vorgenommen am Verstorbenen, damit dieser oder diese auch im Jenseits essen und trinken konnte. Aber da man noch immer nicht mit absoluter Sicherheit sagen konnte, um wen es sich bei der Mumie handelte, wurde das FBI miteinbezogen, um eine DNA-Analyse eines Zahns vorzunehmen.

»Ich glaube, das habe ich auch gelesen. War das nicht …«, setzt Wyatt an, als ich ihm das Wort aus dem Mund nehme.

»Mr. Djehutinacht«, sagen wir gemeinsam. Und prusten dann beide los.

Mit seiner gebräunten Haut und dem sich kräuselnden Haar über den Schweißperlen auf seinen Schläfen kann man ihn sich kaum woanders vorstellen, er gehört einfach hierher. Und ich frage mich, was passiert wäre, wenn wir die Rollen getauscht hätten: wenn ich geblieben wäre und er den Anruf bekommen hätte, der den Rest seines Lebens veränderte. Ob er sich im Businessanzug bei seiner Arbeit in London im Finanzwesen oder bei der Regierung unwohl gefühlt hätte. Dann fiel mir ein, dass es ihm ja vorherbestimmt war, ein britischer Peer zu werden und dieser Aufgabe gerecht zu werden. Ich beschwöre ein neues Bild von Wyatt herauf und sehe ihn Polo spielen. Oder hinter einem

Berg Papierkram auf einem schweren Mahagonischreibtisch, älter als mein ganzes Land. Von wo aus er seiner Frau zulächelt, die Pippa oder Araminta heißt und reiten gelernt hat, bevor sie laufen konnte.

»Bist du inzwischen Marquess?«, platzt es aus mir heraus.

»Oh. Tja tatsächlich, das bin ich.«

»Tut mir leid.« Das konnte nur bedeuten, dass sein Vater gestorben war.

»Der Titel ist völliger Blödsinn. Außerdem bin ich hier oder in New Haven. Das Zeremoniell bedeutet mir nicht besonders viel. Sehr zum Leidwesen meiner Mutter.« Seine Lippen zucken. »Aber da es dir, als ich Earl war, nichts ausgemacht hat, mich *mein Gott* zu nennen, solltest du jetzt vielleicht damit anfangen.«

»Da beiße ich mir lieber die Zunge ab«, kontere ich.

Er grinst. »Ich muss zugeben, dass ich bisher noch nie von einer Sterbe-Doula gehört habe.«

»Es ist ein anderes Modell der Fürsorge. Umfassender, wenn das Sinn ergibt. In der traditionellen medizinischen Versorgung verbringt ein Arzt im Durchschnitt etwa sieben Minuten mit einem Patienten. Ich werde Teil der Familie, falls die Klientin oder der Klient das wünscht. Ich komme und halte Bettwache, aber ich habe auch die nötige Distanz, um dem medizinischen Team und den Pflegenden die harten Fragen zu stellen, und es macht mir auch nichts aus, wenn nötig fünfzehn Mal die Notfallnummer zu wählen.« Ich zögere und überdenke, was in meinen Verantwortungsbereich fällt und wie sich das für einen Außenstehenden darstellt. »Eigentlich gebe ich den Menschen Zeit in dem Moment, wo sie diese am meisten benötigen.«

»Ist das deprimierend?«

»Na ja, manchmal heule ich«, sage ich achselzuckend. »Als ich das erste Mal vor einer Klientin geweint habe, hätte ich mich dafür in den Hintern treten können, aber dann rief mich in der Nacht ihr Bruder an, um sich bei mir zu bedanken. Als er mich weinen sah, wurde ihm bewusst, dass seine Schwester für mich nicht nur ein Gehaltsscheck war. Deshalb ja, es ist traurig. Aber es gibt auch sehr schöne Momente.«

»Beweise?«, blafft Wyatt, und ich muss mir ein Lächeln verkneifen – genau das hat Dumphries immer zu uns gesagt, wenn wir im praktischen Einsatz waren und eine Hypothese aufstellten, für die er Absicherung verlangte.

»Einmal hatte ich eine Trans-Klientin, und kurz bevor sie verstarb, sagte ihre Mutter: ›Ich habe einen Sohn zur Welt gebracht, aber ich begrabe eine Tochter.‹ Und in dem Moment ließ meine Klientin los. Es war fast, als müsste sie das hören, um sterben zu können.«

»Was hast du gelernt?«

Das ist eine derart professionelle Frage, dass ich fast lächeln muss. »Jeder ist vom Tod überrascht, was eigentlich albern ist, wenn man darüber nachdenkt. Man kann ja nicht von einem Spielverderber sprechen. Aber wirklich schockiert hat mich, dass viele Menschen erst ganz am Ende erkennen, welche Form ihr Leben angenommen hat. Verstehst du?«

Wyatt nickt. »Sicher. Erst wenn du anfängst, dein Grab zu bauen, wird dir klar, dass du derjenige sein wirst, der dort drinnen liegt.«

»Leben und Tod sind zwei Seiten derselben Münze«, sage ich und bin überrascht, dass er mich anstarrt, als ich ihn ansehe. »Was ist?«

»Ich habe nur gerade überlegt, ob du vielleicht doch niemals ganz mit deinen Studien aufgehört hast.«

Wir kommen gerade an dem riesigen Ortsschild für el Minya vorbei, das genauso unpassend wie das für Hollywood in Los Angeles zwischen die Felshänge gezwängt ist. Während Wyatt versucht, einen Parkplatz zu finden, beobachte ich zwei Männer, die Händchen haltend die Straße entlanglaufen. Das bedeutet nicht dasselbe wie bei mir zu Hause. Hier ist das nur ein Zeichen der Freundschaft. Schwul sein in Ägypten ist ein Gesetzesverstoß.

Wyatt findet einen Platz vor einem kleinen Laden, der Eis verkauft. »Hungrig?«, fragt er. »Ich lad dich ein.«

Mir knurrt der Magen, trotz der Mahlzeit, die Harbi mir zubereitet hat. Ich gehe auf die köstlich von Frost beschlagene Glasvitrine zu. Erdbeere, Schokolade, Orangenblüte, Kokosnuss. Ich zeige auf die Sorte Norio – die ägyptische Keksvariante von Oreo. Wyatt bestellt für mich in fließendem Arabisch. Die Worte kommen ihm wie Honig über die Lippen.

Er reicht mir ein Hörnchen, und unvermittelt befinde ich mich wieder in meinem kleinen Zimmer im Grabungsgebäude vor fünfzehn Jahren. Wyatt hatte sich bei mir eingeschlichen, während alle anderen schliefen, und hielt mir eine Packung Norios hin. »Wo kommen die denn her?«, fragte ich und riss die Packung bereits auf.

»Einem geschenkten Gaul schaut man nicht ins Maul«, sagte er und küsste mich. »Was Süßes für meine Süße.«

Ich verdrehte die Augen und versuchte, den Keks von der Creme zu trennen. Als ich aufblickte, sah ich ihn in den ganzen Keks beißen.

»Wer macht denn so was?«, fragte ich ernsthaft schockiert. »Man muss sie erst teilen.«

»Sagt wer? Die Keks-Gestapo?« Er steckte sich den nächsten Keks ganz in den Mund.

»Das ist krank«, sagte ich. »Regelrecht soziopathisch.«

»Ja, ich esse meine Norios wie ein Höhlenmensch und nähe mir einen Hautanzug aus den Doktoranden, die ich umgebracht habe.«

»Ich weiß nicht, ob ich dich noch lieben kann«, sagte ich zu ihm.

Er hielt inne und ein Lächeln breitete sich aus wie der Morgen, der die Nacht vertreibt. »Du liebst mich?«, hakte er nach.

Nun muss ich blinzeln, als er mir eine Serviette hinhält. »Du kleckerst.«

»Danke«, sage ich und wickele mein Hörnchen ein.

»Ich vermisse die echten Oreos«, meint Wyatt und geht los Richtung Straße. »Und Eis in meinem Drink. Und Bäder. Es ist so verdammt britisch, aber ich vermisse mein Bad.«

Ich passe mich seinem Schritt an. *Ich vermisse das*, sage ich mir.

An der Tür des Antikenamts hängt ein Schild, das besagt, der Direktor sei vorübergehend verhindert – was bedeuten kann, dass er die Grabungsstätten besichtigt oder sich ganz allgemein ums kulturelle Erbe kümmert –, aber *Inschallah,* zurückkommen wird. Allerdings ohne Zeitangabe.

»Was nun?«, frage ich.

»Wir warten«, bestimmt Wyatt. Er tritt in den Schatten, den der Türsturz wirft, und hockt sich nieder, rückt, so weit es geht, aus der Sonne, und lehnt sich an die verschlossene Tür. Er zeigt auf den Platz neben ihm.

Ich reibe mir den Nacken. »Nicht doch, Wyatt. Du hast jede Menge zu tun. Du kannst doch nicht bis weiß Gott wann hier herumsitzen. Wir wissen doch nicht mal, ob der Typ zurückkommt.« Ich zwinge mich, auszuatmen. Es ist eine Sache, Wyatt um die Besorgung einer Erlaubnis zu bitten. Eine andere, seine Zeit zu vergeuden. »Du hast es versucht, und ich kann dir gar nicht sagen, wie sehr ich das zu schätzen weiß. Aber …«

»Dawn.« Er streckt eine Hand nach mir aus, schirmt sich mit der anderen die Augen ab. Ich senke den Blick im lähmenden Gefühl eines Déjà-vu. »Sag nichts mehr.«

Ich greife nach seiner Hand, deren Finger sich trocken und kräftig und so vertraut um meine schließen, dass es mir die Brust abschnürt. Wie kann man über ein Jahrzehnt weg gewesen sein, ohne jemandes Hand zu halten, und deren Abdruck noch immer wie eingeprägt spüren?

Er zieht mich nach unten, bis wir Schulter an Schulter sitzen. »Zum Ersten …« Wyatt windet sich. »Mein Gott, wer sagt schon *zum Ersten*? Ich rede wie ein völliger Idiot.« Ich unterdrücke ein Lachen, und er schüttelt den Kopf. »Ich habe tatsächlich eine Menge zu tun. Aber ich habe rund um die Uhr gearbeitet und bin der Leiter, und wenn ich entscheide, dass ich einen Nachmittag Pause brauche, dann ist das so. Zweitens: Ich erachte das nicht als Zeitvergeudung.« Er zeichnet mit seinem Finger einen Riss im Pflaster nach. »Ich bin es dir schuldig, Dawn. Ohne dich hätte ich dieses neue Grab nicht entdeckt. Wenn ich dir also sage, dass ein paar Stunden mitten in Minya herumhocken das Mindeste ist, womit ich dir meine Dankbarkeit zeigen kann, kannst du mir das ruhig glauben.«

Ich muss an die Erwähnung denken, mit der er mich in seiner Doktorarbeit bedacht hat. »Ich bin recht zuversichtlich, dass du es auch so irgendwann gefunden hättest, ob du mir nun begegnet wärst oder nicht.«

»Falsch. Es begann alles mit diesem Dipinto.«

Ich habe den Nachmittag vor Augen. Es war so still gewesen, als wäre die Welt scheintot, und wir hatten in einer schattigen Vertiefung hinter einer Felswand des Wadis gestanden, wozu wir eigentlich keine Erlaubnis hatten. Ich erinnere mich, wie ich den Stein sanft vom Staub befreite und Wyatt mit seinem Finger dem hieratischen Zeichen folgte und die Teile der Inschrift übersetzte, die er lesen konnte – darunter die Erwähnung eines Grabs, das an der Ausgrabungsstelle von Bersche auch nach hundert Jahren Grabungstätigkeit nie gefunden worden war.

Erinnere mich, wie Wyatts Hand meine umfing und so fest drückte, dass es schmerzte, woraufhin ich seine genauso fest drückte.

»Ich habe von 2003 bis 2013 nach diesem Grab gesucht«, berichtet Wyatt. »Und absolut nichts gefunden. Dumphries ließ mich machen, aber ich denke, er wartete nur darauf, dass ich mir eingestand, mich vergeblich bemüht zu haben. Fast hätte er mich überzeugt, dass selbst, wenn es einen Djehutinacht gab, der ein entfernter früherer Verwandter von Djehutihotep II. war, die Felsinschrift so sehr beschädigt war, dass Zweifel berechtigt waren, ob dieses Grab tatsächlich Teil dieser Nekropole war oder sich irgendwo anders befand.«

In der Archäologie ist es wie beim Kuchenbacken, eine Schicht liegt auf der anderen, die jüngste ganz oben und die älteste ganz unten. Vorrangiges Ziel ist es, herauszufinden, was da unten wann gelegt wurde. Man darf sich nicht von jemandem in die Irre leiten lassen, der ein Loch in eine ältere Schicht gegraben und sich darüber hergemacht hat. Wenn man etwas ausgräbt, wird das kein brillanter und eindeutiger verlorener hieroglyphischer Text sein. Man bewegt Erdmassen. Man findet Tonscherben. Man sucht im Wüstensand nach einer Nadel im Heuhaufen.

»Es war 2013. Ich stand oben auf dem Grab von Djehutihotep II., wo wir die letzte Saison zugebracht hatten. Ich sah mich um und versuchte, mir darüber klar zu werden, was verdammt noch mal mir entgangen war. Und ich dachte an Howard Carter.«

»Wie man das so macht«, scherzte ich.

»Na ja, wie man das so macht, wenn man zehn Jahre lang nach etwas sucht, das man nicht finden kann.«

Carter hatte systematisch zehn Jahre lang nach dem Grab von Tutanchamun aus dem Neuen Reich gesucht, ohne Erfolg. 1922 hatte sein Gönner Lord Carnarvon einer letzten Saison zugestimmt, und Carter ging zum Grab von Ramses VI., das bereits vor einiger Zeit ausgegraben worden war. Er begann im Schutt hinter den Hütten der Arbeiter zu graben und fand die Stufen zu einem zweiten Grab, das darunter begraben war.

»›Endlich eine wunderbare Entdeckung im Tal gemacht‹«, zitierte Wyatt den Text, den Carter an Carnarvon telegrafiert hatte, als er den Gang mit dem Stempel der Nekropole versiegelt fand – ein Schakal über gefesselten Feinden. Dann musste er die Stufen wieder bedecken und auf Carnarvons Ankunft warten, damit sein Gönner bei der Öffnung des Grabs dabei sein und die Früchte seiner Investition betrachten konnte.

Ich sehe Wyatt an und verstehe, was er mir damit sagen möchte. »Moment«, sage ich. »Im Ernst? Djehutinachts Grab befand sich die ganze Zeit *direkt unter uns*?«

Er nickt. »Ich habe überall gesucht, nur nicht dort, worauf ich im wahrsten Sinne des Wortes stand. Also grub ich sechzig Zentimeter vom Eingang zum Grab von Djehutihotep II. entfernt und stieß auf die obere Kante eines Türsturzes. Darauf befand sich genug autobiografische Inschrift, um die Glyphen für Djehutinacht zu erkennen. Ein paar Wochen später hatte ich den Eingang freigelegt – bemalt in den Farben rot-grünen Granits und mit dem Siegel eines Riesenskarabäus an der Tür. Inzwischen hatte ich genügend Inschriften gelesen, um zu wissen, dass dies Djehutinacht, Sohn von Teti bedeutete. Zwischen ihm und Djehutihotep II. liegen fünf Generationen und er ist zwei oder drei Generationen älter als die Djehutinachts im Bostoner Museum. Zudem wird auf ihn in neun weiteren Restaurierungsinschriften Bezug genommen, die er in verschiedenen Gräbern Mittelägyptens hinterlassen hat.«

Mir klappt die Kinnlade runter. »Dann ist er also wirklich der Großvater der Nekropole?«

»Sehr wahrscheinlich. Er entstammt vermutlich der ersten Zwischenperiode der Elften Dynastie. Er könnte der unmittelbare Vorgänger von Ahanacht I. sein, dem ersten bekannten Nomarchen, der ein in den Fels gehauenes Grab in Bersche bekam.

»Beweis?«, fordere ich.

Er lacht. »Wir haben nichts Substanzielles, aber ich bin mit meiner Meinung nicht allein. In Anbetracht der Daten ihrer Existenz als Gaufürsten passt es. Und wir wissen zuverlässig, dass Djehutinacht gern durch Mittelägypten zu anderen Nekropolen gereist ist, um die Gräber anderer Leute zu restaurieren, weshalb es absolut plausibel wäre, dass er für die Nekropole seiner eigenen Familie *dieses* Gebiet in Angriff genommen hat.«

»Es würde außerdem erklären, warum sein Name in das Dipinto geschrieben wurde, als heiligem Ort, den Beamte aufsuchten, um die Nacht vor einem Fest hier zu verbringen«, sage ich.

»Und«, ergänzt Wyatt, »sollte es ein Zweiwegebuch in diesem Sarg im Schachtgrab geben, wäre dies die erste bekannte Version.«

»Moment. Du bist noch gar nicht zur Grabkammer vorgedrungen? In all den Jahren?«

Er streicht sich durchs Haar. »Ich begann mit der Freilegung 2013, und es dauerte drei Saisons, um das Material vor dem Grab abzutragen und zu dokumentieren, um auch nur an das Schachtgrab *heranzukommen*. Dann verloren wir unsere Fördergelder, und ich musste einen neuen Geldgeber finden – was mir gelungen ist. Aber ich bin immer noch Vollzeit an der Yale angestellt, und das bedeutet, dass ich im Jahr nur zwei oder drei Monate hier vor Ort sein kann. Das ist der Grund, weshalb ich Anfang August in Minya bin.« Wyatt sieht mich an. »Mag sein, dass du aus einer Laune heraus nach Ägypten gekommen bist«, sagt er. »Vielleicht wusste aber auch das Universum, dass du genau jetzt hierhergehörst.«

Brian würde die Augen verdrehen und sagen, dass es nichts weiter als physikalische Gesetzmäßigkeiten sind, die dich in die vielen verschiedenen Versionen deiner selbst aufspalten, wovon jede glaubt, dass der von ihr eingeschlagene Weg einzigartig und schicksalhaft ist.

In einer Welt bin ich in Boston.

In einer anderen Welt bin ich bei Wyatt, wenn er diesen Sarg öffnet und das Zweiwegebuch entdeckt.

In wieder einer anderen Welt verweigert mir der Direktor des Antikenamts eine Erlaubnis.

Ein Schatten fällt auf uns, und ich schiele nach oben und sehe einen Mann, dessen Umrisse von der Sonne bestrahlt sind. Ich erkenne sein Gesicht nicht, als er auf mich zeigt und meint: »Kenne ich Sie nicht?«

Mostafa Awad, der Antikendirektor, war 2003 als Inspektor zur Ausgrabung gekommen, um alles zu dokumentieren, was Dumphries und die Expedition entdeckten. Damals war er ein junger Mann gewesen und begierig, etwas über die Geschichte seines Landes zu erfahren. Ich erinnere mich, dass Wyatt ihm die Zeichen des altägyptischen Alphabets beibrachte und er mit den Händen wedelte und sich vor Lachen nicht mehr einkriegte, als die grammatikalischen Finessen wie Nominative und Pronomen zu Komplikationen führten, die seinen Horizont überstiegen. Nun hatte sein Leibesumfang sich in den fünfzehn Jahren verdoppelt, und Haar und Bart waren grau meliert.

Er bietet uns in seinem klimatisierten Büro Tee an. Wyatt lehnt sich in einem Stuhl zurück, der zu klein für seine Gestalt ist, und schlürft aus seiner Tasse. »Ich hatte völlig vergessen, dass Sie Dawn kannten.«

»Ich vergesse nie ein Gesicht«, meint Mostafa und zwinkert mir zu. »Und das Ihre habe ich drei Saisons lang gesehen.«

Ich lächele ihn an. »Wie lange sind Sie schon Direktor?«

»Da muss ich mal überlegen. Ab 2009 habe ich meine zwei Jahre Militärdienst abgeleistet und dann diesen Posten bekommen, *Alhamdulillah.*« Gelobt sei Gott. Er wendet sich Wyatt zu. »Ich muss zugeben, dass ich ein wenig erschrocken war, Sie wie einen Landstreicher vor der Tür zu sehen. Schließlich komme ich morgen ohnehin raus zu Ihnen.«

»Ja nun, es gibt da etwas, das nicht warten konnte«, setzt Wyatt an. »Ich hätte Dawn gern als Mitarbeiterin der Yale-Konzession.«

»Ah.« Mostafa erhebt sich und kramt in seinem Schreibtisch,

sucht nach den Formularen. »Ich habe die Antragsformulare für die nächsten Genehmigungen im Dezember schon hier …«

»Verzeihen Sie«, unterbricht Wyatt ihn, »aber ich meinte eigentlich *jetzt.*« Er sieht Mostafa an. »Ab morgen.«

Mostafa lässt sich zurück in seinen Schreibtischstuhl sinken und drückt die Finger seiner Hände gegeneinander. »Verstehe.« Mit einem Blick auf Wyatt fragt er: »Bitten Sie den Antikendirektor?«

Wyatt will schon nicken, aber Mostafa stoppt ihn. »Denn als Direktor dürfte ich natürlich die hohen Standards, für die unsere ägyptischen archäologischen Grabungen bekannt sind, nicht aufs Spiel setzen. Sie können sich ja vorstellen, was passiert, wenn bekannt würde, dass ich bei einer Konzession eine Ausnahme gemacht habe. Dass daraufhin andere mich ebenfalls um einen Gefallen bitten würden.«

Meine Hände klammern sich an die Stuhllehnen. »Natürlich«, geht Wyatt geschickt darauf ein, »und deshalb frage ich Sie auch als meinen *Freund.*«

Ein breites Lächeln überzieht Mostafas Gesicht. »*Das* ist natürlich eine völlig andere Geschichte. Sollten Sie zufälligerweise Besuch haben, den Sie mit zur Grabung nehmen – einen persönlichen Gast –, könnte ich natürlich übersehen, wenn sie mehr tut, als einfach nur zuzuschauen.«

Er hält mir seine Hand hin. »Willkommen zurück, Dawn.«

Dass Worte über große Macht verfügen, war im alten Ägypten eine Selbstverständlichkeit. Mythen erzählen, dass wer den wahren Namen eines Gottes kennt, sich damit die Oberherrschaft über diesen sichern kann. Im Zweiwegebuch gibt es Tore, zu denen man nur Zutritt bekommt, wenn man weiß, wie man ihre abscheulichen Wächter anspricht. Das Grab selbst, wo der *Ba* sich jede Nacht mit dem Leichnam vereint, war ebenfalls von Worten befeuert. Die Besucher des Grabmals lasen die geschriebenen Sprüche, vollzogen damit ein *Peret-cheru*, eine Kraftausübung durch die Stimme. Es gab Auflistungen von Fischen und Wild, Bier und Booten, Brot und Ochsen, alles, was jemand im Jenseits brauchen oder wollen könnte, und indem man sie laut aussprach, wurden sie für den geliebten Toten Realität.

Das ging mir eines Nachmittags im Grab von Djehutihotep II. durch den Kopf, als Wyatt und ich in meiner ersten Grabungssaison an verschiedenen Abschnitten der inneren Kammer mit Abpausen beschäftigt waren. Es war schon fast Mittagszeit, und ich hatte Hunger – schließlich war ich seit halb fünf auf den Beinen. Angesichts einer riesigen Palette gemalten Essens begann mein Magen zu knurren.

»Ich hab das gehört«, murmelte Wyatt.

Ich pauste auf Mylar eine gebratene Gans ab. Sie hatte größere Ähnlichkeit mit einem Truthahn, den es im Alten Ägypten nicht gab und den man auch heute noch als *dik rumi* – römisches Hühnchen – bezeichnet.

Als mein Magen sich erneut meldete, blickte Wyatt von seiner Arbeit auf. »Wenn du nicht damit aufhörst, werden gleich die Fledermäuse über uns herfallen.«

Ich warf einen Blick an die Decke des Grabmals, die sich wie ein dunkler Vorhang wellte. »Die wissen doch gar nicht, dass wir hier sind.«

»In der letzten Saison hatten wir einen Postdoktoranden dabei, der meinte, sie würden aufgrund der Echolokation gegen uns prallen, wenn sie losfliegen. Und schon flog ihm eins der Tiere ins Gesicht.«

Ich schielte wieder hoch und beobachtete eine Fledermaus, die sich vom Rest löste und zu einer freien Stelle an der Decke der Grabkammer kroch. Und als hätte sie einen Körnersack an einer Stelle aufgerissen, folgte ihr ein schwarzer Schwall. Ich holte meinen Spiegel heraus und versuchte, das Licht nach oben reflektieren zu lassen, um zu sehen, wie viele es tatsächlich waren.

Wyatt hielt mich am Handgelenk fest. »Lass das um Himmels willen sein. Die sind dann gleich überall.«

Mich schauderte.

»Es muss doch einen Begriff für einen wütenden Haufen von Fledermäusen geben«, meinte Wyatt. Du weißt schon, wie eine Robbenkolonie oder auch ein Affenaufstand.«

»Das Letzte hast du jetzt aber erfunden.«

»Ich schwöre bei Gott. Außerdem gibt es auch noch die Lemurenverschwörung.«

»Bei Fledermäusen, finde ich, sollte man von einem Hexenzirkel sprechen.«

»He, kannst du dir mal diese Beschädigung angesehen?«

Ich kroch zur rechten Wand der Innenkammer. Wyatt untersuchte einen Bereich, der bereits vor Jahrhunderten weggehauen worden oder in sich zusammengefallen war. Er zeigte auf den Rest einer Hieroglyphe. »Das ist ein Vogel«, sagte ich nach einiger Überlegung.

»Danke, Sherlock«, sagte er. »Aber was sagst du zur Form seines Hinterkopfs? Ist es ein *Aleph*-Geier oder ein *Tiw*-Bussard …?«

»Für mich sieht es nach einem *Aleph* aus.«

Wyatt grinst. »Sei mir nicht böse, aber wahrscheinlich ist es ein *Tiw*.«

Ich gab nicht vor, in Epigrafik so versiert zu sein wie Wyatt, aber wenn ich diesen Geier gemalt hätte, hätte er um ein Vielfaches besser ausgesehen als das, was auf dem Mylar vor ihm Gestalt annahm. Ich wandte mich ab und starrte auf die lange Reihe von Djehutihoteps Familie und Gefolge. Die Hautfarben deckten die unterschiedlichsten Nuancen ab, aber die Frauen waren üblicherweise in Gelb, die Männer in Rot gemalt. Wenn man im Alten Ägypten ein gut bezahlter Beamter war, arbeitete die eigene Frau im Haus und nicht auf den Feldern. Schon damals ging mit heller Haut ein Privileg einher.

Unter einer Reihe vornehm gekleideter Damen sah man eine Reihe von Siegelträgern, die mit allem Möglichen ausstaffiert waren, vom Bogen mit Pfeilen über Speere und Schilde bis zu Äxten und einer Sänfte. Begleitet wurden sie von einem gefleckten Basenji mit Ringelschwanz, der im Verhältnis zu den anderen Figuren nicht nur größer dargestellt, sondern überlebensgroß war, um die Bedeutung zu unterstreichen, die er für Djehutihotep hatte.

Wyatt sah, worauf sich meine Aufmerksamkeit richtete. »Wusstest du, dass die alten Ägypter Hunden die Namen von Menschen gaben, aber alle Katzen einfach nur ›Katze‹ genannt wurden?«

»Finde ich richtig«, sagte ich.

Der Name des Hundes war klar über seinem Rücken zu erkennen: die Hieroglyphe für »Leben« – *Ankh* – und das Wachtelhuhn, das für den Buchstaben *u* stand. »Ankhu«, murmelte ich versonnen. »Hast du einen Hund?«

»Der gehörte meinem Bruder.«

»Und er hat ihn nicht mit dir geteilt?«

»Das musste er nicht«, erwiderte Wyatt kryptisch. Er setzte sich auf die Fersen, ließ seinen Marker fallen und massierte seine Hand. »Weißt du, was Ankhu bedeutet?«

»Der Lebende.«

»Ja. Aber es hat dieselbe Wurzel wie das Wort für Konkubine: *Ankhet*.«

»Ist das alles, woran du denkst?«, fragte ich. »An Sex?«

»Allem Anschein nach hat unser Djehutihotep vornehmlich daran gedacht.« Er zeigte auf die linke Seite der Darstellung, wo das Bild von Djehutihotep herausgehauen oder erodiert war, sodass nur eine große blanke Stelle mit dem Rest eines gemalten Kilts zurückgeblieben war. Diesem gegenüber sah man eine weibliche Gestalt – seine Ehefrau, Hathorhotep. Darauf folgte eine Parade von elf Frauen – einige mit Namen, andere nicht.

»Wir wissen aufgrund der Inschrift darüber, dass dies seine Frau ist«, sagte Wyatt und deutete nach links. »Und das dürfte seine Mutter sein, Sat-kheper-ka. Dann folgen seine Töchter, eine oder zwei Schwestern … aber diese drei hier waren seine Konkubinen, für alle Ewigkeit eingebettet zwischen seiner Frau und den Kindern. Wie gemütlich.«

»Das kannst du nicht mit Gewissheit sagen.«

Er zog ein Buch aus seinem Rucksack – Newberrys Veröffentlichung über das Grab aus dem Jahr 1895 – und blätterte es durch. »Es gibt einen Block im Kairoer Museum, den Fraser diesem Grab zugeordnet hat.«

Ich beugte mich über seine Schulter und hörte zu, wie er eine Reihe von Hieroglyphen übersetzte. »Die *Ankhet*, seine Geliebte … die seine Lobpreisung gewinnt … täglich«, las Wyatt vor.

Ich starrte auf die Zeichen im Buch und griff nach seinem Marker. Mit der verschlossenen Kappe zeichnete ich in den sandigen Boden des Grabs.

»Du behauptest, das hier bedeute *Konkubine*«, sagte ich und zeichnete die Hieroglyphen für *Ankhet* nach: das Ankh, das *n* des Wassers, das *kh* der Plazenta, das *t* des Brotlaibs.

»Aber wir wissen mit Sicherheit, dass diese Hieroglyphen nicht immer völlig eindeutig sind.« Ich streckte zum Maßstab meine Hände aus. »*Aleph*-Geier?«, bot ich zum Beispiel an. »Oder *Tiw*-Bussard?« Ich beugte mich wieder in den Staub. »Sagen wir also, Newberry hat einen winzigen Fehler gemacht, als er 1895 das Zeichen transkribierte.«

Ich wischte das dritte Zeichen aus und ersetzte das dritte *h* mit dem sehr ähnlichen *niwt*, dem Zeichen für Stadt.

»Wenn du eine kleine künstlerische Korrektur vornimmst, verändert sich die ganze Bedeutung«, sagte ich. »Jetzt ist es eine weibliche Bürgerin. Eine verheiratete Frau mit einer Position im Stadtrat. Im Grunde genommen das Gegenteil einer Konkubine.«

Wyatt sah mich perplex an. Dann brach er in Lachen aus. »Gut gemacht, Olive. Wäre schön, wenn sich der Status von Frauen auch heute aufgrund eines grammatikalischen Irrtums aufwerten ließe.«

Aus der Ferne erreichte uns der gedämpfte Aufruf zum Mittagsgebet aus dem Lautsprecher in Konkurrenz zum Glockengeläut der koptischen Kirche. Er kam auf die Beine und reichte mir die Hand, um mich ebenfalls hochzuziehen. »Nun komm. Wir verpassen sonst die Tafelfreuden.«

Sobald wir aus dem Grab kamen, legten sich Licht und Hitze wie eine zweite Haut um uns. Ich wickelte mir mein Tuch um den Kopf, während wir durch die Nekropole zur Hütte strebten. Hasib hatte ein Picknick aus Brot, Paprika und Tomaten mitgebracht und einige der anderen Doktoranden hatten bereits neben Dumphries Platz genommen. »Ich befürchtete schon, wir hätten Sie da drin verloren«, sagte er, als ich mich im Schneidersitz niederließ. Ich nahm mir eine Pita und verteilte Schmelzkäse darauf, wozu Dumphries mir seinen heiß begehrten persönlichen Vorrat an asiatischem Fünf-Gewürze-Pulver anreichte. Mein erster Bissen war wie üblich voller Sand.

Ich verfolgte, wie Wyatt sich Erdnussbutter auf die Pita strich. »Professor Dumphries«, fragte er, »wie lautet die Bezeichnung für eine Gruppe von Lemuren?«

»Warum wollen Sie … ach egal«, sagt er. »Man nennt es eine Verschwörung.«

Wyatt sah mich an und grinste.

Auf dem Weg zurück zum Grabungsgebäude liegt das Ramses-Café, eine kleine Hütte, wie eine Oase inmitten der Wüste mit Picknicktischen unter einem ungleichmäßig mit Stroh gedeckten Dach. Vor dem Restaurant maunzt eine Katze, verblasste gerahmte Schilder werben an der geriffelten Metallwand für ägyptisches Bier, aber es sind keine Gäste da. Wyatt schlägt vor, anzuhalten und einen Imbiss einzunehmen, und lacht dann, als er mein Gesicht sieht. »Es ist in Ordnung«, versichert er. »Ich habe hier schon oft auf dem Rückweg von Minya haltgemacht und lebe immer noch.«

Ich nehme ihm gegenüber an einem der Tische Platz und stütze die Ellbogen auf die klebrige rot-weiß karierte Plastiktischdecke. Nachdem Wyatt seinen Hut abgenommen und neben eine Küchenrolle und einen Korb mit Besteck gelegt hat, blickt er hoch zum Strohdach. »Ich war mal mit Dumphries hier«, erzählt er, »und da saß auf dem Dach eine Katze mit Durchfall.«

»Ich möchte nicht wissen, wie diese Geschichte ausgeht«, sage ich.

»Das wollte Dumphries auch nicht«, erwidert Wyatt.

»Ich habe mal gelesen, dass er seinem Hund beigebracht hat, Mittelägyptisch zu lesen.«

»Das stimmt. Aber nur die vierundzwanzig Einkonsonantenzeichen«, bestätigt Wyatt. »Und ja, es war eine Basenji-Hündin. Sie hat immer *k* und *t* durcheinandergebracht.«

Die sahen sich aber auch wirklich sehr ähnlich, wie man gerechterweise dazusagen muss.

»Der Nachruf, den du im *Yale Alumni Magazine* geschrieben hast, war hervorragend«, lobe ich ihn.

Wyatt mustert mich. »Dann ist es der Alumni-Verbindung also gelungen, dich ausfindig zu machen.«

Ich höre all die Worte heraus, die er nicht ausspricht: Er selbst konnte es nicht. Vielleicht hat er es aber auch nie versucht.

Achselzuckend und in lockerem Ton erwidere ich: »Ich denke, Yale würde selbst die CIA einschalten, um Ehemalige aufzuspüren, jedenfalls für die Kampagnen, die Geld einbringen.« Dann sehe ich ihn an. »Für dich muss es hart gewesen sein, als Dumphries starb.«

»Es gab viele Nächte, in denen ich mir gewünscht habe, seine Position einzunehmen«, gibt Wyatt zu. »Aber die Nächte, in denen ich mir wünschte, mir wären mehr Jahre mit ihm geblieben, um noch von ihm lernen zu können, waren in der Überzahl. Ich war sechsunddreißig, als ich zum Leiter der Fakultät ernannt wurde. Das ist jetzt sieben Jahre her, und es gibt nicht wenige in der ägyptologischen Community, die der Meinung sind, ich müsste erst noch Erfahrungen sammeln.«

»Wenn du das neue Grab öffentlich machst, sollte sie das zum Schweigen bringen.«

Wyatt hebt eine Braue. »So viel Loyalität.«

»Ich versuche, meinen neuen Chef zu beeindrucken.«

Er lacht. »Du weißt schon, dass es eine Zeit gab, da hättest du lieber das erste Flugzeug genommen, als dir von mir Anweisungen erteilen zu lassen.«

Er hat keine Ahnung, wie sehr mich seine Worte treffen. Ich zwinge mich, Blickkontakt zu halten. »Ich weiß, dass du dir große Mühe gegeben hast. Für mich.« Ich zögere. Jetzt ist der Moment der Abrechnung gekommen, jetzt muss ich Wyatt sagen, warum ich hier bin. Aber ich habe das Gefühl, als säße die Wahrheit weit oben auf einem Berg, wohingegen ich an dessen Fuß stehe.

Der Kellner rettet mich, der sich uns ungeduldig nähert, als wären wir es, die ihn haben warten lassen. Wyatt bestellt eine Cola, dann wendet sich der Kellner an mich.

»Kann ich eine Flasche Wasser bekommen?«, frage ich.

Der Kellner zuckt unbeteiligt mit den Schultern. »Warum nicht.« Er geht zur Kühltruhe und holt eine Flasche für mich raus. Während Wyatt Baba Ghanoush und Hummus bestellt, öffne ich den Verschluss und spritze versehentlich den Kellner nass. Er lässt seinen Stift fallen, sieht mich säuerlich an und kehrt dann in die Küche zurück, um unsere Bestellung weiterzugeben oder womöglich sogar zuzubereiten.

Wyatt wischt den Tisch mit einem Papiertuch ab. »Ein Ägypter würde sagen, wenn du Wasser auf jemanden verschüttest, wirst du nicht mehr mit ihm sprechen.«

»Ich bin mir zu neunundneunzig Prozent sicher, dass der Kellner ohnehin nicht wieder mit mir sprechen wollte.«

»Bist du immer noch abergläubisch?«, fragt er. »Wie deine Mom?«

Überrascht sehe ich ihn an. »Dass du dich daran noch erinnerst.«

»Ich erinnere mich an alles.« Seine Stimme ist leise und weich. Sie zerrt an mir. »Dawn. Geister erscheinen nicht nach über fünfzehn Jahren. Was ist los?«

Menschen schreiben ihr Leben nicht neu, um das Ergebnis zu revidieren. Wir machen unsere Betten und wir ruhen in ihnen. In meinem Fall ganz wörtlich.

Ich habe ein gutes Leben gehabt. Ich habe geliebt und wurde geliebt. Ich habe Menschen geholfen. Habe einen Beruf gefunden – vielleicht nicht den, der mir vorgeschwebt hatte, aber einen, der dennoch bereichernd gewesen ist. Wenn ich heute sterben sollte, könnte ich in aller Aufrichtigkeit sagen, dass ich die Welt ein wenig besser verlassen habe, als ich sie vorgefunden hatte.

Ich habe ein gutes Leben gehabt. Aber vielleicht hätte ich ein besseres haben können.

Wie soll ich dem Mann, den ich verlassen habe, sagen, dass ich glaube, einen Fehler gemacht zu haben?

»Ich bin nicht hier, um meine Dissertation abzuschließen«, gestehe ich.

Wyatt nickt, sein Blick ruht beständig auf meinem Gesicht. »Warum bist du dann nach Ägypten gekommen?«

Weil, sage ich mir. *Du hier bist.*

Weil ich nicht sehen konnte, wie sich das hätte entwickeln können. Wie ich mich entwickelt haben könnte.

Denn sollte es einen Garten der Möglichkeiten geben, bist du die invasive Pflanze, die ich nie loswerden konnte.

Aber stattdessen schüttele ich den Kopf. »Ich weiß es nicht. Mein Leben ist ein Chaos.«

Wyatt schweigt so ausdauernd, dass ich annehme, ihn vergrämt zu haben. Vielleicht wirke ich wie eine weinerliche Frau mitten in der Midlife-Crisis oder eine gelangweilte Hausfrau. Dann greift Wyatt müßig nach dem Stift, den der Kellner zurückgelassen hat. »Weiß er denn, dass du hier bist?«

Ich weiß, von wem er spricht. Ich schüttele den Kopf.

Wyatt fängt an, etwas auf ein zusammengefaltetes Papiertuch zu kritzeln. »Das Chaos ist gar kein so schlechter Ort«, sagt er und entschuldigt sich, um die Toilette aufzusuchen.

Auf die Serviette hat er die Hieroglyphen für Nonne gezeichnet.

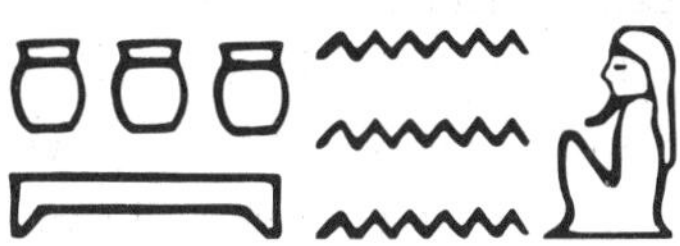

Chaotische Wasser, übersetze ich, überrascht, es noch immer entziffern zu können. Es könnte sich auf Regen beziehen oder auf eine Überschwemmung. Im positiven Sinn, wenn der Nil über die Ufer tritt und die Feldfrüchte wässert. Oder im verheerenden Sinn, wenn eine Stadt zerstört wird. Die alten Ägypter glaubten, dass das erste und wichtigste Element des Universums das Chaos war. Das einen wegfegen konnte, aber auch der Ort war, von dem aus alles neu anfing.

Weil es im Grabungshaus nicht wie zur üblichen Saison von Doktoranden wimmelt, gibt es Platz für mich. Harbi richtet ein Zimmer für mich her, ein Stück weit von dem entfernt, das ich vor fünfzehn Jahren bewohnt habe. Als ich es betrete, liegt eine saubere Matratze im Bettrahmen, darauf ein Stapel gefalteter weißer Laken. Ein flaches Kissen sitzt schmallippig am Kopfende. Jemand hat eine kleine Tube Zahnpasta für mich bereitgestellt. Die Kleider, in denen ich angekommen bin, liegen ordentlich gefaltet auf dem Nachtkästchen.

»Danke«, sage ich zu Harbi. Ich setze mich, als er hinter sich die Tür zuzieht, und spanne anschließend das Laken über die Matratze. Beim Bettenmachen steigt eine kleine Staubwolke auf, und ich huste ein wenig, als ich mich niederlege und an die Decke starre.

Dort erkenne ich in einem Wasserfleck die Umrisse von Ohio und frage mich, ob die Rohre womöglich irgendwann platzen werden. Während unserer Aufenthalte hier beeilte sich nach dem Rückmarsch zum Grabungshaus jeder, möglichst schnell unter die Dusche zu kommen, bevor der Strom ausgeschaltet wurde, wobei Vorsicht geboten war, denn das Wasser war brutal heiß – man konnte regelrecht das Feuer sehen, wenn der Boiler ansprang. Bei der Rasur meiner Beine musste ich die Zähne zusammenbeißen, und ich weiß noch, dass ich den Rasierer zum Abkühlen durch die Luft gewedelt habe, bevor ich ihn mit meiner Haut in Berührung brachte. Nach dem Duschen musste man das über den ganzen Boden verteilte Wasser mit dem Abzieher zum Abfluss befördern, bevor man das Bad der nächsten Person zumuten konnte.

Frisch geduscht setzte ich mich dann zu den Keramikspezialisten, die eimerweise Sand durchsiebten und sich mit den jüngeren Doktoranden unterhielten, die bemüht waren, Tonscherben wie ein dreidimensionales Puzzle zusammenzufügen, oder ich brachte Zeit mit den Knochenspezialisten zu, die sich durch das gewaltige auf Halde liegende Material im Magazin arbeiteten. Die Grabung selbst geht oftmals schnell vonstatten, aber die Analyse ist langwierig.

Da es kein Fernsehen gab, füllte Dumphries die Abende mit dramatischen Lesungen aus einem Jackie-Collins-Roman. Ich weiß noch gut, dass ich ihn, bevor wir zur Grabung mit ihm nach Ägypten kamen, nicht als menschliches Wesen, sondern als Halbgott gesehen habe. Doch aus der Nähe kam man nicht umhin, jemandes Verschrobenheiten und Makel zu erkennen – etwa dass Dumphries seinen Morgenkaffee mit sechs Würfeln Zucker trank oder so laut schnarchte, dass er Osiris hätte wecken können, oder sein Kichern, als er beim Vorlesen aus *Die Frauen von Hollywood* auf das Wort *Erektion* stieß.

Damals packte ich zu meiner eigenen Unterhaltung für jede Grabungssaison die dicksten Bücher ein, die ich finden konnte. In der ersten Saison russische Literatur, in der zweiten David Foster Wallace. 2003 las ich Fantasy.

Eines Nachmittags, als ich mit einem meiner Romane auf dem Bett lag, steckte Wyatt den Kopf in mein Zimmer. »Was machst du?«, fragte er.

Ich blickte keine Sekunde von meiner Lektüre auf. »Fallschirmspringen«, sagte ich.

»Science-Fiction?«, fragte er mit Blick auf den Umschlag.

»Fantasy.«

»Gibt es da einen Unterschied?«

Ich gab keine Antwort und hoffte, er würde einfach wieder gehen.

»Worum geht es denn?«, hakte Wyatt nach, kam herein und setzte sich auf die Bettkante.

Es war eine Liebesgeschichte, aber diese Waffe würde ich Wyatt nicht an die Hand geben.

»Um zwei Brüder«, erwiderte ich. »Der eine wird zum König erzogen und der andere findet *in diesem Kapitel* heraus, dass er der wahre Erbe ist.«

Wyatt reagierte nicht darauf. Stattdessen nahm er mir das Buch aus der Hand.

»Hey!«

Er blätterte es durch und bekam leuchtende Augen, als er die von mir unterstrichenen Absätze sah. Das machte ich immer in Büchern, wenn der Autor etwas so in Worte zu fassen verstand, wie mir das nie möglich wäre. »›Du kannst dein ganzes Leben lang etwas planen und dennoch überrascht werden‹«, las er vor. »›Und du kannst ein Erdbeben erleben und damit so umgehen, als wärst du dafür geboren, dass der Erdboden unter dir verschwindet.‹« Er sah mich an. »Das wird wohl die Moral deiner Geschichte sein. Man weiß nie.«

Er hatte mir das Buch sanft zugeworfen, aber da es so dick war, stöhnte ich auf, als es auf meinem Bauch landete. Bevor ich ihn fragen konnte, was er gemeint hatte, war er schon weg.

Nun habe ich keine Romane zur Zerstreuung dabei. Aber ich könnte vielleicht Wyatts Dissertation zu Ende lesen. In Anbetracht der Tatsache, dass er mich gerade eingestellt hatte, wäre das wohl keine schlechte Idee.

Ich schlurfe durchs dunkle und leere Grabungshaus. Aus dem Wohnbereich der Ägypter kommt blecherne Radiomusik und schwacher Rauchgeruch. In der Bibliothek sind die von mir auf dem Boden gestapelten Bücher unverändert. Ich klemme mir Wyatts gebundene Dissertation unter den Arm.

»Was tun Sie da?«

Ich zucke überrascht zusammen und drehe mich um. Alberto steht vor mir, die Hände in den Hosentaschen, und starrt mich an.

»Ich suche was zum Lesen«, sage ich, höre dabei aber das Fragezeichen in meinen Worten, als würde ich mich schuldig bekennen.

Alberto sieht mich abschätzig an. Anschließend wandert sein Blick auf das Buch unter meinem Arm und wieder zurück zu mir. »Dann stehen Sie jetzt also auf der Gehaltsliste.«

»Na ja. Gewissermaßen. Ich meine, ich erwarte nicht, dafür entlohnt zu werden. Das ist nicht der Grund, weshalb ich hier bin.«

Warum dann? Er spricht es nicht aus. Das braucht er nicht.

Das Schweigen, in das er mich gehüllt hat, hat was Verstörendes, ich komme mir vor wie die Fliege, die unwissentlich ins Spinnennetz geriet. Ich weiß, dass ihm meine Anwesenheit hier Unbehagen bereitet. Aber ich komme nicht dahinter, warum das so ist, es sei denn, er denkt, ich würde ihr Vorankommen verzögern.

Also gut. Sollte das der Fall sein, kann ich Alberto nur beweisen, dass ich eine harte Arbeiterin bin. Ich setze ein Lächeln auf. »Morgen ist ein großer Tag. Ich lege mich mal schlafen.«

Ich spüre seinen Blick im Rücken, als ich durch den Flur in mein Zimmer zurückkehre.

Ich greife in den Kleiderstapel auf dem Nachttisch, angle aus der Tasche meiner Cargohose mein Telefon heraus und schalte es ein. Kein Signal.

Ein leises Klopfen, und die Tür geht auf, bevor ich antworten kann. Wyatt schaut herein, das Gesicht im Dunkel, die Augen von durchdringendem Blau. Er sieht mich mit dem Telefon.

Mir schießt die Röte in die Wangen. »Ich hätte wohl ein internationales Zusatzpaket buchen sollen«, murmele ich.

»Hast du alles, was du brauchst?«, erkundigt er sich höflich.

Ich nicke.

»Harbi klopft um halb fünf. Frühstück gibt's um fünf im Hauptraum.« Zögernd ergänzt er: »Ich werde dich nicht mit Nachsicht behandeln.«

Während seine Finger sich um die Klinke krampfen, ergänzt er: »Ich hoffe, dir ist bewusst, dass es wenig bringt, sich vor der

Welt in einem Grab zu verstecken, um das bald ein Medienrummel entstehen wird.«

»Notiert.«

Er schielt auf das Buch, das neben mir liegt. »Wenn du was suchst, um dir die Zeit zu vertreiben, habe ich was Besseres. Ich bin mir sicher, dass irgendwo noch ein paar Jackie-Collins-Romane rumliegen. Joe liebt Mangas. Oder du könntest auch eine meiner späteren Publikationen lesen, nachdem ich den Freuden des Oxford-Kommas erlegen war.«

»Ist schon gut. Ich möchte das hier lesen.«

Er neigt den Kopf. Der Mond, der durch ein Fenster im Flur fällt, versilbert sein Haar und vertieft die Falten, die seinen Mund umrahmen. Einen Moment lang kann ich seine Zukunft sehen.

»Dann schlaf gut.«

Seine Worte bleiben folgenlos. Fast, als wüsste er nicht, wie er auf die andere Seite der Tür kommen soll. Wenn er damals, vor vielen Jahren, in mein Zimmer geschlichen kam, klemmte er immer den Schreibtischstuhl unter die Türklinke als Barrikade gegen die Außenwelt.

»Wyatt?«, sage ich mit trockener Kehle. »Danke. Für die Erwähnung.«

Die Verwunderung, die ich in seinem Blick lese, macht mir überdeutlich klar, dass er diese Fußnote als Leuchtsignal abgesetzt hat, als ein SOS über Kontinente und Ozeane hinweg. Nun endlich hat sie allen Widrigkeiten zum Trotz ihre Empfängerin gefunden.

»Gern geschehen, Olive«, sagt er und schließt hinter sich die Tür.

WASSER / BOSTON

Am Harvard Square kreuzen sich viele Straßen zu einem verwirrenden Puzzle. Die Universität ist auf die verschiedenen Fachbereiche verteilt, die Hauptgebäude im georgianischen Backsteinstil gruppieren sich um eine Grünanlage. In diesem Sommer unterrichtet Brian an der Extension School. Das bringt gutes Geld bei leichter Arbeit, denn die Themen, über die er referiert, sind laienfreundliche Versionen derjenigen, die er während des akademischen Jahres seinen Physikstudenten nahebringt.

Ich setze mich in die letzte Reihe des Vorlesungssaals, als er gerade seine erste Folie einschiebt, und versuche, ihn so zu sehen wie die anderen auch.

Brian hat pechschwarze Haare mit erst ganz wenigen Silberfäden darin. Er ist groß und schlank, und ich weiß, dass mindestens eine Studentin eine Ode über seine Augen verfasst hat – darin kam ein Lichtstrahl vor, der in einen Wald fällt, und ich habe ihn damit wochenlang aufgezogen. Er trägt die typische Professorenkleidung: zerknittertes Button-down-Hemd, zerknautscher Blazer, Kakihose, Oxfords. Er gehört zu den Typen, denen man ständig den Kragen richten, das Sakko glatt streichen und die Haare aus den Augen schieben möchte, nur damit er dich dann, als hätte man ein gemeinsames Geheimnis, verlegen und mit einem heimlichen Lächeln ansieht, das dich mitten ins Herz trifft.

Ich sehe mich im Vorlesungssaal um. Da dies ein Erweiterungskurs ist, wird er nicht nur von Jugendlichen im Collegealter besucht. Es gibt ältere Paare, Frauen in Yogahosen, Berufstätige, deren Terminpläne eine lange Mittagspause zulassen.

»Gemäß der Quantenphysik«, sagt Brian, »könnten Sie sehr gut unsterblich sein.« So, wie er vorne hin- und herläuft, erinnert er mich an einen Tiger. Und die Zuschauer wissen, dass er mit ihnen spielt. »Ein höchst kontroverser Vorschlag wurde von Max Tegmark vorgebracht – von der Physikfakultät, die hier gleich um die Ecke liegt.« Er meint das MIT, und einige im Publikum fangen zu lachen an. »Es nennt sich ›Quantensuizid‹.« Er klickt auf die Fernbedienung in seiner Hand und zeigt eine Folie: eine Ket-Klammer mit Bildern eines Elektrons, einer Waffe und einer Katze darin. »Sie erinnern sich an das Quantenstadium des Elektrons, das sich gleichzeitig in beide Richtungen dreht? Das Schrödingers Katze sowohl getötet als auch nicht getötet hat? Lassen Sie uns einen Schritt weiter gehen. Nehmen wir an, dass wir in diesem Ket das sich drehende Elektron, einen Abzug und eine Waffe haben ... aber jetzt nehmen *Sie* den Platz der Katze ein. Dreht sich das Elektron im Uhrzeigersinn, wird der Abzug betätigt, die Waffe feuert und Sie sind tot. Dreht sich das Elektron gegen den Uhrzeigersinn, wird der Abzug nicht betätigt, die Waffe feuert nicht und Sie leben. Wir spielen Russisches Roulette mit einem Elektron.«

Eine neue Folie tauchte auf der Leinwand auf.

»Wir wissen, dass Sie aufgrund der Gesetze der Quantenmechanik als Ergebnis dieses Experiments in zwei Versionen gesplittet werden: eine, die getötet wird, und eine, die nicht getötet wird. In dem einen Universum verlassen Sie das Physiklabor, holen Ihre Kinder vom Ferienlager ab, trinken ein Bier auf der Veranda und sehen sich eine Folge von *Fleabag* an. In jenem anderen Universum kommen alle zu Ihrer Beerdigung.«

Er spreizt die Hände. »Doch jetzt wird es wirklich interessant.

Die tote Version von Ihnen hat keine Erfahrung darin, wo Sie sich befinden und was geschieht. Denn sehen wir den Tatsachen ins Auge: Sie sind tot. Andererseits bezeugt die lebendige, bewusste Version von Ihnen die Tatsache, dass Sie das Experiment überlebt haben. Also wird das einzige Resultat, das Sie jemals wahrnehmen, wenn Sie das Quantensuizid-Experiment durchlaufen, das sein, bei dem Sie lebendig sind. Sie können es tatsächlich tausendmal durchführen und jedes Mal – eine regelrechte statistische Unmöglichkeit – werden Sie überleben … weil dies die einzige Version von Ihnen ist, die überhaupt eine Erfahrung machen *kann.*«

Er zieht eine Braue hoch. »Ironischerweise könnte dieses Experiment all jenen unter Ihnen, die noch immer am Konzept eines Multiversums zweifeln, den Beweis liefern, dass parallele Universen existieren. Sollte es tatsächlich nur ein einziges Universum geben, müssen Sie damit rechnen, dass Sie bei jeder zweiten Durchführung des Experiments sterben. Aber … gesetzt den Fall, es gibt multiple Universen und Sie führen das Quantensuizid-Experiment ein paar Dutzend Male durch und überleben es jedes Mal, dann werden Sie nicht umhinkönnen, zuzugeben, dass multiple Welten oder Zeitachsen existieren *müssen.*«

Ich sinke zurück in den Holzstuhl und frage mich, ob sich eine andere Version meiner Person in einer Welt befindet, wo ihr Ehemann genau in diesem Moment ihren Blick auffängt und lächelt, weil sie hier ist.

Ob es zwischen ihnen wieder alles in Ordnung bringt.

Als Meret zehn war, besuchten wir mit ihr Disney World. Sie war hin und weg vom Space Mountain – einer Achterbahn im Dunkeln. Aber mitten während der Fahrt kam unser kleiner Wagen quietschend zum Stehen. Eine Stimme aus dem Lautsprecher bat uns, sitzen zu bleiben, man werde sich um das technische Problem kümmern. Und dann gingen die Lichter an.

Was im Dunkeln aufregend gewesen war, sah hell erleuchtet

beängstigend aus. Plötzlich konnte ich sehen, wie eng die Kurven waren, wie wenig Raum zwischen unseren Köpfen und den Gleisen war. Die Anlage in ihrer Verwandlung zu sehen war ein Schock. Was ich zu sehen geglaubt hatte, entpuppte sich als etwas völlig anderes.

Wenn ich jetzt Brian anstarre, habe ich dieselbe Empfindung. Als wären das Zuhause, das wir uns erschaffen, die Ehe, in der wir uns eingerichtet, das Leben, das wir gehabt hatten, plötzlich in helles Licht getaucht und ich könnte das knirschende Getriebe, die steilen Abstürze und Beinahe-Zusammenstöße erkennen, die es ausmachten.

»Sie können sogar noch einen Schritt weitergehen«, sagt Brian. »Wenn wir annehmen, dass Krebs, Herzanfälle und Alzheimer und alles andere, was uns töten kann, die Anhäufung einer Tonne zellularer – und somit subatomarer – Ereignisse ist, dann kann das sich drehende Elektron ein Gen in Gang setzen oder auch nicht, welches die Reaktion auslöst, die letztendlich zu Ihrem Tod führt. Ganz harte Verfechter der Quantum-Unsterblichkeit werden sagen, dass wir alle in irgendeinem Universum die älteste auf diesem Planeten lebende Person sind – weil wir diesen genetischen und echten Kugeln allesamt ausgewichen sind. – Sollten Sie also«, fährt er fort, »losziehen und Quantensuizid begehen? Raten würde ich nicht dazu, aus demselben Grund, weshalb ich Probleme mit Tegmarks Hypothese habe. Jedes Mal, wenn Sie ein Experiment durchführen und überleben, gibt es Menschen, die mitbekommen, wie Sie überleben, und Sie für den glücklichsten Schweinehund auf Erden halten. Aber jedes Mal, wenn Sie das Experiment durchführen und sterben – werden ebenfalls Menschen das bezeugen und trauern und Sie begraben und Ihr Grab besuchen. Von *deren* Standpunkt aus ist es Ihnen in der großen Überzahl der Universen bestimmt zu sterben. Und hier liegt die Krux der Quanten-Unsterblichkeit: Sie ist subjektiv, nicht objektiv. Selbst wenn man beweisen kann, dass es sie gibt, könnten Sie das nur sich selbst beweisen – niemandem sonst. Für die anderen wären Sie einfach eine wirklich dumme tote Person.«

Er schaltet den Projektor aus und sieht sein Publikum im Hörsaal wieder an. »Fragen?«

Eine junge Frau hebt die Hand. »Wie komme ich in das Universum, in dem Hillary Clinton Präsidentin ist?«

Brian grinst. »Leider geht das nicht. Sie sitzen jetzt hier fest. Die Tür ist geschlossen.«

Sie sitzen jetzt hier fest.

Wenn dies der Fall ist und Brian recht hat, dann muss ich mit dem Ort meinen Frieden schließen, den Brian und ich seit fünfzehn Jahren besetzt halten. Komfort hat bestimmt auch einen Wert. Was zieht man beim Griff in den Schrank lieber heraus – die neue, steife noch nicht gewaschene Jeans oder die, die sich anfühlt wie eine Schlafanzughose?

»Diese Frage beinhaltet eine philosophische Komponente«, fährt Brian fort, und ich zucke zusammen im Glauben, er habe meine Gedanken gehört. »Wir haben keine Wahl, in welchem Universum wir uns befinden, und egal, welche Art von positivem Denken oder Voodoo Sie anstellen, Sie werden nicht in der Zeitachse landen, die Sie bevorzugen. Die Gesetze der Physik besagen, dass Sie vor sich hin dümpeln und dann an eine Abzweigung gelangen, von wo aus Sie in das eine oder andere Universum gedrängt werden. Anders gesagt, der freie Wille zählt hier nicht. Es ist Zufall, abhängig von der Drehrichtung dieses Elektrons.«

Plötzlich sieht Brian mich ganz direkt an. Bis zu diesem Moment dachte ich, er hätte mich nicht hereinschleichen sehen. Jetzt wird klar, dass er von Anfang an gewusst hat, dass ich hier bin. Mit dem Anflug eines Lächelns, reuevoll und selbsterniedrigend, als hätte ich ihn nicht bei der Ausübung seiner Arbeit, sondern bei etwas Verfänglichem ertappt. »Vergessen Sie nie:

Wenn Ihnen etwas Schlimmes zustößt, werden die Physiker sagen, dass es irgendwo anders eine andere Version von Ihnen gibt. Eine Version, die sich klarmacht, wie froh sie sein kann, eine zweite Chance bekommen zu haben. Wir können also Anhänger der Quanten-Unsterblichkeit werden oder jeden Tag so leben, als wäre es unser letzter.«

Brian entlässt den Kurs unter tosendem Applaus, den ich aber kaum höre. Ich schwimme gegen den Strom der Studenten an, die sich zerstreuen. Er sammelt seine Notizen ein, blickt dabei aber immer wieder hoch in meine Richtung. Dann entfernt er sich vom Pult und kommt mir entgegen.

So also geschieht es, sage ich mir. *So fangen wir neu an.*

Diesen ersten Schritt kann ich tun.

Endlich stehe ich vor Brian. Schweigen ballt sich zwischen uns zusammen.

»Hi«, sagt er schließlich leise.

Ich will etwas darauf erwidern, doch ehe ich dazu komme, nehme ich an der Grenze meines Gesichtsfelds eine Bewegung wahr. Eine junge Frau mit dunklem Zopf, dick wie eine Faust, schwebt am Rand unseres Gesprächs. In der Hand hält sie Brians abgewetzte Aktenmappe, als wär's der Heilige Gral. »Wenn du wieder zu spät zur Fakultätssitzung kommst, werde ich nicht für dich den Kopf hinhalten«, sagt sie zu ihm. Es ist, als wäre ich unsichtbar.

Ich rieche nur Rosen.

Brians Großmutter lernte Englisch, indem sie sich im Kino immer wieder *Vom Winde verweht* ansah. Ich versuchte, mir vorzustellen, wie es sich anfühlen musste, in einem Land zu stranden, dessen Sprache man nicht sprechen konnte. Als ich nach meiner Saison in Ägypten, vertieft in die Recherche für meine Doktorarbeit, zurück nach Boston kam, um meine Mutter sterben zu sehen, war das Gefühl vergleichbar.

Bei unserer ersten Verabredung erzählte Brian mir, seine Großmutter habe die Okkupation Polens, ein Arbeitslager namens Pionki, die Selektionen in Auschwitz und Typhus in Bergen-Belsen überlebt. Während er ein Sauerteigbrötchen in Viertel riss und ich mein zweites Glas Wein trank, erzählte er mir Geschichten aus ihrem Leben. »In Pionki sollten eigentlich keine Kinder sein. Es war ein Arbeitslager, und Kinder waren dafür nicht kräftig genug. Aber es gab ein Paar aus ihrem Dorf, die hatten die fünfjährige Tobie. Weil ihnen der Gedanke an eine Trennung von ihr unerträglich war, schmuggelten sie das Mädchen ins Lager. Meine Großmutter wusste, dass sie und die Eltern des Mädchens bestraft und womöglich umgebracht werden würden, wenn man Tobie finden würde. Und so tat sie alles dafür, dies zu verhindern.

»Oh mein Gott«, hauchte ich. Ich versuchte, das winzige vogelartige Skelett im Hospizbett mit dieser jüngeren Version in Fleisch und Blut, die Brian mir zeichnete, in Einklang zu bringen.

»Meine Großmutter sprach fließend Deutsch und wurde deshalb zur Büroarbeit eingeteilt. Somit bekam sie das Kommen und Gehen der Nazi-Aufseher mit. Und sie brachte Tobie ein Spiel bei – jedes Mal, wenn meine Großmutter einen weißen Schal vor das Bürofenster hängte, musste Tobie sich so gut verstecken, dass selbst ihre eigenen Eltern sie nicht finden könnten. Erst wenn der weiße Schal – und die Nazis – verschwunden waren, durfte sie wieder hervorkommen.«

Ich beugte mich vor. »Was ist passiert?«

Brian zuckte mit den Schultern. Zwischen uns tanzte eine Kerzenflamme. »Sie wurde nach Auschwitz gebracht und verlor Tobie und ihre Eltern aus den Augen.«

»Das ist ein schreckliches Ende«, sagte ich.

»Wer sagt denn, dass es schon das Ende war?«, entgegnete Brian. »Wir spulen vor auf 1974. Der Krieg ist lange vorbei, und meine Großmutter besucht meine Mutter in New York, die mit mir schwanger ist …«

Ich stützte das Kinn auf meiner Faust ab und sah ihn an. Ich war ein wenig beschwipst, was ich als recht angenehme Alternative zu den vergangenen zwei Wochen am Sterbebett meiner Mutter empfand.

»Meine Mom schleppte meine Großmutter mit zu Saks, um dort Umstandskleidung zu kaufen. Aber meine Großmutter war bald erschöpft und ruhte sich in der Schuhabteilung aus, bis meine Mutter ihre Einkäufe erledigt hatte. Und als sie da wartete, sah sie eine Frau, die sie unentwegt anstarrte.«

Wie ich das jetzt machte. Brian war nicht im herkömmlichen Sinn gut aussehend, aber ein hübscher Kerl mit Ecken und Kanten, die geglättet werden mussten, und einem schiefen Lächeln. Wenn man ihn ansah, hatte man nicht das Gefühl, plötzlich von einer Hitzewelle erfasst zu werden, die einem den Atem raubte. Sondern eher, als könnte man endlich durchatmen.

»Die Frau kam auf sie zu und sagte *Verzeihen Sie …?*«

Ich blinzelte. *Verzeihen Sie.*

Plötzlich befand ich mich nicht mehr in einem kleinen italienischen Restaurant mit einem Weinglas in der Hand. Ich war an einem Ort, wo die Atmosphäre pulsierte, wo es Sterne gab, die man in Boston nicht sehen konnte.

Ich war dort mit jemand anderem.

Aber davon wusste Brian natürlich nichts.

»Die Frau fragte meine Großmutter, ob sie in Pionki gewesen sei. Meine Großmutter bestätigte dies, erkannte die Frau aber nicht wieder.«

»Es war Tobie!«, sagte ich und schüttelte mich, um wieder zurück ins Gespräch zu finden.

»Ja. Aber sie war natürlich keine fünf mehr.« Brian lächelte. »Sie sind von da an in Kontakt geblieben. Noch eine Woche bevor du ins Hospiz kamst, hat sie meine Großmutter besucht.«

Ich trank einen großen Schluck und fokussierte mich auf Brian. »Dann hast du mich also bemerkt, als ich kam.«

»Am vierten September kurz nach zehn Uhr vormittags«, sagte Brian. »Was sich laut ausgesprochen gruseliger anhört, als ich es empfunden habe.«

Ich fragte mich, wie es wohl wäre, nach Ägypten in Boston neu anzufangen. Fragte mich, ob Brians Großmutter nach ihrer Befreiung über Jahre hinweg Panik beim Aufwachen bekam und verbittert war, weil sich ihr die Erinnerungen an das Leben vor dem Krieg immer mehr entzogen.

War es womöglich sogar ein Segen, dass sie am Ende Alzheimer bekam?

Unvermittelt überkam mich das Bedürfnis, mein Gehirn mit Details zu füllen, die nichts mit dem Zweiwegebuch oder mit dem im Schlaf träumenden Wyatt Armstrong zu tun hatten.

»Wie lautet dein zweiter Vorname?«, fragte ich.

»Rhett«, sagte Brian lachend. »Meine Großmutter hat *Vom Winde verweht* nicht nur geliebt, sondern diese Liebe an meine Mom weitergegeben.«

»Sieh es positiv«, warf ich ein. »Du hättest auch Ashley sein können.«

Brian grinste. »Rosenkohl. Ja oder nein?«

»Ja«, sagte ich. »Aber bewahre mich vor Sellerie.«

»Wie kann man Sellerie nicht mögen?«

»Den essen nur traurige Menschen. Er hat keinen Geschmack und verlangt dem Kiefer eine Menge harte Arbeit ab«, behauptete ich. »Erstes Haustier?«

»Komododrache«, sagte Brian.

»Warum überrascht mich das nicht?«

»In einer Welt voller Grundschulkinder mit Hamstern war ich ein Original.« Er kniff die Augen zusammen und überlegte. »Eine Titelmelodie, die du auswendig kennst?«

»M*A*S*H*«, erwiderte ich. »Hab mir mit meiner Mom immer die Wiederholungen angeschaut. Und du?«

»*The Facts of Life* – und bitte verurteile mich nicht.«

Während des Hauptgangs, einem geteilten Tiramisu und einer zweiten Flasche Wein spielten wir uns die Bälle auf diese Weise zu. Ich erfuhr, dass er mit seiner Zunge einen Knoten in einen Kirschstiel machen konnte. Ich trumpfte damit auf, dass ich durch meine beiden Daumen pfeifen konnte. Doch da verschwamm der Raum bereits an den Rändern und wir waren die letzten Gäste.

»Wann hast du zum letzten Mal gesungen?«, forderte ich ihn heraus.

Er zog den Kopf ein und lächelte ein wenig. »Für meine Großmutter. Sie hält mich als Einzige für einen ganz anständigen Bariton.« Brian leerte sein Weinglas. »Okay, und mit welchem Faktenwissen trumpfst du auf Partys gern auf?«

»Als die Mumie von Ramses II. in den Siebzigerjahren nach Frankreich geschickt wurde, bekam er einen eigenen Pass, auf dem als Berufsangabe *König/verstorben* stand.«

Brian lachte los. »Das ist wirklich super.«

Der Kellner brachte die Rechnung. Ich hatte keinerlei Preisvorstellung, denn ich bestellte nie eine Flasche Wein, nur Gläser. Aber ich griff dennoch nach dem Ledermäppchen, wurde aber von Brian gestoppt, der mein Handgelenk umfing. »Bitte. Du bist eingeladen«, beharrte er, ließ aber nicht los und verschränkte seine Finger mit meinen.

Ich nickte und nahm seine Einladung an. »Nun lass mich nicht hängen«, sagte ich. »Was ist *dein* Faktentrumpf?«

Brian strich mit dem Daumen über meine Knöchel und hielt sie dabei im Auge, als sei er sich sicher, sie würden unter seiner Berührung verschwinden. »M&M's steht für Mars und Murrie«, erwiderte er ruhig. »Mein Großvater Carl bekam seine Pension von Mars, und als Kind fand ich es einfach erstaunlich, dass er Schecks aus dem Weltraum bekam.« Er zog einen Fächer aus Zwanzigdollarscheinen aus seiner Brieftasche und legte ihn auf die Rechnung. »Wenn du mit einem Blinzeln überall hinkommen könntest«, fragte er, »wo wärst du dann?«

»In Ägypten.« Die Antwort kam mir ganz leicht über die Lippen. »Und du?«

»Wo immer dich dein Blinzeln hingeführt hat«, erwiderte Brian.

Ich fühlte mich wie verwandelt. Wann hatte ich das letzte Mal gelächelt, gelacht, ein normales Gespräch geführt? Das Warten auf den Tod meiner Mutter kam einem langsamen Ersticken gleich, wochenlang hatte ich den Atem angehalten. Jetzt, in diesem Moment mit Brian, konnte ich mich befreien. Ich war keine junge Frau mehr, deren Mutter im Sterben lag. Keine Doktorandin, deren Zukunft auf den Kopf gestellt worden war. Ich hatte auch keine Beziehung eine halbe Weltreise entfernt.

Ich war nur jemand, der für kurze Zeit die reale Welt vergessen wollte.

Im Nachhinein verhielt ich mich vermutlich *weder* Wyatt *noch* Brian gegenüber fair. Ich konnte nicht klar denken. Tatsächlich gab ich mir größte Mühe, *überhaupt nicht* zu denken.

Wir kehrten zu dem Haus zurück, das er sich mit seiner Großmutter teilte, die natürlich nicht dort war. Sein Zimmer war in Grautönen gestrichen, und seine Laken waren dunkelgrau. Dann standen wir einander nackt gegenüber, die Knöchel im Kleiderwust. Seine Handflächen umschlossen mich wie Klammern und ich musste an sein Physiker-Ket denken, den Quantenstatus eines Gegenstands. »Ich habe das noch nie getan«, gestand Brian. »Macht dir das was aus?«

»Ich schon«, erwiderte ich. »Macht *dir* das was aus?«

Er beantwortete es mit seinem schiefen Lächeln. »Na ja, einer von uns beiden sollte schließlich wissen, wo's langgeht«, meinte er und kniete sich über mich. Seine Haare fielen wie Rabenfedern auf meine Stirn, als er mich küsste.

In dem Moment, als er sich wie ein Bogen spannte, wickelte ich Arme und Beine um ihn, als könnte er mich im Fallen tragen. Doch es ging viel zu schnell für mich, und deshalb verweilte ich und hielt ihn fest.

»War es das Warten wert?«, flüsterte ich.

Er errötete am ganzen Körper. »Kein Physiker, der was taugt, würde ein Experiment nur einmal durchführen und dann Schlussfolgerungen ziehen.«

Ich lächelte. »Erzähl mir mehr über diese Wissenschaftsmethode.«

»Vorträge werden überschätzt. Ich bin mehr der praktische Forscher.«

Ich erinnere mich genau an diese Nacht. Seine Berührungen waren so anders, dass sie eine Offenbarung waren, obwohl sie sich unbeholfen hätten anfühlen sollen. Ich schrie, als mir danach war. Brian spürte meinem Körper nach, vermaß mich, als wäre ich eine neue Konstellation, die ihn zu seinem Ziel lenkte. Diese berauschende Erregung beim Fallen wetteiferte mit der Entdeckung, weich zu landen.

Ich wusste, Brian würde sagen, dass mein Gefühl, die Zeitachsen gewechselt zu haben, nicht von der Quantenmechanik abgesichert sei.

Ich schlief eingehüllt in seine Umarmung ein und träumte von meiner Mutter und dem Gezeitenbecken, für das sie im Bostoner Aquarium verantwortlich war. *Einsiedlerkrebse*, pflegte sie zu sagen, *sind zu zart, um selbstständig überleben zu können. Zu ihrem Schutz suchen sie sich eine Muschel, die passt. Sie finden darin Unterschlupf und nehmen sie überallhin mit.*

In der ersten Nacht, in der Brian und ich uns liebten, wachte ich mitten in der Nacht auf, schlüpfte aus dem Bett und wanderte durch das kleine Haus. Ich öffnete die Medizinschränke und studierte die Tablettengläser. Warf einen Blick in den Kühlschrank. Hob jedes Foto auf, das ich finden konnte, und indem ich Brian in T-Ball-Uniform, auf einem Abschlussball und bei der Abschlussfeier sah, wurde seine Geschichte lebendig. Ich berührte den Schnickschnack auf den Regalen: eine Eichel aus Glas, Mörser und Stößel in Messing, glitzernde Buchstützen aus Stein, die zu weinen schienen.

Auch die Bücher sah ich mir an.

Es gab eine ganze Reihe von Hardy-Boys-Kriminalromanen und Romane von Isaac Asimov. *Krieg und Frieden* sowie *Anna Karenina*. Gedichte in polnischer Originalsprache von Szymborska und Miłosz.

Ein Buch mit abgegriffenem grünem Einband entpuppte sich als Sammlung polnischer Märchen. Es öffnete sich ganz von selbst auf der Seite einer schaurigen Tuschezeichnung von der skelettartigen mit Klauen ausgestatteten Jędza, die in einem aus den Knochen der von ihr verspeisten Kinder gebauten Haus lebte. Sie stahl den Müttern ihre Babys, steckte sie in Käfige und nährte sie, bis sie dick waren, um sie dann zu verspeisen. Ich las die Geschichte eines kleinen Jungen, dem sie befahl, sich auf eine Pfanne zu legen, damit sie ihn braten konnte. Er erklärte ihr, er wisse nicht, wie er das anstellen solle, also zeigte sie es ihm und er schob die Pfanne in den Ofen und rannte davon.

Ich dachte an Brians Großmutter, die ihm diese Geschichten vorgelesen hatte, nachdem seine Eltern gestorben waren. Von ihrer Befreiung aus Bergen-Belsen, als sie zu schwach war, um sich vor den amerikanischen Soldaten zu erheben, die zu ihrer Rettung gekommen waren. Dann stellte ich sie mir in der Schuhabteilung von Saks vor, als sich die Zeitachsen kreuzten.

Ich dachte an meine Mutter, die so still dalag, dass ich jedes Mal, wenn ich ihr Zimmer im Hospiz betrat, meine Wange an ihre Brust legen musste, um zu spüren, ob sie noch atmete.

Dann kehrte ich in Brians Bett zurück und kuschelte mich in seine Arme, bevor er überhaupt gemerkt hatte, dass ich weg gewesen war.

Der einzige Ausweg in jedem Märchen ist der, wegzulaufen und nur nach vorn zu schauen. Ohne sich jemals umzublicken.

Brian holt mich ein, als ich am Harvard Square um die Ecke biege, wo die lange Rolltreppe wie ein Gang zur Hölle in den Untergrund zur Linie T führt. Er packt mich am Arm und wirbelt mich herum. Zwischen JFK Street und Brattle, vor dem Curious-George-Laden, den ich mit Meret immer aufgesucht habe, als sie klein war, sind wir gefangen in der Zeit. Hartnäckig weigere ich mich, Brian anzusehen, und starre stattdessen auf das übergroße Poster mit dem kleinen Affen und dem Mann im gelben Hut. »Wie hieß der noch mal?«

Das haut Brian um. »Was? Wer?«

»Der Mann im gelben Hut. Der eine ganze Kinderbuchreihe schreibt, ohne jemals der Hauptfigur einen Namen zu geben?«

Er schüttelt den Kopf, als müsse er den Raum zwischen uns reinigen. »Warum bist du zu meiner Vorlesung gekommen?«

Ich zwinge mich, ihm in die Augen zu schauen. »Du solltest mich lieber fragen, warum ich gegangen bin.«

Seine Ohrspitzen röten sich. »Dawn. Sie war dort, weil es ihr Job ist. Sie ist Postdoktorandin und arbeitet unter mir.«

»Genau darauf scheint sie zu hoffen«, ätze ich, doch zu meiner Überraschung laufen mir Tränen über die Wangen. »Sie spricht mit dir, als wärt ihr die einzigen beiden Menschen, die dieselbe Sprache sprechen.«

Brian sieht mich verdutzt an. »Sie sagte mir, dass ich zu spät zu einem Termin kommen werde. Das ist kein Staatsgeheimnis.«

»Es geht nicht darum, was sie gesagt hat. Sondern wie sie es gesagt hat.« Wie das verbale Äquivalent zum Zurechtrücken seiner Krawatte, bevor er die Bühne betritt, oder als würde sie ihm einen Krümel von den Lippen wischen. Als hätte sie das Recht, Besitz von ihm zu ergreifen.

Er lässt mich los, als wäre ihm gerade erst bewusst geworden, dass wir uns mitten auf einem bevölkerten öffentlichen Platz befinden. »Darf ich dich was fragen?«, sagt Brian. »Wenn ich mit Gita geschlafen *hätte* … würdest du mich dann noch schlimmer als jetzt behandeln?«

Als ich an der Uni von Chicago mein Studium begonnen hatte, war ich einmal mit einem Kommilitonen im Kino. Anschließend gingen wir in eine Bar, dann lud er mich auf sein Zimmer ein. Wir lagen auf seinem großen Doppelbett und küssten uns, und seine Hand glitt unter meine Bluse. Als er anfing, diese tiefer wandern zu lassen, setzte ich mich auf und sagte, ich wolle nach Hause.

Er war an der Tür, bevor ich diese öffnen konnte, hielt sie zu und mich gefangen. Er lächelte so charmant, wie er den ganzen Abend gewesen war. *Das meinst du doch nicht im Ernst, oder?*

Ich weiß nicht, was meine Amygdala dazu bewog, in Alarmbereitschaft zu schalten und dies als Bedrohung und nicht als lässige Einladung zu sehen. Aber ich war mir schmerzlich bewusst, wie viel größer er war, wie viel kräftiger, und dass mich seine Arme gefangen hielten.

Ich trat ihm in die Eier, rannte los und wechselte nie wieder ein Wort mit ihm.

An diesen Vorfall habe ich seit über zwanzig Jahren nicht mehr gedacht, aber selbst jetzt könnte ich noch genau die Farbe des Pullovers beschreiben, den er trug, was ich an diesem Abend gegessen hatte und wie er hieß. Von dem Film, den wir gesehen hatten, weiß ich nichts mehr, auch nicht den Namen des Studentenwohnheims, aber diese Unschärfen am Rande meiner Erinnerung machen den Vorfall nicht weniger real. Und dennoch schwieg ich darüber, als er passiert war. Meine Freunde wussten nichts davon. Ich meldete ihn nicht bei der Verwaltung oder erzählte meiner Mutter davon. Schließlich gehörte ich zu den Glücklicheren. Es hätte viel schlimmer ausgehen können.

Ich zweifelte an meiner Wahrnehmung.

Jetzt bleibt mir nichts anderes übrig, als die Worte herauszupressen. »Du hast getan, als wäre nichts geschehen«, werfe ich Brian vor. »Aber es *ist* etwas geschehen. Du hast dich dafür entschieden, sie einzustellen. Hast dich entschieden, in ihre Wohnung zu gehen. Du hättest an diesem Abend bei uns sein können. Du hättest bei uns sein *sollen*. Diesen Gedanken werde ich nicht mehr los.«

Ich lasse ihn vor einem Wandbild von Curious George, dem Affen stehen, der die Hand des Mannes im gelben Hut hält. Stockholm-Syndrom, sage ich mir. Wie sonst ließe sich erklären, dass man den Kidnapper, der einen aus seinem natürlichen Zuhause entführt hat, noch immer als besten Freund bezeichnet.

Es dauerte drei Wochen, in denen meine Mutter jeden Tag ein bisschen weniger wurde, bis ich hätte schwören können, nur noch ihre Umrisse unter den Laken ihres Betts zu sehen. In dieser dreiwöchigen Phase half mir die Sozialarbeiterin des Hospizes auch, die Finanzen meiner Mutter durchzugehen.

In diesen drei Wochen begann auch wieder das Frühjahrssemester an der Yale. Man teilte mir in einem offiziellen Schreiben mit, dass ich aus medizinischen Gründen für dieses Semester freigestellt werden könne. Und ich erfuhr, dass wir Schulden hatten.

Und dies nicht nur wegen der Kosten meiner Ausbildung – wenngleich diese für den größten Teil verantwortlich war. Dazu kamen die Hypothek auf unser Haus, Kreditkartenabrechnungen und der Wagen, den wir hatten, seit ich die Highschool besuchte.

Ich erfuhr auch, dass meine Eltern, die immer so taten, als wären sie verheiratet, dies in Wahrheit nicht waren. Der Grund dafür erschloss sich mir nicht, und meine Mutter war zu diesem Zeitpunkt schon nicht mehr ansprechbar. Doch es bedeutete, dass uns die Leistungen des Militärs, die wir nach dem Tod meines Vaters hätten bekommen können, nicht zustanden.

Ich war fast fünfundzwanzig Jahre alt, hatte hundertfünfzigtausend Dollar Schulden, würde Vormund eines Dreizehnjährigen werden und mir nicht mal die Beerdigung meiner Mutter leisten können.

Im Angesicht des Todes verbringt man mehr Zeit *anderswo* als im Krankenzimmer – verliert sich in Erinnerungen, lässt die Bildergalerie seines Lebens Revue passieren oder ist bewusstlos und träumt. Ich verbrachte so viele Stunden wie möglich am Bett meiner Mutter. Sagte mir, dass sie selbst, wenn sie nicht bei Bewusstsein war, spürte, dass ich da war. Doch eigentlich will ich damit zum Ausdruck bringen, dass mir, wenn ich auf diese letzten Wochen zurückblicke, bewusst ist, dort gewesen zu sein.

Ägypten war mir in dieser Zeit so fremd und so weit weg für mich, dass ich es mir kaum vorstellen konnte. Es gab nur das Hier und Jetzt, und selbst diese Momente waren ein sinnloser Brei.

Brian sah ich nicht sehr häufig. Er drang nie in meine Privatsphäre ein. Aber wenn ich aus dem Zimmer meiner Mutter kam, um mir eine Tasse Kaffee zu holen, war er in der Küche und hatte einen Imbiss für mich, weil ich vergessen hatte, was zu essen. Wenn ich weinen musste, war er da und hielt mich. Wenn ich aufbrach, um nach Hause zu Kieran zurückzukehren, begleitete er mich zum Wagen.

Meine Mutter starb an einem Dienstag. Gerade noch war die Welt ein Ort, an dem ich eine Mutter hatte, im nächsten Moment nicht mehr. Ich erinnere mich an das Gefühl, als wäre etwas ganz Elementares in Schieflage geraten, als wäre ich aufgewacht und sähe den Himmel grün und das Gras blau, und von mir würde erwartet, dies als normal hinzunehmen. Sie wurde eingeäschert, und Kieran und ich fuhren mit einem Boot raus zu den Isles of Shoals. Wir streuten ihre Asche ins Meer, und ich male mir gern aus, dass die Gezeiten sie zurück nach Irland trieben.

Ich gewöhnte mich an mein neues Leben wie an eine Maskerade. Ich bot das Haus zum Verkauf an und suchte nach Mietwohnungen, die es Kieran erlauben würden, weiterhin auf seine alte Schule zu gehen. Ich backte Haferkekse und brachte sie den Mitarbeitern im Hospiz als Dankeschön. Als die Leiterin die Idee lancierte, dass ich dort arbeiten könne, brach ich in ihrem Büro in Tränen aus.

Dann erkundigte ich mich nach Brians Großmutter, erkundigte mich nach ihrem Befinden. Nach *seinem.* »Sie ist zwei Wochen vor Ihrer Mom gestorben«, erwiderte die Leiterin überrascht. »Ich dachte, das wüssten Sie.«

Ich schüttelte den Kopf und musste an die vielen Male denken, die Brian mir in der Küche, auf den Fluren begegnet war; wie ich mich aus dem Zimmer meiner Mutter gestohlen hatte, weil ich mich nach einem Moment mit ihm sehnte, um wieder atmen zu können. Wie er jedes Mal, wenn ich jemanden brauchte, da war. »Das ergibt keinen Sinn«, sagte ich. »Er ist die ganze Zeit im Hospiz gewesen.«

Die Leiterin zog die Brauen hoch. *»Ihretwegen«*, sagte sie.

Es ist praktisch unmöglich, einen Preis für einen guten Tod festzusetzen. Im Moment sind Sterbe-Doulas nur etwas für Menschen, die sie sich leisten können, weil unser Gesundheitssystem so unvernünftig ist, unsere Dienste nicht ebenso abzudecken wie die Fürsorge im Hospiz. Das bedeutet, dass ich meine eigenen Preise festsetze – und diese variieren. Die Entscheidung, ob man eine Pauschale oder ein Stundenhonorar festlegt, ist schwierig. Wenn ich für eine Alzheimerpatientin von vierundneunzig Jahren, deren Schlaf- und Atmungsgewohnheiten sich verändert haben, eine Pauschale festlege, kann diese noch zwei Wochen … oder auch weitere zwei Jahre leben. Verlange ich eintausendachthundert Dollar und verbringe zwei Jahre mit ihr, ist das Geschäftsmodell für mich nicht kosteneffektiv. Stirbt sie aber innerhalb von zwei Wochen, ist es ein vernünftiges Einkommen. Ich versuche, meine Gebühr an der Krankheit, der Prognose und einer gesunden Einschätzung, wie häufig mich die Klientin oder der Klient am Lebensende benötigt, zu orientieren – die Wahrheit ist jedoch, dass ich manchmal gewinne und manchmal verliere.

Mir ist klar, wie krass es ist, derart gewinnorientiert über den Tod zu sprechen, aber dieses Problem haben wir mit dem Tod generell. Wir wissen nicht, wie wir über ihn sprechen sollen. Wir benutzen Euphemismen und beschwören schimmernde Tore und Engel, wobei wir die Tatsache verbrämen, dass wir sterben müssen, um dorthin zu gelangen. Wir behandeln ihn wie ein Mysterium, obwohl er doch eigentlich die Erfahrung ist, die wir garantiert alle teilen.

Mir ist schmerzlich bewusst, dass es kein Privileg, sondern ein Recht sein sollte, beim Sterben jemanden an seiner Seite zu haben. Es ist eine zu Herzen gehende Arbeit und die macht man nicht, um reich zu werden. Ich würde diese Arbeit auch umsonst leisten. Ich *habe* diese Arbeit umsonst geleistet. Habe mich auf Tauschgeschäfte eingelassen. Als ich mich um die Mutter einer Nagelstylistin gekümmert habe, bekam ich dafür Maniküre für ein Jahr. Von einem Bauern, dessen Frau an ALS starb, bekam ich eine Rinderhälfte. Ich kann mir diese Arbeit leisten, da ich zwar ein Geschäft führe, wir aber vom Professorengehalt Brians leben.

Als ich Win und Felix zum zweiten Mal besuche, haben sie in Gläsern schwitzenden Eistee und kleine Mandelkekse bereitstehen. Ich hoffe, sie haben sich nicht meinetwegen diese Mühe gemacht, denn schließlich soll ich ja diejenige sein, die ihnen das Leben erleichtert.

Ich habe mich dafür entschieden, sie als Klientin anzunehmen, sofern sie das möchte. Dabei rede ich mir ein, dass es mir gut in den Terminplan passt – ich habe mehrere langfristige Klienten mit Krankheiten, die sie eher Jahre als Wochen am Leben halten – aber ich weiß, dass mehr dahintersteckt. Win strahlt etwas aus, vor dem ich meine Augen nicht verschließen kann. *Hier von Gottes Gnaden* und all das.

Felix ist in seine Notizen vertieft. Vielen Angehörigen wird bei diesem schonungslosen Gespräch zum ersten Mal in aller Deutlichkeit bewusst, dass die Person, die sie lieben, sterben wird. Nicht einmal die Diagnose des Arztes ist derart aufrichtig. »Müssen wir … etwas unterschreiben?«

Ich warte, bis er mich ansieht. »Nein. Aber ich habe einen geheimen Händedruck, den ich Ihnen beibringen werde.« Er reißt die Augen auf, und ich lächele. »War ein Scherz. Ja, es gibt Papierkram. Aber darum müssen wir uns jetzt noch keine Gedanken machen. Ich halte, was ich verspreche, und ich gehe davon aus, dass Sie das auch tun.«

Ich ziehe ein kleines Notizbuch heraus und schreibe Wins Namen auf eine neue Seite. Wenn Win stirbt, wird dieses Büchlein gefüllt sein – mit Notizen von den Besuchen, mit Erinnerungen, Bitten und Medikationsprotokollen. Das ist die Papierspur, die sie hinterlassen wird. »Wenn Sie sich dazu in der Lage fühlen«, sage ich zu Win, »würde ich Ihnen erst gern ein paar Fragen stellen. Haben Sie mit jemandem vom Hospiz bereits über eine DNR-Verfügung gesprochen?«

Sie hält den Kopf schief. »DNR?«

»Do Not Resuscitate. Das ist eine Patientenverfügung, die Sie unterschreiben, sofern Sie keine weitere Behandlung möchten, wenn Ihre Atmung aufhört.«

»Welcher Art?«, hakt Felix nach.

»Reanimation. Den Notarzt rufen.«

»Sie meinen also …«

»Einen natürlichen Tod zulassen«, sage ich. »Ja.«

Win legt Felix eine Hand auf den Arm. »Liebling, das hier ist das Finale. In jedem Fall.«

»Ich weiß. Nur … ich meine, was ist, wenn es andere Optionen …«

»Im Durchschnitt leben Menschen, die einen Herzstillstand erleiden und wiederbelebt werden, noch achtzehn Monate. Aber das tun sie dann mit gebrochenen Rippen, weil von Gesetzes wegen die Herzdruckmassage so lange fortgesetzt werden muss, bis der Patient wiederbelebt oder für tot erklärt wurde. Also … wenn Sie überleben, werden Sie Schmerzen haben, und wir wissen zudem nicht, wie lange Ihr Gehirn ohne Sauerstoff war.«

»Und wenn ich das nicht möchte?«, fragt Win.

»Dann unterschreiben Sie die Patientenverfügung.«

Sie sieht Felix an und nickt energisch.

Ich frage sie, wie sie zu künstlicher Ernährung, Beatmungsgeräten und Defibrillatoren steht – alles lebenserhaltende Maßnahmen –, und sie bestätigt, dass sie dergleichen nicht wünscht. Ich spreche mit ihr über eine medizinische Vorsorgeverfügung und eine Vollmacht in Finanzangelegenheiten, über Sedierung, über Antibiotika zur Linderung bei Harnwegsinfektion und anderen Infektionen. Ich spreche über kulturelle Traditionen und Beerdigungsplanung, ob sie Musik wünscht, wenn sie im Sterben liegt, oder geistlichen Beistand oder keins von beiden. Wen sie am Ende in ihrer Nähe haben möchte und wen sie nicht sehen möchte. Nur weil jemand stirbt, bedeutet das nicht, dass man das Heft aus der Hand gibt. Während ich die einzelnen Punkte abhake, scheint Felix sich immer weiter in sich zurückzuziehen, bis ich mich mit einem strahlenden Lächeln an ihn wende. »Haben Sie vielleicht einen Kaffee für mich?«, frage ich.

Er geht in die Küche, und sobald die Tür sich hinter ihm geschlossen hat, sieht Win mich an. »Danke«, sagt sie.

Ich nicke. »Er ist nicht der erste Ehemann, der vom Drumherum überwältigt ist.«

»Es gibt Zeiten, da denke ich, dass es für ihn schwerer ist als für mich. Ich meine, ich kann am Ende gehen. Er jedoch bleibt hier und durchlebt all diese Wochen noch mal.«

»Ich sorge dafür, dass er nicht allein ist. Ich bin auch für ihn da.« Ich höre Felix in der Küche wirtschaften. »Außerdem hätte er sich beim nächsten Punkt wohl ganz aufgelöst. Haben Sie schon darüber nachgedacht, was mit Ihrem Körper geschehen soll?«

»Sie meinen, ob ich beerdigt oder verbrannt werden möchte?«

»Das sind zwei Optionen«, erläutere ich Win. »Es gibt auch grüne Beerdigungen. Und die Aquamation oder alkalische Hydrolyse – der Körper kommt dabei in eine Wanne mit starker Lauge, worin sich sämtliche Muskeln, Fett und Gewebe auflösen, dann werden die Knochen zermahlen und an die Familie zurückgegeben.«

»Das hört sich ganz nach Jokers Tod in Batman an«, murmelt Win.

»In Massachusetts ist das noch nicht legal, aber in Maine.«

»Macht nichts. Ich will es auch nicht unbedingt ausprobieren.«

Ich ziehe eine Braue hoch. »Kann ich verstehen. Aber es gibt auch einen lebenden Wald.«

»Wo ich begraben werde und über mir ein Baum wächst?«

»Eigentlich wird die Asche benutzt, um die Bäume zu mulchen. Die neueste Entwicklung heißt menschliche Kompostierung. Sie zielt auf urbane Zentren ab, wo es nicht genügend Platz für Friedhöfe gibt.«

»Und was ist, wenn ich meinen Körper der Wissenschaft zur Verfügung stelle?«, will Win wissen.

Wenn mir bei meinen Gesprächen mit Sterbenden eins besonders auffällt, dann ihre äußerst praktische Einstellung. Sie wissen, dass sie eine Checkliste abarbeiten müssen, und viele sind bereit und willens und in der Lage, ganz objektiv darüber zu sprechen, trotz der verrückten Doppelsituation, zu wissen, dass sie diejenigen sind, die nicht mehr sein werden, doch zugleich die Entscheidungsgewalt darüber behalten zu wollen, wie das zu geschehen hat. Des Weiteren fällt mir auf, dass dieses Gespräch selten vor den Angehörigen stattfindet, als wäre es einer der letzten Gnadenakte, die einem der eigene Tod gewährt, den Ehepartner vor dem damit verbundenen Kleinkram zu bewahren.

»Natürlich ist die Körperspende eine Option, aber Sie müssen sich darüber bewusst sein, dass mit Ihrem Körper eine Menge geschehen kann, woran Sie jetzt nicht denken«, gebe ich zu bedenken. »Sicher, Sie landen womöglich auf dem Seziertisch einer medizinischen Fakultät. Aber die Wahrscheinlichkeit, dass Sie zu Füllmaterial für Lippen- und Po-Implantate oder zum Crashtest-Dummy werden oder auf einer Farm in Virginia für Studenten der Forensik verrotten, ist ebenfalls gegeben.«

Sie schaudert. »Ich möchte nicht in jemandes Arschfalte enden.«

Sie meint das scherzhaft, aber ich verstehe es nicht so. »Wenn jemand so etwas sagt«, taste ich mich vor, »nehme ich das als Hinweis darauf, dass Sie von einer Einheit von Körper und Geist ausgehen. Dass ein Teil von Ihnen noch immer hier sein wird, nachdem Sie gestorben sind.«

Sie hebt ihr Gesicht meinem entgegen, und da sehe ich es: die Bewusstwerdung, dass die Straße einfach … endet. Dass es kein Versprechen auf irgendwas gibt, das danach kommt, oder jedenfalls nichts, was sich beweisen ließe.

»Wirklich schade, wenn dem nicht so ist«, sagt Win. »Ich würde gern auf meine eigene Beerdigung gehen. Belauschen, wer irgendwelche hässlichen Dinge über mich sagt.«

»Ich hatte eine Klientin, die auf ihrer Beerdigung dabei sein wollte und diese deshalb abhalten ließ, bevor sie starb. Die Leute hielten Trauerreden, und sie klatschte zusammen mit allen anderen. Sie tanzte und sie trank und hat sich köstlich amüsiert.«

»Das kann man machen?«, fragt Win schockiert.

»*Wir*«, korrigiere ich sie, »können alles machen. Es gibt keine Vorlage.«

»Ich habe im Scherz zu Felix gesagt, ich wünsche mir Schneewittchens hermetisch versiegelten Glassarg, aber nur, bis ich im British Museum war und die Mumien gesehen habe. Ich glaube nicht, dass ich ein gutes Ausstellungsobjekt dafür bin, selbst wenn ich für viertausend Jahre noch ganz gut aussähe.«

Die letzte Mumie, die ich gesehen hatte, lag in der ägyptischen Nekropole von Tuna el-Gebel. Es war die Leiche eines reichen Mädchens namens Isadora, die während der römischen Regentschaft in Ägypten im zweiten Jahrhundert vor der christlichen Zeitrechnung gelebt hat. Sie verliebte sich in einen Soldaten aus Antinopolis am Ostufer des Nils, aber ihr Vater war gegen die Verbindung. Sie wollte durchbrennen, aber das Boot kenterte auf dem Weg zu ihrem Soldaten und sie ertrank. Im Glauben der alten Ägypter wurde jeder, der im Nil ertrank, automatisch *hesy*, das heißt zu einem *gesegneten Toten*. Ihr zutiefst bestürzter Vater erbaute in der Wüste ein kunstvolles Grab für sie, es war ein kleines Steingebäude mit zerbröckelnden Stufen. In der Grabkammer fanden sich zehn Zeilen elegischer Distichen auf Griechisch: *Wahr ist, Nymphen waren es, Wassernymphen, die dich erzogen, O Isadora.*

Isadora wurde in der Grabkammer in einem Glassarg konserviert. Ich sehe den glatten, von Harz durchtränkten und wie eine Zwiebel wirkenden Schädel noch vor mir, die Lücke ihres offenen Mundes und die schimmernden Zähne, die winzige Nase. Den schmalen Hals über dem züchtigen weißen Laken, das sie vom Schlüsselbein bis zu den Knöcheln bedeckte. Die Zehen, die hervorspitzten.

Als ich ihr Grab besuchte, war Wyatt bei mir.

Ich schüttele den Kopf, um seinen Namen loszuwerden und richte meine Aufmerksamkeit wieder auf Win. »Die Ägypter werden nicht nur mumifiziert, um gut auszusehen«, werfe ich ein. »Man wollte damit die Verwesung der Leiche verhindern. Denn ein Ägypter konnte nur ins Jenseits gelangen, wenn sein Körper als Sitz der Seele intakt blieb. Er folgte damit dem Weg des Sonnengotts Re, der jede Nacht eins mit der Leiche des Osiris wurde, bevor er am nächsten Morgen wiedergeboren wurde.«

»Und wie haben sie das gemacht?«, will Win wissen.

»Die Priester haben die Organe entnommen – und in Kanopenkrüge gelegt, die zusammen mit der Leiche begraben wurden. Dabei wurden sie von Göttern überwacht: Kebechsenuef, der Falke, beschützte die Eingeweide; Hapi, der Pavian, die Lunge; Amset, mit menschlichem Kopf, beschützte die Leber, und Duatmutef, der Schakal, den Magen. Das Gehirn wurde durch die Nase entnommen. Das Herz blieb an Ort und Stelle, weil es für die alten Ägypter der Sitz der ganzen Persönlichkeit und Intelligenz war. Dann wurde der Körper in Natron gepackt und mit Leinen ausgepolstert, bevor er in Leinenbahnen von mehreren Hundert Metern gewickelt wurde. Manchmal wurden Amulette, Gebete und Zaubersprüche hineingesteckt oder auf die Bandagen geschrieben. Die Umhüllung wurde mit Harz bestrichen und wieder umwickelt, die letzte Lage war ein Leichentuch. Die ganze Prozedur dauerte siebzig Tage.«

»Um auszutrocknen?«

»Ja, aber auch wegen eines Sterns, Sothis, der genau für diese Zeitdauer vom Himmel verschwand, bevor er zur jährlichen Überflutung des Nils wieder auftauchte. Tod, Wiedergeburt, Sie verstehen. Dann vollführte ein *Sem*, ein Priester – für gewöhnlich der älteste Sohn – die Mundöffnungszeremonie, die dem Verstorbenen erlaubte, zu essen, zu trinken und zu sprechen und im Jenseits Sex zu haben. Die Mumie wurde in einen Sarg oder mehrere Särge gelegt, und die Grabkammer wurde versiegelt. Bis mehrere Tausend Jahre später einige Archäologen beschlossen, sie in ein Museum zu bringen.«

Der Mumiensaal im Museum von Kairo ist immer der meistbesuchte. Hier liegen Tonnen von Pharaonen – von Ramses II.

über Hatschepsut bis zu Seti I., dessen Körper in so gutem Zustand ist, dass er aussieht, als würde er ein Nickerchen machen. Es gibt einen mumifizierten König, der im Kampf starb und über seinem Auge ein Loch hat, das zu einer ausländischen Beilklinge passt. Ich fand das Ganze nur gruselig – ein Strom von Touristen, die im Grunde genommen alle Voyeure waren. »Die ägyptischen Grabkammern waren dazu gedacht, das Leben zu erforschen und zu feiern – aber niemals steckte dahinter die Absicht, uns ihre mumifizierten Körper sehen zu lassen«, sage ich. »Das war privat.«

Als ich zum Ende komme, merke ich, dass Win meiner Tirade mit zunehmender Verwunderung zugehört hat. »Was kam zuerst? Tod oder Ägypten?«

Ich sehe sie verwirrt an. »Wie bitte?«

»Das ist Ihr Ding«, sagt sie einfühlsam.

»Mein was?«

»Ihr Ding. Ägypten. Das beschleunigt Ihren Herzschlag. Bei mir war es die Kunst.« Sie lehnt sich zurück. »Wissen Sie, wer Marina Abramović ist?«

Ich schüttele den Kopf.

»Sie ist eine Performancekünstlerin. Sie und ihr Partner, ein Mann namens Ulay, waren ein Team. Bei einer Installation krachten sie immer und immer wieder ineinander, eine ganze Stunde lang. Sie flochten ihre Haare zusammen und wandten sich siebzehn Stunden lang voneinander ab. 1977 teilten sie sich einen Kubikmeter Luft, bis sie ohnmächtig wurden. In den Achtzigerjahrenhatten sie eine Performance, bei der sie sich gegenübersaßen und einander schweigend sieben Stunden lang anstarrten.«

»Ich habe nie verstanden, warum man das Kunst nennt.«

Win wirkt überrascht. »Was ist denn Liebe, wenn nicht Kunst?«, fragt sie. »1988 entwickelten Abramović und Ulay eine Performance zur Überwindung aller Performances. Sie wollten von den entgegengesetzten Seiten der Chinesischen Mauer loslaufen und sich in der Mitte treffen und heiraten. Sie nannten es *The Lovers*. Aber während der Planungen beichtete Ulay ihr, dass er eine Affäre mit einer anderen Frau habe. Sie trennten sich, beschlossen aber, dennoch den Gang auf der Chinesischen Mauer zu machen. Ihre Beziehung hatte sich anders als erwartet entwickelt, aber was war realer als *das*? Also liefen sie, beinahe sechstausend Kilometer voneinander getrennt, los, wobei Abramović noch immer die Hoffnung hegte, sie würden wieder zusammenkommen. Drei Monate später trafen sie sich. Aber er ging nicht auf die geplante Weise auf sie zu. Er war stehen geblieben und wartete an einer Stelle zwischen zwei Tempeln, weil dies eine perfekte Fotokulisse für ihre Wiederbegegnung war. Und da wurde ihr klar, dass sie ihn nicht zurückhaben wollte.« Win schüttelt den Kopf. »Beziehungen sind kein Fototermin. Vielmehr geht es darum, Berge zu erklimmen und Wüsten zu durchqueren, darüber nachzudenken, zu wem man gehört, die Arme des Partners zu spüren und zu merken, dass man nicht in sie hineinpasst. Und *deshalb* war es Kunst.«

»Wow«, sage ich atemlos. »Sie haben mich überzeugt.«

Ich sehe sie an und sage mir, dass es an dieser Frau so viel mehr gibt, was ich wissen muss, aber nur so wenig Zeit bleibt. Ich frage, was geschehen wird, wenn wir uns in der Mitte begegnen.

»Ein schönes Paar sind wir«, meint Win. »Liebe und Tod.«

In dem Moment kommt Felix herein und bringt mir den Kaffee, den ich gar nicht gewollt hatte. »Was habe ich verpasst?«, fragt er.

Wenn man darauf wartet, dass jemand stirbt, verliert die Zeit an Bedeutung. Stunden verschwimmen zu Tagen, aus Tagen werden plötzlich Wochen. Gut möglich, dass einige Tage vergehen, bevor man merkt, dass man nicht geduscht hat, man vergisst zu essen. Man schläft und sorgt sich und hält Nachtwache in einer Welt ohne Tagesrhythmus.

Nachdem meine Mutter gestorben war, war ich so krank, dass ich kein Essen runterbekam und auch keinen Schlaf fand. Es war, als hätte ich mich in eine Art Autoimmunkrankheit getrauert, doch dann wurde mir Blut abgenommen und ein Arzt sagte mir, dass ich schwanger sei. Ich hatte mir in der Zeit, als meine Mutter im Hospiz war, hin und wieder erlaubt, unbekümmerten Frieden bei Brian zu finden, doch nicht regelmäßig verhütet.

Ich überlegte krampfhaft, wie ich Brian von meiner Schwangerschaft berichten sollte, bis ich vor Anspannung kaum noch funktionierte. Jedes Mal, wenn ich meine Worte einstudierte, sah ich meine Mutter vor mir, die sich abergläubisch bekreuzigte. *Geh schwanger zu einer Beerdigung*, warnte sie mich, *und du trägst die Traurigkeit in dir.*

Als ich Brian dann ankündigte, ihm was Wichtiges sagen zu müssen, fuhr ich mit ihm zum Boston Harbor, und wir saßen nebeneinander und warfen Krümel der italienischen Kekse, die wir bei Mike's Pastry gekauft haben, den Möwen zu. Ich sagte ihm, dass ich schwanger sei.

Ich konnte damals nicht wissen, wie er reagieren würde. Es ist eine Sache, Trost im Körper eines anderen zu finden, wenn beide trauern. Etwas anderes ist es, ein Baby zu bekommen.

Aber Brian strahlte. Ich verfolgte, wie er die Information verarbeitete und ein Gedankenkarussell in Gang gesetzt wurde.

Einen erschreckenden, beängstigenden Moment lang dachte ich, er würde mir einen Heiratsantrag machen.

Natürlich waren meine Gedanken noch immer bei Wyatt. Und ich hatte ihn betrogen, so viel stand fest, egal, ob er davon wusste, egal, dass ich mein Verhalten als physische Erleichterung und Flucht und als Trostpflaster über tiefem Schmerz rechtfertigen konnte. Doch bei Brian fand ich Respekt. Und *Gernhaben*, wenn nicht *Liebe*.

Aber wenn ich an Wyatt dachte, rückte dieser in immer weitere Ferne, wie eine Insel, zu der keine Brücken führten. Selbst wenn ich mit dem Gedanken gespielt hatte, ihn zu kontaktieren, die Schwangerschaft machte die Absicht zunichte. Ich hatte offen gestanden keine Worte, das zu beschreiben, was ich getan hatte. Warum ich es hatte tun müssen.

»Dawn«, meinte Brian nüchtern. »Wir passen gut zueinander, findest du nicht? Wenn irgendwas Positives sich daraus entwickelt, dass du deine Mutter verloren hast und ich meine Großmutter verloren habe … dann vielleicht das.« Er ergriff meine Hände. »Zieh bei mir ein.«

Ich stieß die Luft aus, die ich angehalten hatte. Brian bot mir einen Ausweg. Und Scheuklappen, sodass ich nur nach vorn und nicht zurückblicken konnte.

»Ich habe bereits einen Ort, wo du wohnen kannst. Und ich kann dir helfen, dich um Kieran zu kümmern.«

Also ein Vernunftarrangement. Wir würden es langsam angehen lassen. Es blieben schließlich noch acht Monate, um Klarheit zu erlangen.

Damals hatte ich nicht bedacht, dass Setzlinge Wurzeln schlagen, wenn man sie einpflanzt.

Verwundert sah er meinen Bauch an. »Bist du dir sicher? Werden wir wirklich …«

Ich hatte mit dem Gedanken gespielt, an die Uni zurückzukehren und meinen Doktor zu machen. Vielleicht nicht sofort – vielleicht auch nicht in den nächsten *Jahren* – aber im Hinterkopf war es das, als was ich mich definierte: als Ägyptologin, wenn auch in Auszeit.

Aber Brian sagte *wir*.

Er bot mir eine Rettungsleine, bevor mir überhaupt bewusst wurde, dass ich kein Land mehr sah. Also griff ich mit beiden Händen danach. Ich schrieb an die Yale und exmatrikulierte mich offiziell vom Ägyptologie-Programm.

Wyatt hatte ich nicht geschrieben. Er müsste inzwischen wieder auf dem Campus sein. *Ich brauchte dich*, hörte ich mich sagen, *aber du warst nicht da*. Abgesehen davon, dass er das vielleicht gern gewesen wäre und ich ihn nicht gebeten hatte. Es gab keine Möglichkeit, mein Handeln zu erklären, ohne mich dafür zu hassen, und konsequenterweise würde dann auch Wyatt mich hassen. Und so zögerte ich das Schreiben dieses Briefs immer weiter hinaus. Und es wurde mit jedem Tag leichter, bis ich aufhörte, mir noch länger Gedanken zu machen.

Zusammen mit Kieran zog ich in Brians Haus. Kaufte einen Stubenwagen auf einem Hofflohmarkt.

Als ich am nächsten Tag auf die Toilette ging, entdeckte ich Blut in meiner Unterwäsche.

Nicht mal eine Woche war vergangen, und ich stellte erstaunt fest, wie schnell sich ein unüberwindbares Problem in etwas verwandelt hatte, was ich mir mit allen Fasern meines Körpers wünschte. Als der Radiologe achselzuckend meinte, Schmierblutungen seien normal, wog ich die Chancen ab. Ich sagte mir, dass ich mein Glück nicht auf Kosten irgendeines Unglücks haben wollte, und entschuldigte mich bei meinem Baby dafür, dass ich auch nur eine Sekunde lang Hintergedanken gehabt hatte. Dann legte ich einen blanken neuen Penny in jeden Schuh und schlief mit einem Messer unter der Matratze, um die bösen Geister fernzuhalten.

Meine Wehen setzten zwei Wochen zu früh ein, aber mein abergläubisches Gebaren zahlte sich aus. Meret kam pummelig und perfekt zur Welt. Ihre Lungen waren voll entwickelt, und selbst wenn ich stundenlang wachte, um das Auf und Ab ihres winzigen Brustkorbs zu beobachten, bewegte sich dieser beständig und unfehlbar. *Siehst du*, sagte Brian zu mir, der bereits in seine Tochter verliebt war. *Du hättest dir keine Sorgen machen müssen.*

Meret ist in ihrem Zimmer und in ein wissenschaftliches Experiment mit Abstrichen und Ampullen vertieft, als ich von Win zurückkomme. »Lust auf einen Spaziergang? Es ist nicht mehr ganz so schwül.«

Schon komisch, dass man sich als Mutter einbildet, der bloße Akt, jemandem das Leben geschenkt zu haben, reiche aus, denjenigen an sich zu binden. Aber selbst bedingungslose Liebe entbindet einen nicht davon, immer wieder daran zu arbeiten. Ich erinnere mich, dass Meret als Neugeborene sich dem Klang meiner Stimme zudrehte, als wär's ein Magnet. Dieses Wiedererkennen war garantiert, denn schließlich nahm sie jedes während der Schwangerschaft geführte Gespräch als Soundtrack wahr. Brian hingegen war anfangs im Nachteil. Er musste stundenlang auf sie einreden, tat dies aber nicht, als wäre sie ein Baby, sondern eine kleine Erwachsene. Er trug sie in einer Rückentrage mit sich herum, wenn er den Rasen mähte, er fütterte sie mit passierten Pfirsichen, während er ihr beschrieb, was er im Labor machte. Er erkannte den Abstand zwischen ihnen und lockte und winkte und engagierte sich, bis sie ihm näher kam.

Allerdings war mir damals nicht klar, dass jeder Schritt, den sie auf ihn zumachte, sie von mir entfernte.

Ich möchte nicht falsch verstanden werden – um nichts auf der Welt würde ich das Band zwischen Meret und Brian trennen wollen. Aber ich habe es mir zum Beruf gemacht, mit Menschen zusammen zu sein, die mich per Definition verlassen werden. Manchmal frage ich mich, ob dies mein Schicksal auch in allen meinen anderen Beziehungen ist.

Sie sieht mich misstrauisch an. »Du möchtest einen Spaziergang machen?«

»Ja. Ich habe stundenlang gesessen. Und du warst im Ferienlager, wir haben nicht viel Zeit miteinander verbracht.« Zögernd ergänze ich: »Ich sehe dich kaum und vermisse dich.«

»Ich wüsste nicht, wie man mich übersehen kann.«

Ihre Worte fallen wie eine Axt.

»Meret …«

»Wir könnten ins Kino gehen. Oder einen Mutter-Tochter-Buchklub ins Leben rufen. Es gibt so viele Möglichkeiten, ohne dass ich mich sportlich betätigen muss, damit du dir nicht dein abstoßendes fettes Schwein von einer Tochter anzuschauen brauchst …«

»Meret!« Zu hören, wie sie sich selbst das Herz bricht, bricht mir das meine. »Hör auf!«

Als ich mit Meret schwanger war, strampelte sie so heftig, dass ich mich manchmal an eine Wand lehnen und tief durchatmen musste. Brian erklärte ich immer, sie fühle sich offenbar nicht wohl in meiner Haut. Genauso wie heute in ihrer eigenen …

»Ich liebe dich«, sage ich erbittert und hoffentlich genauso laut wie ihre stille Selbstanklage des Hasses. »Bitte. Sag mir, was los ist.«

Eine Sekunde lang spüre ich, dass sie nachgibt. Spüre, dass sie kurz davor ist, zu überlegen, was geschehen würde, wenn wir nicht im Clinch, sondern Seite an Seite wären. Dann wendet sie sich ab und konzentriert sich auf die Ampulle in ihrer Hand. »Warum sagst *du* es *mir* nicht?«, hält Meret dagegen. »Da bist du doch so verdammt gut darin.«

In unserem Haus gibt es ein Gästezimmer, das zugleich mein Büro ist. Ausgestattet mit meinem Laptop und den Akten meiner Klienten sowie einer Couch. Wenn ich jemanden mehr oder weniger rund um die Uhr betreue, weil sein Ende kurz bevorsteht, ziehe ich ins Gästezimmer, damit ich Brian nicht wecke, wenn ich mitten in der Nacht ins Bett krieche.

Heute Abend allerdings nehme ich mein Kissen und zusätzliches Bettzeug und schlage einfach so mein Lager dort auf.

Ich bin mir noch nicht sicher, wohin das alles führen wird. Selbst Gita loszuwerden löscht sie nicht aus, so wie auch das

Fernsehbild in die Netzhaut eingebrannt bleibt, wenn man ihn ausgeschaltet hat. Außerdem wäre es denkbar, dass Brian die Wahrheit sagt – zwar war er im Komitee für die Auswahl der Postdoktoranden, aber womöglich liegt es nicht in seiner Macht, jemanden loszuwerden.

Vielleicht geht es aber gar nicht um Gita und Brian.

Vielleicht geht es um mich und Brian.

Meret schleppt sich durch ein schweigendes Abendessen, stochert in ihrem Essen, offenbar ohne etwas davon in den Mund zu schieben – wobei sich mir die Frage aufdrängt, ob sie sich nicht später mitten in der Nacht zu einem Gelage nach unten stehlen wird, was bei mir sofort ein schlechtes Gewissen auslöst, weil ich eine solche Überlegung überhaupt anstelle. Brian kommt nicht nach Hause und schickt auch keine Textnachricht. Das Haus ist still wie eine Grabkammer.

In vier Jahren wird Meret auf dem College sein, dann geistern Brian und ich allein hier herum und sind gezwungen, Gespräche zu führen, ohne dass wir uns etwas zu sagen haben.

Ich hatte mal eine Klientin, deren Ehemann eine Affäre hatte, doch fünfunddreißig Jahre später waren sie noch immer verheiratet. Sie war bereit gewesen, ihn zu verlassen, aber er schwor ihr, alles für sie zu tun, wenn sie bei ihm bliebe. Sie dachte darüber nach und erklärte ihm dann, es müsse ihr zu jeder Tages- und Nachtzeit möglich sein, ihn zu fragen *Wo bist du?* und von ihm eine Antwort darauf zu bekommen. Dies sei der einzige Weg, Gewissheit zu erlangen, und ohne diese Brücke könne sie das ferne Ufer des Verzeihens nicht erreichen. Es gab Tage, da fragte sie ihn zwanzig Mal. Dann wieder Wochen, in denen sie ihn gar nicht fragte.

Obwohl mir vor lauter Müdigkeit die Augen zufallen, starre ich doch immer wieder auf meine Uhr, deren Zeiger Mitternacht, ein Uhr, zwei Uhr verstreichen lassen. Als ich um halb drei die Haustür leise aufgehen höre, stehe ich auf und stelle mich wie ein Racheengel auf den Treppenabsatz. Brian blickt zu mir hoch, violette Schatten unter den Augen. Er zögert, steigt dann aber doch nach oben, als wollte er mich herausfordern, ihm den Weg zu versperren.

Ich mache es nicht. Ich weiche wie Nebel.

»Wo bist du gewesen?«, höre ich mich sagen.

Er dreht sich nicht um. »Ist das wichtig? Du wirst mir doch ohnehin nicht glauben, oder?«

Er sieht Licht im Gästezimmer, und sein Schritt stockt kaum merklich. Als er in unserem Schlafzimmer ist, schließt er die Tür.

Ich lehne mich mit den Handflächen dagegen und versuche, mir vorzustellen, dass Brian auf der anderen Seite dasselbe macht.

Am nächsten Morgen wartet Meret bereits in der Küche auf mich. Ohne mich anzusehen, fragt sie mich schamhaft: »Willst du einen kurzen Spaziergang machen?«

Sie muss sich fürs Ferienlager fertig machen. Ich habe heftige Kopfschmerzen von zu wenig Schlaf. Aber ich wende mich ihrem Enthusiasmus zu wie eine Blume dem Sonnenlicht. »Ja«, sage ich. »*Ja!* Ich hole nur schnell meine Sneakers.«

Am Anfang unserer Runde ums Reservoir halte ich mich im Gespräch zurück und frage mich, was ihren Sinneswandel herbeigeführt haben mag. Wir spekulieren darüber, was wir mit einem Lotteriegewinn von einer Million Dollar anstellen würden. Meret erzählt von Sarah und von dem Wettbewerb, den die beiden gewonnen haben mit ihrer für das MINT-Camp entwickelten Vorrichtung, die ein Ei einen Sturz aus dem zweiten Stock heil überstehen lässt, sowie von Gerüchten, dass eine der Betreuerinnen mit Prinzessin Kate verwandt sei. Ich gebe die Geschichte von Marina Abramović und der Chinesischen Mauer zum Besten.

»Und was ist passiert?«, fragt sie.

»Sie haben sich umarmt, und das war's dann«, sage ich achselzuckend.

»Das ist *so* traurig. Ich meine, man legt den ganzen Weg zurück für nichts.«

Ich sehe sie an. »Findest du, sie hätte ihn wieder aufnehmen sollen?«

»Nein«, erwidert Meret voller Hohn. »Er hat sie betrogen.«

»Du glaubst also, dass man das so schwarz-weiß sehen kann?«

»Machst *du* das nicht auch?«

Doch, ganz offenkundig, denn ich spreche noch immer nicht mit Brian.

»Ich würde keine dreitausend Kilometer für einen Typen zurücklegen«, sagt Meret.

»Freut mich, das zu hören.«

Als sie sich mir wieder zuwendet, sind ihre Wangen gerötet und Strähnen ihres kastanienbraunen Haars lösen sich aus dem Zopf. Ihre Augen sind grau, fast silbrig, manchmal auch blau, wechselhaft wie ihre Stimmungen. »Mom«, sagt sie und beißt sich auf die Unterlippe. »Tut mir leid, dass ich so biestig war.«

Merets Wutanfälle, die sie während der Grundschulzeit zu Hause bekam, bewogen Brian und mich, zu einem Eltern-Lehrer-Gespräch zu gehen. Wir rechneten mit dem Schlimmsten, aber man versicherte uns, Meret sei der Inbegriff guten Verhaltens – es gebe nie ein Problem im Unterricht. *Na gut*, meinte Brian, *wenn sie schon ihre Ausraster braucht, dann doch lieber bei uns.*

Es hat was für sich, jemandes Sicherheitszone zu sein. Selbst wenn das manchmal einen Tritt oder einen Schlag oder einen wütenden Wortschwall bedeutet.

Ich lege einen Arm um Merets Schultern. »Sei ruhig biestig«, erwidere ich lässig. »Ich kann's verkraften.«

Sie setzt sich wieder in Bewegung und wirft mir einen verschämten Blick zu. »Ich möchte dich was fragen, aber ich habe Angst, es laut auszusprechen.«

»Du kannst mich alles fragen, Liebling.«

»Werden du und Dad sich scheiden lassen?«

Gut. Das beantwortet die Frage, wie viel sie mitbekommen hat. Wie dumm von mir, anzunehmen, dass sie nichts von dem Streit zwischen Brian und mir mitgekriegt hat. Womöglich erklärt dies auch, warum Meret mich erst abweist, dann aber wieder an sich heranzieht, als könnte sie sich zwischen den beiden Extremen nicht entscheiden. Hat sie so große Angst, mich zu verlieren, dass sie glaubt, es wäre weniger schmerzhaft, von sich aus loszulassen?

Ich würde sie gern fragen, wie viel sie weiß. Aber das kann ich nicht, ohne Brian den Wölfen zum Fraß vorzuwerfen, was nicht fair wäre.

Ich bleibe stehen und lege meine Hände auf Merets Schultern. »Meret. Ich gehe nirgendwohin.«

»Aber du bist gegangen.«

Du wusstest es?, frage ich mich.

»Dein Vater und ich hatten Streit. Aber alles wird gut werden«, versichere ich ihr.

Sie sieht mich forschend an, als sei sie sich nicht sicher, ob ich ihr auch die Wahrheit sage.

»Ging es dabei um mich?«

»Nein!«, platzt es aus mir heraus. »Niemals.«

»Um was dann?«

Ich zögere. »Um Geld«, lüge ich. »Ehepaare streiten nun mal. Und sie vertragen sich wieder. Das wirst du selbst auch erleben.«

Sie zieht den Kopf ein. »Das bezweifele ich.«

»Schon bald werden die Verehrer hier Schlange stehen«, versichere ich ihr. »Ich weiß das, weil ich deine Mutter bin.«

Meret unterdrückt ein Lächeln. »Und vielleicht *ein wenig* subjektiv.«

»Dann erinnere mich daran, dir zu sagen: *Hab ich's dir nicht gesagt.*«

Schweigend laufen wir nach Hause. Unsere Arme schlenkern locker vor und zurück. Bei einer dieser Bewegungen streife ich versehentlich Merets Hand, aber sie umfängt meine Finger.

Und hält sie fest.

Als wir nach Hause kommen, geht Meret nach oben, um sich zu duschen und fürs Ferienlager fertig zu machen.

Ich stehe an der Küchentheke und schneide Erdbeeren, als Brian in die Küche kommt. »Tut mir leid wegen gestern Nacht«, sagt er. »Ich war nicht mit ihr zusammen.«

»Ich habe nicht gefragt«, erwidere ich.

Er nickt. »Ich weiß.«

Es gab eine Zeit, da hatten Brian und ich uns so viel zu sagen – wir unterhielten uns während des Essens und abends beim Fernsehen und lagen ineinander verschlungen im Dunkeln und ließen unseren jeweiligen Tag Revue passieren, den der andere nicht aus erster Hand erleben konnte. Ich frage mich, ob dieses neue beunruhigende Schweigen eine Folge dessen ist, dass nun alles zum Minenfeld geworden ist, oder ob wir uns einfach nach all den Jahren nichts mehr zu sagen haben.

Das Messer rutscht weg, und ich zucke erschrocken zusammen, als sich an meinem Daumen ein tiefer Schnitt auftut.

»So ein Mist«, sage ich und fange zu weinen an. Ich sauge an der Wunde und halte sie von mir weg, um das hervorquellende Blut zu betrachten.

»Oh Gott!«, sagt Brian, greift nach einem Geschirrtuch und umwickelt damit meine Hand. »Halt die Hand über den Kopf.«

Folgsam hebe ich die Hand.

»Bleib hier«, befiehlt er und stürmt nach oben. Es ist ein tiefer Schnitt, ich kann meinen Puls im Daumen spüren. Ich luge unters Geschirrtuch, aber die Blutung lässt nicht nach. Ich drücke meine andere Hand darauf.

Brian kommt mit einer Schachtel voller Pflaster, Gaze, Desinfektionsmitteln, Verbandsscheren, Verbänden – einen ganzen Armvoll – die Treppe herunter.

»Was, keine Tampons?«, frotzele ich.

»Wie bitte?«

»Also wirklich, Brian, du hast doch alles *andere* aus dem Bad mitgebracht«, sage ich. »Es ist doch nur ein Schnitt.«

Er wickelt das Geschirrtuch ab. Wir verfolgen beide, wie die Wunde erneut zu bluten beginnt. Ein wenig benommen drücke ich das Baumwolltuch fester darauf, dann legt er eine Hand auf meine, um die Blutung zu stillen.

»Vielleicht muss es genäht werden«, schlage ich vor.

»Ist heftig, aber ich denke nicht.« Er lächelt schief. »Und ich bin ein Doktor.«

»Du hast einen Doktortitel«, berichtige ich mit einem Grinsen. »Das ist nicht dasselbe.«

»Dawn.« Wir sehen uns an. »Traust du mir nicht?«

Es geht nicht mehr um den Messerunfall.

Mit der ganzen Aufmerksamkeit eines Chirurgen sprüht er Neosporin auf den Schnitt und umwickelt den Finger mit Gaze. Dann fixiert er diese mit einem Heftpflaster. Als er fertig ist, sieht mein Daumen aus, als säße ein Schneeball obenauf.

Ich traue ihm. Ich vertraue darauf, dass er für mich sorgt. Das habe ich immer getan.

Er platziert meinen Ellbogen auf dem Küchentisch und hält dann sanft mein Handgelenk so, dass es höher ist als mein Herz und in dieser Position bleibt. So trifft Meret uns an.

»Was macht ihr beiden … Armdrücken?«, fragt sie.

»Nein«, erwidert Brian, als wäre das lächerlich. »Wir halten Händchen.«

Was gleichermaßen lächerlich ist.

Wir müssen alle drei lachen, und obwohl ich noch blute und mein Daumen pocht, kann ich mich nicht erinnern, wann ich mich das letzte Mal so gut gefühlt habe.

Meine erste Erfahrung mit dem Tod hatte ich mit einem Hund, einem schwarz-weißen Springer Spaniel namens Dudley, den meine Eltern schon vor meiner Geburt hatten. Dudley war erst glücklich, wenn er sich an einen drücken konnte, die Schnauze in Ellenbeuge, Hals oder Bauch begraben. Er war mein Spielkamerad, als ich niemand anderen hatte, und ich wand ihm Ketten aus Plastikperlen um den Hals und klippte Ohrringe in seine langen Ohren, verkleidete ihn für Teenachmittage, zu denen er sein Wasser in einem winzigen Tässchen bekam, das er mit seiner langen rosa Zunge allerdings nur mit Mühe schlabbern konnte. Er schlief am Fußende meines Betts und wartete schon immer an der Haustür auf mich, um sofort loszurennen, wenn er den Schulbus am Straßenrand anhalten sah. Ich backte ihm jedes Jahr einen Geburtstagskuchen aus Erdnussbutter und Reis. Immer, wenn mein Vater zu einem Einsatz musste, schluchzte ich in sein Fell, damit meine Mutter mich nicht hören konnte. Er war ein Hund mit einem Herzen, das viel zu groß für seinen Körper war und das er mir ständig darbot.

Mit elf wurde ich eines Nachts wach und sah Dudley im Dunkeln auf dem Teppich vor dem Bett stehen und pinkeln. Er wusste es besser, ich konnte in seinen Augen sehen, dass er selbst nicht ganz verstand, was mit ihm passierte. Ich wischte die Schweinerei auf, ohne meiner Mutter was zu sagen. Offenbar wusste ich instinktiv, dass ihre Reaktion darauf mir nicht gefallen würde.

Sie fand es dann aber selbst heraus, indem sie in einen feuchten Fleck trat, als sie meine Wäsche wegbrachte. Als ich an diesem Tag von der Schule nach Hause kam, hatte sie Dudley schon zum Tierarzt gebracht. Ich brach in Tränen aus. *Du darfst ruhig Angst haben*, sagte meine Mutter zu mir.

Als wir erfuhren, dass er Blasenkrebs hatte und ein großer Tumor seine Harnröhre blockierte, musste sie mir sagen, was mit ihm passieren würde. Ich wollte unbedingt mitkommen, als sie ihn zum Einschläfern wieder zum Tierarzt brachte. Der Tierarzt musste zweimal hinsehen, als er mich im Auto mit Dudley auf dem Rücksitz sah, wo er sich an mich kuschelte, als würde er mir am liebsten unter die Haut kriechen, und ich fütterte ihm einen Keks, während der Tierarzt ihm die Beruhigungsspritze gab. Während meine Finger sein Fell streichelten, schlief er für immer ein.

Meine Mutter übte sich in Geduld. Ausnahmsweise waren einmal keine abergläubischen Rituale zu beachten. Sie wartete, bis ich ihr zunickte, erst dann ließ sie zu, dass der Tierarzt Dudleys Leiche in die Praxis trug. Statt sich auf den Fahrersitz zu setzen, kam sie zu mir auf den Rücksitz. *Du darfst ruhig traurig sein*, sagte sie.

Der Tod jagt jedem Angst ein, der mit ihm konfrontiert wird, und er zieht uns den Boden unter den Füßen weg, aber dennoch scheuen wir keine Mühen, so zu tun, als gäbe es das alles nicht.

Als ich später Win besuche, hat sie eine Überraschung für mich. Auf ihrem Schoß liegt ein gerahmtes ägyptisches Kunstwerk aus Papyrus. »Ich habe das hier schon eine Ewigkeit«, sagt sie, »aber keine Ahnung, was es tatsächlich bedeutet. Mir gefiel einfach der Typ mit der grünen Haut.«

Osiris. »Es ist aus dem Totenbuch«, sage ich. »Die Ägypter nannten es das Buch vom Heraustreten an das Tageslicht, was viel mehr Sinn ergibt. Es dreht sich einzig und allein darum, wie der Verstorbene ins Jenseits gelangt. Dieses Gemälde ist eine Reproduktion eines Fundes im Grab von Ani aus dem Neuen Reich.«

Das Buch vom Herausgehen am Tage, wie man es auch nennt, beinhaltete zweihundert Zaubersprüche, viele davon illustriert; für Grabkammern und Papyri wurde aber meist eine Auswahl getroffen, je nachdem, wie viele sich der Auftraggeber leisten konnte. Man könnte es mit dem Auswählen der liebsten Bibelstellen für die Beerdigung vergleichen. Sie wurden auf die leinenen Leichentücher der Mumien, auf Bandagen, Särge, Skarabäen, Uschebti-Statuetten, Wände des Grabmals und Papyri gemalt. Manche waren eindeutig. Andere spezifisch – wie etwa Zauberspruch 100, der festlegte, dass die Worte ausgesprochen werden mussten, während ein bestimmtes Muster auf einen sauberen unbenutzten Papyrusbogen mit einem Pulver aus grünen Tonerden, gemischt mit Wasser gezeichnet wurde. Erst *dann* konnte der Verstorbene Res Sonnenbarke ins Jenseits besteigen.

»In dieser Szene geht es um Zauberspruch 125, der richtig berühmt ist«, erläutere ich Win. »Hier wird Anis Herz gewogen.«

Auf dem Bild wird der Verstorbene in die Halle der Vollständigen Wahrheit geführt, wo sein Herz in die Waagschale gelegt und gegen die Feder von Maat – der Wahrheit – aufgewogen wird. Diese Szene – eigentlich das Jüngste Gericht – war der eine Zauberspruch, der im Zweiwegebuch nie gefunden wurde.

»Warum ist er grün?«, will Win wissen und tippt auf Osiris' weiße Krone.

»Nach seinem Tod durchlebt er einen ganzen Mythos der Regeneration – es ist eine lange Geschichte. Seine grüne Haut steht für Fruchtbarkeit und Wiedergeburt. Er hat einen göttlichen Bart – sehen Sie diese Kurve am Ende? – und er ist als Mumie dargestellt. Die Dame hinter ihm ist Isis – man erkennt sie am Thron auf ihrem Haupt. Sie ist die Gattin von Osiris und sie hat ihn nach seinem Tod auferstehen lassen und Horus, seinen Erben, beschützt. Sie hilft auch den Toten, diese Verwandlung zu vollziehen.«

»Sie ist wie Sie.«

Ich muss lachen. »Na ja, irgendwie vielleicht schon. Aber ich habe nicht vor, Ihr Herz zu wiegen.«

»Was passiert, nachdem es gewogen wurde?«

»Diejenigen, die wahrhaftig sind – unschuldig –, bekommen das ewige Leben.«

Ich strich mit dem Finger über die Hieroglyphen, las sie von rechts nach links, die Richtung, in der sie verlaufen. Der Spruch beginnt in Rot – man nennt es Rubrik, Überschrift –, die Zeichen selbst sind kursiv. »Spruch zum Betreten der Weiten Halle …«

Win sieht mich erstaunt an. »Sie können das lesen?«

Ich berühre jedes Zeichen und übersetze dabei. »Der rote Mund steht für den Buchstaben *r* und bedeutet *Zauber*.

Und schon bin ich wieder in der Wüste, spüre den Staub im Nacken und bringe sorgfältig Hieroglyphen auf ein sich wellendes rutschiges Stück Mylarfolie auf.

»Der Vogel mit Hügel und marschierenden Beinen ist *aq*, was eintreten bedeutet.«

Ich stelle mir Harbi vor, der für den wie ein Baby über die Hitze jammernden Dumphries eine Leiter aufstellt. Sehe Wyatt auf der anderen Seite der Grabkammer stehen, wie er über einen Scherz lacht.

»Das Wachtelhuhn, der gefaltete Stoff, der Kreis mit den Linien und der Laib sind *wsḫ.t – wesekhet* – und das bedeutet *weite Halle.*«

Die Leiter, die Harbi aufstellt, kracht zusammen, und während ich mit einer Hand ihren Sturz aufhalte, schneidet ein Stück Holz in meine Haut.

»Die beiden Straußenfedern, *mꜣꜥ.ty*, sind die zwei Wahrheiten.«

Wir sind draußen in der sengenden Sonne, und Wyatt ergreift meine Hand. *Hör auf mit dem Gefummel*, sagt er. *Du machst es nur noch schlimmer.*

»Über den Federn sind phonetische Zeichen, die dasselbe besagen.«

Seine Hand ist warm. Er bohrt eine Nadel in meinen Daumen und gräbt nach dem Splitter. Eine Blutperle bildet sich. Wyatt hebt die Wunde an seinen Mund und saugt daran. Dabei sieht er mich unentwegt an.

Ich starre auf die Bandage über der morgendlichen Schnittverletzung, als hätte diese frisch zu bluten begonnen.

Win unterbricht meine Träumerei. »Sie sind als Sterbe-Doula doch eine Vergeudung«, sagt sie. »Sie könnten Collegeschüler unterrichten!«

Ich schüttele lächelnd den Kopf. »Ich werde Ihnen auf diese Weise sehr viel nützlicher sein, als wenn ich Professorin wäre.«

»Machen Sie weiter!« Sie zeigt auf einen anderen Teil des Gemäldes, wo auf einem Tisch hinter Osiris die Namen der am Tribunal teilnehmenden Götter aufgelistet und die Hieroglyphen umgekehrt angeordnet sind – sie schauen nach rechts, werden aber von links nach rechts gelesen, wie auch andere religiöse Sprüche aus den Sargtexten und dem Zweiwegebuch. »Dies ist Teil eines negativen Geständnisses«, erkläre ich Win. »Der Verstorbene leugnet zweiundvierzig Wege, in denen er sein Leben hätte vermasseln können.« Ich deute auf die roten Arme mit den nach unten zeigenden Handflächen, dem Zeichen für Negation, und den Spatz – den die Ägypter »den schlechten Vogel« nannten –, eine Verkleinerungsform für Verfehlung. *Ich habe kein Unrecht begangen. Ich habe nicht gelogen. Ich habe keine Unzucht getrieben.*

»Und dabei hatte ich die Ägypter für sexuell progressiv gehalten.«

»Also gegen vorehelichen Sex hatten sie nichts«, sage ich. »Es gibt im Alten Ägypten auch kein Wort für Jungfrau.«

»Wie gleichberechtigt.«

»Schon, aber es gab Bedingungen. Mit einer verheirateten Person durfte man keinen Sex haben. Untreue war ein Scheidungsgrund.«

»Dann war das also das K.-o.-Kriterium«, überlegt Win. Sie legt eine Hand flach auf den Rand des Kunstwerks und zieht die Umrandung nach. »Könnte das auch auf Sie zutreffen?«

Einen Moment lang frage ich mich, ob sie einen Blick hinter die von mir aufgesetzte Fassade geworfen hatte, um so viel über mein Privatleben zu wissen. Ich hatte ihr nicht mal Brians Namen gesagt.

»Ich denke, es gibt viele Wege, untreu zu sein, die nicht unbedingt etwas mit Unzucht treiben zu tun haben«, murmelt Win, bevor ich antworten kann.

»Deshalb gibt es auch einundvierzig andere negative Geständnisse«, erwidere ich.

Win legt den Rahmen neben sich auf die Couch. »Das war es also? Man gesteht und kommt weiter in die nächste Runde?«

»Nein. Man sagte vier Mal: Ich bin rein, ich bin rein, ich bin rein, ich bin rein. Und dann musste man sich jede Menge detailliertes Wissen aneignen, etwa, wie man dem Boden mit dem Namen der Füße antwortet, bevor dieser einem erlaubt, über ihn zu schreiten, und die Betitelung der Türen in einem anderen Raum. Es gab zudem Anweisungen, was man während des Urteils zu tragen hatte und welche Gabe man wo und wem darzubringen hatte. Aber wenn man das alles befolgte und alle Fragen richtig beantwortete und das Herz leichter als die Feder der Wahrheit war und man dann auch noch nett zu dem wirklich bissigen Fährmann war, der alle Seelen übersetzte, gelangte man in die Opfergefilde, wo man alles zurückbekam, was man zurückgelassen hatte – die Liebsten, die Haustiere, den Garten. Die Andenken. Den Ausblick vom Lieblingsfenster. Alles, was einem im Leben Freude bereitet hatte, aber jetzt für die Ewigkeit.«

»Das hört sich gut an«, sagt Win. Sie zeichnet Osiris' Krone nach. »Und was ist mit den Menschen, deren Herzen zu schwer waren?«

»Sie werden von einem Ungeheuer gefressen, das halb Krokodil, halb Nilpferd und halb Löwe ist.«

»Gütiger Gott.«

»Nein, aber nicht für tausend weitere Jahre«, beschwichtige ich.

Win erhebt sich. Automatisch katalogisiere ich, wie standfest sie auf den Beinen ist, wie zerbrechlich ihre Arme aussehen, mit denen sie sich auf die Armlehne stützt. »So, Dawn Edelstein«, sagt sie, »es gibt viele Menschen, die als Kinder eine ägyptische Phase durchmachen, Pyramiden aus Bauklötzen errichten und ihre jüngeren Brüder mit Toilettenpapier in Mumien verwandeln. Aber irgendwas sagt mir, dass Sie dem nie entwachsen sind. Werden Sie mir sagen, *warum* Sie das alles wissen?«

»Weil ich in einem anderen Leben Ägyptologin war.«

Win kneift die Augen zusammen. Ich habe das Gefühl, dass sie von mir eine genauso gründliche Bestandsaufnahme vornimmt wie ich von ihr, und frage mich kurz, wer hier das Sagen hat. »*Glauben* Sie denn an andere Leben?«, fragt sie.

Ich sehe Wyatt vor mir, der sich in der hitzeflirrenden Luft von mir entfernt und wie eine Luftspiegelung aussieht, ein Hirngespinst meiner Vorstellungskraft.

»Ich möchte es gern«, antworte ich.

LAND / ÄGYPTEN

In meinem Traum versucht Brian, die Tür zu einem Paralleluniversum zu öffnen. In einem gleißenden Labor baut er sein Experiment auf. Er hat vor, einen Strahl subatomarer Partikel durch einen Tunnel, vorbei an einem riesigen Magneten in eine Wand zu schicken. Wenn dies korrekt abläuft, werden einige dieser Partikel Spiegelpartikel ihrer selbst werden und direkt durch die Wand gehen und somit beweisen, dass es eine Schattenwelt ganz dicht neben der gibt, in der wir leben.

Ich sehe ihn den Schalter für den Partikelbeschleuniger umlegen. Ich bin nah genug an ihm dran, um seine eckig geschnittenen Fingernägel und die Narbe an seinem Daumen zu sehen, die seiner Arbeit an Merets Jugendzimmerbett geschuldet ist. Dann setzt das Pochen ein und erinnert an die Geräusche eines Magnetresonanztomografen. Ich spüre einen enormen Druck, ein Gewitter, das sich in meinem Brustkorb eingenistet hat, und mir wird plötzlich klar, warum ich so nah dran bin, um Zeuge all dessen zu werden: Ich bin in diesem Partikelstrahl gefangen. *Warte*, versuche ich Brian zu übermitteln. *Da ist ein Fehler passiert.*

Aber er ist viel zu sehr auf seine Arbeit konzentriert, um mich zu bemerken. Da ist so viel Schwere – meine Brust ist in einer Schraubzwinge gefangen. Ich erinnere mich an Brians Stimme: *Wir bestehen alle aus Molekülen wie diese Elektronen. Wenn man immer weiter reinzoomt, lässt sich alles, was wir tun, durch Quantenmechanik erklären.*

Und dann bin ich Licht, ich bin Luft, ich bin Geschwindigkeit, ich bin nichts. Ich wappne mich für den Aufprall, aber es gibt keinen. Ich finde mich heftig hämmernd auf der anderen Seite eines Spiegels wieder, doch mein Klopfen wird vom stetigen Rap des Partikelbeschleunigers überdröhnt.

Bumm. Bumm. Bumm. Und dann: »Dawn?«

Ich reiße die Augen auf. Ich liege auf einer Doppelmatratze in einem mir unbekannten Raum. Ich schiele auf die Uhr: 4.30.

Ich schlurfe zur Tür und öffne sie einen Spalt weit, denn schließlich trage ich nur T-Shirt und Unterwäsche, da ich nichts anderes zum Schlafen habe. Ein Lichtstrahl blendet mich, und für einen Moment holt mein Traum mich wieder ein.

Das Licht geht aus. Es ist pechschwarz, aber ich erkenne den Umriss von Wyatt, sehe das weiße Leuchten seiner Zähne wie eine Stirnlampe. »Stromausfall«, sagt er. »Hier.«

Er drückt mir eine Stirnlampe in die Hand. Sofort meldet sich mein Muskelgedächtnis, und ich weiß, dass ich jedes Mal, wenn während der Grabungssaison der Strom ausfiel, im Dunkeln herumgetappt bin, und das kam oft vor. Ich streife sie mir über den Kopf, schalte sie ein und sehe den skeptischen Blick von Wyatt.

»Du brauchst einen Schlafanzug«, sagt er, wendet sich ab und geht.

So früh am Morgen ist es kühl, deshalb beginnen wir unsere Arbeit auch im Morgengrauen. Das Grabungshaus fühlt sich an wie ein Wühlmausbau – dunkel und gedämpft, bis auf das Gewusel in allen Ecken, wo jeder sich für den Tag fertig macht. Ohne Strom gibt es auch kein Wasser und damit auch kein Duschen. Ich finde im Badezimmer ein feuchtes Reinigungstuch und mache damit Katzenwäsche im Gesicht und unter den Armen.

Als ich in den Gemeinschaftsraum komme, sitzt Joe dort bereits am Tisch und Wyatt und Alberto sind in ein Gespräch vertieft, das sie jedoch abrupt unterbrechen, als sie mich sehen. Ich frage mich, was Wyatt den beiden über mich erzählt hat. Frage mich, warum Alberto sich auf sein Saftglas konzentriert, als wär's das Interessanteste auf der Welt, und sich weigert, mich anzusehen. »Guten Morgen«, sage ich gelassen und setze mich, während Mohammed Mahmoud Essen an den Tisch bringt, für dessen Zubereitung es keinen Herd braucht: Brot und Marmelade, Honig, Getreideflocken. Kein Kaffee, denn es gibt kein heißes Wasser. Die Zutaten werden herumgereicht, und ich versuche, aufgrund der Art und Weise, wie die Leute miteinander umgehen, Rückschlüsse auf ihre Morgenpersönlichkeiten zu ziehen. Joe ist schwatzhaft und gut gelaunt, Alberto ein Schweiger. Wyatt scrollt durch sein Telefon.

Unvermittelt klingelt dieses. Wyatt nimmt das Gespräch an und entfernt sich vom Tisch. »Omars Motorrad ist kaputt«, verkündet er. »Er wird sich verspäten.«

»Wer ist Omar?«

»Der Antikeninspektor«, erläutert Joe.

»Per piacere, il sale?«, murmelt Alberto.

»Er spricht kein Englisch, bevor er seine Koffeindröhnung bekommen hat«, erklärt Joe. Er gibt mir das Salz, aber ich stelle es irgendwo zwischen Alberto und mir auf den Tisch.

»Man darf kein Salz anreichen«, sage ich. »Das bringt Unglück.«

Wyatt sieht mich kurz an und zieht eine Braue hoch.

Ich esse ein Stück Brot mit Honig, bin viel zu aufgewühlt, um irgendwas runterzubekommen. Flehend und mit viel Nachdruck habe ich Wyatt dazu gebracht, mich an der Ausgrabung mitarbeiten zu lassen. Aber selbst wenn ich es schaffe, mich nicht zum Narren zu machen, hat sich in der Technologie inzwischen so viel verändert, dass ich der Sache womöglich nicht gewachsen bin.

»Dawn? Hallo?«

Erst jetzt höre ich seine Stimme und realisiere, dass er mit mir gesprochen hat. Schon eine ganze Weile. Alle anderen glotzen mich an.

»Wir brechen in fünf Minuten auf«, sagt Wyatt ganz geschäftsmäßig. »Sei bereit.«

Ich nicke, und mein Gesicht glüht. Alberto rollt mit den Augen und gibt sich keine Mühe, die Stimme zu dämpfen. *»Santo cazzo Madre di Cristo«*, sagt er, und dafür brauche ich keine Übersetzung.

Abdou, Mohammed Mahmoud und Ahmed tauchen aus dem Anbau auf, der ihr Wohnbereich ist, und machen sich unter der Aufsicht von Abdou – dem *reis* oder Vorarbeiter – daran, Equipment einzuladen. Ich trage dieselbe geborgte Kleidung, die ich bereits gestern anhatte, denselben geborgten Hut. Unbeholfen stehe ich neben dem Land Rover, unsicher, was ich mitnehmen soll. Joe kommt auf mich zu und reicht mir ein Bündel, gefüllt mit Pinseln, einem Lineal, einem Spiegel, einer Taschenlampe, einem iPad und einem Ladegerät. »Sie können was von meinen Sachen benutzen«, meint er und drapiert eine Kufiya um meinen Hals. Ich wickele sie mir gegen den Sand um Nase und Mund.

Wyatt kommt aus dem Grabungshaus und schwingt sich in den Land Rover. Abdou fährt, und auf der Rückbank stapelt sich die Ausrüstung. Alberto, Joe und ich folgen seiner Reifenspur. Die Sonne steigt über den Horizont und bringt die Wüste zum Bluten, als wäre der Mond über Nacht massakriert worden.

Die in gleichmäßigen Abständen in einer Reihe entlang des *Gebel* eingelassenen Gräber der Nekropole erinnern an Maiskörner. Das Grab von Djehutinacht befindet sich ein wenig unterhalb der anderen, was der Infrastruktur des Hügels geschuldet ist. Beim Näherkommen sehe ich die Spalte in der Felswand neben der neuen Öffnung, womöglich der Grund dafür, weshalb man die anderen Grabkammern nicht auf derselben Ebene hatte bauen können. Die später entstandenen Gräber – wie das von Djehutihotep II. – hatte man dann darüber aus einer intakten Felsschicht gehauen.

Wenn man es jetzt so sieht, frage ich mich, wie es uns vor fünfzehn Jahren nicht hatte auffallen können. Gleichzeitig weiß ich aber auch, warum: Es lag begraben unter dem Abraum all der späteren Grabkammern. Ihr Aushub verbarg den Eingang zu diesem früheren Grabmal.

Wir erklimmen die vom Sand gereinigten Steinstufen. An diese Arbeit während meiner Zeit als Doktorandin hier erinnere ich mich noch sehr gut, sie fühlte sich futuristisch an, als wäre ich das letzte menschliche Wesen auf Erden, obwohl es doch um ein Freilegen von Jahrhunderten ging, um Teil einer alten Zivilisation zu werden. Als ich das Grab erreiche, ist der Land Rover schon geparkt und ausgepackt. Joe hatte mir erzählt, die Hauptarbeit während dieser Saison habe darin bestanden, den Schacht freizulegen und abzustützen, damit Wyatt und die Arbeiter sicher hinabsteigen konnten. Zur Familie Harbis aus Luxor hatte man auch koptische und muslimische Arbeiter angeheuert, die mit einer Eimerkette den Schacht vom Schutt befreien. Der Sand, den sie herausschaffen, wird auf einen großen Haufen gekippt, den zwei Männer dann durch riesige Siebe rütteln, um sicherzugehen, dass nichts Bedeutsames im Schutt bleibt. »Haben sie schon irgendwas gefunden?«, frage ich Joe.

»Ein paar Gerstenkörner«, sagt er.

Die hatte man mit der Pinzette herausgepickt und für eine spätere archäobotanische Analyse eingetütet.

Wyatt ruft aus dem Inneren der Grabkammer nach Joe. »Der Boss ruft«, sagt er und blitzt mich mit einem entschuldigenden Grinsen an, bevor er verschwindet. Ich bleibe vor dem Eingang zum Grab stehen und bin plötzlich nah genug, um die Hieroglyphen zu erkennen.

Sanft streiche ich mit den Fingerspitzen über den Türsturz und stottere mich durch die Übersetzung des Texts.

ḥry-tp ꜥꜣ n wn.t ḏḥw.ty-nḫt
Nomarch das Hare-Gaus, Djehutinacht.

Die letzte datierbare Hieroglypheninschrift schrieb ein nubischer Priester, der Philae im Jahr 394 nach Christi Geburt besuchte, denn obwohl der byzantinische Herrscher alle Tempel schließen ließ, war es den Nubiern weiterhin erlaubt, Isis anzubeten. Dann fiel die ganze Sprache für tausendfünfhundert Jahre dem Vergessen anheim – bis 1799 der Rosetta-Stein gefunden wurde. Verfasst in demotischer Schrift, Hieroglyphen und Griechisch, ist der Text über Steuervorteile und Tempelpriester zwar unglaublich langweilig, aber da er dieselbe Botschaft in drei Sprachen vermittelte, lieferte er den Code, der gebraucht wurde, um die Bedeutung der altägyptischen Schriften zu entschlüsseln. 1822 dann veröffentlichte Jean-François Champollion die erste Hieroglyphenübersetzung.

Was er ob dieser Möglichkeit, in die Geschichte einzutauchen und das vor viertausend Jahren Gesagte zu verstehen, empfunden haben muss, dürfte ähnlich dem gewesen sein, was ich im Moment empfinde, als ich eine Hand hoch an die Einritzungen im Stein hebe wie der Künstler, der sie dort angebracht und sich womöglich gefragt hat, wer sie wohl in der Zukunft lesen würde.

In der Grabkammer geht es zu wie in einem Bienenschwarm. Ich schlüpfe hinein und bestaune die bunt bemalten Wände. Das ist etwas, was die Leute an der Ägyptologie nicht verstehen: Wenn ein Grab Tausende von Jahren in einer Wüste unberührt bleibt, ist es beim Auffinden weder ausgebleicht noch verblasst oder bröckelnd. Es kann noch genauso lebendig sein wie am Tag seiner Versiegelung, sofern es gut geschützt war. Die Farbskalen von Blutrot, Wasserblau, Senfgelb und Cremeweiß – sie verschlagen mir den Atem.

Auf einer ganzen Wand ist eine Jagdszene dargestellt. Man sieht Fische in einem kobaltblauen Teich und weitere in einem kunstvoll gefertigten Netz. Flusspferde tummeln sich im Wasser und am Ufer, ein Löwe frisst eine Gazelle, während sich zwei Krokodile paaren. Im Gebüsch sieht man Ibisse, obendrüber fliegen Gänse. Djehutinacht und seine Frau stehen daneben, er hält einen Wurfstock – ein wie ein Bumerang geformtes Stück Holz, das zum Jagen verwendet wird. Ich wende mich einer anderen Szene zu – mit Harfen- und Lautenspielern, Frauen, die den Takt schlagen, tanzenden Männern und einem Zwerg, der sich zu ihrer Belustigung auf dem Kopf dreht. Daneben sitzen Frauen, die spinnen und weben, Trauben für den Wein pressen, Korn zwischen Steinen zermahlen und Brot in Formen backen. Rechts von ihnen aalen sich zwei Esel im Staub neben einem Yuyu, einem Hund mit langem Schwanz und dem Körper eines

Windhunds. Eine Kampfszene zeigt Soldaten mit Schilden und Pfeilen, besiegte tote Feinde, denen noch Blut aus den Stirnen tropft. Außerdem gibt es eine höchst kunstvoll gemalte Scheintüre für den *Ba*, damit die Seele kommen und gehen kann.

An der Wand, die der Grabschachtöffnung am nächsten ist, sind die Opfergaben abgebildet, die man für Djehutinacht hereingeschafft hat, und ein Schreiber, der sie auf seiner Liste vermerkt. Das *Peret-cheru* – die Opferformel »Herauskommen aus der Stimme« – zieht sich über die ganze Länge der aufgereihten Nahrungsmittel und Geschenke. Djehutinacht steht in seiner ganzen Pracht in einem Lotusgarten unter einem Portikus mit gemalten Granitsäulen, Diener tragen die Sandalen des Gaufürsten und seinen Sonnenschirm. Begleitet wird er von seiner Frau, drei Töchtern und zwei Söhnen. Einer hält einen dicken Basenji mit einem Glöckchen am Halsband fest. Ziemlich eingerostet versuche ich, vor mich hin murmelnd die Hieroglyphen zu entziffern.

»ỉri-pʿ. ḥꜣty-ʿ… irgendwas … mry nṯr ỉmi-r ḫꜣs.wt ỉꜣb.wt mꜣʿ-ḫrw ḏḥwty-nḫt sꜣ tty …«

Ein Edler und Großer … irgendwas … einer, den Gott liebt, Aufseher über die östlichen fremden Lande, treu seinem Wort, Djehutinacht, Sohn des Teti.

»smr-nswt«, höre ich hinter mir. Wyatt, die Hände in den Hosentaschen, beobachtet, wie ich mich durch die Übersetzung stammle. »Freund des Königs«, dechiffriert er. »Schon erstaunlich, oder?«

Ich nicke. »Ich erinnere mich, dass ich einige dieser Themen auch früher schon in anderen Gräber dieser Nekropole gesehen habe.«

»Tja, das ist wie ein Umzug in die Vorstädte, wo alle die gleichen Möbel haben, weil sie mit den Nachbarn mithalten wollen.«

»Mit den Bostoner Djehutinachts«, ergänze ich.

Er lacht. »Bist du bereit, dir deinen Lebensunterhalt zu verdienen?«

Er bewegt sich bereits durch die Grabkammer in der Erwartung, dass ich ihm folge. Doch eine Hieroglyphe neben Djehutinachts Frau Kem lässt mich innehalten.

mry. Geliebte.

»Du wirst eine Paläografie der Hieroglyphen neben dem Grabungsschacht vornehmen. Die sind bis jetzt vom Schutt blockiert gewesen«, informiert Wyatt mich. An Alberto gewandt, der seine Kameraausrüstung aufbaut, sagt er: »Sie hat Joes iPad bekommen, kannst du ihr die Fotos schicken?«

»Schon geschehen«, erwidert Alberto kurz angebunden.

Wieder frage ich mich, warum er bei unserer ersten Begegnung so freundlich war, jetzt aber förmlich und steif ist.

Wyatt öffnet bereits das iPad und scrollt durch die aus verschiedenen Winkeln aufgenommenen Fotografien der Wand vor mir. Mit dem am Gerät befestigten Stift zeichnet er eine der Hieroglyphen nach, wie er mir das auch gestern im Grabungshaus gezeigt hatte. »Wenn du fertig bist, wird Alberto ein digitales 3-D-Modell der Wand mit deinen darin enthaltenen Zeichnungen erstellen. Vergiss nicht, deine Arbeit zu speichern.«

Erneut kann ich nur staunen, wie viel sich verändert hat, seit ich das letzte Mal an einem Grab in Deir el-Bersche gearbeitet habe. Damals, 2003, machten wir, wenn wir auf Mylar abgepaust hatten, eine etwas verkleinerte Fotokopie der Zeichnung und korrigierten unsere Fehler dann, indem wir die Schwarz-Weiß-Kopie mit der echten Inschrift verglichen. Um eine einzige Inschrift abzuschließen, waren mehrere Saisons nötig, und Wyatt und ich mussten Notizen vergleichen, um sicherzustellen, dass unser Kunstwerk korrekt war: *Was, glaubst du, könnte an dieser beschädigten Stelle stehen? Kannst du dir erklären, welche Form dieses Zeichen hat?* Ein iPad, auf dem sich die nachgezeichnete Stelle sofort korrigieren ließ, war wirklich ein Geschenk.

Ich zwänge mich in einen schmalen Spalt zwischen der Wand und Abdou, der sich auf Arabisch mit einem Arbeiter unterhält, der im Grabschacht steht und einen der Plastikkörbe voller Schutt nach oben hievt. »Wenn du Fragen hast, frag Alberto«, sagt Wyatt.

Ich nehme mir vor, keine Fragen zu haben.

Abdou schiebt sich an mir vorbei, um hinunter in den Schacht zu klettern. Kurz darauf höre ich ihn nach dem *Mudir* rufen. »Die Pflicht ruft«, sagt Wyatt. Er stellt einen Fuß auf die erste Leitersprosse und wendet sich mir dann noch einmal zu. »Achte darauf, dass du notierst, wo genau jede Inschrift in der Grabkammer verortet ist«, lautet seine Anweisung, dann verschwindet er im Grabschacht.

Nie zuvor war es Wyatt um Ort und Platzierung von Inschriften in Relation zum Gesamten des Grabes gegangen. Es ist ein weiteres Indiz dafür, dass er sich meine Theorien zu eigen gemacht hat.

Ich bringe die Spitze des digitalen Bleistifts auf den Bildschirm des iPads und verfolge, wie dort eine schwarze Linie erscheint. Wenn ich sie zu kräftig finde, kann ich durch Berühren einer Taste eine andere auswählen. Ich vergrößere die Fotos, bis sie körnig werden, und fange dann an, Pixel für Pixel zu überarbeiten.

Die ersten Hieroglyphen fallen recht ungelenk aus. Aber dann setzt der Instinkt ein. Ich spüre, wie meine Finger sich wie die Planchette eines Ouija-Bretts ganz von allein bewegen, und demarkiere den Schnabel eines Kormorans und die Ohren des Hr-Gesichts. Die Sprache rinnt durch mich hindurch und wird wie Wasser aus einer rostigen Leitung immer klarer.

Ich lehne mich zurück, reibe mir das Handgelenk, das schmerzt und unter Strom zu stehen scheint.

Es ist mühselig.

Es ist wunderbar.

Ich erinnere mich, wie meine Mutter mir erzählte, sie habe als Kind auf Irisch geträumt. Sie bildete sich dann ein, bei den Wassergeistern und Meermännern am Meeresgrund zu sein, deren schweigendes Gespräch in derselben alten Sprache, die ihre Großmutter gesprochen hatte, von Seele zu Seele flog. Ich tat es als Schwindel ab, bis ich während meiner letzten Saison im Grabungshaus plötzlich anfing, auf Mittelägyptisch zu träumen. In diesen Träumen wanderte ich nachts durch die Wüste und wünschte mir nichts mehr, als dass die Sonne aufgehen möge und ich nicht mehr so angestrengt schauen müsste, um die Person zu sehen, die vor mir ging. *Dreh dich nicht um*, pflegte ich in der alten Sprache zu sagen. *Vertrau mir. Ich bin noch immer da.* Aber er hörte es nie. Oder sprach die Sprache nicht.

Als die Finger sich verkrampfen und ich kein Gefühl mehr im Fuß habe und das Gewicht verlagern muss, werfe ich einen Blick in das Loch des Grabschachts. Ich sehe, wie Wyatt zusammen mit den anderen Felsbrocken und Sand bewegt. Lausche seinen ruhigen Anweisungen. Er gebietet Respekt mit der ihm eigenen natürlichen Autorität.

Einmal während der Saison kam Professor Dumphries' Ehefrau auf Besuch und wohnte dann eine Woche lang im Grabungshaus Wir nannten es »Ehelichen Besuch« und genossen die Tage, in denen gefeiert wurde. Bette Dumphries brachte eine Kiste französischen Champagner und schachtelweise HoHos und gezuckerte amerikanische Cornflakes mit. In ihrer Anwesenheit war Dumphries so unbeschwert und leichtfüßig, wie ein fordernder, aufbrausender genialer Professor nur sein konnte. Während der Dauer von Bettes Besuch legten wir ein Plastiktischtuch auf den verschrammten Holztisch, an dem wir unsere Mahlzeiten einnahmen. Wir stritten uns darum, wer neben ihr sitzen durfte, um von ihr verfängliche Geschichten über Dumphries zu erfahren – etwa seine Angst, als sich eine Fledermaus ins Schlafzimmer verirrt hatte, oder der in Flammen aufgehende Mikrowellenherd, der einen Kurzschluss auslöste, sodass ein ganzer Wohnblock keinen Strom mehr hatte.

An Bettes letztem Abend im Grabungshaus 2003 stellte Dumphries einen Plattenspieler auf das Dach, und wir tranken alle Taittinger und sahen zu, wie er mit seiner Frau einen flotten Foxtrott hinlegte. Man fühlte sich in die gute alte Zeit der Dreißigerjahre zurückversetzt, und wir waren keine Studenten mehr, sondern Expats in Ägypten, die unter dem Sternenzelt ein Stück Zuhause erschufen.

Es war nach Mitternacht. Die anderen Doktoranden verzogen sich nach und nach in ihre Schlafräume. Ungeschriebenes Gesetz all dieser Feiern war, dass man aufbleiben konnte, so lange man wollte, aber dennoch am nächsten Tag um 4.30 Uhr zur Arbeit erwartet wurde. Übrig blieben nur noch Dumphries und seine Frau, die noch immer zu blecherner Big-Band-Musik tanzten, sowie Wyatt und ich.

Auf gar keinen Fall würde ich eher aufbrechen als er. Auch wenn man nie das Gefühl hatte, von Dumphries auf die Probe gestellt zu werden, so war dies doch der Fall – und ich wollte nicht als Versagerin dastehen. Außerdem hatte Dumphries die Angewohnheit, regelrecht *alles* darzulegen, wenn er eine oder zwei Flaschen Wein intus hatte. Und wenn er nun in einem Moment der Schwäche eine neue Idee für eine Veröffentlichung preisgäbe und Wyatt einlud, Teil der Recherche zu sein? Nur durch Anwesenheit könnte auch ich diese Vorteile einheimsen.

Ich schenkte Wyatt noch ein Glas Champagner ein. »Du sitzt ja auf dem Trockenen«, sagte ich.

Er sah mich verwundert an. »Seit wann bist du die vollkommene Gastgeberin?«

Achselzuckend erwiderte ich: »Seit der Alkohol umsonst ist.«

Offenbar hatte Wyatt beschlossen, dass Argwohn nicht der Mühe wert war, denn er ließ sich auf ein orangefarbenes Satinkissen plumpsen und zeigte hoch zum Sternenhimmel. »Lepus«, sagte er. »Das Kaninchen.«

»Es gibt keine Kaninchenkonstellation«, behauptete ich.

»Natürlich gibt es die. Darauf schießt Orion doch.« Er sah mich an, als wäre ich ein Totaltrottel. »Warum, glaubst du, nennt man das hier den *Hasen*gau?«

Ich zauderte, weil ich darauf wirklich keine Antwort wusste. Ich war ein wenig müde und ziemlich betrunken und wollte mir vor Wyatt oder dem sich mit seiner Frau wiegenden Dumphries keine Blöße geben.

Plötzlich sprang Wyatt auf und streckte mir die Hand hin. »Komm schon, Olive. Wir zeigen ihnen jetzt, wie's geht.«

Ich sah ihn verdutzt an. »Ich tanze nicht.«

»Dann lass mich einfach machen«, sagte er. »Wie immer.«

Er packte mich am Handgelenk und riss mich so schnell hoch, dass ich mich an seine Schultern klammern musste, um nicht gegen ihn zu knallen. Eine seiner Hände umfing meine Hüfte, die andere meine Finger und ich wurde zu einem Satz in Klammern. Als Wyatt anfing, sich im Takt zu bewegen, stolperte ich, worauf er mich sofort so eng an sich heranzog, dass ich gar nicht mehr straucheln konnte. Noch nie hatte ich mit jemandem getanzt, der so gut darin war – kraftvoll, bestimmend. Es blieb mir nichts anderes übrig, als mich seiner Führung zu überlassen. Drehte mich, wohin er sich drehte. Trat an die Stelle, die er freigemacht hatte. Ließ mich von ihm mitreißen.

Als die letzten Töne wie ein Echo der verklungenen Melodie in der heißen Luft hingen, beugte Dumphries sich über Bettes Hand. Er küsste sie, und sie lachte, umfing seine Finger und drückte sie – die lautlose Kommunikation einer langen Partnerschaft. »Wir überlassen die Nacht der Jugend«, verkündete Dumphries und schlang einen Arm um die Taille seiner Frau. »Und den restlichen Champagner.«

Sie verschwanden über die Treppe, die ins Innere des Grabungshauses führte. »Dann sollten wir wohl auch zu Bett gehen«, sagte ich.

Wyatt griff nach der letzten Champagnerflasche und ließ den Korken knallen. »Wie kommst du darauf, Olive«, gab er sich empört. »So ein Typ bin ich nicht.« Er hob die Flasche an seinen Mund, trank einen großen Schluck und hielt sie mir dann hin. »Wir könnten zu Bett gehen … oder aber auch diesen feinen Jahrgang genießen.«

Es war eine Herausforderung, und da ich auf keinen Fall vor einem von Wyatt hingeworfenen Fehdehandschuh zurückweichen würde, setzte ich mich wieder auf den Boden und trank einen Schluck Champagner. »Wo hast du tanzen gelernt?«

»Bei der reizenden Eleanora DeBussy …« Er seufzte schmachtend. »Sie brachte mir alles bei, von der Körperspannung bis zum Schieber.« Ich verdrehte die Augen, und Wyatt lachte. »Eleanora DeBussy war fünfundsiebzig und roch noch Ölsardinen.«

»Warum hast du das nicht gleich gesagt?«

»Weil es viel unterhaltsamer ist, zu sehen, wie du dich aufplusterst.«

»Ich plustere mich gar nicht auf«, entgegnete ich. »Mir ist völlig egal, was sich da spannt oder in wen du was schiebst.«

Wyatt griff nach der Flasche und nahm den nächsten Schluck. »Überleg doch mal. In diesem Moment wird Dumphries vermutlich vor der Missus einen langsamen Striptease vorführen.«

Ich kniff die Augen zusammen. »Oh Mann, jetzt werde ich das Bild nicht mehr los.«

»Das soll dir ja nur zeigen, dass es wahrhaft für jeden Topf einen Deckel gibt.« Er streckte sich auf dem Boden aus und starrte in den Nachthimmel. »Vielleicht machen sie ja ein Rollenspiel – *Du Isis, ich Osiris* –, was meinst du?«

»Igitt, hör auf damit. Sprich einfach über *irgendwas* anderes.«

Wyatt reichte mir die Flasche. »Arme Olive. So leicht zu schockieren.«

»Verpiss dich.«

Er drehte sich herum und stützte den Kopf auf die verschränkten Arme. »Na los, probier's.«

Ich konnte nicht anderes, ich musste lachen. »Du schaffst es wirklich, die Kindergärtnerin in mir herauszukitzeln.«

»Dann lass uns ein Spiel spielen«, schlug er vor. »Wahrheit oder Pflicht.«

Der Abend war angenehm verschwommen, nur die Sterne brannten Löcher ins Laken der Nacht. Ich hatte mindestens zehn Pflichtaufgaben parat, die ich von Wyatt einfordern könnte, mit unterschiedlichen Demütigungsgraden. »Abgemacht«, sagte ich und gab ihm die Flasche zurück. »Wahrheit.«

»Welchen Eindruck hattest du von mir, als du mich das erste Mal trafst?«, wollte Wyatt wissen.

»Ich hielt dich für ein arrogantes Arschloch. Das war übrigens auch mein zweiter Eindruck.« Ich stützte mich auf den Ellbogen ab. »Wahrheit oder Pflicht?«

»Wahrheit«, sagte er.

»Das Verrückteste, was du im betrunkenen Zustand je getan hast?«

Wyatt schwieg. Entweder war er weggetreten oder er wollte passen. Aber in dem Moment, als ich ihm sagen wollte, er müsse die Nacht neben George, unserer Mumie, im Magazin verbringen, sagte er: »Ich kam mit einem neuen Wagen nach Eton – was verboten ist – und prallte damit in den brennenden Busch.«

»Den *was*?«

»Es ist ein Laternenpfahl. Und überzeugte den Direktor, dass es ein von mir verhasster Typ gewesen war. Er wurde hinausgeworfen und ich nie überführt.« Seine Zähne leuchteten weiß im Dunkeln. »Wahrheit oder Pflicht?«

»Wahrheit.«

»Wann hast du dir zuletzt online einen Porno angesehen?«

»Noch nie.«

Wyatt setzte sich auf. »Mein Gott, Olive. Du verpasst was.«

»Vielleicht bist du derjenige, der was verpasst, wenn du es nötig hast, dir am Computer einen runterzuholen. – Wahrheit oder Pflicht?«

Er lachte. »Wahrheit.«

»Wie viele Beziehungen hast du beendet?«, fragte ich.

»Alle. Weil ich es nicht ertrage, verlassen zu werden.«

Ihm schien im selben Moment wie mir aufzufallen, dass er Letzteres eigentlich nicht hatte laut aussprechen wollen. Er zog den Kopf ein, strich mit dem Fingernagel eine Kerbe im Holzboden nach und bekam rote Wangen. »Wahrheit oder Pflicht«, sagte er.

»Wahrheit.«

»Was ist dein tiefstes, dunkelstes Geheimnis?«

Dass ich nicht aufhören kann, dich anzusehen.

Obwohl ich es gar nicht will. Obwohl er so ein Scheißkerl war. Obwohl ich mir größte Mühe gab, ihn zu ignorieren – wusste ich doch immer, wie nah Wyatt mir war – in der Wüste, im Grabungshaus, in meinen Gedanken.

Die Wahrheit brannte mir auf den Lippen. »Ich habe es mir anders überlegt«, sagte ich. »Pflicht.«

»Du musst dich an die Abmachung halten.«

»Tue ich ja. Amerikanische Regeln.«

»Das ist Bockmist.«

»Du willst dir die Chance entgehen lassen, mir eine Pflichtaufgabe zu geben?«

Er überlegte kurz. »Iss einen Käfer«, befahl Wyatt.

Ich kam wackelig auf die Füße und hoppelte dann an der niedrigen Mauer entlang, die das Dach des Grabungshauses säumte. Am Geländer fand ich was Kriechendes und ohne weiter darüber nachzudenken, packte ich es und steckte es mir in den Mund. »Mmm. Schön knackig.«

Wyatt glotzte mich an. »Du hast gerade einen beschissenen Käfer gegessen.«

»Was du nicht sagst.«

»Außer dass ich tanzen kann, kenne ich auch den Unterschied zwischen einer Dessertgabel und einer Austerngabel und ich weiß auch, dass man an einem Esstisch nur nach links weiterreicht.« Dem war keine offizielle Frage vorausgegangen, aber ich unterbrach Wyatt nicht. »Eleanora DeBussy unterrichtete Tanz und Etikette. Und sie trichterte mir *Debrett's Peerage* ein.«

»Was ist das?«

»Ein sehr archaisches und unsinniges Buch über den Adel im Vereinigten Königreich.«

Ich erinnerte mich, dass seine Freunde ihn Mark als Kurzform für *Marquess* nannten. Wenn ich an Adelstitel dachte, hatte ich Jane Austen und vergoldete Ballsäle und dicke Männer in Frack und Monokel vor Augen. Wyatt hatte die Stirn gerunzelt und sah in seiner Selbstvergessenheit so elend aus, dass ich ihn gern daraus befreit hätte. »Hey«, sagte ich, »du bist dran. Wahrheit.«

Wyatt räusperte sich. »Der schlimmste Tag in deinem Leben?«

»Als mein Vater im Dienst getötet wurde. Er war in der Armee.«

Er rutschte näher an mich heran, bis unsere Schultern aneinanderstießen. »Das ist wirklich schrecklich«, sagte er.

»Eigentlich war das nicht der schlimmste Tag«, gab ich zu. »Der war erst drei Jahre später, als mir klar wurde, dass meine Mutter nie darüber hinwegkommen würde.«

Ich legte den Kopf in den Nacken, weil ich das Mitleid in

Wyatts Augen vermutlich nicht ertragen hätte, und da erkannte ich tatsächlich die Kaninchen-Konstellation, von der er vorhin gesprochen hatte.

»Mein älterer Bruder ist am Hodgkin-Lymphom gestorben, als ich zwölf war«, sagte Wyatt leise. »Er war der Earl of Rawlings, nicht ich. Ich war das Bonuskind und absolut zufrieden damit, mein Ding zu machen. Das war das einzige Mal, dass ich wahrhaftig die Bande zu etwas Adeligem gespürt habe. Ich meine, stell dir vor, du bist das Kind eines Königs, der stirbt, und wirst in dem Moment zum neuen Regenten ernannt, in dem du eigentlich nur heulen möchtest. Mein Vater hat mir klargemacht, dass ich mir meine kindische Faszination für Ägypten aus dem Kopf schlagen und aufhören soll, Indiana Jones zu spielen. Mein Platz sei in einer Investmentbank, um Geld zu scheffeln. Aber dieses Leben wollte ich nie. Ich wollte mein eigenes Leben.« Wyatt schnaubte selbstironisch. »Meine Güte, wie sind wir bloß darauf gekommen«, sagte er. »Was war dein *bester* Tag?«

Mir war so halb bewusst, dass wir die Champagnerflasche geleert hatten. »Jeden Sommer machte meine Mutter mit meinem Bruder und mir einen Nachmittagsausflug nach Newburyport. Dort gibt es draußen auf Plum Island ein Vogelschutzgebiet, und am äußersten Zipfel ist ein Strand. Da dort nur eine begrenzte Anzahl an Autos erlaubt ist, wirkt er immer verlassen. Wir beobachteten die nistenden Regenpfeifer oder machten einen Strandspaziergang – das Wasser dort ist so kalt, dass man schon nach wenigen Minuten seine Knöchel nicht mehr spürt. Wir sammelten Strandgut – ein Boot, einen Fischköder, einmal einen ganzen Schiffscontainer gefüllt mit Thunfischdosen.« Ich zögere. »Das klingt nicht besonders aufregend, wenn man es erzählt. Aber wir waren nur zu dritt an einem Ort, mit dem ich nur glückliche Erinnerungen verbinde, und allzu viele solcher Orte habe ich nicht.«

Als ich aufblickte, sah Wyatt mich an, als würde er mich zum ersten Mal wahrnehmen, und möglicherweise war dem auch so. Vielleicht, weil ich es nicht zugelassen hatte. »Wahrheit oder Pflicht«, sagte er. »Nimm die Pflicht.«

Ich grub die Zähne in meine Unterlippe, und Wyatt zuckte zurück.

»Pflicht.« Das Wort fiel mir wie ein trockenes Herbstblatt aus dem Mund.

»Verzeih mir, Olive.«

Ein Angstschauder überzog mich, der sechste Sinn, der sich meldet, wenn du weißt, dass dein Leben sich in *davor* und *danach* aufspalten wird. »Wofür?«

»Dafür«, sagte Wyatt, beugte sich vor und küsste mich.

Die Nacht zog sich wie eine Schlinge um uns zusammen. Wyatt ließ eine Hand unter meinen Zopf gleiten, der sich um meinen Nacken wand. Ich schmeckte Champagner und Toffee und Schock. Irgendwie war Wyatt genauso überrascht wie ich.

Ich legte eine Hand auf sein Herz, als könnte es gegen eine Feder der Wahrheit aufgewogen werden.

Dann schubste ich ihn weg, sprang auf und rannte los, als wäre der Teufel hinter mir her.

Als wir um 10.00 Uhr Teepause machen, habe ich das Gefühl, seit Tagen wach zu sein. Meine Muskeln schmerzen, als ich sie dehne, und ich tausche den schattigen Komfort des Grabs gegen das grelle Sonnenlicht. Der *Gaffir*, ein ausgemergelter Mann mit einem Gesicht wie ein in der Sonne getrockneter Apfel, bringt uns Tee und schenkt ihn in schmale Gläser. Man würde annehmen, dass das Trinken einer heißen Flüssigkeit in der Wüste dem Anzünden eines Streichholzes an der Oberfläche der Sonne gleichkäme, aber es erweist sich als das genaue Gegenteil. Je heißer das Getränk, umso kühler wird der Körper. »*Shukran*«, sage ich, als er mir mein Glas gibt, und er neigt den Kopf und zeigt mir ein ziemlich zahnloses Lächeln.

Wyatt kommt als Letzter ins Zelt, begleitet vom Inspektor, Omar, dessen Motorrad repariert wurde. »Ah«, sagt der Inspektor und sieht mich an. »*Sie* sind das.« Ich frage mich, was Wyatt ihm wohl erzählt hat. Er macht eine kleine Verbeugung. »Es freut mich, Ihre Bekanntschaft zu machen.«

Er wendet sich an Wyatt und setzt das Gespräch darüber fort, wie lange es wohl noch dauert, bis es so weit ist, dass die Grabkammer geöffnet werden kann. Ich gebe mir Mühe, nicht zu lauschen, merke aber, dass Joe und Alberto dasselbe tun. Als Wyatt meint, dass sie sehr wahrscheinlich morgen in die Grabkammer können und Mostafa Awad, der Antikendirektor, kommen wird, breitet sich zwischen uns spürbare Erregung aus.

»Da sind wir schon seit Wochen dran«, murmelt Joe mir zu. »Sie scheinen ein Glücksbringer zu sein.«

Alberto grunzt und verlässt das Zelt des *Gaffirs*.

In antiken Gräbern gab es öffentliche und private Bereiche. Der öffentliche Bereich war für Besucher gedacht. Im privaten Teil lag der Verstorbene begraben. Es wurde ein Schacht senkrecht zum Boden des Grabmals gegraben und an dessen Basis dann horizontal eine kleine Grabnische aus dem Stein gehauen. Nachdem man den Sarg in den Schacht gesenkt und in die Grabnische geschoben hatte, verschloss man den Eingang zu dieser Kammer mit einer Kalksteinplatte oder mehreren Steinblöcken. Danach wurde der Schacht mit Sand und Erde aufgefüllt und mit einer weiteren Kalksteinplatte abgedeckt.

Diese Platte war schon vor Wochen entfernt worden, und sollte Wyatt wirklich so zuversichtlich sein, dass wir morgen die Grabkammer betreten könnten, dann bedeutet das, dass der Schacht so gut wie freigelegt war.

Aus dem Augenwinkel beobachte ich ihn, wie er sein Glas heißen Tee in fast einem Zug leert und dann Omar einen Klaps auf den Rücken gibt. Abdou kommt ins Zelt, entschuldigt sich für die Unterbrechung und reicht Wyatt einen Stapel Papiere.

»Noch drei Stunden, dann sind wir wahrscheinlich fertig für heute«, teilt Joe mir mit. »Nach zwei Uhr ist es einfach viel zu heiß hier.«

»*Inschallah*«, antworte ich, und er grinst.

»Bereit?«

»Mich unter einem natürlichen Felsvorsprung zur Acht zu verbiegen? Aber sicher doch«, antworte ich. »Es gibt einen Grund, warum Doktoranden Ihr Alter haben und nicht meins.«

Ich folge Joe aus dem Zelt, als Wyatts Stimme mich zurückhält. »Dawn. Hast du kurz Zeit?«

Joe zieht die Brauen hoch: *Na dann viel Glück*. Der *Gaffir* bringt Gläser und Teekanne nach draußen und lässt mich mit Wyatt allein. Da er sitzt, kann ich seinen Gesichtsausdruck nicht lesen. Dann bemerke ich, dass er gar keinen Papierstapel in Händen hält.

»Das ist mein iPad«, sage ich törichterweise.

»De facto ist es *meins*«, kontert Wyatt.

Sofort bekomme ich Herzklopfen. Hätte ich es mit ins Zelt nehmen sollen, damit keiner es stehlen konnte? Hat er sich meine Arbeit angesehen und als mangelhaft eingeschätzt?

Ist der Moment gekommen, mich nach Hause zu schicken?

Ich verfolge, wie er es aufklappt und die von mir gesicherte Arbeit durchgeht. Er vergrößert einen der Bereiche mit beträchtlicher Beschädigung, den ich nachgezeichnet habe. Meiner Kehle entringt sich ein hilfloser Laut. »Ich kann mich verbessern«, platzt es aus mir heraus.

»Nein, kannst du nicht«, sagt Wyatt, und in mir zieht sich alles zusammen.

Er klappt den Magnetdeckel zu und reicht es mir. »Noch nie ist mir jemand untergekommen, der so gut Hieroglyphen zeichnen kann wie du«, murmelt er. »Fast, als wärst du selbst ein Schreiber.«

Ich spüre, wie mir das Blut in die Wangen schießt. »Danke.«

»Das wird sicher gut werden«, sagt er.

»Ich bin froh, helfen zu können.«

»Ich ebenso«, erwidert Wyatt und schiebt seine Hutkrempe hoch, sodass ich seine Augen sehen kann. »Obwohl ich noch immer nicht recht weiß, wobei ich helfe.«

Weil ich unter allen Umständen ein in diese Richtung gehendes Gespräch vermeiden will, drücke ich das iPad an die Brust. »Klingt, als würde *alles* gut werden. Glaubst du wirklich, dass du heute noch bis zur Grabkammer vorstößt?«

Er nickt. »Wir schaffen es womöglich sogar, dass einige der Männer die Steinblöcke am Boden entfernen. Allerdings muss ich eigentlich auf Mostafa warten, bevor ich hineingehen und mir einen Überblick verschaffen kann, und ich weiß nicht, wie ich das überlebe.«

»Eigentlich«, wiederhole ich und weiß dabei, dass Wyatt den gleichen Gedanken hat wie ich – an eine andere Entdeckung, einen anderen Inspektor. An Regeln, die gebrochen wurden.

»Hast du irgendwas im Schutt gefunden?«, frage ich.

Er strahlt mich an. »Nein.«

Aller Sand und Dreck aus dem Schacht wurde von den Arbeitern gesiebt, für den Fall, dass ein Amulett fallen gelassen wurde oder ein Blütenkragen oder ein zerbrochenes *Uschebti* achtlos weggeworfen worden war. Je weniger Grabfunde im Schutt waren, desto wahrscheinlicher war es, dass diese Grabkammer über ein intaktes Grab verfügte – einen Sarg mit einer Mumie, unbehelligt von Grabräubern.

»Wyatt«, sage ich leise. »Das ist …«

»Wirklich irre. Ich weiß.«

Ich male mir aus, wie das sein akademisches Ansehen heben wird, wenn die Entdeckung publik wird. Und zu meiner Überraschung gönne ich es ihm neidlos. Schließlich habe ich mich für ein anderes Leben entschieden.

Wyatt sieht mich an, als wäre ich ein Kreuzworträtsel, das er nicht zu Ende bringen kann, obwohl er sich alle Hinweise mehrfach angesehen hat. Mein Blick richtet sich auf das Grab, wo die einheimischen Arbeiter wieder eimerweise Sand herausschaffen, ihre Dschallabijas wie weiße Segel auf dem Nil.

»Weißt du«, sinniert Wyatt, »für alle andern wird das Wunder die Mumie sein, die gut fünf Meter unter der Erde liegt. Und nicht die Frau, die fünfzehn Jahre zu spät in Ägypten aufgetaucht ist.«

Ich schlucke. »Ich mache mich lieber wieder an die Arbeit.«

»Nein«, sagt Wyatt schneidend. Dann nimmt er grinsend seinen Hut ab. »Ich meine, ich werde ein gutes Wort bei deinem Boss einlegen.«

Weil ich nicht weiß, was er von mir erwartet, lasse ich mich im Schneidersitz auf dem Boden nieder. Er sitzt auf einem kleinen Klapphocker, als wäre er der Lehrer und ich das Vorschulkind. »Ich vermute mal, dass dein normaler Arbeitstag anders aussieht«, sagt er.

»Ja, schon. Und auch wieder nicht«, erwidere ich. »Ich meine, so verschieden ist er gar nicht. Es geht hierbei schließlich darum« – ich zeige dabei auf den gekerbten Fels des Grabmals –, »sich auf einen guten Tod vorzubereiten, oder?«

»Schon erstaunlich, sich dies als Heimgewerbe vorzustellen.«

»Wieso? Denk doch nur an all die Menschen, die hier zum Bau des Grabmals angestellt waren.«

»Dann baust du also Grabmale des einundzwanzigsten Jahrhunderts«, folgert Wyatt. »Die nur nicht aus Felsgestein gemacht sind.«

»Ja. Sie sind eher aus Geschichten und Gesprächen, Entspannungstechniken und Testamenten gemacht. Nachrufen. Passwörtern in den sozialen Medien. Wusstest du, dass man jemanden bestimmen kann, der die entsprechenden Accounts löscht, wenn du stirbst, damit sie nicht weiterhin Jahr für Jahr allen erzählen, dass du Geburtstag hast?«

»Das ist der Grund, weshalb ich nicht bei Facebook bin.«

»Habe ich bemerkt«, sage ich und halte mir gleich darauf die Hand vor den Mund, als könnte ich die Worte wieder hineinstopfen.

Ein Lächeln umspielt Wyatts Mund. »*Hast* du also«, murmelt er.

»Jeder weiß, wie man stirbt«, erwidere ich achselzuckend. »Aber das heißt ja nicht, dass man nicht ein wenig Unterstützung gebrauchen kann.«

Wyatt schielt Richtung Grab. »Lass mich dennoch den Advocatus Diaboli spielen. Man braucht doch keinen Sterbecoach …«

»Doula.«

»*Doula*. Nicht mehr, als man ein aus dem Fels gehauenes Grab braucht, um zu einem der gesegneten Toten zu werden. Wenn man es sich nicht leisten konnte, sich die Texte in den Sarg malen zu lassen, konnte man sich Papyri leihen. Wusstest du, dass ich Dutzende von Seelenhäusern auf Friedhöfen des Mittleren Reichs gleich neben den Gräbern der Armen gefunden habe, die im Grunde genommen nur Erdgruben sind – ein kleines Modell eines Hauses und ein paar Opfergefäße, vielleicht mit einer Zwiebel oder einem Laib Brot. Der Punkt ist doch, dass *jeder* ins Jenseits gelangen konnte. Man brauchte dazu nur ein tugendhaftes Leben zu führen.«

»Da hat sich in viertausend Jahren nichts geändert«, erwidere ich. »Der Weg zu einem guten Tod führt über ein gutes Leben.«

»Und Olive?«, fragt er leise. »Trifft das auf dich zu?«

Mir ist, als hätte ich Asche im Mund. »Ich denke lieber daran, dass es noch nicht vorbei ist«, sage ich leichthin.

Wyatt wendet sich von mir ab. »Na ja, solange sich jemand an dich erinnert, stirbst du nicht.« Ich denke an die Namen im Kalender meines Telefons – das Telefon, das hier nicht funktioniert. Die Litanei der Toten, die ich täglich durchgehe und mir dabei jedes winzige Detail ihres Lebens vor Augen halte: ihre perfekte Maniküre, seine Sammlung ausländischer Briefmarken, ein geliebter Dachshund, für den sie Fliegen genäht hatte. »Djehutinacht hat vermutlich mit dem Bau dieses Grabs begonnen, sobald er Gaufürst wurde«, ergänzt Wyatt. »Er hatte das Glück, dass sein Grabmal fertig war, als er abtrat.«

»Jeder Beginn ist bereits der Anfang vom Ende«, erwidere ich. »Jetzt klinge ich wie ein Glückskeks.«

»Du hast immer das große Ganze gesehen.«

»Wyatt Armstrong. Soll das ein *Kompliment* sein?«

Er schlägt seinen Hut gegen den Oberschenkel. Zwischen uns steigt ein Staubwölkchen auf. »Du hattest recht hinsichtlich des Sargs. Dass er ein Mikrokosmos des Universums ist.«

»Ich weiß, dass dir das endlich klar geworden ist. Ich habe deine Dissertation gelesen.« Ich bücke mich und hebe einen flachen Felsbrocken auf. »Aber könntest du das vielleicht dennoch in Stein für mich ritzen?«

Wyatt lacht. »Wie du vor Jahren gesagt hast – es ist nur die Spitze des Eisbergs.« Er steht auf und streckt eine Hand aus, um mich hochzuziehen. »Schon verrückt, wenn man darüber nachdenkt, nicht wahr? Was wohl passiert wäre, wenn du und ich damals zusammen und nicht gegeneinander gearbeitet hätten?«

Ich lasse mich einen Atemzug lang auf diese Gedankenreise ein: eine perfekte Übersetzung des Zweiwegebuchs mit Bildsprache und Text. Getragen von der Einsicht, dass nicht nur die Inschriften für den Weg ins Jenseits von Bedeutung waren, sondern auch deren Platzierung in Relation zum Verstorbenen.

Eine Landkarte mit zwei Pfaden, ein Schlüssel, den wir beide angefertigt hatten.

»Ich begleite dich zurück«, sagt Wyatt. »Wir werden nicht fürs Teetrinken bezahlt.«

»Wer zahlt denn?«, frage ich. »Yale?«

Er schüttelt den Kopf. »Die haben mir schon vor Jahren die Förderung gestrichen. Wir haben jetzt einen privaten Kostenträger. Verdammt reich«, gibt er zu, »aber so war es irgendwie ja schon immer, bis zu Howard Carter und Lord Carnarvon.«

Wir verlassen das Zelt, und die Hitze saugt uns ein wie ein Schlund. »Bist du in dieser Gleichung nicht so etwas wie Lord Carnarvon?«

»Nicht gemessen an meinem Bankkonto«, erwidert er. »Wenn die Athertons sich in einem hervorgetan haben, dann im allmählichen Verprassen des Familienerbes.«

»Zum Glück hast du ja Dailey«, sage ich. Der Name des Kostenträgers. Als Wyatt mich überrascht ansieht, ergänze ich achselzuckend: »Joe redet viel.«

Er sieht, wie ihn einer der Arbeiter herbeiwinkt, und meint mit einem kurzen Blick auf mein iPad: »Dann also weiter.«

Ich blicke ihm hinterher, bis er im Kreis der Arbeiter verschwindet und in die Hocke geht, um sich einen Fund im Sieb anzusehen. Aber statt zum Grab zurückzukehren, mache ich kehrt und laufe in das Wadi. Wenn man in der Wüste auf die Toilette muss, findet man dort die nötige Abgeschiedenheit. Mit heruntergelassener Hose hocke ich mich hin. Als ich dabei bin, sie wieder hochzuziehen, fällt mein Telefon aus der Tasche.

Nachdem ich es aufgehoben habe, stelle ich fest, dass es in dieser Wüstenei ein schwaches Roaming-Signal gibt.

Ich muss an die vielen Male denken, die ich Meret ermahnt habe, beim Essen nicht zu texten. Jetzt stelle ich mir vor, wie ihr Telefon neben einer Schale mit Kartoffelbrei und dem Wasserglas vibriert.

Bin bald zurück, tippe ich. *Ich liebe dich.*

Sag Dad, dass ich bald zurückkomme.

Ich gehe zurück Richtung Ausgrabung und bleibe dann zögernd im letzten Schatten des Wadis stehen. Ich gehe im Geiste durch, was ich den Vormittag über nachgezeichnet habe. Die letzte Nachricht eines Fürsten, der nun nichts weiter als Staub ist.

Ich ergänze: *Verzeih mir.*

Der Tag, nachdem Wyatt mich geküsst hatte, war ein Freitag, und der Grund, weshalb ich mich daran erinnere, ist der, dass wir freitags immer freihatten. Dumphries brachte Bette zum Flughafen in Kairo, und die anderen Doktoranden fuhren nach Tell el-Amarna, um sich die Gräber von Echnaton und Nofretete anzusehen. Normalerweise wäre ich mitgekommen – zu den Vergnügungen einer Grabungssaison gehörte die Möglichkeit, in der wenigen Freizeit, die wir hatten, andere Teile von Ägypten zu besichtigen –, aber Wyatt hatte beim Frühstück verkündet, er werde Arbeit nachholen. Und egal, wie gern auch ich Amarna gesehen hätte, war mir ein Gespräch mit Wyatt doch wichtiger. Er sollte wissen, dass sich so etwas wie der gestrige Abend nicht wiederholen würde.

Den ganzen Morgen arbeitete er für sich in seinem Zimmer. Während ich auf ihn wartete, versuchte ich im Gemeinschaftsraum die drei Lücken in einem Kreuzworträtsel zu schließen, an dem sich bereits ein anderer versucht hatte. Kurz vor Mittag kam er aus seinem Zimmer, machte aber einen großen Bogen um den Gemeinschaftsraum. Stattdessen stürmte er durch den Haupteingang nach draußen.

Als ich die Stufen vor dem Grabungshaus erreichte, war er weg. Ich lief den Pfad entlang, der zum Nil führte, vorbei an kleinen erhöhten Anbauflächen mit Gerste und breiten Bohnen, aber nichts deutete auf ihn hin. In der anderen Richtung ging es nach Westen in die Wüste, es war der Weg, den wir zur Arbeit einschlugen. Verwundert – es war ihm nicht erlaubt, die Grabung an einem freien Tag allein aufzusuchen – lief ich dennoch leichtfüßig weiter durch Sand und Hitze.

Als ich Wyatts weißes Hemd in der Ferne erspähte, war ich durchgeschwitzt und rot im Gesicht und verfluchte mich dafür, keinen Hut aufgesetzt zu haben. Ich rief seinen Namen, aber der Wind trug die Silben davon.

»Hey«, brüllte ich, als ich ihm in ein trockenes Tal folgte, das östlich der Nekropole lag. *»Hey!«*

Wyatt drehte sich unwirsch zu mir um. Sein Blick verdunkelte sich, als wäre ich die letzte Person, die er hier zu sehen hoffte. »Was machst *du* denn hier?«, fragte er.

»Dasselbe könnte ich dich fragen.«

»Ich mach einen Spaziergang«, sagte Wyatt. »Ich bin nicht weitergekommen.«

»Das glaub ich dir nicht.«

Er grinste höhnisch. »So reizend dein Glaube an meine Effektivität auch sein mag, ich bin über dem Text eingeschlafen. Ich brauchte frische Luft.«

Die Sonne stand hoch über der Wüste, da war keine frische Luft. »Ich möchte mit dir über gestern Abend reden.«

»Also ich nicht.« Und damit drehte er sich auf dem Absatz um und lief weiter in das Wadi hinein.

»Ich möchte nicht, dass du mich noch mal anfasst«, rief ich ihm hinterher.

»Geht klar«, erwiderte Wyatt über die Schulter, »ich will dich nämlich gar nicht anfassen.«

Ich stand da und sah ihn verschwinden. »Wohin gehst du?«

»Dahin, wo du nicht bist«, rief er zurück.

Seine Worte erzürnten mich, er war ein arrogantes Arschloch, wie ich das schon immer gewusst hatte. Ich brauchte mir keine Sorgen über das zu machen, was gestern Abend zwischen uns vorgefallen war, weil ich mich ihm nie mehr so weit nähern würde, dass es sich wiederholen könnte.

Plötzlich blieb Wyatt stehen. Er drehte sich um, die Hände in den Hosentaschen. »Ich entschuldige mich dafür, mir die Freiheit herausgenommen zu haben, dich zu küssen«, sagte er förmlich. »Ich könnte es auf den Alkohol schieben oder mich damit herausreden, dass die viele in Gräbern verbrachte Zeit mich atypisch geil macht, oder es auch als ungeheuerliches Versehen verbuchen. Such dir was aus.«

Ich hatte keine Einwände, aber als ungeheuerliches Versehen

bezeichnet zu werden, passte mir nicht. Aber hatte ich das nicht selbst provoziert?

Doch warum stand ich noch immer da?

»Im Moment jedoch habe ich einen Kater so groß wie Russland, Olive, gepaart mit Selbstekel, und würde deshalb gern für mich allein sein. Hau ab nach Hause.«

Einen Moment sah ich Wyatt ungläubig hinterher, der sich umdrehte und seinen Weg fortsetzte.

Hau ab nach Hause.

Als wäre ich ein Kind und keine Doktorandin. Als wäre ich nicht genauso qualifiziert wie er, durch diese staubtrockene Wüste zu laufen.

»Fick dich«, schäumte ich. »Fick dich, du arrogantes, herablassendes Arschloch.« Wütend und voller Hass, weil er mich gestern Abend für den Bruchteil einer Sekunde zu der Annahme verleitet hatte, dass er Mitgefühl verdiente, dass wir ein Team anstatt Rivalen waren, rannte ich ihm hinterher, bis ich ihn eingeholt hatte.

Wyatt drehte sich um und stolperte rückwärts, als die Wucht meines Zorns ihn unverhofft wie ein wütender Dschinn ansprang.

Ich bohrte ihm einen Finger in die Brust und trieb ihn tiefer unter einen Felssturz. »Ich bin genauso klug wie du. Ich bin genauso kompetent wie du. Und ich bin …« Meine Stimme brach ab, und ich fiel nach vorn und strich mit den Fingerspitzen über den körnigen Kalkstein neben seiner linken Schulter. »Wyatt«, hauchte ich. »Sieh doch.«

In der kleinen ausgewaschenen Furche des Wadis befand sich unterhalb des natürlichen Felsvorsprungs, der uns vor der erbarmungslosen Sonne schützte, ein Dipinto – verblasste Tinte auf Stein.

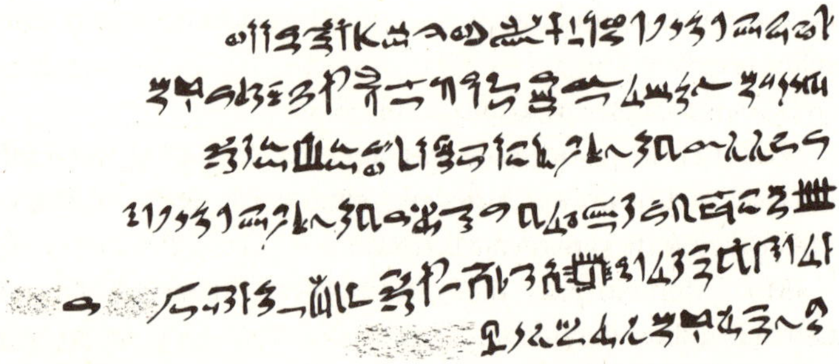

Mein Herz schlug wie wild. Ich dankte Gott für den Kurs über Papyri des Mittleren Reichs, den wir belegt hatten – und sämtliche Dokumente in hieratischer Schrift der zwölften Dynastie, die wir übersetzen mussten. Anders als Hieroglyphen, die in jeder Richtung gelesen werden konnten, wurde die hieratische Schrift immer von rechts nach links gelesen. Wyatt wirbelte herum und stützte die Arme auf mir ab, während ich in die Hocke ging und die Transliteration rezitierte. Er übersetzte stockend. »Königliches Jahr 7, vierter Monat des Peret, Tag 14 unter der Herrschaft des Königs von Ober- und Unterägypten Qakare, der ewig Lebende …«

Ich wusste, dass die Gaufürsten von Deir el-Bersche auf Felsblöcken im Norden der Nekropole bei Hatnub Erinnerungsinschriften hinterlassen hatten. Forscher nutzten sie, um Familiengeschichten zu rekonstruieren. Es war nicht unwahrscheinlich, dass vor mehreren Tausend Jahren Gaufürsten hier haltgemacht und unter diesem Felsvorsprung gefeiert hatten.

Ich überflog den nächsten Teil des Dipinto, aber er war verblasster als die Worte am Anfang.

»An diesem Tag, der Fürst, adelig von Geburt und Nomarch des Hare-Gaus …«, murmelte ich.

»… Djehutihotep«, sagten wir unisono, weil wir diese Zeichen schon Dutzende Mal in dem Grab gesehen hatten, an dem wir arbeiteten.

Das war das antike Äquivalent zu *Kilroy was here*. Nur, dass es der Gaufürst war, dessen Grab wir während der vergangenen drei Grabungssaisons akribisch abgepaust hatten.

Wyatt rieb sich das Kinn. »Spd.t«, sagte ich und zeigte darauf. »Er kam zu diesem Berg, um den Aufgang des Sothis zu sehen.

Andere Worte sprangen mich an: *Peret, Tag 15. Priester. Grab.*

»Mir fehlen ein paar Teile«, sagte Wyatt, »aber ich bin mir ziemlich sicher, dass es im Wesentlichen darum geht, dass er hierhergekommen ist, um zu feiern, und in der Nekropole in jemandes Grab übernachtet hat.«

»Djehuti ... nacht?«, übersetzte ich und berührte mit der Fingerspitze den Namen des Grabeigners. »Der aus dem Bostoner Museum?«

»Nein. Ein anderer Djehutinacht. Geboren von Teti.« Er las langsam weiter. *»Wir verbrachten die Nacht im Vorhof des Grabes von Djehutinacht, geboren von Teti, der sich ... Königsellen von ...«* Wyatt rieb sich den Nacken. »Da war mal eine Maßangabe.«

Die Ziffern konnten wir nicht lesen, der Schaden von viertausend Jahren war zu groß. An Wyatt gewandt sagte ich: »Aber dennoch. Ein Grab in der Nekropole ...«

»... das bisher noch nicht entdeckt wurde.«

Angesichts der Tragweite – nicht nur der Entdeckung einer auf Fels gemalten Inschrift, sondern einer, die womöglich auf ein neues, unentdecktes Grab hinwies – blieb mir die Luft weg. Plötzlich verloren meine Füße die Bodenhaftung, denn Wyatt schlang seine Arme um mich und wirbelte mich herum. »Oh mein Gott«, schrie er, während ich lachte. Dann ließ er mich genauso unvermittelt wieder zu Boden. »Wir können das niemandem erzählen«, sagte Wyatt.

»Was?«

»Ohne einen Inspektor hier draußen zu sein, ist illegal. Wir müssen uns eine Strategie überlegen, wie wir Dumphries hierherbringen, und dann so tun, als hätten wir das alles ganz neu entdeckt.« Sein Blick heftete sich auf mich. »Bist du dabei?«

Für Wyatt wäre es einfacher gewesen, mich den Wölfen zum Fraß vorzuwerfen – indem er Dumphries erzählte, dass ich Nachforschungen angestellt hatte, wo ich nicht hätte sein dürfen, um dann den ganzen Ruhm einzuheimsen. Stattdessen bot er mir eine Partnerschaft an.

»Ich dachte, du hasst mich«, sagte ich tastend.

Wyatt zog den Kopf ein. »Ich *wollte* es. Ich hab es *versucht*«, gestand er stammelnd. »Du kommst aus der Uni Chicago angetanzt und wilderst dann ausgerechnet auf *meinem* Gebiet.«

In mir sträubte sich alles. »Du hast kein Monopol auf das Zweiwegebuch.«

»Das weiß ich selbst«, sagte er. »Und dennoch. Kaum jemand fokussiert sich auf Mittelägypten.«

»Genau deshalb gefällt es mir.«

»Genau deshalb gefällt es auch mir«, blaffte Wyatt. »Und ich war gut darin. Sogar der Beste. Ich fühlte mich wie ein Einzelkind, der Goldjunge. Aber dann tauchst du mit deinen verrückten Ideen vom Mikrokosmos auf, und Dumphries beschließt plötzlich, dass er in diesem Jahr zwei wissenschaftliche Assistenten haben möchte anstatt einem. Er lädt dich ein, zur Grabung mitzukommen, wie das für Doktoranden im ersten Jahr nicht üblich ist. Und so weiter bis jetzt, immer bemüht, dich als seinen kleinen Schützling aufzubauen …«

»Wovon *redest* du da?«, platzte es aus mir heraus. »Du kriechst ihm doch so weit in den Hintern, dass du dort vermutlich schon eine Wohnung gebaut hast.«

»Weil ich es nicht riskieren kann, dir noch mehr Boden zuzugestehen«, rechtfertigte er sich.

Die schockierende Erkenntnis, dass Wyatt genauso eifersüchtig auf mich wie ich auf ihn war, wühlte mich auf.

»Hast du nicht bemerkt, dass Besucher, die zur Ausgrabungsstätte kommen, dich darum bitten, sie herumzuführen? Oder er mich bittet, die *Maqtafs* zu schleppen, du hingegen die Inschriften abpausen darfst? Er bemerkt dich, wo sein Augenmerk sich eigentlich auf *mich* richten sollte. Und verdammt, Olive«, entfuhr es ihm wütend. »Ich komm auch nicht umhin, dich zu bemerken.«

So heftig Wyatts Worte auch waren, seine Berührung war das Gegenteil davon. Mit einer Hand berührte er mein Haar und rieb eine Strähne zwischen seinen Fingern. Seine Augen waren wie das Meer. *So ertrinken Menschen*, dachte ich.

Als er mich diesmal küsste, erwiderte ich seinen Kuss.

Es war ein ungewohntes Gefühl, mit Wyatt verbündet zu sein, anstatt sich gegenseitig an die Kehle zu gehen. Gemeinsam wanderten wir zum Grab Djehutihoteps, tauschten uns flüsternd aus und entwickelten einen Plan, wie wir das Dipinto wiederentdecken konnten, sodass es nach einem bloßen Zufall aussah, und wir dennoch beide die Meriten für den Fund einheimsen konnten. Wir verwarfen eine ganze Reihe von Szenarien und einigten uns dann letztendlich darauf, dass es das Beste wäre, die Situation so zu wiederholen, wie sie sich abgespielt hatte: Wyatt läuft weg, ich entdecke die Inschrift im Fels.

Am nächsten Morgen arbeiteten wir in der äußeren Kammer und pausten eine untypische Szene auf Mylar. Irgendwie tauchte unvermittelt Wyatt hinter mir auf. »Das stimmt so nicht«, behauptete er.

Ich drehte mich herum und sah ihn finster an. »Doch, es stimmt.«

»Es ist ein trilaterales Zeichen«, wandte er ein. »Kein Szepter.«

Ich zögerte. Ich war es gewohnt, dass Wyatts Transliterationen besser waren als meine, aber was diese Interpretation betraf, war ich mir sicher. »Du irrst dich …«

»Ich weiß«, murmelte Wyatt und zwinkerte mir dann kurz zu. »Ich dachte nur, wir sollten uns wie immer verhalten.«

»Wenn das so ist, dann sei kein Idiot«, erwiderte ich.

Er lachte. Ich sah ihm hinterher, als er an die andere Wand im Grab zurückkehrte und weiterarbeitete, und fragte mich, wie er so gelassen bleiben konnte. Jedes Mal, wenn ich einen Blick auf den mit Dumphries schwatzenden Inspektor warf, bekam ich einen Schweißausbruch.

Als wir Pause machten, servierte der *Gaffir* uns Pfefferminztee. Ich saß neben Wyatt und malte mir aus, wie dieser wohl von seinen Lippen schmecken würde. Dumphries unterhielt uns alle mit einer Geschichte der Grabung in Hierakonpolis, bei der fünftausend Jahre alte Tiere wie Leoparden, Flusspferde und Elefanten freigelegt wurden, die zusammen mit ihren Besitzern begraben worden waren.

Dann stieß Wyatt mit seinem Knie an meins. »Die Natur ruft«, verkündete er, stand auf und verschwand hinter dem Zelt des *Gaffirs*. Unsere improvisierten Toiletten lagen in einem Wadi nahe der Nekropole, der vor der Freigabe für die Befriedigung unserer Notdurft sorgfältig auf Altertümer untersucht worden war. Wyatt würde jedoch eine andere Stelle aufsuchen, die näher am Grabungshaus lag. Wobei wir beide hofften, dass die Begeisterung über die Entdeckung keinen Raum für Fragen ließ, warum er sich überhaupt so weit entfernt hatte.

Wir bauten zudem darauf, dass uns das Timing zugutekam – denn als Dumphries das Ende der Pause verkündete, kehrte ich mit den anderen Doktoranden und Spezialisten, die uns unterstützten, ins Grab zurück. Ich hatte wohl fünf Minuten lang auf ein *d*-Handzeichen an der rechten Wand der äußeren Kammer gestarrt und auf Wyatts Rückkehr gewartet. Dann kam er durch den Grabeingang gestürmt und rief nach Dumphries.

Wir liefen Wyatt zu der Stelle hinterher, die er vorgeblich gerade entdeckt hatte. Mostafa, unser Inspektor, war mit dabei.

Wie tags zuvor war dort der Felsüberhang. Ich achtete darauf, Wyatt nicht anzusehen, sondern hielt meine Augen auf Dumphries gerichtet, der in die Hocke ging und die Scherbe eines zerbrochenen Bierkrugs aufhob.

»Was sehen wir hier, Armstrong?«, fragte er.

»Ich denke, dies hier könnte ein beliebter Treffpunkt während der Feiern zur Nilflut gewesen sein«, sagte Wyatt.

»Wegen eines Bierkrugs?«, wunderte sich Dumphries. »Die finden wir doch auch in den Gräbern.«

Ich bewegte mich auf den schattenspendenden Überhang zu, wie wir das geplant hatten. Das Dipinto sah in diesem Licht anders aus, viel ausgeblichener. »Professor Dumphries?«, sagte ich. »Ich denke, das hier sollten Sie sich ansehen.«

Dumphries kam neben mich, Wyatt stellte sich an meine andere Seite. Prahlerisch begann er, die hieratische Inschrift zu übersetzen, ganz wie man es von ihm gewohnt war. »Es gab also ein Fest«, sagte Dumphries, und in seiner Stimme schwang Erregung mit. »Das sieht aus wie die Dipinti bei Hatnub.« Er ging in die Hocke und las den Text zweimal laut vor. Dann erhob er sich und klopfte sich die staubigen Hände an den Schenkeln ab. »Manchmal hat Djehutihotep II. während der Regentschaft von Sesostris hier haltgemacht und im Grab seines Vorfahren Djehutinacht die Nacht verbracht. Wir wissen von einem Graffito in Sheik Said, dass es einen Djehutinacht gab, der dafür bekannt war, sich um ältere Gräber zu kümmern, aber keiner wusste, wie dieser in den Familienstammbaum passte oder wo *er* beerdigt sein könnte.«

Er sah Wyatt und mich an und sagte mit einem strahlenden Gesicht: »Bis jetzt, meine Kinder.«

Hinter seinem Rücken tauschte Wyatt einen Blick mit mir. Das Geheimnis war zwischen uns gefangen wie ein verlockend strahlender Stern.

Dumphries feierte mit Bourbon. Einer *Menge* Bourbon. Wir saßen auf dem Dach unter denselben Gestirnkonstellationen, die schon Pharaonen geschaut hatten, und unser Mentor toastete uns zu. »Auf Wyatts Blase und Dawns Adleraugen«, sagte er, »die diese Grabungssaison zu etwas wahrhaft Spektakulärem gemacht haben.« Er beschloss, dass wir für den Rest der noch verbleibenden Zeit in Deir el-Bersche als zwei Teams arbeiten sollten: eins, das die Arbeit an Djehutihoteps Grab fortsetzte, und eins – geleitet von Wyatt und mir –, das sich mit dem Kopieren des neu entdeckten Dipinto befasste und es für die Veröffentlichung vorbereitete. Aber da nun in derselben Zeit die doppelte Menge an Arbeit auf uns wartete, endete unsere Feier bereits um neun Uhr.

Als ich ging, trank Wyatt mit einigen der jüngeren Doktoranden noch Schnäpse. Dumphries und ich stiegen nebeneinander die Treppe hinunter. An der Stelle, wo unsere Wege sich trennten, bevor wir zu unseren Zimmern gingen, steckte er die Hände in die Taschen und wippte zurück auf seine Fersen. Seine Augenlider waren auf Halbmast. »Dawn«, sagte er, »wie bin ich froh, dass die Uni Chicago Sie uns überlassen hat.« Dann machte er eine kleine Verbeugung und entfernte sich. Berauscht vom Bourbon und diesem unerwarteten Lob ging ich auf mein Zimmer. Die Wände des Grabungshauses neigten sich, und der Boden kippte unter meinen Füßen weg. Ich schloss die Tür und fiel, noch komplett bekleidet, aufs Bett und schlief ein.

Ich erwachte im wirren Kokon aus Dunkelheit mit jemandes Hand auf dem Mund. Ich strampelte wie wild gegen die Laken, riss die Augen weit auf und erkannte dann, als sie sich an die Dunkelheit gewöhnt hatten, dass es Wyatt war. Er saß auf der Bettkante, eine Silhouette im Mondlicht. Er ließ mich los und legte einen Finger auf seine Lippen. *Pst.*

»Komm mit«, flüsterte er.

Meine Mutter hatte mir erklärt, dass manche Menschen geborene Anführer und andere geborene Gefolgsleute sind. *Gehöre du zu den Ersten, Maidan*, beschwor sie mich, *oder du wirst nur den Rücken von jemandem sehen, der mutiger ist als du.* Ich hatte mich immer für eine Wegbereiterin gehalten, aber die Wahrheit ist, ich wäre Wyatt in jener Nacht überallhin gefolgt. Bis ans Ende der Welt.

Doch er hielt eine volle Flasche Bourbon aus Dumphries' Privatsammlung hoch. »Hast du die geklaut?«, flüsterte ich, und er grinste nur.

Wir schlichen uns aus dem Grabungshaus und Wyatts Hand umschlang meine. Sie war warm und passte perfekt – drückte meine mit solcher Zwangsläufigkeit, dass ich mich fragte, wieso mir in all der Zeit nicht aufgefallen war, dass etwas fehlte.

Die Wüste bei Nacht war eine Welt der Schemen und Schatten – die raue wellige Zunge eines Ungeheuers unter meinen Füßen, das Auge des Mondes schielte hinter einem Wolkenschleier aus der endlosen Weite des Himmels hervor. Es hätte mich nicht überrascht, wenn sich uns ein Basilisk in den Weg gestellt und seinen versteinernden Blick auf uns gerichtet hätte oder wir von einer Sphinx zur Lösung eines Rätsels aufgefordert worden wären. Wir bewegten uns schweigend, als könnten Worte den Zauber brechen.

Wyatt schaltete die Taschenlampe, die er in der anderen Hand hielt, erst ein, als wir das Wadi erreichten. Fast instinktiv steuerten wir den Felsüberhang an, der das Dipinto beschattete. Im Dunkeln war es ein Farbklecks. Er öffnete die Bourbonflasche und trank einen Schluck daraus, dann reichte er sie mir. »Auf Djehutinacht«, toastete er. »Wir werden ihn finden.«

»Wir?«, hakte ich nach.

Er nickte.

Dumphries hatte nicht erwähnt, dass er nach diesem verlorenen Grab suchen wolle. Er hatte bereits in einem anderen Grab genug zu tun, und es schien kein kluger Zeitvertreib zu sein, sich ohne wirkliche Richtungsangaben oder einen Ausgangspunkt auf eine aussichtslose Suche nach Djehutinacht zu begeben. Aber nur weil Dumphries zu beschäftigt oder zu dicht vor seiner Pensionierung war, um eine Herausforderung anzunehmen, bedeutete dies nicht, dass wir die Chance ungenutzt lassen sollten.

Wir wären ein Team, McDowell & Armstrong, und als solches würden wir das Grab von Djehutinacht zutage fördern. Unsere Arbeit am Zweiwegebuch würde dank der neuen Version, von der wir jetzt nur träumen konnten, die wir aber am Boden eines intakten Sargs finden würden, bahnbrechend sein. Wir beide würden uns die Leitung einer ägyptologischen Fakultät teilen – Wyatt mit dem Schwerpunkt Philologie, wohingegen ich mich auf Ikonografie und Symbolik konzentrieren würde. Die ausländische Presse würde sich darum reißen, uns zu dem zu interviewen, was wir unter einem Felsvorsprung entdeckt hatten.

Ein Dipinto. Ein Grab.

Einander.

Ich warf aus dem Augenwinkel einen Blick auf Wyatt. Er saß an die Felswand gelehnt unter dem Dipinto. »Und wie?«, fragte ich.

Er wusste sofort, wovon ich sprach. »Ich weiß es nicht. Dass es von allen beschädigten Teilen ausgerechnet die Entfernungsangabe sein musste – einfach ärgerlich.« Ohne die Richtungsangaben, die ursprünglich in Königsellen in diesem Text angegeben waren, würde es höchst mühsam sein, Djehutinachts letzte Ruhestätte zu finden. Die Nekropole war seit fast zweihundert Jahren von Ägyptologen ausgegraben worden, wie hatte man dabei ein Grab übersehen können?

»Also wenn es einfach wäre«, sagte ich, »dann hätte es inzwischen wahrscheinlich schon ein anderer entdeckt.«

»Das ist richtig. Wir haben eine Menge Arbeit vor uns.« Wyatt griff wieder nach dem Bourbon. »Aber heute Abend, Olive … feiern wir.«

Wir tranken schweigend in benebelter Freude, die genauso wie die Hitze im Sand den Tag überdauert hatte. Und dies an einem Ort, wie er perfekter nicht sein könnte, genauso wie Djehutihotep vor mehreren Tausend Jahren.

»Woran denkst du?«, wollte Wyatt wissen.

Dass deine langen Wimpern an einem Mann eine schändliche Vergeudung sind. »Wie es hier wohl zugegangen sein mag zum Aufgang von Sothis«, sagte ich.

Er nahm meine Hand und führte sie an seine Lippen. Was für eine vornehme Geste und so britisch, und dennoch erschauderte ich, als sein Mund meine Haut berührte. »Einzigartig ist die Schwester«, murmelte er. »Nichts gleicht ihr, schöner ist sie als alle Frauen. Betrachte sie wie den Stern, der am Beginn eines guten Jahres herrlich aufgegangen ist.«

Wyatt zitierte altägyptische Liebeslyrik. Feste waren Anlässe für geselliges Beisammensein und boten die seltene Gelegenheit, jemanden außerhalb des eigenen Dorfs kennenzulernen und eine Verbindung einzugehen. Zu diesem Zweck rezitierte man Gedichte, um sich die Aufmerksamkeit des anderen Geschlechts zu sichern.

»Vortrefflich glänzend, von lichter Tönung«, ergänzte er, »aus schönen Augen sieht sie dich an, süß sind ihre Lippen, wenn sie spricht… für sie ist kein Wort übertrieben.«

Seine Stimme war ein Fluss, und ich war Stein und jede Silbe formte mich neu.

»Mit langem Hals«, fuhr er fort und rückte näher, um eine Stelle über meinem Ohr zu küssen. »Schimmernder Brust.« Seine Zähne an meinem Schlüsselbein. »Reinster Lapis ist ihr Haar.« Er löste das Band, das meinen Zopf zusammenhielt, und entflocht ihn mit seiner freien Hand, wobei seine Hand hoch zu meiner Schulter wanderte. »Golden sind ihre Arme… ihre Finger Lotusblüten.« Er endete es, wie er es begonnen hatte, indem er meine Hand küsste und mit seiner Zunge rasch ein Brandmal zwischen meine Knöchel drückte. »Und woran denkst du *jetzt*, Olive?«, flüsterte er.

An dieser Stelle wusste ich keine Antwort. Ich blieb stumm, meine Lippen wie versiegelt.

Wyatt bettete mich unter dem Dipinto auf den Boden, indem er meinen Hinterkopf stützte. Ich ballte die Hände zu Fäusten und ließ den Sand wie durch ein Stundenglas rinnen.

»Dürfte ich vielleicht ausnahmsweise, anstatt deinen Geist zu bewundern, deinen Körper bewundern?«, murmelte Wyatt.

Er zögerte, war nur einen Atemzug entfernt, bis mir klar wurde, dass er auf mein Ja wartete.

Stattdessen streckte ich die Hand aus und begann, sein Hemd aufzuknöpfen. Seine Haut war heiß und glatt, und die Muskeln zuckten unter meiner Berührung, als gingen elektrische Impulse durch meine Fingerspitzen. Er schien nun ebenfalls um Worte verlegen zu sein und küsste mich stattdessen. Er schmeckte nach Rauch und Zucker.

Wie eine Flutwelle brandete ich ihm entgegen und umfing ihn mit den Armen. Irgendwie schafften wir es, die Plätze zu tauschen, sodass er nun auf seinen abgestreiften Kleidern ausgestreckt im Sand lag. Als ich mich neben ihm aufrichtete, gruben die Körnchen sich in meine Handflächen und scheuerten sie wund.

Er war nackt bis auf die Socken, und ich war noch komplett angezogen und zitterte am ganzen Leib. Meine Hand glitt über seinen Bauch, sein Glied zuckte in meiner Faust. »Olive«, stöhnte er. »Du bringst mich um.«

Ich umkreiste seine Schwanzspitze. Er war beschnitten, eine der Möglichkeiten, wie man als Ausländer in kultureller Hinsicht Ägypter werden konnte. Es gab sogar eine Stele, auf der ein Gefangener davon erzählte, dass er mit einhundertzwanzig anderen Männern in die ägyptische Armee eingeführt worden sei und …

Unvermittelt schloss Wyatts Hand sich um meine. »Hör auf, dir diese Stele vorzustellen«, stieß er zwischen den Zähnen hervor und mein Blick fand seinen, als er meinen Satz beendete. *»Ich wurde beschnitten mit einhundertzwanzig Männern. Ich streckte niemanden nieder und keiner streckte mich nieder. Ich verwundete keinen und keiner verwundete mich«*, rezitierte Wyatt. »Ich weiß, was du denkst.« Und in einer einzigen knirschenden Bewegung drehte er uns um. »Aber wenn du weiterhin denkst, werde ich das nicht gut hinkriegen.«

Seine Schenkel umfingen meine, aber er achtete darauf, mich nicht mit seinem Gewicht zu belasten. Er enthüllte mich, streifte mir die Bluse ab und zog mir die Hose herunter, als wären Kleidungsstücke Lotusblütenblätter, *sie liebt mich, sie liebt mich nicht.*

Sie liebt mich.

Er goss Bourbon auf mich, leckte mich trocken und ließ seinen Mund von einer Brust zur anderen wandern. Als er seinen Körper meinem anpasste, scheuerte Sand zwischen uns. Schmerz und Lust, die richtige Mischung. Wir waren Feinde gewesen, aber schon konnte ich mich nicht mehr erinnern, welchen Kampf wir gekämpft hatten.

»Dawn«, flüsterte Wyatt.

Ein Name war einmal als Teil der Seele gesehen worden, aber jetzt erst verstand ich dessen Magie. Deshalb werden Kartuschen von *Schen*-Ringen umgeben, zum ewigen Schutz. Deshalb auch hackte der König den Namen seines Vorgängers heraus. Denn solange man deinen Namen auf den Lippen führte, so lange warst du lebendig.

Ich sah ihm in die Augen, als er in mich eindrang. Wir fanden einen gemeinsamen Rhythmus zu einer Musik, die ich niemals laut wiedergeben könnte, die aber für immer in mir nachklingt.

Irgendwo in der Zeit tranken andere und tanzten. Ein Stern blinkte grün am Horizont.

Wir waren uralt.

Seine Hände, die in meinem Haar wühlen.

Sand, der von meinem Bauch gewischt wird.

Kratzer, Schnitte, Zähne, Ellbogen.

Wyatt wand sich um mich wie Mehen, die beschützende Schlange, die im Zweiwegebuch den Sonnengott umkreiste und so vor dem Chaos bewahrte.

Ich habe den Überblick verloren, wie oft wir gemeinsam kamen oder uns voneinander lösten. Aber selbst dann berührte er mich und ich berührte ihn, bis der Abstand zwischen uns der Trennlinie zwischen Meer und Himmel glich, so verschwommen, dass sich unmöglich erkennen ließ, wo das eine aufhörte und das andere anfing.

In das Laken der Nacht gehüllt schliefen wir ein, und als dieses zu zerfasern begann, wusste ich, dass Wyatt genauso wach war wie ich. »Woran denkst du?«, fragte ich, und er umschlang mich mit den Armen.

»Sachmet«, sagte er.

Sachmet war die Kehrseite von Hathor, einer Himmelsgöttin und Gefährtin von Re. Als Hathor stand sie für Freude, Kreativität, Schönheit und Liebe und wurde mit der Sonnenscheibe zwischen Kuhhörnern als Kopfputz abgebildet. Als Sachmet jedoch war sie eine Löwengöttin, eine wilde Jägerin, die Pharaonen beschützte und in den Kampf führte.

In Gräbern des Neuen Reichs wie dem von Tutanchamun oder Sethos I. befand sich ein Text mit dem Titel »Buch der Himmelskuh«. Darin wird beschrieben, wie die Menschen sich gegen Re auflehnten, der diese daraufhin aus Rache zerstören wollte. Er befahl Sachmet, das zu tun. Aber in der Nacht, bevor das in die Tat umgesetzt wurde, änderte Re seine Meinung. Das Problem war jedoch, dass er Sachmet bereits losgeschickt hatte. Wie hält man eine nicht zu stoppende Zerstörung auf?

Die Antwort: Man lässt Männer Bier brauen und Frauen roten Ocker zerreiben. Am Ende der Nacht nahmen sie das gefärbte Bier und verteilten es auf den Feldern. Als Sachmet kam, um die Menschheit zu zerstören, sah sie das rote Bier und hielt es fälschlicherweise für Blut. Blutrünstig schleckte sie alles auf und wurde davon so betrunken, dass sie keine Fliege mehr hätte töten können und schon gar nicht die Menschheit.

Bei den Festen zur Nilflut mit ihren Trinkgelagen imitierten die Ägypter Sachmet – die ihre Wut mit Bier betäubte und das Hochwasser des vom Schlamm des Oberlaufs roten Nils, das die Siedlungen mitzureißen drohte, verschluckte.

Ich drehte mich ein wenig in Wyatts Umarmung. »Du denkst an ein betrunkenes Mädchen im Blutrausch?«

Im Nacken konnte ich sein Lächeln spüren. »Ich denke, dass *du* das betrunkene Mädchen im Blutrausch bist.«

»Du bist mir *so* viel lieber, wenn du nicht sprichst.«

Wyatt lachte. »Kennst du die Geschichte vom Hirten?«

Es war eine Geschichte aus dem Mittleren Reich, die ich aber nie gelesen hatte. Ich schüttelte den Kopf.

»Der Erzähler trifft Sachmet in den Sümpfen, bevor sie sich wieder in Hathor zurückverwandelt. Sie ist ein wildes Tier und er ängstigt sich zu Tode, weil er annimmt, dass sie ihn fressen wird. Aber am nächsten Tag, ihrem Festtag, ist sie wieder ganz Frau und bereit für das neue Jahr.«

Als er sein Gesicht in die Kuhle über meiner Schulter drückte, konnte ich ihn auf meiner Haut riechen.

»Ich glaube, ich bin mit einer Löwin in die Wüste gegangen«, ergänzte Wyatt leise, »und halte am Ende nun eine Göttin in den Armen.«

Gemeinsam beobachteten wir den Sonnenaufgang – den ich im Namen trage – eine in Gold getauchte Palette aller Rosa- und Orangetöne, die Neugeburt des Universums.

Danach schlichen wir uns zurück zum Grabungshaus, um noch ein paar Minuten Schlaf zu finden, bevor der Tag offiziell losging. Aber als ich allein aufwachte, strömte die Sonne in mein Zimmer, und ich bekam Panik, weil ich den Arbeitsmorgen verschlafen hatte. Ich sprang aus dem Bett und fragte mich, mit wie viel Ärger ich wohl rechnen musste.

Das Grabungshaus war natürlich leer, weil alle bereits bei der Ausgrabung waren. Jedenfalls dachte ich das, bis ich im Magazin etwas fallen hörte. Ich trottete den Flur entlang und traf dort auf Wyatt, der Tonscherben aufhob und in eine Schachtel legte.

Unzählige Gedanken wirbelten mir durch den Kopf: Wenn er hier war und wir allein waren, hätte er in mein Zimmer kommen können. Es sei denn, er wollte das nicht. Es sei denn, dass wie bei mir auch bei ihm ein Rest von Unsicherheit vorhanden war, ob die letzte Nacht überhaupt stattgefunden hatte. Oder besser nicht.

»Sag mir, dass das bereits zerbrochen gewesen ist«, sagte ich lässig, und er zuckte zusammen.

»Himmel, Olive!« Er drehte sich um. »Von dir kriege ich noch einen Herzanfall.«

»Das wäre möglicherweise die sanfteste Art zu sterben, wenn Dumphries herausfindet, dass wir verschlafen haben.«

»Entspann dich«, sagte Wyatt. »Ich habe ihm gesagt, dass wir beide ziemlich verkatert sind. Und allem Anschein nach gewährt uns die Entdeckung eines neuen Dipintos und eines potenziellen Grabs eine Schonfrist, Mist bauen zu dürfen.«

»Apropos …« Ich schluckte. »Diese Sache. Wir.«

»Was ist damit?«

Es fühlte sich an, als hätte ich Klingen in der Kehle, aber ich sagte, was gesagt werden musste. »Wir haben viel getrunken.«

Er starrte mich an. »Willst du damit sagen, du hättest die Situation und mich ausgenutzt?«

»Ich sage, dass wir möglicherweise einander ausgenutzt haben.« *Es war der schicksalhafteste Moment, der mein ganzes Leben auf den Kopf stellte.* »Wir haben gefeiert. Es musste so kommen.«

Wyatt schob die Hände in die Taschen. Schweigend verschwand er im Magazin und strich dabei mit einer Hand über die Kiste, in der unsere Mumie George ruhte. »Du denkst also, die vergangene Nacht sei ein Irrtum gewesen.«

Ich versuchte, ein Ja über die Lippen zu bekommen. Versuchte es wirklich. Ich hatte hundert Gründe, warum das keine gute Idee war, beginnend mit der Tatsache, dass wir uns eigentlich nicht leiden konnten, und endend mit der Realität, dass man zwei Doktoranden für diese Entdeckung nur ernst nehmen würde, wenn sie sich auch dementsprechend verhielten. Aber es ging einfach nicht.

Wyatt bewegte sich so schnell, dass ich ihn nicht kommen sah. Er hob mich hoch und setzte mich auf ein Regalbrett, dessen Inhalt unter der Wucht meines Gewichts zu scheppern anfing. Sein Mund war eine Strieme. Er zerrte an meiner Pyjamahose, hob meine Hüften an und drang in mich ein. Ihn umschlingend ließ ich mich von ihm entflammen und brannte dann lichterloh.

»Mein Gott«, sagte er bebend in meinen Armen, als ich endlich an seinem Körper entlang nach unten rutschte, um wieder Bodenhaftung zu bekommen. »Fühlt sich so ein Irrtum an?«

Aber nur weil wir entflammbar waren, hieß das noch lange nicht, dass wir zusammengehörten. Nur weil wir gemeinsam Geschichte geschrieben hatten, bedeutete das nicht, dass wir ein Team waren.

»Verflucht, Wyatt«, erwiderte ich, »ich versuche doch nur, dir einen Ausweg zu zeigen.«

»Wer sagt, dass ich den haben möchte?«, konterte er. »Du bist der einzige Mensch, Olive, der einen Scherz versteht, ohne dass ich ihn erklären muss. Ich war so sehr damit beschäftigt, herauszufinden, was mich besser machte als dich, dass ich gar nicht auf das Verbindende zwischen uns geachtet habe. Ich sah in dir nur die Bedrohung. Aber was ist, wenn es eigentlich darum geht, dass du genau dorthin gehörst, wo ich bin?« Heftig schnaufend wich er einen Schritt zurück. »Hör verdammt noch mal auf damit, mich vor mir selbst zu retten.«

Dann drückte er mir ein zerbrochenes Stück Kalkstein in die Hand. »Das ist der Grund, weshalb ich hier runtergekommen bin, du Idiot.« Dann drehte er sich um und ging.

Der Stein war ein schiefes Dreieck, und er hatte mit einem Marker etwas in hieratischer Schrift darauf geschrieben. Die Form und die Art zu schreiben kannte ich vom Ostrakon Gardiner 304, einer mit einem Gedicht versehenen Kalksteinscherbe, das ich in einer Arbeit mal mit dem Hohelied der Bibel verglichen habe.

Beiden Texten ist gemeinsam, dass sie während Herbstfesten als Andenken verschenkt wurden. In beiden ging es weder um Religion oder Politik, sondern nur um Intimität.

Beide handelten von einem nicht verheirateten Liebespaar.

Da Papyrus teuer war, hatte man Kalkstein oder Tonscherben als billige Schreibflächen benutzt. Wyatt hatte mir das altägyptische Äquivalent eines Klebezettels geschenkt.

Ich werde (sie) in Gegenwart aller küssen,
Damit sie meine Liebe verstehen.
Sie ist es, die mein Herz gestohlen hat …
Wenn sie mich ansieht, ist es eine Erquickung.

Diese Kalksteinscherbe war das Einzige, was ich bei meiner Abreise aus Ägypten mitgenommen habe.

WASSER / BOSTON

Ich bin in dem Bewusstsein aufgewachsen, dass Liebe ihren Preis hat. Meine Mutter erzählte mir die Geschichte von Tristan, der nach Irland reiste, um seinem Onkel, dem König, die schöne Isolde zuzuführen, sich dann aber selbst in sie verliebte. Sein Onkel verurteilte beide zum Tode – Tristan durch Erhängen, Isolde durch Verbrennen. Tristan entkam, rettete sie und brachte sie aus Ehrgefühl dem König zurück. Als Tristan Jahre später – er war mit einer anderen verheiratet – ein vergifteter Pfeil traf, schickte er nach seiner ersten Liebe. Er wusste nicht, ob sie kommen würde. Würde sie zusagen, hätte das Schiff, das ihre Nachricht überbrachte, weiße Segel gehisst. Bei einem Nein wären sie schwarz. Aber Tristan, der zu geschwächt war, um sein Bett zu verlassen, konnte das Schiff nicht sehen. Er fragte seine Frau, welche Farbe die Segel hatten, die daraufhin eifersüchtig log und sagte, sie seien schwarz. Er starb vor Kummer, und als Isolde seine Leiche sah, starb sie an gebrochenem Herzen. Nachdem beide begraben waren, wuchs aus Tristans Grab ein Haselnussstrauch und aus dem von Isolde Geißblatt, und beide umrankten sich so fest, dass man sie nicht trennen konnte.

Die Moral dieser Geschichte, wie meine Mutter sie mir erzählte, war die, dass man Geißblatt und Haselstrauch mit großem Abstand voneinander pflanzen sollte.

Im Zusammensein mit Meret und Brian agiere ich, als wäre alles wie immer. Und es gibt durchaus Momente, in denen ich vergesse, dass wir je gestritten hatten. Aber dann wieder bin ich wütend auf ihn, weil er so dumm war, die Balance unserer Beziehung durcheinanderzubringen. Ich schlief nachts in meinem Arbeitszimmer und wachte manchmal mit dem bitteren Geschmack der Erinnerung auf.

Es ist tatsächlich leichter, Zeit mit einer sterbenden Frau zu verbringen als in einer Beziehung, für deren Erhalt ich verzweifelt kämpfe. Win wird rasch zu meiner wichtigsten Patientin. Ich besuche sie dreimal in der ersten Woche, viermal in der nächsten und rede mir ein, dass die viele Zeit, die ich mit Win verbringe, nichts mit der Tatsache zu tun hat, dass ich dafür weniger Zeit zu Hause mit Brian verbringen muss.

An einem Tag nehmen Win und ich die Bahn ins Museum of Fine Arts. Sie möchte gern die Manets sehen, die dort als Leihgabe des New Yorker Metropolitan Museums ausgestellt sind. Wir wandern durch die Ausstellung und ruhen uns aus, wenn sie müde wird. Am Ende landen wir in einem Saal mit zeitgenössischer Kunst.

»Mir fehlt das Verständnis für moderne Kunst«, erkläre ich ihr, als wir vor Picassos *Raub der Sabinerinnen* stehen. Mit schiefem Kopf betrachte ich die geometrisch verzerrten Gestalten, die von Pferden niedergetrampelten entstellten Körper, das Auge des nackten Soldaten, das auf sein Schwert gemalt ist.

Win lacht. »Verstehen sollen Sie die auch nicht. Sie sollen sie fühlen.«

»Die sehen nicht mal menschlich aus«, sage ich.

»Genau das ist der Punkt. Das ist es, was der Krieg mit den Menschen macht. Er macht sie zu Tötungsmaschinen, bei denen ein Körperteil zur Waffe werden kann. Und er sorgt dafür, dass die Opfer ineinander verbluten und nicht mehr unterschieden werden können.«

Ich sehe sie verwundert an. »Haben Sie mal unterrichtet?«

Sie lacht. »Nein. Ich habe nur im Unterricht sehr gut zugehört.« Win kramt ihr Telefon heraus und klickt auf ein bestens wiedergegebenes Gemälde. Eine Frau liegt nackt ausgestreckt auf einem Bett, und ein schwarzer Diener überreicht ihr ein Blumenbukett. »Das ist Manets *Olympia*«, sagt sie. »Es wird weitgehend als der Anfang der Moderne angesehen. Sehen Sie, wie Sie von ihr direkt angesehen werden? Das war für die Menschen damals, als Manet es 1865 in Paris ausstellte, so verstörend, dass er von der Kritik gekreuzigt wurde. Das Gemälde musste bewacht werden, um es vor Zerstörung zu schützen. Er hat keine Göttin oder eine religiöse Ikone glorifiziert. Er zeigte eine echte Frau – eine Sexarbeiterin –, die es wagte, dem Betrachter ins Auge zu schauen, anstatt so zu tun, als gäbe es sie nicht.« Achselzuckend ergänzt Win: »All die vornehmen Pinkel im Salon vögelten Prostituierte, wollten aber unter keinen Umständen daran erinnert werden.«

Ich nehme ihr das Telefon aus den Händen und berühre das Bild, um es zu vergrößern. Dann sehe ich der Frau direkt in die Augen. Betrachte die Hand, die auf ihren Schenkel drückt, die Delle im Fleisch. »Die würde ich mir gern im Original ansehen.«

»Dann gehen Sie ins Musée d'Orsay«, sagte Win. »Es ist ein umwerfendes Bild.«

Ich versuche, mir vorzustellen, wie ich mit Brian nach Paris reise und mit ihm durch ein Museum schlendere. Sehe es direkt vor mir. Aber der Platz neben mir ist leer. Brian ist skeptisch gegenüber Kunst, Filmen und allem anderen, womit Emotionen manipuliert werden können. Sofern etwas nicht quantifiziert werden kann, ist es nicht zulässig.

Wir haben nun einen Raum betreten, dessen Leinwände mich an die Gemälde erinnern, die Meret früher aus dem Kindergarten mitgebracht hat: Farbkleckse, die aussehen, als gehörten sie auf eine Abdeckplane, riesige aufeinandersitzende Blöcke in

Grau und Braun. »Genau das meine ich«, sage ich zu Win und zeige auf einen Rothko. »Selbst ich kann das.«

»Ah, das ist abstrakte Kunst«, erklärt sie. »Da geht es nur um den universalen Ausdruck. Und ob Sie es mir glauben oder nicht, auch diese Künstler wurden von den Meistern der Renaissance beeinflusst.«

»Das erkenne ich nicht.«

»Sie wussten, dass ein großartiges Gemälde vermag, Gefühle im Betrachter zu erwecken. Aber die Welt von heute ist anders als die der Renaissance, in der Schönheit so wichtig wie Sauerstoff und Religion der Einstieg in die Kunst war. Also versuchten sie, herauszufinden, was eine vergleichbare Flut an Freude oder Trauer oder Ehrfurcht heute inspirieren könnte. Wie ein Gefühl auf Leinwand aussehen könnte, wenn es in seiner rohesten Form dargestellt wurde.«

Ich stehe vor dem Rothko – den dunklen, gedeckten Farbblöcken. »Das deprimiert mich nur«, sage ich.

»Jawohl. Ihre Reaktion sagt Ihnen etwas über Ihren emotionalen Zustand, und Sie können sich fragen, woher dieser kommt.«

»Leinwand als Therapie«, sinniere ich.

»Ganz genau.«

»Was ist Ihr Lieblingsgemälde?«

»*Ein Sonntagnachmittag auf der Insel La Grande Jatte*«, sagt Win, ohne zu zögern. »Von George Seurat.«

»Ist das nicht eins, das aus Punkten zusammengesetzt ist?«

»Pointillismus. Ja. Es repräsentiert die zwei Seiten der Kunst, die ich liebe – einerseits ist es einfach ganz wunderbar gearbeitet, weil der Künstler dafür gesorgt hat, dass jeder Zentimeter Leinwand vor Leben pulsiert. Aber daneben gibt es noch einen anderen Aspekt – Pointillismus ist eine Metapher für die Gesellschaft und die Politik. Einen Punkt nach dem anderen zu malen steht für die industrielle Revolution und welchen Einfluss diese auf die Freizeitgestaltung der Gesellschaft hatte. Ich könnte eine ganze Abhandlung darüber schreiben.« Sie lächelt. »*Habe* ich auch.«

»Das klingt nach einer perfekten Verbindung von Fertigkeit und Bedeutsamkeit«, sage ich.

»Eine perfekte Verbindung«, wiederholt Win. »Ja.«

Wir bleiben vor einem Gemälde von Pollock stehen. Win betrachtet es schweigend wie auch ich. Es ist voller Wirbel und scharfer Kanten, Schnipsel in Gelb-, Blau- und Rottönen, die mich an Blutspritzer aus einer *CSI*-Folge im Fernsehen erinnern.

»Das Blau darin gefällt mir«, sage ich.

»Ja«, haucht sie. »Das Blau.«

»Wenn Sie gemalt haben, war das eher wie das hier oder wie Manet?«

»Weder noch.« Ihre Lippen sind blutleer und weiß. Vor meinen Augen schrumpft sie. »Ich fühle mich nicht gut«, sagt Win. »Wir sollten nach Hause gehen.«

Sofort stütze ich sie, lege einen Arm um ihre Taille und halte ihr Leichtgewicht aufrecht. Während wir durch die Säle laufen, spüre ich ein Prickeln in meiner Wirbelsäule wie einen Magnet, der mich meinen Blick nach rechts wenden lässt.

Er fällt auf die Holzmodelle des Grabs von Djehutinacht und seiner gleichnamigen Ehefrau. Würde ich drei Schritte darauf zugehen, könnte ich die Särge sehen, die in den Schrein vor der Wand eingelassen sind. Die Wellenlinien des Zweiwegebuchs an einer der Sargwände.

Ich frage mich, wer sich das angesehen hat und als Erster den Gedanken hatte, dass es eine Landkarte war.

Dann sehe ich ihn, hockend vor dem Glas.

Ich schnappe nach Luft, und der Mann erhebt sich. Er ist jünger, weniger blond. Ein Fremder, kein Geist.

»Dawn?«, spricht Win mich mit dünner Stimme an.

»Ich bin hier«, erwidere ich und helfe ihr, voranzukommen.

Man kann argumentieren, dass alle Angst in Verbindung zum Tod steht. Angst vor Spinnen? Die eigentliche Angst ist die, gebissen und getötet zu werden. Höhenangst? Zu Tode stürzen. Flugangst? Absturz. Schlangen, Feuer – Sie wissen, was ich meine. Jerry Seinfeld behauptet sogar, dass Menschen mehr Angst davor haben, öffentlich eine Rede zu halten, als zu sterben – wenn man also gebeten wird, eine Trauerrede zu halten, ist die Person im Sarg besser dran als die am Rednerpult. Warum haben Menschen solche Angst vor dem Sterben? Diese Frage lässt sich ganz leicht beantworten: Weil es uns schwerfällt, uns eine Welt ohne uns vorzustellen.

Je mehr sich Wins Gesundheit verschlechtert, umso ängstlicher wird sie, und sie kann nicht schlafen. Felix berichtet mir, dass sie weniger isst, und ich sehe ihm an, dass ihre Angst auch an ihm frisst – wie Termiten an den Grundmauern eines Hauses.

»Was haben Sie sonst immer getan, um zu entspannen?«, frage ich sie.

»Ich nehme hin und wieder eine Xanax«, lautet Wins Antwort. »Aber ich würde die begrenzte Lebenszeit, die mir noch bleibt, ungern verschlafen.«

»Wir können es mit Magnesium versuchen, sofern es sich mit Ihren Medikamenten verträgt«, schlage ich vor.

Sie verzieht das Gesicht. »Nicht noch mehr Tabletten.«

»Wie wär's mit einer ganzheitlichen Methode? Meditation, Aromatherapie, Massage, Klangbad …«

»Wissen Sie was?«, unterbricht sie mich. »Ich möchte mich bekiffen.«

In Massachusetts ist Marihuana legal, was die Sache vereinfacht. Ich verfüge über eine Auswahl an Gras, Lutschern, CBD-Pillen, sogar Milchshakes. Wir einigen uns schließlich auf Gummibärchen.

Ich habe nicht vor, mitzumachen, aber Win – die erstaunlicherweise nie gekifft hat – hat so große Angst, dass der mögliche Nutzen in Gefahr ist. Also erkläre ich mich letzten Endes bereit, sie zu begleiten. Sie lässt mich die Gummibärchen vor ihren Augen kauen, als wäre sie Schwester Ratched aus *Einer flog übers Kuckucksnest*. Ich mache es mir neben ihr auf der Couch bequem und verfolge, wie die Ränder des Raums angenehm verschwimmen und meine Augenlider immer schwerer werden.

»Wie lange sind Sie schon verheiratet?«, murmelt Win neben mir.

Ich streife sie mit einem Blick. Ihre Arme liegen in der archaischen Position des Todes gekreuzt über der Brust. Was ich jedoch unerwähnt lasse. »Vierzehn Jahre«, sage ich.

»Warum haben Sie geheiratet?«

Diese Nachfrage macht mich stutzig. Für gewöhnlich erkundigt man sich, wie oder warum sich jemand verliebt hat, wie man wusste, dass es der oder die Richtige war. Ich zögere mit meiner Antwort, nicht nur weil mir nicht danach ist, an eine offene Wunde zu rühren, sondern weil ich in der Beziehung zu Win diejenige sein sollte, die ihr hilft, nicht umgekehrt.

Aber schließlich liege ich zugedröhnt neben meiner Klientin.

»Es war das Richtige. Damals«, erwidere ich. Um das Gespräch auf neutralen Boden zu lenken, ergänze ich: »Wussten Sie, dass die modernen Ägypterinnen die Braut zwicken, um ihr Glück zu wünschen?«

»Das ist misslich.«

»Aberglauben rund um Hochzeiten gibt es in vielen Erscheinungsformen. Schleier beschützten die Braut vor bösen Geistern. Brautjungfern sollten den Teufel verwirren, wenn er kam, um sich die Braut zu schnappen. Und eine lange Schleppe machte es ihr schwerer, durchzubrennen.«

»Oh Mann. Diese Bräutigame haben dann aber wohl ein ernsthaftes Problem mit ihrem Selbstwertgefühl.«

Ich lache. »Der Grund, warum wir ›die Braut weggeben‹, erklärt sich damit, dass die Hochzeit als ein Eigentumstransfer angesehen wurde.«

Win spielt an ihrem Ehering. »Als Felix und ich unsere Trauringe ausgesucht haben, erkundigte Felix sich nach dem Unterschied zwischen Platin und Weißgold. Die Verkäuferin meinte, dass Platin, wenn es älter werde, ein wenig grau an den Rändern werde. Felix zeigte auf mich und sagte: *›Oh. So wie sie?‹*« Win blickt auf ihre Hände, als würde sie diese nicht als Teil ihres Körpers erkennen. »Ich werde nicht grau an den Rändern werden«, überlegt sie. »So alt werde ich gar nicht.«

Ich setze mich auf, weil ich sehr wohl weiß, dass es Menschen gibt, bei denen Dope keine Wirkung zeigt, und wieder andere paranoid werden, anstatt zu entspannen. Ich möchte nicht, dass das für sie ins Auge geht. »Win«, sage ich, aber sie unterbricht mich.

»Ich habe versucht, herauszufinden, was diese Krankheit mich lehrt«, sagt sie bedächtig.

»Über den Tod?«

»Nein. Über das Leben.« Win streicht mit der Hand über die Couch, sodass sich die Ledernoppen aufrichten. »Ich meine, das Leben soll uns doch wachsen lassen, oder? Besser werden lassen? Wenn das der Fall ist, was wird der Tod dann für mich sein?«

»Der Tod *geschieht* uns nicht einfach. Eigentlich gibt es kein Passiv für ihn. Sterben ist ein aktives Verb, wir müssen *sterben,* wir werden nicht gestorben. Jeden Tag werden hundertsechzigtausend Babys geboren, während hundertfünfzigtausend Menschen sterben. Auf der Mikroebene streift der Körper Haut- und Gehirnzellen ab, solange wir leben. Selbst nachdem das Herz zu schlagen aufhört, haben die Zellen noch immer genug Sauerstoff, sodass sie noch eine Weile als lebendig erachtet werden können, noch nachdem der Arzt uns für tot erklärt hat. Leben und Tod sind Kopf und Zahl. Man kann das eine nicht ohne das andere haben.«

»Um zu wachsen und besser zu werden, muss vielleicht ein Teil von uns absterben, um Platz für dieses Neue zu machen«, sagt Win langsam. »Wie ein gebrochenes Herz.«

Ich wende mich ihr zu. Sie hat Tränen in den Augen.

Sie wischt sie mit der Hand weg und lacht verlegen. »Und jetzt die Sondermeldung: Es ist schwerer, dem Tod von einem anderen geliebten Menschen ins Auge zu sehen als dem eigenen. Da soll einer schlau draus werden.«

Ich schiebe meine Finger zwischen ihre und drücke sie. »Win. Ich werde mich darum kümmern, dass Felix alle Trauerbegleitung bekommt, die er braucht. Ich werde während der Beerdigung bei ihm sein und mich auch danach um ihn kümmern. Ich verspreche Ihnen, er wird so lange nicht allein sein, bis ich weiß, dass er zurechtkommt.«

Sie blickt mich überrascht an. »Das ist gut zu wissen. Aber ich habe von Arlo gesprochen.«

Ihrem Sohn. Der gestorben ist.

»Ich würde gerne mehr über ihn erfahren, sofern Sie die Kraft dazu haben«, erwidere ich.

Sie sinkt tiefer in die Kissen auf der Couch. »Was kann ich Ihnen erzählen? Er ist einen Monat zu früh geboren worden. Seine Lungen waren nicht kräftig genug, und er lag wochenlang auf der Frühchenstation. Aber er kam lachend auf diese Welt. Ich weiß, es heißt, Babys könnten das gar nicht, wochenlang nicht, aber er tat es. Er lachte die ganze Zeit. Wenn er sich an seinem Körbchen hochzog, wenn ich ihn badete, wenn ich ihm etwas vorsang. Wobei normalerweise alle Reißaus nehmen, wenn ich zu singen anfange.« Ein Lächeln geistert über ihre Lippen. »Er lachte die ganze Zeit, bis er zu schreien anfing. Keiner wusste, was mit ihm los war. Und Arlo wusste es auch nicht. Es war zu heiß oder zu kalt. Das Etikett seines Hemds scheuerte. Der Lehrer verstand ihn nicht. Die anderen Kinder mochten ihn nicht.« Sie zögerte. »Schuld waren immer die anderen. Es gab

Tage, da verkroch er sich im Schrank und schluchzte, bis er einschlief. Und dann gab es andere Tage, da schlug er sämtliche Fenster im Haus mit einem Baseballschläger ein.«

Sie holt Luft. »Wir brachten ihn zum Psychologen. Familientherapie, das volle Programm. Die Diagnose lautete oppositionelles Trotzverhalten. Wissen Sie, was das ist?«

Ich hatte den Begriff schon mal gehört, bezogen auf ein kleines Mädchen in Merets Grundschulklasse, das aus einem Waisenhaus in der Ukraine adoptiert worden war und sich einfach nie in die neue Familie einzufügen schien. Sie biss und kratzte und schluchzte. »Hat es nicht was mit der Unfähigkeit zu tun, eine Bindung einzugehen?«

Win schluckt. »Ja. Stellen Sie sich vor, wie ich mich *dabei* gefühlt habe. Während der drei Wochen, die er auf der Frühchenstation lag, war ich jeden Tag dort. *Jeden* Tag. Keiner liebte Arlo so, wie ich ihn liebte.« Sie beugt sich vor, stützt die Ellbogen auf den Knien ab. »Nichts hat funktioniert. Kein Belohnungssystem, keine Zeitsperren, nicht mal – es fällt mir schwer, das zugeben zu müssen – Prügel. Ich ging dazu über, mir vorzustellen, dass mein echter Junge mir von Feen weggenommen worden war und dieses … dieses Wesen, das ich nicht verstand … nur ein vorübergehender Ersatz war. Lächerlich, ich weiß. Aber es war leichter, als sich einzugestehen, dass es Zeiten gab, in denen ich mir wünschte, Arlo wäre nie geboren worden. Welche Mutter kann das zugeben und sich dennoch Mutter nennen? – Dann erzählte mir eines Tages unser Kinderarzt von der Haltetherapie. Die ist sehr widersprüchlich. Es gab Konferenzen, zu denen man sein Kind mitbringen und sich zeigen lassen konnte, wie man das machte, aber das konnten wir uns nicht leisten. Also las ich Bücher und versuchte, es mir selbst beizubringen. Wann immer Arlo einen Zusammenbruch hatte, hielten Felix oder ich ihn fest. Stundenlang drückte ich ihn an mich. Die Regel lautete, dass er brüllen und schreien, mich verfluchen und schlimme Dinge zu mir sagen konnte, mir am Ende der zwei Stunden aber in die Augen schauen musste. Das ist alles. Dann ließ ich ihn los«, berichtet Win. »Es funktionierte. Bis er zu groß wurde, um ihn zu halten.« Ihr Gesicht beginnt zu glühen. »Arlo hatte noch immer schlimme Tage, aber er *kam* dann zu mir, verstehen Sie? Ich war nicht der Feind. Ich kämpfte an *seiner Seite. Ich* war der sichere Ort. Aber dann war ich es eines Tages nicht mehr.« Sie verschränkt die Hände. »Ich weiß nicht, wann er es zum ersten Mal genommen hat. Und auch nicht, wer es ihm gegeben hat. Es war einfach und billig, und wenn er high war, war er glücklich.« Win sieht mich an. »Er lachte wieder. Und das ständig.«

Ich weiß, wie schrecklich eine Sucht sein kann. Ich hatte im Hospiz einen Patienten, der mit einem Fentanylpflaster aus dem Krankenhaus nach Hause kam, das sein Enkel abzog und in Alkohol auskochte, damit er diese Droge nutzen konnte. Seitdem habe ich es mir zu Angewohnheit gemacht, nach dem Tod eines Klienten die möglicherweise noch verbliebenen Opiate zu vernichten, indem ich sie mit Katzenstreu oder Bleichmittel versetze.

»Ich flehte Arlo an, einen Entzug zu machen. Er tat es und wurde rückfällig. Sechs Tage vor seinem sechzehnten Geburtstag starb er an einer Überdosis.« Win vergräbt ihr Gesicht in den Händen. »Und das ist alles meine Schuld, weil mein Körper ihn nicht festhalten konnte – nicht vor seiner Geburt und auch nicht lange genug danach.«

»Nein, Win. Sie dürfen sich keine Vorwürfe machen, dass er auf der Frühchenstation lag, und es gibt auch keinen Beweis dafür, dass dies die Quelle seiner Wut war. Und auf gar keinen Fall dürfen Sie sich vorwerfen, dass Sie ihn nicht hatten retten können.«

»Ich habe gebetet, Arlo möge von seinem Elend befreit werden«, sagt sie tonlos. »Und das wurde er.«

Unvermittelt steht sie auf, ein wenig schwankend. »Ich möchte Ihnen was zeigen.«

Ich springe auf und stütze sie. Win steigt die Treppe hoch und bleibt vor einem altertümlichen Schreibtisch stehen, um aus der Schublade einen altmodischen Schlüssel an einem gelben Band zu holen. Sie führt mich zu einer verschlossenen Tür am Ende des Flurs.

Es ist ein kleiner, achteckiger Raum, Teil des Türmchens des viktorianischen Hauses. Schwere Samtvorhänge hüllen ihn in Dunkelheit, bis Win vor eins der Fenster tritt und es aufreißt. Wie von Zauberhand trudeln Staubflocken in der abgestandenen Luft. Sie geht auf die anderen beiden Fenster zu und zieht auch dort die Vorhänge auf, sodass Licht den Raum erfüllt.

Das Mobiliar besteht aus einem Hocker und einem mit Farbklecksen gesprenkelten Tisch. Sowie einer leeren Staffelei.

An den mit Haken versehenen Wänden reihen sich Dutzende Leinwände, gestapelt und ausgewogen. Manche zeigen nur die Rückseite mit Farbabdrücken auf den hölzernen Keilrahmen. Andere starren mir kühn ins Auge.

Ich gehe in die Hocke, um mir ein Gemälde genauer anzusehen. Es zeigt einen braunen Jungen mit einem explosiven Kranz weißer Haare, der eine Pusteblume mit passender Krone hält. Die Technik erinnert mich an die der Impressionisten, die wir uns im Bostoner Museum angesehen haben – verschwommen, verstrahlt, Farbe, die ein Objekt ohne definierte Umrisse andeutet. Wins Pinselstriche sind wellig und gekräuselt, und an einigen Stellen ist die Farbe so dick aufgetragen, dass sie sich von der Leinwand abhebt. Die Wirkung ist der Erfahrung vergleichbar, die man macht, wenn man vom Grunde eines Pools die Sonne zu finden versucht. Um das Bild wirklich zu sehen, darf man nicht zu nah dran sein. Man muss zurückweichen und den Rest im Geiste ergänzen.

Es ist nicht bloß ein Bild von Arlo. Es ist das Bild eines Wunsches, der Moment, bevor man den Wunsch ausspricht. Der Moment, bevor man riskiert, enttäuscht zu werden.

Ich gehe die Leinwände durch und sehe weitere Bilder dieses Jungen – eindeutig ihr Lieblingsobjekt –, aber auch eine Studie von Händen, die Felix gehören könnten, und eine Landschaft, die wie Maine aussieht. Traurigkeit erfüllt mich – nicht nur wegen Wins Verlust von Arlo, sondern auch, weil sie sich von ihrer Kunst losgesagt hat. Wegen dieser wunderschönen Momentaufnahmen eines Lebens, die nun in einem verschlossenen Raum vor sich hin gammeln.

»Ich würde gern ein paar davon nach unten bringen«, schlage ich vor.

»Ich nicht«, lautet Wins entschiedene Antwort.

Sie streicht mit der Hand über eine Palette, pickt mit einem Daumennagel an einem schwarzen Klecks, der wie ein abschätziges Auge aussieht. »Wussten Sie, dass der Ursprung der Kunst eine Liebesgeschichte ist?«, fragt sie. »Plinius der Ältere berichtet von der Tochter des Butades, die, verärgert, dass ihr Freund die Stadt verließ, dessen Schattenriss an eine Wand zeichnete, während er schlief – und das war die erste Strichzeichnung. Das Problem ist nur, dass er bereits weg war, als sie ihn später zeichnete. Man kann nicht gleichzeitig auf das Motiv und auf das Bild schauen, das man zeichnet. Sie hat nur seinen Schatten skizziert.« Win sieht mich an. »In der Kunst geht es nicht um das, was man sieht. Sondern um das, woran man sich erinnert.«

Sie sinkt zu Boden und berührt mit den Fingern eins der Gemälde. Auf diesem ist Arlo älter, schwebt in einem Schwimmreifen am Horizont, als würde er vom Rand der Welt davonsegeln.

»Wenn ich sterbe, möchte ich eine Decke von Arlos Bett bei mir haben«, sagt Win.

»Ich sorge dafür, dass Sie die bekommen«, verspreche ich.

Ich nehme mir vor, Felix zu fragen, wo ich die Decke finde.

Während Win in ihren Erinnerungen versinkt, sehe ich mir die Leinwände auf der anderen Seite des Zimmers an.

Ein Bild hebt sich von allen anderen ab.

Zum einen ist es klassisch ausgeführt – ein Aktbild. Es ist so real, dass ich den Abdruck der Zähne sehe, wo diese in die Unterlippe beißen, ich spüre die Sonnenhitze, die sich gegen das Fenster in der hinteren Ecke des Gemäldes presst. Eine Hand liegt locker über den Augen des Modells, die andere bewegt sich zwischen dessen Beinen. Die Pose erinnert mich an Manets *Olympia*, doch in seiner Detailgenauigkeit könnte es sich auch um eine Fotografie handeln. Der Künstler hat alles so genau wiedergegeben, dass ich regelrecht höre, wie die Frau den Atem anhält.

Es ist Win. Als sie noch Hüften und Brüste anstatt Vertiefungen und Kanten hatte, als sie noch ganz und gesund und verliebt war. Im Widerspruch zu dem, was sie gerade gesagt hat, spüre ich fast das Kitzeln des Pinsels auf ihrer Haut, als der Künstler *sie* zum Leben erweckt hat und nicht nur die Erinnerung an sie.

»Wer hat das gemalt?«, frage ich.

Einen Moment sieht es so aus, als wollte Win nicht darauf antworten. Sie erhebt sich und zieht mir errötend die Leinwand aus den Händen. »Das sollte gar nicht hier sein.« Sie dreht es um und stopft es hinter einen Gemäldestapel.

An meinem Handgelenk vibriert die Uhr, deren Wecker ich gestellt hatte. »Es ist Zeit für Ihre Medizin«, sage ich zu Win, die mich daraufhin so erleichtert ansieht, dass ich Schuldgefühle bekomme. Sie schließt hinter uns die Tür, aber anstatt den Schlüssel wieder in die Schublade zu legen, steckt sie ihn sich in den BH.

Erst nachdem ich ihr die von Felix abgemessene Dosis ihrer Medizin gegeben habe, spricht Win wieder. »Was denken Sie, ob Arlo auch dort sein wird … wohin ich gehe?«

»Ich weiß es nicht«, gebe ich zu.

»Das würde mir gefallen. All diejenigen wiederzusehen, die ich verloren habe.«

Erst viel später denke ich über das von ihr benutzte Wort nach. *Verloren.*

Um jemanden zu vermissen, muss dieser nicht gestorben sein.

Wir sehen uns einen schrecklichen Hallmark-Film an, als die CBD-Gummibärchen endlich zu wirken beginnen und Win eindämmert. Ich bleibe noch eine Weile bei ihr sitzen, bis ich Felix' Auto in der Einfahrt höre. Ich beobachte ihn einen Moment von der Haustür aus: wie er den Rückspiegel kontrolliert, die Handbremse anzieht und seine Habseligkeiten vom Beifahrersitz nimmt. Ich frage mich, wie es wohl wäre, von jemandem umsorgt zu werden, dessen Beruf sich ganz und gar um Sicherheit dreht.

Als er sieht, dass ich auf ihn warte, beschleunigt er seinen Schritt. »Ist alles in Ordnung?«

»Alles gut.« Nun, so gut, wie es sein kann, wenn die eigene Ehefrau stirbt. »Sie schläft.«

Seine Schultern entspannen sich, als er realisiert, dass es nicht die von ihm am meisten gefürchtete Nachricht ist. »Oh. Das ist gut.«

Ich folge ihm in die Küche und gebe ihm einen kurzen Überblick über die Medikamente, die Win eingenommen hat, wie viel sie gegessen und ausgeschieden hat. Der Betreuer reicht den Stab weiter. »Win hat mir heute ihre Gemälde gezeigt«, sage ich.

Er ist gerade dabei, einen Krug mit Wasser aus dem Kühlschrank zu holen, hält aber inne. Dann schenkt er sich ein Glas ein, trinkt und stellt es leer auf die Theke. »Tatsächlich?«

»Wir unterhielten uns über Arlo. Sie möchte seine Decke bei sich haben, wenn sie stirbt.«

Bei diesem Wort zuckt Felix zusammen.

»Wissen Sie denn, wo sie ist?«

»Auf dem Dachboden«, sagt Felix und hebt die Hand Richtung Zimmerdecke. »Irgendwo. Seine ganzen Sachen sind dort oben. Anfangs musste ich Win versprechen, dass ich in seinem Zimmer nichts verändere, aber dann kam ich eines Tages nach Hause und sah, wie sie seine Laken zerriss, seine Kleider zerfetzte und seinen Computer kaputt schlug…« Seine Stimme bricht. »Ich habe alles in Kisten verpackt. Für den Fall, dass sie es eines Tages brauchen würde.«

Ich sehe ihn an. »Ich weiß, wie hart das ist – Win zu verlieren, wo Sie vor nicht allzu langer Zeit Ihren Sohn verloren haben.«

Felix kneift die Augen zu. »Arlo war nicht mein Sohn«, sagt er. Dann zieht er beschämt den Kopf ein. »Ich meine, er war es, weil ich ihn wie ein Vater geliebt habe. Aber er war bereits sechs, als ich Win kennenlernte.«

Ich muss an das Porträt denken, das sie in ekstatischer Pose zeigt. »Das hat sie nicht erwähnt«, erwidere ich.

Als ich nach Hause komme, tigert Brian durch die Küche. »Du bist da. Albert sei Dank.«

Er glaubt nicht an Gott, an Einstein aber glaubt er.

Panik erfasst mich, weil ich mich frage, welchen Termin ich fast verpasst hätte. Dann fällt es mir wieder ein: Meret geht zu einem Tanz im Ferienlager, und wir sind beim Dekan der Fakultät zum Essen eingeladen.

Normalerweise kann ich sozialen Verpflichtungen meiner Arbeit wegen nur schwer nachkommen, aber diese Einladung bedeutet Brian sehr viel. Womöglich ist sie mit einer Beförderung auf einen Lehrstuhl verbunden. Ich versprach ihm, mitzukommen. Er versprach mir, Gita würde nicht dort sein.

»Ich muss mir nur noch was anderes anziehen. Ist Meret schon fertig?«

»Sie hat es sich anders überlegt.«

Ich bleibe auf der Treppe stehen. »Warum?«

»Ich weiß es nicht.« Brian wirft einen Blick auf seine Uhr. »Sie ist alt genug, um allein zu Hause zu bleiben. Und wir dürfen nicht zu spät kommen.«

Sie mag in der Lage sein, zu Hause zu bleiben, aber sie *sollte* es nicht. Wenn Meret ihrer Sozialphobie nachgibt, gießt sie damit nur Wasser auf ihre Mühlen. Ihre Freunde werden ohne sie Spaß haben, werden nicht anrufen, keine Sprachnachrichten schicken. Und sie wird die ganze Nacht hier sitzen und sich einreden: *Siehst du, ich hatte recht, nicht hinzugehen. Mich vermisst ohnehin keiner.*

Ich laufe hoch und klopfe an Merets Tür. Musik dröhnt wie ein pochender Schädel bei Kopfweh. Als sie nicht antwortet, öffne ich die Tür und sehe sie auf ihrem Bett liegen, wo sie in Trainingshose und T-Shirt ungeachtet des Lärms liest. Der Bass jagt mir den Puls hoch. »Hey«, sage ich und gebe mich unwissend. »Wann wollte Sarahs Mama dich abholen?«

»Ich gehe da nicht hin«, blafft sie.

»Zum Tanzen?« Ich gehe an ihren Laptop und drücke die Lautstärketaste, um die Phonzahl runterzufahren. Es gibt keine Melodie, nur Rhythmus und Improvisation. Ich frage mich, ob jede Generation dazu bestimmt ist, einen Musikstil zu finden, der sich dem Verständnis der vorangegangenen Generation gänzlich entzieht.

Meret reagiert nicht. Sie hebt ihr Buch hoch, sodass es unser Blickfeld blockiert.

»Ich verstehe das nicht. Du hast dich doch darauf gefreut.«

Hat sie auch vor ein paar Tagen. Sie hatte Sarah vom MINT-Camp mit nach Hause gebracht, und sie tuschelten miteinander und schoben sich Zettel zu, und einmal habe ich sogar einen Namen aufgeschnappt: Todd. Ich frage mich, wer er ist. Ob er was gesagt oder getan hat, das sie verletzt hat.

Ich würde es ihm am liebsten heimzahlen.

»Es ist nicht mal eine Tanzparty. Da trifft sich ein Haufen Jugendlicher, die sich aneinanderreiben.«

»Na ja«, sage ich leichthin. »Reibung *ist* MINT.«

Sie legt das Buch beiseite. »Das meinst du jetzt aber nicht wirklich.«

Ich drücke ihren Arm. »Vielleicht wird es besser, als du denkst. Außerdem, was ist die Alternative? Dad und ich müssen zu einem Arbeitsessen.«

»Ich brauche keinen Babysitter.«

»Meret«, sage ich behutsam, »wenn du es gar nicht erst versuchst …«

»Wird keiner mich für eine Loserin halten«, platzt es aus ihr heraus. Sie dreht sich von mir weg. »Ich habe nichts anzuziehen.«

Ich stehe auf, öffne den Schrank und ziehe ein Kleid vom Bügel. »Wie wär's damit.«

»Das habe ich zu einer *Beerdigung* getragen.«

»Jeans?«, schlage ich vor.

»Es ist ein *Tanz*abend, Mom.«

Ich ziehe sie vom Bett hoch. »Nun komm schon. Wir finden was.«

Zögerlich lässt sie sich in den begehbaren Kleiderschrank in unserem Schlafzimmer mitschleifen. Ich erinnere mich noch lebhaft daran, wie sie sich als kleines Mädchen hineingeschlichen und meine Kleider und meinen Schmuck anprobiert hat, um dann runterzukommen und uns eine Modenschau zu geben. Ich ziehe die paillettenbestickte Bluse heraus, die ihr immer gefallen hat, aber zum Spielen viel zu kostbar war. »Hier«, sage ich.

Meret reißt die Augen auf. »Ernsthaft?«

»Solange du dich nicht darin reibst.«

Sie grinst und zieht sich ihr Shirt über den Kopf, wobei sie mir den Rücken zukehrt. Ich helfe ihr, meine Bluse über den Kopf zu streifen. Als sie diese nach unten zieht, dehnt sich die Naht unter den Achseln.

»Weißt du«, sage ich, »die war immer blöd geschnitten. Probier das mal an.« Ich ziehe eine kastenförmige Tunika heraus, die locker über Merets Schultern fließt, und drehe sie dann vor dem Spiegel.

»Das sieht aus wie ein Zelt.«

»Ein *Designer*zelt«, berichtige ich, aber sie geht tatsächlich unter darin.

Ich gehe wieder zum Schrank, und mir fällt auf, dass ich sehr viel Schwarz in meiner Garderobe habe, aber schließlich gehe ich auch häufig auf Beerdigungen. Bei einigen Kleidern zögere ich, befürchte aber, dass sich die Reißverschlüsse nicht zuziehen lassen. »Weißt du was? Das sind Kleider für alte Frauen«, stelle ich fest.

Meret sieht mich erstaunt an.

»Aber ich habe hammermäßige Schuhe.«

Ich greife in die Tiefen des Schranks. Dabei streift meine Hand die gespachtelte Wand. Als ich klein war, versteckte meine Mutter einen Babyschuh in der Dämmung, um das Böse zu bannen. Ich fand es lächerlich, doch als ich in Brians Haus einzog, tat ich genau das Gleiche. Aber selbst wenn man was zugipst, weiß man, dass es da ist.

Wir haben beide die gleiche Schuhgröße. Ich reiche Meret ein Paar Stöckelschuhe, die ihr wahrscheinlich zu hoch sein werden.

Sie nimmt sie und blickt, anstatt mich anzusehen, auf die Schuhe. Wir wissen beide, dass dies ein Zugeständnis ist. *Sag es nicht*, teilt sie mir schweigend mit.

Ich werde mit ihr shoppen gehen. Werde ihr Kleider kaufen, in denen sie sich schön fühlt. Werde ihr zeigen, was ich sehe, wenn ich sie ansehe. Aber in diesem Moment hilft das alles nichts.

»Vielleicht sind Jeans doch okay«, meint Meret, und es bricht mir das Herz. Mit hängenden Schultern kehrt sie in ihr Zimmer zurück. Geschrumpft. All der Sorge wegen ihrer Unförmigkeit zum Trotz kann sie sich unvorstellbar klein machen.

»Warte«, sage ich und nehme sie an der Hand. Ich ziehe sie ins Badezimmer und lasse sie auf dem Toilettendeckel Platz nehmen. Ich nehme Grundierung und Eyeliner, Lidschatten und Rouge. Als Meret klein war und mir beim Schminken zusah, bettelte sie immer, von mir genauso geschminkt zu werden. Ich beugte mich dann über den Spiegel, wischte mir mit der Mascarabürste über die Wimpern, steckte sie zurück und gab dann vor, dasselbe bei ihr zu machen. Rouge auf die Wangen, Lippenstift und Lipgloss.

Diesmal ist es nicht gespielt. Meret ist meine Leinwand. Nur dass ich nichts neu erschaffe, ich ziehe nur das Kunstwerk nach, das bereits existiert.

Früher hob ich am Ende den Handspiegel hoch, und Meret drehte ihr kleines Gesicht von links nach rechts, als könnte sie den unsichtbaren Unterschied tatsächlich sehen. *Mommy*, fragte sie dann. *Bin ich jetzt schön?*

Daraufhin gab ich ihr einen Kuss auf die Stirn und sagte: *Das warst du bereits.*

Horace Germaine, der Dekan der Fakultät, wohnt in einem Stadthaus an der Mass Ave, das trotz Sommer noch immer mit Halloween-Deko geschmückt ist. Vielleicht ist seine Frau, Kelsey Hobbs, dafür verantwortlich, die angeblich von einer Familie abstammt, deren Tochter in Salem wegen Hexerei der Prozess gemacht wurde. Wie auch immer, sie ist mir sympathischer als er. Während Brian sich bei ihm, der für die Vergabe der Lehrstühle zuständig ist, einschleimt, stehe ich mit meinem dritten Glas Wein in einer Ecke und täusche Interesse an einer Diskussion über den Verkehr in Cambridge vor.

»Und Sie, Dawn«, spricht mich der Ehemann einer Wirtschaftswissenschaftlerin an. »Was machen Sie?«

»Ich bin Sterbe-Doula«, sage ich.

»Eine was?«

»Ich werde auf privater Basis von Menschen eingestellt, die eine Betreuung am Lebensende benötigen.«

Eine Ehefrau nickt. »Sie pflegen also?«

»Alles andere *außer* pflegen«, erkläre ich. Ich erkläre kurz, was ich mache, und sehe, wie sich ihr Verhalten verändert. Sag jemandem, dass du mit Sterbenden arbeitest, und du bist schlagartig eine Heilige. »Es war so schwer, als meine Mutter entschlafen ist«, wirft eine andere Ehefrau ein und berührt mich am Arm. »Sie sind ein Engel.«

Am liebsten würde ich darauf antworten: Nein, bin ich nicht. Es ist eine wichtige Arbeit, aber ich bin viel weniger Mutter Teresa als Nervensäge. Nur, weil ich nah dran bin an dem, was vielen Menschen Unbehagen bereitet, bin ich noch nichts Besonderes. Es bedeutet nur, dass ich bereit bin, mich mit den Dingen zu befassen, die anderen Unbehagen bereiten.

Aber ich antworte darauf mit: »Danke.«

Die Tatsache, dass ich mich noch zensieren kann, beweist, dass ich weniger betrunken bin, als ich dachte.

Der Ehemann der Wirtschaftswissenschaftlerin nähert sich mir schwankend und fragt mit gedämpfter Stimme: »Hat Sie schon mal jemand gebeten … den Prozess zu beschleunigen?«

Wir haben alle schon Geschichten über die sogenannten Todesengel gehört, die eine Morphiumdosis erhöhen, damit ein Patient nicht mehr aufwacht. Am nächsten kam ich dieser Problematik bei einer katholischen Klientin, die Herzmedikamente nahm. Sie fragte mich, ob es Selbstmord wäre, wenn sie aufhörte, diese einzunehmen? Ich sagte ihr, dass dies meiner Ansicht nach nicht zutreffen würde – es gibt einen Unterschied zwischen der aktiven Beendigung eines Lebens und dem Zulassen eines natürlichen Krankheitsverlaufs ohne Behandlung.

Sie nahm weiterhin ihre Herzmedikamente und starb zwei Wochen später an einem Schlaganfall.

»Meine Großmutter wurde im Dodger Stadium von einem

Ball getroffen, der ins Aus gegangen war«, sagt eine junge Frau. »Sie fiel einfach tot um.«

»Das muss unglaublich schwer für Sie und Ihre Familie gewesen sein«, erwidere ich.

»Ich habe gehört, dass es am Mount Everest Leichen gibt, die schon so lange dort festgefroren sind, dass man sie als Wegmarkierungen benutzt …«

Wenn man Experte fürs Sterben ist, denken die Leute, du bist auch eine Expertin des Todes. Unvermittelt hakt sich Kelsey Hobbs bei mir ein, als wären wir Freundinnen, die sich nach langer Zeit wiedergefunden haben, und nicht Ehefrauen, die sich erst seit einer halben Stunde kannten. »Dawn«, sagt sie, »ich muss Ihnen ein Memento mori zeigen, das ich in meiner Bibliothek habe.«

Todes-Memorabilien. Ich hätte in Kelsey keine Sammlerin vermutet. Aber sie sieht mich mit ihren blauen Augen an, und mir wird klar, dass sie mir eine Botschaft sendet. »Oh natürlich«, erwidere ich und lasse mich von ihr aus der Gesprächsrunde herauslösen und in den Flur mitziehen.

Eigentlich rechne ich nicht damit, dass sie mir tatsächlich ein Schmuckstück zeigt, aber da liege ich falsch. Vis-à-vis einem massiven Bücherregal hängt ein Foto an der Wand, auf dem ein von einem Paar flankiertes junges Mädchen zu sehen ist. Das Paar ist unscharf, das Kind kristallklar. Ich weiß, dass man in viktorianischer Zeit zur Erinnerung an die Toten Fotos machte. Wegen der langen Belichtungsdauer sah man die Eltern des Mädchens unscharf, die Tote hingegen bewegte sich nicht.

»Wer ist sie?«, frage ich höflich.

»Wenn ich das wüsste«, erwidert Kelsey. »Sie gehörte hier zum Inventar. Jahrelang glaubte ich, dass die Eltern Geister waren und deshalb so verschwommen sind. Dann habe ich ein wenig recherchiert.« Sie greift in die oberste Schublade eines klobigen Schreibtischs und holt zwei Zigarren heraus, bietet mir eine an. »Rauchen Sie?«

»Nein danke.« Ich könnte mir Kelsey Hobbs gut als meinen Lieblingsmenschen in Harvard vorstellen.

Sie zündet die Zigarre an und pafft. »Ich hatte das Gefühl, Sie retten zu müssen. Ist nur eine Vermutung, aber ich könnte mir denken, dass Sie, die den ganzen Tag mit Sterbenden verbringen, nicht begeistert sind, wenn das auch noch in Ihrer Freizeit Gesprächsthema ist.«

»Offen gestanden macht es mir nichts aus, übers Sterben zu sprechen. Aber meine Kenntnisse über den Tod sind begrenzt, da ich ihn noch nicht selbst erfahren habe.«

»Stellen Sie sich das Geschäft vor, das Sie aufbauen könnten, wenn dem so *wäre.*« Kelsey kneift die Augen zusammen. »Ist es deprimierend?«

»Manchmal«, antworte ich aufrichtig. »Meistens ist es demütigend.«

Sie drückt die Zigarre in einem Aschenbecher aus. »Wegen dieser Dinger hier werde ich über kurz oder lang sterben. Vielleicht heuere ich Sie dann an.«

Ich lächele. »Vielleicht tun Sie das.«

Die Tür geht auf, und Brian steckt, gefolgt von Horace Germaine, den Kopf herein. »Da bist du also«, sagt Horace zu seiner Frau. »Du machst deinen Job als Gastgeberin miserabel.«

»Das sind alles schreckliche Leute«, sagt Kelsey. »Außerdem stelle ich Dawn gerade ein, um mir beim Sterben zu helfen.«

Brians Lächeln gefriert.

»Gibt es etwas, was du mir verheimlichst?«, erkundigt Horace sich freundlich.

»Wir werden alle sterben«, werfe ich fröhlich ein.

Der Dekan der Fakultät zieht die Brauen hoch. »Das ist hart.«

»Nicht wirklich.«

»Dawn ...« Brian errötet.

»Darüber zu sprechen ist wirklich in Ordnung«, ergänze ich und erwärme mich für das Thema. »Wenn man über Sex spricht, wird man nicht schwanger, und über den Tod reden bringt einen nicht um …«

»Keiner will auf einem Treffen der Fakultät übers Sterben sprechen«, zischt Brian.

»Wieso nicht? Du sprichst doch ständig über tote Katzen.«

»Sollen wir dir nicht was zu trinken holen?«

»Ich habe ein volles Glas.«

»Vielleicht willst du ja was anderes?« Brian packt mich am Arm und zieht mich zur Tür. In letzter Minute dreht er sich um und sagt an Horace gewandt: »Es tut mir sehr leid.«

Wie ein Kind, das mit der schlimmsten Bestrafung rechnet, stolpere ich ihm hinterher. Als wir im Flur irgendwo in Höhe des Badezimmers angekommen sind, wendet Brian sich mir zu. Er ist so außer sich, dass er erst kein Wort über die Lippen bekommt. »Du wusstest, wie viel mir der heutige Abend bedeutet hat«, sagt er schließlich.

»Ich habe über meine Arbeit gesprochen. Wäre es dir lieber, wenn ich mich als Brians Ehefrau vorstelle?«

»Dreh mir die Worte nicht im Mund um.«

»*Ich* drehe *dir* die Worte um? Ich bin auf eine Cocktailparty mitgegangen. Du hast mich verlassen.«

Als ich das laut ausspreche, wird mir klar, dass es hier nicht um Gita geht – vielleicht nie gegangen ist. Sie ist das Symptom, nicht die Krankheit. Ich hatte immer gedacht, Brian wäre für mich da. Deshalb hatte ich mich auch in ihn verliebt – langsam, nach und nach habe ich mich von seiner Kraft und seiner Geborgenheit abhängig gemacht, bis ich mich nicht mehr erinnern konnte, wie es wäre, ohne ihn zu existieren. Aber dann kam der Moment, als Brian *nicht* für mich da war. Und sofern das möglich war, hatte ich mich womöglich jahrelang selbst belogen. Vielleicht ruhte unsere ganze Beziehung auf wackeligem Grund.

Du hast mich verlassen, sage ich mir wieder und frage mich, ob meine Wut ihm gilt oder mir selbst, weil ich ihn als selbstverständlich angesehen habe.

Die Spülung geht, und die Badezimmertür öffnet sich. Eine Frau mit einem dicken Strang aus Saatperlen sieht erst mich, dann Brian an und drückt sich dann mit einer gemurmelten Entschuldigung an uns vorbei.

Der Raum verschwimmt vor meinen Augen, und ich weiß nicht, ob es am Wein liegt, den ich getrunken habe, oder weil ich weine. Brian will mich festhalten, aber ich bin schneller. Ich renne über den Flur, vorbei an der Frau, die im Badezimmer war, in die Küche, wo ein angeheuerter Koch die Tabletts für vier gelangweilte Kellner bestückt. Nachdem ich fast gegen einen Tisch mit Gläsern geknallt wäre, jage ich durch die Tür, als wäre mir der Teufel auf den Fersen.

Draußen in der Stille eines Cambridge-Gartens laufe ich den Zaun ab, bis ich das nicht abgeschlossene Gartentor finde. Ich drücke es auf und laufe dann die Straße entlang, bleibe im Schein einer Straßenlaterne stehen, trockne die Tränen und streife mir die Stöckelschuhe ab. Zwei Collegekids kommen streitend vorbei, zu vertieft in ihr eigenes Drama, als meins zu bemerken.

Liebe entsteht nicht, weil man perfekt zueinanderpasst, eher im Gegenteil. Wie Eiswürfel in einem Becher. Anfangs stößt man sich, schrammt aneinander und verhakt sich. Aber jedes Mal, wenn das passiert, werden die Kanten abgeschliffen, bis man einander aufgerieben hat. Und wenn man Glück hat, dann passt man am Ende von alledem zusammen.

Zwei Wochen nachdem ich bei Brian eingezogen war, gingen wir zum Abendessen in ein Restaurant. Er war begeistert von der Restetüte, die er mit nach Hause nahm – ein ganzes zweites Parmesanhühnchen, das er am nächsten Tag in der Mittagspause essen würde. An der Ampel stand ein Obdachloser, der winkte, und Brian kurbelte wortlos sein Fenster herunter und reichte ihm die Tüte. Ich dachte: *Er ist so ein guter Mensch.* Ich wollte wie er sein. Hoffte, es würde auf mich abfärben.

Selbst jetzt, da ich, von dem furchtbaren Wunsch beseelt, die vergangenen zwanzig Minuten ungeschehen zu machen, am Straßenrand sitze und mir die Wimperntusche übers Gesicht läuft, kann ich mir ein Leben ohne Brian nicht vorstellen. Ich weiß nicht, wer dann die Augen verdrehen würde, wenn ich Pizza mit Ananas bestelle. Wer wissen würde, welchen Song er abspielen soll, ohne mich fragen zu müssen. Wer sonst mich gut genug kennen würde, um mich zu kränken.

Der Wagen verlangsamt sein Tempo im Näherkommen, die grellen Scheinwerfer blenden mich. Er bleibt stehen, eine Tür schlägt zu. Brian lässt sich neben mir auf dem Randstein nieder. Seine Hand neben meiner auf dem Beton.

Ich schiebe meinen kleinen Finger über seinen.

»Ich wollte nicht so biestig sein«, sage ich.

»Es tut mir leid«, murmelt Brian. »Ich wünschte, ich könnte alles zurücknehmen.«

»Ich auch«, würge ich hervor.

Da kommt mir in den Sinn, dass wir womöglich nicht über dasselbe sprechen.

Ich lehne den Kopf an seine Schulter. »Wenn du Lehrstuhlinhaber bist«, sage ich, »servieren wir besseren Wein.«

In einer Seifenblase fragilen Friedens kommen wir nach Hause. »Ich … könnte unter die Dusche springen«, schlage ich vor.

Das ist der Code für: *Lass uns miteinander schlafen.* Es gab einen Moment in unserer Beziehung, da war Sex etwas absolut Spontanes. Aber irgendwann wurde er strukturierter, *weil* wir einander gernhatten. Brian rasierte sich, damit sein Bartwuchs mich nicht an den Schenkeln kratzte. Ich brachte einen Waschlappen mit und steckte ihn unters Kissen, damit es, wenn wir fertig waren, keinen feuchten Fleck gab.

Brian drückt meine Hand. »Vielleicht brauchst du jemanden, der dir den Rücken wäscht«, sagt er.

»Ja, vielleicht.«

Die Tür geht auf, und wir springen auseinander, als wäre das nicht unser Haus, als wären wir nicht verheiratet. Meret kommt herein und ist genauso überrascht, uns zu sehen, wie wir sie. Sie ist barfuß und trägt meine Schuhe in der Hand. Die Wimperntusche läuft ihr übers Gesicht, und sie hält die Tränen nur mit Mühe zurück.

»Baby«, hauche ich. »Was ist passiert?«

Die schlimmsten Befürchtungen hämmern auf mich ein: Sie bekam K.-o.-Tropfen und wurde vergewaltigt, sie hatte einen Unfall. Sie wendet ihr Gesicht ab, als sie mir die Stöckelschuhe aushändigt. »Der Riemen ist abgerissen«, schluchzt sie und rennt dann nach oben.

Ich sehe Brian beunruhigt an. Seine Hände verkrampfen und entkrampfen sich, mit heftigen Gefühlen konnte er noch nie gut umgehen. »Ich gehe hoch«, verkünde ich.

Ich setze mich zu Meret aufs Bett. Streichele ihr den Rücken und warte, bis das Schluchzen nachlässt. »Möchtest du darüber sprechen?«

Sie schüttelt den Kopf, kann die Geschichte dann aber doch nicht für sich behalten.

Die Party fand unter flimmernden Lichtern an einem Picknickplatz am See statt. Ein DJ spielte »Cotton-Eyed Joe«. Meret und Sarah saßen nebeneinander an einem Picknicktisch, als zwei Jungs zu ihnen kamen. Todd und Eric waren nicht wie die anderen Jungs im Ferienlager – sie waren keine Nerds. Sie waren im Soccerteam und nahmen am MINT-Camp teil, weil sich damit die Bewerbung fürs College aufpolieren ließ.

Sie hatten einen Flachmann dabei.

Sarah trank einen Schluck, Meret ebenfalls.

Todd kam auf die Idee, ein Ruderboot zu klauen, obwohl der

Wasserbereich strikt verboten war. Es wäre ja nur für kurze Zeit. Sarah meinte, es sei sicher romantisch. Also ging Meret mit den anderen mit, und es machte tatsächlich Spaß. Es war chaotisch und schmutzig und verboten – und sie war dabei, anstatt von außen zuzusehen.

Eric stieg ins Boot und half Sarah beim Einsteigen. Aber ehe Meret reinklettern konnte, hielt Todd sie zurück. *Sie bringt das Boot zum Sinken*, jammerte er, und Eric lachte.

Sag das nicht, sprang Sarah ihr bei.

Meret sah sie dankbar an.

Doch mit einem Lächeln ergänzte sie an die Jungs gewandt: *Wenn sie reinfällt, schwimmt sie oben.*

Sie lachten, als Todd einstieg, und dann ruderten sie Sarah wie eine Prinzessin in die Mitte des Sees. Sie führten ein wissenschaftliches Gespräch darüber, ob Fett einen untergehen lässt oder einem Auftrieb gibt, und Meret suchte das Weite.

Ich halte Meret an den Schultern fest und sehe ihr in die Augen. »Du bist nicht fett«, sage ich langsam.

Sie fängt wieder zu weinen an. »Mom. Lüg du mich nicht auch noch an.«

Ich würde sie gern fragen, wie sie nach Hause gekommen ist, aber ich traue mich nicht. Wie gern würde ich sie in Noppenfolie packen und diese drei idiotischen Kinder richtig fertigmachen.

Schließlich schläft sie ein, die Wimpern feucht und stachelig, die Hände um die Brust geschlungen.

Als Meret ruhig atmet, gehe ich aus ihrem Zimmer. Brian liegt bereits im Bett und hat das Licht gelöscht. Ich gebe ihm eine kurze Zusammenfassung.

Ich weiß, dass er mitleidet. Aber er legt nach: »Hab ich dir nicht gesagt, sie hätte zu Hause bleiben sollen.«

Jegliche Hoffnung, die ich mir für unser Zusammensein an diesem Abend gemacht habe, ist verpufft. Seine Worte liegen wie ein Schwert zwischen uns. Ich nehme mein Kissen und schlafe in meinem Arbeitszimmer.

Szene einer Ehe:

BRIAN (BETRITT DIE KÜCHE): Ich habe verschlafen.
DAWN: Da ist Kaffee.
BRIAN: Gestern Abend …
DAWN: Ich weiß nicht, wann ich heute nach Hause komme.
(Er schenkt sich Kaffee in einen Becher zum Mitnehmen.)
BRIAN: Ist Meret …
DAWN: Sie geht heute nicht ins MINT-Camp. Vielleicht auch gar nicht mehr.
(Pause.)
BRIAN: Ich bringe was zum Abendessen mit.
(Er geht.)
(Ende der Szene.)

Dinge, die man nicht tun sollte, wenn jemand im Sterben liegt:

Erzähl nicht davon, wie es war, als deine Tante oder deine Großmutter oder dein Hund gestorben sind. Es geht hier nicht um dich, und die kranke Person sollte dich nicht trösten müssen, sondern umgekehrt. Es gibt konzentrische Kreise der Trauer: Im Mittelpunkt steht der Patient, dann kommt der pflegende Angehörige, dann deren Kinder, dann nahe Freunde und so weiter. Finde heraus, zu welchem Kreis du gehörst. Blickt man in die konzentrischen Kreise hinein, spendet man Trost. Blickt man heraus, bekommt man Trost.

Sag nichts, was nicht stimmt: *Du wirst diesen Krebs besiegen! Es ist alles eine Frage der positiven Einstellung! Du siehst kräftiger aus!* Du wirst niemanden zum Narren halten können.

Übertreib es nicht mit deiner Fröhlichkeit. Es ist in Ordnung, traurig zu sein, wenn jemand sterben wird. Man hat dich in einer sehr empfindlichen Zeit nah herangelassen und dies ist ein Moment der Gnade, den du teilen darfst.

Gehe nicht davon aus, über die Krankheit sprechen zu müssen. Manchmal braucht ein kranker Mensch eine Pause. Und wenn du von vornherein fragst, ob er oder sie darüber sprechen möchte, wie er oder sie sich fühlt – oder nicht –, überlässt du dem Sterbenden die Kontrolle in einer Zeit, die sonst wenig Möglichkeiten dazu bietet.

Fürchte dich nicht vor dem Schweigen. Es ist in Ordnung, nichts zu sagen.

Denk dran: Keiner weiß, was er zu jemandem sagen soll, der im Sterben liegt. Jeder hat Angst, das Falsche zu sagen. Es ist wichtiger, da zu sein, als alles richtig zu machen.

Win und ich haben ein Stadium erreicht, wo wir einfach still dasitzen können, ohne dass im Hintergrund das Radio läuft oder der Fernseher an ist. Das ist ein wichtiger Teil des Prozesses. Ich weiß, dass Win ihre Erinnerungen sichtet, als wäre es wertvolles Geschmeide. Ich gehe alles durch, was Meret mir am gestrigen Abend erzählt hat, und versuche einen Weg zu finden, um sie zu trösten und ihr Mut zu machen.

Win findet heraus, wie man stirbt; ich finde heraus, wie man lebt.

Sie hat einen schlechten Tag. Sie hat nichts gegessen. Zum ersten Mal hat sie gar nicht versucht, das Bett zu verlassen. Es gibt einen Punkt im Sterbeprozess, da überkommt es einen mit aller Wucht. Du hast die Diagnose, du weißt, dass dein Körper nicht so funktioniert, wie du möchtest – aber eines Morgens wachst du auf und dir ist bewusst, dass du dir wirklich nicht sicher warst, ob du aufwachen *würdest*. Du begreifst, dass da ein Vorhang ist, hinter den du nicht blicken kannst, dessen Saum deine Zehen aber berühren, und dass du den Verlauf nicht umkehren kannst.

Win räuspert sich, und sofort reiche ich ihr ein Glas Wasser mit einem Strohhalm darin. Sie trinkt, benetzt sich die Lippen. »Was ist die merkwürdigste Bitte, die je an Sie herangetragen wurde?«

»Aus jemandes Asche einen Diamanten zu machen. Es gibt eine Firma namens LifeGem, die machen so etwas.«

»Wieso auch nicht«, murmelt Win.

»Die Witwe eines Klienten trug diesen, bis auch sie starb, dann wurde sie mit dem Diamanten an ihrer Halskette begraben.« Ich sehe sie an. »Warum? Möchten Sie, dass Felix ein Schmuckstück bekommt?«

»Weben Sie mich lieber in ein härenes Gewand«, sagt sie. Sie ist lustlos, müde.

»Vielleicht sollten Sie ein wenig die Augen schließen«, schlage ich vor.

»Ich habe Angst, dass ich sie nicht mehr öffnen werde, wenn ich das tue.«

»Und das macht Ihnen Angst?«

»Sollte es das nicht?« Sie zieht die Brauen hoch. »Ich wünschte, ich könnte einen Blick auf das erhaschen, was kommt. Etwas anderes als diese ganze chaotische Angst, die einem serviert wird und zu der jeder meint, was beitragen zu können.«

»Die Angst vor dem Tod bedeutet für jeden Menschen etwas anderes«, erwidere ich. »Schmerz. Das, woran man arbeitet, nicht mehr beenden zu können. Jemanden zurückzulassen, den man liebt. Es gibt tatsächlich echte Angst davor, etwas zu verpassen, dass die Welt sich weiterdreht und man nicht dabei sein kann.«

»Dieses Nichtwissen. Das ist es, was mich umbringt«, murmelt Win. »Ja gut. Das und der Krebs.« Sie blickt hoch. »Ich komme klar mit dem Sterben. Wirklich. Aber ich möchte es nicht falsch machen, wissen Sie? Hört sich albern an, oder? Ich wüsste einfach gern, was passieren wird. Woran ich merke, dass es Zeit ist.«

Ich habe lange Zeit nicht an meine Doktorarbeit gedacht – jedenfalls nicht, bis ich Win diese Hieroglyphen vorgelesen habe. Aber ich erinnere mich, dass mich am Zweiwegebuch vor allem der Gedanke fasziniert hat, wie tröstlich es wäre, eine Landkarte zu haben, mit der man ins Jenseits gelangt. Selbst die alten Ägypter verstanden, dass Wissen über einen guten oder einen schlechten Tod entschied.

»Ich weiß nicht, wie viel Zeit Ihnen noch bleibt«, taste ich mich vor, »und ich weiß nicht, wie dieser Prozess sich anfühlen wird. Aber ich kann Ihnen helfen zu verstehen, was mit Ihrem Körper passiert.«

Sterbemeditation unter Anleitung ist etwas, was ich normalerweise mit gesunden Menschen mache, die verstehen wollen, wie man Todkranken helfen kann. Aber ich denke, es könnte auch Win ein wenig helfen und ihr ein bisschen Frieden geben. Die Meditation wurde von Joan Halifax und Larry Rosenberg entwickelt und beruht auf den neun Betrachtungen des Sterbens – im elften Jahrhundert verfasst von Atisha, einem hochverehrten tibetanischen Mönch.

Win meint, sie würde es gern ausprobieren, also helfe ich ihr aus dem Bett und lasse sie sich in der Pose eines Leichnams auf den Boden legen. Ich setze mich im Schneidersitz neben sie. »Sollte irgendetwas, das ich sage, Ihnen Stress bereiten«, sage ich Win, »heben Sie einen Finger.«

Sie sieht mich an und nickt.

»Hören Sie nur auf meine Stimme«, sage ich und beginne in ruhigem, sanftem Ton. »Wir alle werden früher oder später sterben. Keiner kann den Tod verhindern, er ist die Folge der

Geburt. Er ist unausweichlich. Kein einziges fühlendes Wesen – egal ob spirituell entwickelt oder mächtig oder reich oder motiviert – ist dem Tode entronnen. Buddha, Jesus, Mohammed sind dem Tod nicht entkommen und das werden auch weder Sie noch ich. Alles, was das Leben Ihnen geschenkt hat – Ausbildung und Geld, Status und Ruhm, Familie und Freunde –, wird im Moment des Todes bedeutungslos. Eigentlich kann es ihn sogar erschweren, weil wir uns daran festhalten. Was von dem, was Sie jetzt tun, wird Ihnen beim Sterben helfen? Behalten Sie Ihre Antwort im Kopf. Sagen Sie sich beim Einatmen: *Der Tod ist unausweichlich.* Beim Ausatmen sagen Sie sich: *Auch ich werde sterben.*«

Ich gehe weiter zur zweiten Betrachtung, dimme vorher aber das Licht neben dem Bett. »Ihre Lebensspanne verkürzt sich in jeder Sekunde, die Sie leben. Es gibt den Augenblick Ihrer Geburt und den Augenblick Ihres Todes, und Sie bewegen sich unentwegt auf den Tod zu. Jeder Atemzug bringt Sie näher. Wertschätzen Sie das, was Sie jetzt haben, denn möglicherweise gibt es kein Morgen. Wenn Ihre Lebensspanne jeden Tag abnimmt, was tun Sie jetzt, um das, was Ihnen bleibt, wertzuschätzen? Was gibt Ihrem Leben Sinn?«

Wins Finger zucken, und ich warte ab, aber sie entspannt sich.

»Jedes gesprochene Wort, jeder Atemzug bringt Sie dem Ende Ihres Lebens näher. Beim Einatmen atmen Sie Dankbarkeit für die zusätzlichen Sekunden, die Ihnen vergönnt sind. Beim Ausatmen denken Sie an die Sekunden, die in Ihrem Leben verstrichen sind.«

Ich beobachte, wie ihre Brust sich hebt und senkt. »Der Tod wird kommen, ob wir darauf vorbereitet sind oder nicht. Von den eine Million dreihunderttausend Gedanken, die wir jeden Tag haben, befassen sich nur sehr wenige mit der Herausforderung, die der Tod uns stellt. Können Sie mir jetzt zuhören, als gäbe es kein Morgen? Sind Sie bereit zu sterben?«

Ich arbeite mich durch die anderen Betrachtungen: Der Tod hat viele Ursachen; der Körper ist hinfällig und verletzlich; auch die, die man liebt, können einen nicht vor dem Sterben bewahren. Ich bitte sie, sich auf dem Sterbebett vorzustellen, wie sie immer schwächer wird, sich ihr Haus, ihre Kleidung und ihren Schmuck, ihre Gemälde, ihr Bankkonto und ihre Weinsammlung vorzustellen – all die Annehmlichkeiten, für die sie hart gearbeitet hat, die jetzt aber sinnlos sind. »Sterben bedeutet, alles loszulassen«, sage ich. »Stellen Sie sich alles vor, was Sie Freunden und Verwandten gegeben haben. Manches davon wird in einem Trödelladen oder im Müll landen. Sie können nichts mitnehmen. Denken Sie beim Einatmen daran. Lassen Sie beim Ausatmen alles los, was Ihnen gehört.«

Ich ende mit dem Leib, dem Ding, das sie im Stich lässt. »Sie haben so viel Zeit auf Ihr physisches Selbst verwendet. Es genährt, mit Flüssigkeit versorgt, trainiert, bekleidet und entkleidet, Schmerz gelindert, Lust empfunden. Sie haben Stunden darauf verwandt, in Spiegel zu schauen, und versucht, sich schön zu finden. Sie haben Ihren Körper geschätzt. Haben ihn verachtet. Und im Moment des Todes verlieren Sie ihn. Stellen Sie sich den Moment vor, bevor Sie sterben. Sie haben sich bereits damit abgefunden, dass Sie Ihr Geld, Ihre Lieben, Ihren Status, Ihre Identität verlieren. Sie werden auch die Hülle all dessen verlieren. Was können Sie tun, um dies zu akzeptieren? Sich darauf vorzubereiten?«

Dann beuge ich mich über sie und fordere sie auf, verschiedene Muskeln, Glieder und Gedanken anzuspannen und loszulassen. »Stellen Sie sich vor, dass Ihre Organe sich jetzt abschalten«, murmele ich. »Sie haben kein Bedürfnis mehr, zu essen und zu trinken. Als Nächstes ist Ihr zentrales Nervensystem an der Reihe. Sie können sich nicht mehr bewegen. Sie verlieren die Verbindung zu Ihren Gliedmaßen. Ihre Augen rollen womöglich in den Kopf zurück, es wird Ihnen nicht gelingen, sie offen zu halten. Schließlich wird sich Ihr Atmungssystem verlangsamen. Sie werden nicht mehr leicht und natürlich atmen können.« Ich sitze in der Stille und spüre, wie die Lautlosigkeit auf meine Trommelfelle und meine Haut drückt. »Ihre Beine. Ihre Hände. Ihr Kopf. Ihr Gehirn. Ihr Bauch. Ihre Nieren, die Leber und die Därme. Alle großen und kleinen Muskeln und Knochen. Sie sind tot. Das Bewusstsein konzentriert sich auf Ihr Herz, Ihr Zentrum. Sie schrumpfen innerlich zu einem Lichtpunkt zusammen. Ihr Atem wird immer flacher. Ihre Energie schwindet. Ihre Körpertemperatur fällt. Sie können den Boden unter sich nicht mehr spüren, weil Sie schwerelos sind. Jetzt sind Sie sich bewusst darüber, dass Sie sterben, aber das ist die einzige Bewusstheit, die Ihnen geblieben ist.« Ich halte inne. »Sie öffnen und öffnen und öffnen sich der Bewusstheit. Sie sind Teil all dessen, was jemals war und jemals sein wird. Sie lassen los. Endgültig.«

Mit Tränen in den Augen blicke ich auf Win. »Sie sind sicher«, sage ich. »Sie blicken auf diesen Körper, der auf dem Boden liegt und nicht mehr atmet. Sie sehen Menschen, die um Ihren Körper stehen.«

Ich warte kurz. »Jetzt ist es ein paar Tage später, und der Körper ist nackt und kalt.«

Ich zähle bis zwanzig. »Ein paar Monate später setzt der Verfall ein. Gase füllen den Körper, und er zersetzt sich.«

Win regt sich nicht. »Ein Jahr ist vergangen«, flüstere ich. »Da sind nur noch alte Knochen.«

Ich sehe sie an und stelle mir eine Welt ohne sie vor. »Fünfzig Jahre. Da ist nur noch Staub. Sie sind nicht mehr. Aber Sie sind sicher.«

Wir verweilen lange Zeit in dieser dunklen, kleinen Wahrheit.

Schließlich hole ich sie zurück – zuerst mit einem flachen Atemzug, dann lasse ich sie sich dehnen und danach die Muskeln strecken, spüren, wie ihre Knochen sich verlagern und ihre

Organe pumpen und Blut durch ihr Herz strömen lassen, wie die Luft ihre Lungen füllt und sich das Bewusstsein von den Zehenspitzen bis zu ihren Haarwurzeln ausbreitet. »Was spüren Sie unter sich?«, frage ich. »Können Sie den Teppich unter Ihren Handflächen spüren? Was hören Sie – Rohre, durch die Wasser fließt? Ihren Herzschlag? Was riechen Sie? Den Zitronenduft Ihres Shampoos, das Waschmittel in Ihrer Bettwäsche? Was sehen Sie?«

Win öffnet blinzelnd die Augen. »Sie«, sagt sie. »Ich sehe Sie.«

Es überrascht, was Menschen gern noch erledigt hätten, wenn sie am Ende ihres Lebens angekommen sind. Nicht das Schreiben eines Romans oder das Besteigen des Machu Picchu oder eine Medaille im Eistanz. Stattdessen wünschen sie sich einen Eisbecher oder dass sie die Zimmerpflanzen besser gegossen hätten. Mit dem Enkel Karten gespielt oder sich noch mal mit einer alten Freundin ausgetauscht hätten.

Der Wunsch meiner sterbenden Mutter war vergleichsweise einfach. Sie wollte noch einmal das Meer sehen. Das Hospiz konnte dies natürlich nicht leisten, aber ich war entschlossen, es ihr zu ermöglichen. Ich sprach mit den Ärzten und handelte einen Preis für ein Fahrzeug aus. Ich besorgte für sie einen Schlapphut gegen die Sonne und informierte Kierans Schule, dass er am folgenden Dienstag nicht zum Unterricht käme. Aber am Tag vor unserem geplanten Ausflug verschlechterte sich der Zustand meiner Mutter. Und so ging Kieran doch in die Schule, und ich fuhr an die North Shore. Ich füllte Benzinkanister mit Meereswasser. Schaufelte Sand in eine Plastiktüte. Sammelte Muscheln und steckte sie mir in die Taschen.

Im Hospiz halfen mir die Pflegerinnen, meine Mutter in eine Sitzposition zu bringen. Ich packte Kissen unter ihre Knie und stellte ihre Füße in eine Waschschüssel voll Meerwasser. Den Sand verteilte ich auf Nierenschalen, die ich beidseits neben ihr auf den Stuhl stellte und ihre Finger in den Sand tauchte. Ich bat sie, die Augen zu schließen, und brachte dann eine Schwanenhalslampe näher an ihr Gesicht, damit sie die Wärme spüren konnte. Dann verteilte ich Muscheln von den Schlüsselbeinen bis zu ihrem Bauchnabel.

Aber …

Ich konnte ihr zwar die Erinnerung an den Ozean zurückbringen, vermochte aber nichts gegen das Geräusch des Herzmonitors zu unternehmen.

Ich konnte ihr die Küstenlinie liefern, aber nur so viel, wie in ein Zimmer passte.

Und auch wenn ich sie zur Meerjungfrau machte, konnte sie doch nicht zurück ins Meer.

Das ist der Grund, warum ich für meine Klienten Himmel und Erde in Bewegung setze. Um sicherzustellen, dass ihr letzter Herzenswunsch in Erfüllung geht. Dass sie jede Chance bekommen, etwas zu Ende zu bringen, bevor sie gehen.

Im Lauf des Tages habe ich Meret zweimal angerufen, um mich nach ihrem Befinden zu erkundigen. Beim zweiten Mal sagte sie mir, ich solle aufhören, sie wie eine meiner Klientinnen zu behandeln, und ich hätte fast gejubelt. Mir war eine wütende Tochter tausendmal lieber als eine heulende oder – schlimmer noch – eine schweigende, ausdruckslose.

Nach dem Abendessen bekommt Win Fieber und klagt über Schmerzen beim Wasserlassen, vermutlich hat sie eine Blaseninfektion. Ich warte, bis eine Hospizkrankenschwester vorbeikommt und die Diagnose bestätigt. Ich gebe ihr das Antibiotikum, bevor ich gehe. Als ich nach Hause komme, ist es schon fast Mitternacht.

Das Haus ist dunkel. Selbst in Merets Zimmer brennt kein Licht. Ich öffne die Türe so leise ich kann und sehe vor mir mitten auf dem Boden der Diele eine Kerze flackern. Nicht allzu weit entfernt – dort wo Diele und Wohnzimmer ineinander übergehen – brennt eine zweite Kerze.

Ich blase die erste Kerze aus und gehe zur zweiten. Von dort sehe ich eine weitere Kerze, die auf die Treppe verweist, auf der drei weitere wie kleine Leuchttürme den Weg nach oben markieren.

Die letzte Kerze brennt unmittelbar vor der geschlossenen Tür zum Schlafzimmer.

Um die vier Pfosten unseres Betts gewundene Lichterketten waren die einzige Beleuchtung im Raum, doch hell genug, damit ich die von der Decke hängenden Fotos erkennen konnte. Sie drehen sich an kurzen Angelschnüren im Luftzug der Klimaanlage. Auf einem Foto sieht man Brian mit dem Plüschaffen, den er aus einer Kanone abfeuert, um den Erstsemestern Vektoren zu erklären. Eins zeigt Kieran – noch schlaksig und jung mit einem Hummer in der Hand, den er aus einer Falle geholt hat. Meret als Kleinkind mit einem schief sitzenden Hut in Erdbeerrot – das Einzige, was ich jemals gestrickt habe. Dann ein Bild von Meret als Neugeborene und ein weiteres, das sie im roten Samtkleid auf einem Festtagskonzert der Grundschule zeigt. Man sieht Brian neben dem Gipfelschild des Mount Washington, und auf einem weiteren Foto ist er im Smoking zu sehen. Auch das letzte Foto, das ich von meiner Mutter habe und sie lächelnd im Hospizbett zeigt, ist darunter.

Ich nehme aus dem Augenwinkel eine Bewegung wahr, und Brian löst sich aus der Ecke, von der aus er mich beobachtet hat. »Was ist das alles?«

Er antwortet nicht direkt. »Du erkennst die schwarzen Löcher nicht, oder?« Seine Stimme zittert, als wäre er nervös. »Sie ziehen einen einfach rein. Kein Licht entwischt, und auch du entkommst ihnen nicht. Man geht davon aus, dass die ungeheure Gravitation einen Menschen zerreißen würde, der sich einem schwarzen Loch nähert.«

Ich setze mich auf die Bettkante.

»Da Astrophysiker schwarze Löcher nicht wirklich sehen können, mussten sie andere Wege einschlagen, um sie zu finden. Sie beobachten, wie sich Planeten und andere Materie darum herum bewegen und reagieren. Sie sehen Dinge, die hineinfallen oder kurz davor sind.«

Bilder drehen sich über meinem Kopf. »Es gibt keine Bilder von mir.«

»Nein.« Brian kommt auf mich zu und zieht mich hoch, stellt mich mitten in den Raum. »Weil du nämlich unser Stern bist. Du hältst uns zusammen. Ohne dich gibt es kein Leben. Keine Gravitation. Mich nicht.« Er zögert. »Uns nicht.«

Ich begreife, dass er in einer Sprache zu kommunizieren versucht, die er kennt und versteht. Dass für ihn dies alles kristallklar ist.

»Man glaubt, die Ränder der eigenen Welt zu kennen«, sagt Brian. »Aber dann stellt sich heraus, dass da draußen nur schwarze Materie ist. Ich bin aus dem Orbit gefallen, Dawn.«

Ich sehe ihn an, die vertrauten Ebenen seines Gesichts, die Neigung seines Kinns, die sichelförmige Narbe, die seine Augenbraue zerschneidet. Er bemüht sich, wieder einen Weg zu mir zu finden – ich kann ihm entgegenkommen. Also lege ich meine Hände auf seine Wangen. »Wie sollen wir wieder auf Kurs kommen?«

Als Antwort darauf wippt er nach vorn. Doch bevor wir uns berühren, hält er inne, ich atme ein, was er ausatmet. Ich muss an Abramović, die Performancekünstlerin und ihren Geliebten denken, die im geteilten Luftquadrat ohnmächtig wurden. »Ist das …«, fragt er. »Darf ich …«

Ich stelle mich auf die Zehenspitzen und presse meine Lippen auf seine.

Einen Moment lang verharrt er reglos. Sein Herz schlägt heftig. Dann verstärkt er den Griff, lässt seine Hände von meiner

Schulter zu meiner Taille gleiten, als befürchte er, ich könnte davonschweben, wenn er loslässt.

Wir küssen einander wie seit Jahren nicht mehr – als würden wir nach nichts anderem verlangen, als könnten wir im anderen die Welt schmecken. Wir legen uns aufs Bett und verweilen dort stundenlang, eine Ewigkeit. Ich bewege mich auf ihn zu, möchte mehr, aber er hält meine Hände beidseits meines Körpers fest. Küssend zieht er seine Bahn entlang meines Kinns, streift mit seinen Zähnen meine Kehle. Als es mir gelingt, sein Hemd zu erwischen, und ich versuche, es ihm über den Kopf zu ziehen, weicht er blitzschnell zurück. Stattdessen erkundet er mich mit seinen Fingerspitzen. Brian war immer der Forscher gewesen und ich sein Forschungsobjekt.

Ich bin völlig nackt, Brian ist noch angezogen. Ich wölbe mich ihm entgegen, versuche, ihn mit den Beinen zu umfangen. Doch er kriecht vom Bett und lässt mich in meinem Verlangen zurück. Ich stütze mich auf den Ellbogen ab, weil ich davon ausgehe, dass er sich endlich auszieht, aber stattdessen kniet er nieder. Er beugt sich über mich, gleitet mit seinen Händen von meinen Knien hoch zu meinen Schenkeln und umschließt dann mit seinem Mund meinen Kern.

Das ist es. Das bedeutet lebendig sein.

Ich komme wie ein Blitzschlag so heftig, dass ich damit rechne, die Hand auf dem Laken brennen zu sehen. »Tut mir leid«, keuche ich, woraufhin Brian mich überrascht ansieht. »Ich wollte, dass wir gemeinsam kommen.«

Wie in einem Nachbeben wird mir klar, dass es mir damit ernst ist.

Mit einer Kraft, die ich mir gar nicht zugetraut hätte, ziehe ich Brian auf mich und drehe mich dann so, dass er zu meinem Festmahl wird. Ich koste jeden Flecken, den ich entblöße. Während ich mich bewege, versucht er, nach mir zu haschen – ein Handgelenk, eine Schulter, die Unterseite einer Brust –, aber ich bin überall gleichzeitig. Ich schaukle auf ihm, über ihm. Sehe ihm dabei in die Augen.

Ich kann mich nicht erinnern, wann wir das zuletzt getan haben. Für gewöhnlich verbergen wir unsere eigene Lust. Wir benutzen einander, um ans Ziel, die eigenen kleinen hedonistischen Blasen zu gelangen. Das ist sicherer, als durch die Fenster seiner Augen zu schauen und dort etwas zu erspähen, was ich vielleicht gar nicht sehen möchte.

Oder ihn durch meine blicken zu lassen.

Als er in mir anschwillt und keiner von uns blinzelt, frage ich mich, wie es wohl für den Mond sein muss, wenn er weltverwandelnd die Gezeiten lenkt.

Wir haben keinen Waschlappen. Brians Bart hat mich wund gescheuert. Seine Hände liegen breit und rastlos auf meiner Wirbelsäule, meine Haare feucht auf seinem Gesicht. »Wir werden die Steppdecke waschen müssen«, flüstere ich.

»Das ist es wert«, raunt Brian.

Ich quetsche ihn mit meinen Beinen und flüstere: »Das ist mein Lieblingssport.«

Er vergräbt sein Gesicht in meiner Halsgrube. »Du könntest dir eine Menge Mitgliedsgebühren im Fitnessklub sparen.«

Ich lache und spüre, wie er aus mir herausrutscht. Doch mich kümmern Nässe und Schweinerei nicht. Brian umfängt mich von hinten und spielt mit meinen Haaren. Ich blicke hoch zur Decke auf die Sternenlichter und meine Abwesenheit. »Kann man nicht auch der Sonne zu nah kommen?«, murmele ich.

»Nicht in meiner Metapher«, erwidert Brian.

»Sag das mal Ikarus.«

Er gähnt. »Wem?«

Brians Atem wird ruhiger, ein Blasebalg an meinem Rücken. Ich vermute, dass er eingeschlafen ist, doch dann spüre ich seine Worte im Nacken. »Ich brauche Hilfe«, gesteht er.

Ich auch, sage ich mir.

»Ich habe es geschafft, die Person zu verletzen, die mir das Allerliebste auf der Welt ist. Und ich möchte meine beste Freundin fragen, wie ich das wiedergutmachen kann«, sagt Brian. »Aber sie sind ein und dasselbe.«

Ich weiß nicht recht, wofür er sich entschuldigt. Eine Tat oder viele. Ich will es gar nicht wissen. Mir wird klar, dass auch ich mich entschuldigen sollte, aber vielleicht ist dies das Problem meiner Ehe – dass wir uns zu lange an unserer Vergangenheit festgehalten haben und uns jetzt vorwärtsbewegen müssen.

Ich möchte nicht wieder zurück. Ich habe Geschichte studiert, ich kenne das. Es gibt keinen Schatten ohne das Original, das ihn wirft. Ein ausgetrocknetes Bett war dennoch einmal ein Fluss. Eine nicht geläutete Glocke bleibt dennoch eine Glocke.

Mitten in der Nacht bekomme ich einen Anruf aus dem Hospiz, in dem meine Mutter gestorben ist. Der Zustand einer meiner Langzeitklientinnen – eine Frau mit Parkinson – hat sich verschlechtert. Ich schlüpfe aus dem Bett und lasse Brian wissen, dass jemand im Sterben liegt. Ich fahre zu der Einrichtung und spreche mit den Krankenschwestern über Thalia – ihre Atemnot, die Flecken auf ihren Gliedmaßen. Dann gehe ich auf ihr Zimmer und überzeuge mich selbst, dass es mit ihr wirklich zu Ende geht.

Wochenlang schon war sie nicht ansprechbar, also wusste ich, was kommen würde. Auf meinem Telefon rufe ich eine Playlist mit Broadwaysongs auf. Thalia war ein Showgirl, eine Rockette. Nach sechzig Jahren Ehe mit einem Produzenten war dieser 2012 verstorben. Kinder hatten sie keine, und ihre Freunde und Freundinnen hatte sie alle überlebt. In so einem Fall kann man sich in den Niederlanden von einem Dichter ein paar Zeilen schreiben und auf der Beerdigung vortragen lassen, in Amerika gibt es so etwas nicht. Thalia hat mich eingestellt, um beim Sterben nicht allein zu sein.

Ich setze mich neben sie und nehme ihre Hand. Die Haut ist dünn wie Papier, auf der die Venen eine violette Landkarte zeichnen. Den weißen Tuff ihrer aus der Stirn gekämmten Haare hält ein rosa Band. Ihre Wangen sind eingefallen, und der Mund ist geöffnet. Ein geflecktes Kätzchen – wohl ein Nachkomme von Katze – liegt zusammengerollt am Fußende des Betts.

Als Thalia zuletzt bei Bewusstsein war, erzählte sie mir, sie habe sich als Kind immer über die Feuerleiter aus dem Haus geschlichen, wenn ihre Eltern stritten, und sei zum Broadway gelaufen. Um 19.00 Uhr hob sich dort der Vorhang und sie wusste, dass um 20.30 Uhr alle zur Rauchpause nach draußen kamen. Auf dem Weg wieder hinein wurden die Eintrittskarten nicht mehr überprüft und so konnte sie sich unter die Menge mischen und sich von hinten im Theater einen Überblick über die freien Plätze verschaffen. Natürlich wurde sie – ein Teenager – hin wieder auch von einem reichen Paar schräg angesehen, aber wer konnte schon wissen, ob sie nicht zu einem Paar in der Reihe vor ihnen oder etwas weiter rechts gehörte? Erwischt wurde sie nie, und von den über hundert Shows, die sie sich gratis ansah, kannte sie den jeweils zweiten Akt. »Ich habe mich nur immer gefragt«, erzählte sie mir, »warum diese Sharks die Jets so sehr hassen?«

»Thalia«, spreche ich sie an, weil sich das Gehör als letzter Sinn verabschiedet, »ich bin es, Dawn. Ich bin hier bei Ihnen.« Ich drücke ihr sanft die Hand.

Ihr Atem geht schlapp und zäh. Die Katze schnipst mit dem Schwanz. Dann also bald.

Ich schlafe nicht, ich beobachte ihr Sterben. Broadwaymelodien wiederholen sich: *Kiss Me, Kate* und *West Side Story* und *Show Boat* und *A Chorus Line. Kiss Today Goodbye.*

Einmal meldet sich mein Telefon, eine Textnachricht von Brian. *Das Bett ist zu groß ohne dich.*

Ich beginne, eine Antwort zu schreiben, doch mir fällt nichts ein.

Nachdem ich ein paar Stunden gewacht habe, brennen mir die Augenlider und der Mund fühlt sich an, als hätte ich Kreide geschluckt. In regelmäßigen Abständen kommen Pflegerinnen ins Zimmer, kontrollieren die Lebenszeichen und erkundigen sich, ob ich etwas benötige. Kurz vor Sonnenaufgang öffnet Thalia die Augen. »Bist du hier, um mich mitzunehmen?«, fragt sie.

Es ist nicht das erste Mal, dass man mich für den Todesengel hält. An der Schwelle des Todes haben die Klienten einen Fuß noch in dieser, den anderen bereits in der nächsten Welt. Manche sehen Licht. Andere sehen Verstorbene. Ich hatte eine ältere Klientin, die einem Mann namens Herbert zugerufen hat, der, wie sich herausstellte, ein im Zweiten Weltkrieg gefallener Freund aus der Highschool war. Ein Schüler mit einem inoperablen Gehirntumor sah einen stoisch schweigenden Mann in Hosenträgern und Stiefeln auf der Bettkante sitzen. *Er hieß Garmin*, sagte der Junge, *und er meinte, er solle mich bewachen.* Als ich das dem Vater meines Klienten erzählte, wurde er bleich und sagte, Garmin sei der Bruder seines Großvaters gewesen, den er nie kennengelernt hatte, weil er in seinen Zwanzigern bei einem Unglück in einem Hüttenwerk umgekommen war.

Ich weiß nicht, was dazu führt, dass Menschen solche Erscheinungen vor dem Tod haben. Es mag am Dopamin oder an zu wenig Sauerstoff liegen. Vielleicht auch an den Medikamenten. Es könnten Gehirnzellen sein, die noch ein letztes Mal aktiv werden, oder ein Kurzschluss zwischen den Synapsen. Möglicherweise soll es auch bedeuten, dass man zwar nicht wissen kann, was danach kommt, aber dass es dennoch irgendwie gut werden wird.

Ich kläre Thalia nicht darüber auf, dass ich es bin, sondern beuge mich dicht über sie und lasse meinen Atem wie einen Segen über sie streichen. »Ganz ruhig«, sage ich. »Sie haben getan, was Sie tun mussten.«

Als Thalia stirbt, ist das wie bei einer alten Glühbirne, die nachglüht, auch wenn sie bereits ausgeschaltet ist, und erst dann ihre Vitalität und ihr Leuchten verliert. Sie ist da, dann nicht mehr. Es ist noch Raum von der Größe ihres kleinen Körpers in der Welt vorhanden, aber sie ist gegangen.

Die Katze springt vom Bett und schleicht aus dem Zimmer.

Ich warte kurz, bevor ich den Pflegerinnen Bescheid sage. Halte Thalias Hand und betrachte ihr Gesicht. Beim Anblick eines gerade erst Verstorbenen kann man weder Schrecken noch Schmerz oder Angst erkennen. Man sieht nur Frieden. Nicht nur, weil die Muskeln entspannen und die Atmung aufgehört hat – sondern weil es eine tiefe Befriedigung, einen Abschluss gibt. Es rührt mich jedes Mal aufs Neue, dass ich das Privileg habe, diesen Moment mitzuerleben.

Ich greife nach meinem Telefon, öffne den Kalender und beginne zu lesen.

Manoy Dayao, der neunzehn Jahre auf den Lotteriegewinn gewartet hat, von den Philippinen in die USA einreisen zu dürfen. Drei Monate nachdem er und seine Frau angekommen sind, wird bei ihm Krebs diagnostiziert. Ich wurde eingestellt, als er bereits nicht mehr reagierte. Er sprach kein Englisch, ich kein Filipino, also fragte ich seine Ehefrau nach seinem Lieblingssong. »New York, New York«, lautete ihre Antwort. Frank Sinatra. Als ich anfing, die erste Zeile zu singen – »Start spreading the news« – öffnete Manoy die Augen und schmetterte: »I'm leaving today.« Und das tat er dann auch, drei Stunden später.

Savion Roarke, die über die perfekte Farbwahrnehmung verfügte und sich jede Schattierung merken und das passende Gegenstück finden konnte.

Stan Wexler, der vierzig Jahre für Western Union arbeitete und dessen Urenkel ihm beigebracht hatte, Textnachrichten zu verschicken. Im Telexcode, teilte er mir mit, bedeute LOL *loss of life*, Verlust des Lebens.

Esther Eckhart, deren Sohn Sänger auf einem Kreuzfahrtschiff war und sich mitten auf dem Atlantik befand, als sie starb, ihr aber über Lautsprecher ein Lied sang.

Ich tippe einen weiteren Namen ein.

Thalia O'Toole, die nicht wusste, dass Maria Captain von Trapp heiratete, Harold Hill ein Winkeladvokat war und Eliza Doolittle nicht aus feinem Hause kam.

Eines Morgens, als ich auf dem Weg zu Win bin, nehme ich mir Zeit für Felix. Ich habe eine Verschlechterung bemerkt und bin mir sicher, dass sie auch ihm aufgefallen ist. Win schläft mehr, nimmt weniger Anteil. Sie isst nur noch eine Mahlzeit am Tag und hat aufgehört, Make-up aufzulegen.

»Wie lange, denken Sie, dass sie noch hat?«, fragt er mich.

»Wenn ich das wüsste, Felix, wäre ich Millionärin.«

Er lächelt und reicht mir eine Tasse Kaffee. Ich gehöre inzwischen zum Haushalt, habe einen eigenen Becher zugewiesen bekommen, und Felix besorgt mir den Kaffeeweißer mit Vanillegeschmack, den ich mag. In einer Plastiktüte in der Abstellkammer habe ich eine Zahnbürste und einen Trainingsanzug für den Fall deponiert, dass es spät wird. Wenn wir uns zum Abendessen zusammen an den Tisch setzen, habe ich einen festen Platz.

An diesen setze ich mich jetzt und warte, dass Felix mir gegenüber Platz nimmt. »Wie geht es Ihnen?«, frage ich.

Er zieht eine Braue hoch. »Ja nun«, sagt er.

»Schlafen Sie denn ausreichend?«

»Nein«, gibt er zu. »Jedes Mal, wenn ich einen Laut höre – und wenn es nur ein Käfer ist, der gegen die Fensterscheibe prallt –, springe ich aus dem Bett und vergewissere mich, dass es ihr gut geht.«

Wir haben Win ins Gästezimmer in ein vom Hospiz zur Verfügung gestelltes Krankenhausbett verlegt. Inzwischen steht auch neben dem Kühlschrank ein Rollstuhl. Pflegende sind viel zu sehr damit beschäftigt, sich über Wasser zu halten, an die Medikamente und Dosierungen zu denken, tapfer und mitfühlend zu sein und die eigene Angst zu verstecken, dass sie gar nicht mitbekommen, wenn der Wasserpegel steigt.

»Ihr geht es nicht gut«, sage ich. »Sie stirbt.«

»Das weiß ich«, blafft Felix und sieht mich dann mit großen Augen an. »Tut mir leid.«

»Es braucht Ihnen nicht leidzutun. Es ist ätzend. Sie dürfen ruhig wütend sein oder frustriert oder was auch immer.«

Er reibt sich mit den Händen übers Gesicht und zerzaust dabei seine Haare. »Während der ganzen Zeit unserer Ehe«, sagt er, »haben wir uns nie voneinander verabschiedet. Ist das nicht verrückt? Wenn ich zur Arbeit aufbrach oder sie mit Freundinnen ausging, winkten wir einfach und gingen, weil wir ja *wussten*, dass wir einander in ein paar Stunden wiedersehen würden. Das war unser kleines abergläubisches Ritual.« Felix richtet den Blick hoch an die Decke, als könne er Win sehen. »Jetzt muss ich es sagen. Jetzt muss ich mich verabschieden.«

Ich greife über den Tisch und halte seine Hand. »Ich weiß.«

Er klappt schluchzend zusammen. »Ich liebe sie. Ich liebe sie bis zum Tod.«

»Sie lieben sie *über* den Tod hinaus«, korrigiere ich behutsam. »Man hört nicht auf, jemanden zu lieben, nur weil er nicht mehr physisch präsent ist.«

Eins meiner Lieblingskonzepte aus dem Alten Ägypten war *Cheperu*, die Erscheinungen. Ein Individuum war viel mehr als *Chet*, der Leib. Man bestand aus dem *Ab*, dem Herzen, einer *Ka*-Seele – dem familiären Erbe, einer *Ba*-Seele – Persönlichkeit und Reputation, *Shuyet* – Schatten und *Ren* – der Name. Während der *Ka* nach dem Tod irdisch in der mumifizierten Leiche gebunden bleibt, schwingt der *Ba* sich auf zu Re, dem Sonnengott. In Luxor gibt es ein Grab aus der achtzehnten Dynastie, in dem eine Prozession zu sehen ist, die alle Teile des Verstorbenen vor sich herträgt. Der physische Akt des Todes betraf nur einen davon, im Jenseits fügten sich alle Teile wieder zusammen.

»Sie wird hier sein«, versichere ich Felix. »In der Art und Weise, wie Ihr Wohnzimmer dekoriert ist. Oder in den Blumenzwiebeln, die im nächsten Frühling austreiben. In der Erinnerung an Ihre verregneten Flitterwochen.«

»Das hat sie Ihnen erzählt?«, murmelt Felix errötend.

»Sie meinte, sie hätten andere Wege des Zeitvertreibs gefunden.« Ich lächele ihn an. »Auch wenn Sie sich wiederverheiraten sollten, wird sie da sein. Weil sie es war, die Sie gelehrt hat, was Lieben bedeutet.«

»Ich werde mich nie mehr in eine andere Frau verlieben.«

»Gut«, sage ich, obwohl ich anderer Meinung bin. Die Guten tun das häufig, weil sie sich daran erinnern, wie es sich anfühlt, glücklich zu sein. Dabei geht es nicht um einen Ersatz, eher um ein Echo.

Dann höre ich Wins Stimme hinter mir. »Du kannst dich wiederverheiraten, Felix«, sagt sie. »Aber warte, bis ich tot bin.«

Ihre Worte sind eingebunden in ein Lächeln, und sie sieht so gut aus wie die ganze Woche nicht. Sie hat sich einen bunten Schal um den Kopf gewickelt und trägt ein ärmelloses Kleid. Ihre Augen leuchten. Abgesehen von den blauen Flecken an ihren Armen von der Blutabnahme sieht sie nicht mal krank aus.

Felix steht auf und umfängt sie mit seinen Armen. Er küsst sie auf die Schläfe. »Mach darüber keine Scherze.«

»So«, sagt sie, »ich würde jetzt gern etwas frische Luft schnappen.«

Sofort macht Felix sich bereit.

»Ach Liebling«, sagt sie und berührt seinen Arm. »Du bist die ganze Nacht mit mir wach gewesen. Ich dachte, du könntest dich etwas ausruhen, während Dawn und ich einen Spaziergang machen.«

Sie sieht gut aus, aber *so* gut auch wieder nicht. Ich zögere, aber Win ergänzt: »Damit meine ich, Sie könnten laufen und mich schieben.« Dann geht sie zum Kühlschrank und setzt sich in den Rollstuhl. »Es ist so schön draußen.«

Ehrlich gesagt ist es alles andere als schön. Die Luftfeuchtigkeit ist so hoch, dass meine Haut sich wie Gummi anfühlt, außerdem regt sich kein Lüftchen und es ist heiß, der Himmel dräut und kündet Regen an. Aber Win hat das Haus schon längere Zeit nicht mehr verlassen wollen. Und wenn ihr heute nach Frischluft ist, dann gehen wir raus, selbst wenn sich ein Schneesturm über uns austoben würde.

Ich nehme meine Tasche und einen Schirm. Als ich Win nach draußen geschoben und rückwärts von der Veranda gezogen habe, frage ich sie: »Wohin soll's gehen?«

»Dahin«, sagt sie und hält ihr Kinn der Sonne entgegen.

Ich schiebe sie an mehreren Häuserblocks vorbei, bis wir uns vor einer kleinen Hundewiese hinsetzen. Ein verrückter Chihuahua beweist einem Mastiff bellend seine Überlegenheit, und eine Promenadenmischung springt das Bein seines Herrchens an. »Er sollte sich einen Hund zulegen«, erklärt Win.

»Felix? Mag er denn Hunde?«

»Das weiß ich nicht. Ich bin allergisch, deshalb war es nie Thema.« Sie nickt entschieden. »Ja. Ein Hund.«

»Ich werde es vorschlagen«, verspreche ich.

»Und was ist mit einer Frau?«, fragt Win.

»Statt eines Hundes? Oder zusätzlich?«

Sie grinst. »Glauben Sie, dass er wieder heiraten wird?«

»Wie fänden Sie das?«

Win überlegt einen Moment. »Gerecht«, sagt sie leise.

Ich frage mich, was sie damit meint. Hat sie das Gefühl, dass er eine Partnerin verdient hat, weil sie ihn verlässt? Oder geht sie von ihren eigenen Wünschen aus, wenn Felix derjenige wäre, der stirbt?

»Ich möchte erinnert werden«, verkündet Win.

»Das war heute mehr oder weniger Thema zwischen Felix und mir. Ich denke nicht, dass dies für ihn ein Problem sein wird«, beruhige ich sie.

»Ich meine damit nicht Felix«, sagt sie.

»Gibt es eine wohltätige Einrichtung, die Sie unterstützen?«, hake ich nach. »Vielleicht könnte man ein Kunststipendium in Ihrem Namen …«

»Keine Kunst«, fällt Win mir ins Wort.

»Wie wäre es mit einem Erinnerungsprojekt«, schlage ich vor. »Etwas, das in Ihrem Sinne gestaltet ist und reflektiert, wer Sie sind.«

»Keine Kunst«, wiederholt Win.

»Okay, okay!« Ich hebe die Hände und gebe mich geschlagen. »Es muss ja nicht Kunst sein. Ich habe Teddybären mit den T-Shirts einer Klientin ausgestopft für ihre Enkelkinder. Habe Rezeptbücher verfasst und mündliche Geschichten aufgeschrieben. Eine Frau war eine Meisterin im Fertigen von Quilts, konnte aber wegen ihrer Arthritis ein Projekt nicht beenden und gab deshalb ihrer Tochter Anweisungen, wie sie es fertigstellen konnte. Einmal hatte ich sogar einen Demenzklienten, der ein hervorragender Gärtner war, aber nach und nach die Namen der Pflanzen vergaß, also machten wir ein Bilderbuch, das er durchblättern und sich erinnern konnte. Manchmal frustrierte es ihn, aber was für eine Freude, wenn er etwas gewusst hatte …« Ich unterbreche mich, weil ich merke, dass Win ganz tief in sich versunken ist.

»Es gab eine Künstlerin in Seattle, Briar Bates, die an Krebs starb«, versuche ich es noch einmal. »Sie wollte, dass ihre Kunst sie überlebt. Sie choreografierte ein Wasserballett, das ihre Freunde zusammen als Flashmob aufführen sollten, nachdem sie gestorben war. Sie nähte die Kostüme und organisierte das Synchronschwimmen, und als es so weit war, kamen alle zusammen und führten es in einem Brunnen auf. Sie wollte, dass ihre

Freunde gemeinsam trauern, aber nicht deprimiert, sondern fröhlich.«

»So, als würde man in der Welt einen Schatten zurücklassen, auch wenn man selbst nicht mehr da ist.«

Ich nicke. »Das haben Sie schön gesagt.«

Wir beobachten einen Welpen, der zum Zaun gerannt kommt und gleich wieder kehrtmacht, um einen Tennisball zu fangen. »Felix und Wasserballett – eine schreckliche Vorstellung«, sagt Win nach einer Weile.

»Aber machen würde er es für Sie.«

»Ich weiß«, sagt sie und schluchzt auf. »Das machte es nur noch schlimmer.«

Sie hebt den Saum ihres Kleids an und wischt sich damit über die Augen. Ich krame ein Taschentuch heraus.

»Sie haben mich gefragt, warum ich nicht mehr male.«

Ich gebe ihr das Taschentuch und setze mich dann vor den Zaun der Hundewiese, damit ich sie ansehen kann.

»Wenn man Künstler ist«, sagt Win, »dann, weil etwas in einem so sehr nach draußen drängt, dass man es nicht zurückhalten kann. Dabei ist es egal, ob es sich in Form von Sätzen oder als Grand jeté oder Pinselstrich äußert. Es sind zahllose Endergebnisse denkbar. Aber der Keim ist immer derselbe. Es ist die Emotion, für die es kein Wort gibt. Das Gefühl, das zu groß für deinen Körper ist. Um jemandem die eigene Seele zu zeigen, muss man bluten. Menschen, die sich wohlfühlen – Menschen, die zufrieden sind –, die schaffen keine Kunst.«

»Sie haben aufgehört zu malen, weil der Schmerz aufgehört hat.«

Sie nickt.

Ich greife nach ihrer Hand und halte sie fest. »Aber jetzt haben Sie doch Schmerzen, Win.«

»Ich weiß. Aber nicht, weil zu viel in mir ist.« Sie atmet tief ein. »Sondern weil nichts mehr da ist.«

Ich schüttele den Kopf. »Das kaufe ich Ihnen nicht ab. Ich kenne Sie. Ich *sehe* Sie.«

»Sie sehen, was ich Sie sehen lasse«, spottet sie.

Ein Hundebesitzer wirft einen Ball, der so hoch springt, dass er über den Zaun fällt. Win fängt ihn, bevor er sie treffen kann. Sie hält ihn hoch, als wäre sie überrascht, ihn in ihrer Hand zu entdecken, und betrachtet ihn, als wär's ein Fabergé-Ei.

»Haben Sie sich je gefragt, wer Sie hätten sein können, wenn Sie nicht die geworden wären, die Sie sind?«

Ich nehme den Ball und werfe ihn zurück über den Zaun. »Sie meinen etwa ein Centerfeldspieler?«

»Nein«, sagt sie. »Sie *wissen*, was ich meine. Das weiß ich.«

Es gibt Momente, die fühlen sich eher nach Zuckerwatte als nach Zeit an. Ein Sommerabend im Gras, wenn deine Zunge blau vom Kern eines Lutschers ist. Ein Herzschlag, wenn ein Kolibri lang genug ruhig hält, um dir ins Auge zu schauen. Ein erster Kuss. Ein Stern, der vor Sonnenaufgang am Firmament aufblinkt. Ein Abschied. Ein Zwinkern, und es ist, als wäre es nie geschehen.

»Was, wenn ich von jemandem erinnert sein möchte, der sich womöglich nicht mehr an mich erinnert?«, fragt Win.

Ich warte darauf, dass sie weiterspricht.

»Ich bin in New York aufgewachsen. Ich war eine gute Malerin, das wusste ich bereits. Als Studienanfängerin an der NYU hat eine Galeriebesitzerin meine Arbeit auf einer Werkschau gesehen und daraufhin einige meiner Bilder ausgestellt. Später bin ich dann für ein Semester nach Paris. In der Malklasse, die ich belegt habe, stand der Professor unentwegt hinter mir, kritisierte diese Strichführung oder jene Intention. Er meinte, ich sei zu technisch, als ginge das überhaupt. Ich suchte ihn während seiner Sprechstunde auf und erklärte ihm, dass er ein Arschloch sei, woraufhin er mit mir zurück ins Atelier ging. Er band mir einen Fetzen wie eine Augenbinde um den Kopf und sagte mir, ich solle die Empfindung malen, die er bei mir auslöst.« Sie knautscht den Stoff ihres Kleids zusammen. »Ich wusste nicht, wie ich das umsetzen sollte, aber als er nicht lockerließ, nahm ich die Palette und feuerte sie durch den Raum. Er riss mir die Augenbinde ab und lächelte mich an. *Jetzt kommen wir weiter*, erklärte er mir.

Was ich in jener Nacht malte – noch nie hatte ich etwas Vergleichbares gemacht. Es war nicht einfach Kunst. Da war nichts überlegt oder durchdacht. Ich war ein Medium, aus dem sich die Seele ergoss. Nach und nach verbrachte ich meine ganze Zeit im Atelier. Traf mich mit meinem Professor zum Kaffee. Wir waren untrennbar, obwohl er doppelt so alt war wie ich. Er nahm mich mit in den Louvre, wir machten uns auf die Suche nach dem Künstler, dessen Liebe für seinen Gegenstand am größten war, oder nach dem räudigsten Hund, der hässlichsten Madonna. Er lehrte mich, die Meister zu kopieren und zu dekonstruieren. Und eines Tages bat er, mich malen zu dürfen.

Er richtete das Atelier her und sperrte die Tür ab. Er setzte mich vor ein Fenster. Während er Skizzen anfertigte, unterhielten wir uns über Belanglosigkeiten – den Premierminister, der mit seiner Geliebten erwischt wurde, wo man die besten Falafel kaufen konnte. Er bekam es irgendwie nicht hin und wurde immer frustrierter. Er bat mich, die Augen zu schließen. Ich hörte, wie er aufstand und umherlief, konnte Kaffee in seinem Atem riechen. Dann spürte ich den Hauch einer Berührung auf meiner Stirn. Entlang der Nase. Über Wange, Kinn und Wimpern. Ich öffnete die Augen, und er malte mich, tat, worum er mich gebeten hatte. Aber mit einem trockenen Pinsel. Strich mir übers Ohr, das Kinn, die Kehle und meinen Mund.«

Sie hält die Luft an und atmet dann geräuschvoll aus. »Sie wissen, wo das endet«, sagt Win. »Ich wurde schwanger. Ich wollte es ihm sagen, fand dann aber heraus, dass er verheiratet war.

Und auch seine Frau würde in wenigen Monaten ein Baby bekommen. Also verließ ich Paris.«

Ich senke den Blick.

»Jetzt verurteilen Sie mich«, sagt sie.

»Nein.«

»Ich rede mir gern ein, dass ich ihm aus Liebe eine Entscheidung erspart habe. Aber größer war vermutlich meine Angst zu erfahren, für wen er sich entscheiden würde. Ich kam nach Hause und trug weite Kleidung, bis ich es nicht mehr länger verbergen konnte. Meinen Eltern erzählte ich, ich würde von der Schule fliegen, weil ich schwanger war, und dass der Vater ein One-Night-Stand war, den ich in einem Klub in Paris kennengelernt hatte. Ein paar Jahre später heiratete ich meinen Fahrlehrer. Das Muster ist eindeutig, ich verliebe mich in Vaterfiguren.«

»Felix«, sage ich.

»Ja. Ich liebte ihn. Ich liebe ihn. Aber Thane habe ich nie vergessen.« Sie sieht mir direkt in die Augen. »Ich möchte, dass er das erfährt. Er soll wissen, dass es Arlo … gab. Und das, bevor wir alle von dieser Welt verschwunden sind.«

Win greift nach oben und zieht sich den Schal vom Kopf, streicht mit der Hand über die glatte Kopfhaut. »Es ist ohnehin nur noch wenig vorhanden«, sagt sie. »Ich möchte, dass er sich an mich erinnert, bevor nichts mehr übrig ist.«

Meine Lippen werden steif. »Warum erzählen Sie mir das jetzt?«

»Ein Erinnerungsprojekt«, sagt Win. »Ich möchte Thane einen Brief schreiben. Und ich möchte, dass Sie ihn aufsuchen und ihn persönlich überreichen.«

Schweigend sehe ich sie an.

»Ich habe viel darüber nachgedacht, wie mein Leben hätte aussehen können, wenn ich nicht weggegangen wäre«, sagt Win. »Obwohl es meine eigene Entscheidung war.«

Mir wird plötzlich heiß. »Was ist mit Felix?«

Sie verzieht den Mund. »Ich denke nicht, dass er dieser Aufgabe gewachsen wäre.«

»Aber Sie können das nicht vor ihm geheim halten. Er liebt Sie so sehr.«

»Und ich liebe ihn«, beharrt Win. »Genug, um ihm nicht noch mehr Leid zuzufügen, als ich das durch meinen Tod ohnehin schon tue.« Sie zieht mich am Ärmel. »Bitte?«

Nein, sage ich mir. *Das geht zu weit.* Damit wird eine Linie überschritten, das ist unethisch, das ist falsch.

Aber ich habe noch die Worte im Ohr, die ich gerade erst Felix gesagt habe: Man hört nicht auf, jemanden zu lieben, nur weil er nicht mehr physisch präsent ist.

Ich stehe auf und wende mich der Hundewiese zu. Zwei Promenadenmischungen jagen einander im Kreis. »Ich kann Ihnen die Antwort im Moment nicht geben.«

Einer der Hunde kneift dem anderen in den Schwanz. Er jault und sucht vor seinem Freund, der plötzlich zum Feind geworden ist, das Weite. »Dawn«, bettelt Win. »Gibt es nicht auch in Ihrem Leben jemanden, der Ihnen abhandengekommen ist?«

Ich brauche Stunden, um die Kisten auf dem Dachboden zu durchforsten. Irgendwann kommt Meret dazu, entdeckt ein Behältnis voller Babykleider und kriegt sich, als sie erst ein Kleidchen mit einem riesigen Eichhörnchen darauf und dann einen wie eine Hummel gestreiften Strampler herauszieht, vor Begeisterung nicht mehr ein. Wir entdecken das Hochzeitskleid von Brians Mutter, das vergilbt in einer versiegelten Schachtel liegt. Es gibt Jahrbücher aus Brians Collegezeit, die ihn mit Ohren so groß wie Untertassen und viel zu langen Haaren zeigen.

»Wonach suchst du denn?«, will Meret wissen.

»Wenn ich es finde, weiß ich es«, entgegne ich.

Kurz darauf geht sie wieder, was gut ist, denn ich kann ihr nicht erklären, wonach ich suche.

Es ist so heiß auf dem Dachboden, dass mir der Schweiß über den Nacken läuft und mein Oberteil durchweicht. Ich wische mir mit dem Arm übers Gesicht. Es ist heißer als in der Hölle, es könnte auch Ägypten sein.

Dann finde ich es vergraben unter einer Bücherkiste: Gardiners *Egyptian Grammar* und eine frühe Übersetzung des Zweiwegebuchs sowie dicke Folianten in Deutsch, Niederländisch und Französisch, die ich einmal für meine Recherche hatte lesen können. Eingewickelt in ein Geschirrtuch mit blauem Rand ist ein Kalksteinsplitter, fast dreieckig, die Kanten zackig. Eine Seite hatte dem Gewicht der Folianten nicht standgehalten und war zerbröselt, doch die Schrift ist weitgehend intakt. Die hieratische Schrift erschließt sich mir nicht mehr ganz, aber das ist auch nicht nötig, denn die Übersetzung kenne ich auswendig.

Ich werde (sie) in Gegenwart aller küssen,
Damit sie meine Liebe verstehen.
Sie ist es, die mein Herz gestohlen hat …
Wenn sie mich ansieht, ist es eine Erquickung.

LAND / ÄGYPTEN

Wie sich herausstellt, kann Wyatt die Grabkammer am nächsten Tag noch nicht öffnen und auch nicht am Tag danach. Erst ist es die Sorge, der Schacht könne zusammenfallen, weshalb man die Wände abstützt. Die zweite Verzögerung ist dem Terminplan von Mostafa Awad, dem Antikendirektor, geschuldet, dessen Anwesenheit bei der Öffnung der Kammer erforderlich ist. Und so streift Wyatt wie ein verwundeter Bär ums Grabungshaus und die Grabungsstätte und findet an allem und jedem etwas auszusetzen. Joe meint, wenn Professor Armstrong in solcher Verfassung sei, würde er jedem raten, sich ausschließlich in die eigene Arbeit zu vertiefen.

Ich hatte bisher nur zwei Mal privaten Austausch mit Wyatt. Erstmals am Ende meines sehr langen ersten Arbeitstags, als er den Land Rover auslud und mir ein Stativ gab, das ich ins Grabungshaus bringen sollte. »Wie ist es gelaufen?«, fragte er und ich lächelte ihn an und sagte, dass es großartig war. Beim zweiten Mal war es halb fünf Uhr morgens, und er warf mir kurzerhand zwei Damenhosen und zwei langärmelige Leinenhemden aufs Bett, zusammen mit weißer Baumwollunterwäsche und Wollsocken. »Danke«, sagte ich und fragte mich, wen er wohl damit beauftragt hatte, mir Kleidung zum Wechseln zu besorgen, sofern es auf Wyatts Anweisung geschehen war. Er hatte nur gegrunzt: »Ich will mein Hemd zurück.«

Erst als ich mir die Kleidung ansah, entdeckte ich, dass er mir außerdem ein Wegwerfhandy besorgt hatte, die billigen Dinger mit internationalem Service, die von den Straßenhändlern in Kairo verkauft werden.

Am Ende meines zweiten Tags im Grab werde ich mit dem Zeichnen der Hieroglyphen fertig, die sich neben dem Schachteingang befinden, und gebe sie Alberto, damit dieser sie digital erfasst. Er zeigt mir als Einziger im Grabungshaus die kalte Schulter, obwohl ich mich bemühe, so aufgeräumt und freundlich wie möglich zu sein. Als wir uns an diesem Nachmittag wegen der sengenden Hitze alle im Grabungshaus aufhalten, treffe ich ihn an seinem Computer. »Hi. Ich hätte gern gewusst, ob Sie meine Datei bearbeitet haben?«

»Ich bin gerade beschäftigt.«

»Wenn Sie mir zeigen, wie es geht«, schlage ich vor, »muss ich Sie vielleicht gar nicht mehr belästigen.«

Er sieht mich kurz an. Dann fliegen seine Finger über die Tastatur und gleich darauf macht es Ping auf meinem iPad, und ich habe die Datei zurück. *»Prego«*, sagt er ausdruckslos.

Joe, der seine Feuersteine katalogisiert, tauscht achselzuckend einen Blick mit mir.

Plötzlich verändert sich die Atmosphäre im Raum. Wyatt kommt steifbeinig in den gemeinsamen Arbeitsraum, sein Telefon ans Ohr gepresst. »Das ist mir scheißegal«, schäumt er. »Wenn Sie Papierkram wollen, dann müssen Sie Papiere *liefern* …«

Gleich darauf ist er durch die Tür verschwunden, die auf die Veranda führt.

Ich trete ans Fenster und beobachte Wyatt, wie er zeternd hin und her läuft. Da wird mir klar, wie glücklich wir uns damals vor fünfzehn Jahren schätzen konnten, Dumphries' Wasserträger und nicht der für alles verantwortliche *Mudir* zu sein. Was mich zu der Überlegung führt, welche Geschichte Dumphries wohl lebte, als wir in unserer eigenen gefangen waren? Wusste er damals schon, dass er krank war? Dass er sich ein Rennen gegen die Zeit lieferte, um seine Arbeit zu veröffentlichen, bevor er von seinem Posten an der Yale zurücktrat?

Geweiht von der Sonne und in der flatternden Robe seines Frusts wirkt Wyatt gebieterisch und fordernd wie ein Herrscher. Er stopft das Telefon zurück in seine Hosentasche und lässt, die Arme auf die Steinbalustrade gestützt, für einen kurzen Moment den Kopf hängen.

Mich überkommt unbändiges Verlangen, hinauszugehen, ihn am Arm zu berühren und ihm die Schultern zu massieren. Ihm wenigstens für einen kurzen Moment die Verantwortung abzunehmen, damit er wieder atmen kann.

Natürlich hat das mit meinem Beruf zu tun – ich bin es gewohnt, Menschen zu helfen. Wyatt braucht meine Unterstützung nicht, es ist genau andersherum.

Aber als er sich umdreht, findet sein Blick unfehlbar meinen, als wüsste er, dass ich die ganze Zeit da war.

Nach Sonnenuntergang bringt Wyatt eine Flasche Cognac mit hoch aufs Dach, um dort seinem Team in der einberufenen Besprechung zu erklären, wie die Freilegung Schritt für Schritt vorgenommen wird. Joes Aufgabe ist es, dafür zu sorgen, dass der Generator funktioniert – da es in der Grabkammer dunkel sein wird, benötigen wir tragbare Lichtquellen. Alberto wird parat stehen, um vor Ort alles zu fotografieren, bevor es entfernt wird. »Dawn«, sagt er, »du wirst an meiner Seite sein.« Bevor Alberto den Mund aufmachen und sich beschweren kann, ergänzt er, »sie ist kleiner als wir anderen, und so winzig, wie die Kammer zu sein scheint, ist sie möglicherweise die Einzige, die sich um den Sarg herum bewegen kann.«

Keiner ist mutig genug, ihm zu widersprechen.

Alberto steht auf, zündet sich eine Zigarette an und wirft das Streichholz aufs Dach.

»Meine Mutter pflegte zu sagen, man solle nie drei Zigaretten mit einem Streichholz anzünden«, murmele ich.

Wyatt wendet sich mir zu. »Wieder ein Aberglaube?«

»Nicht wirklich. Das kam von meinem Vater, der im Krieg war – wenn man ein Streichholz so lange brennen ließ, machte man den Feind auf sich aufmerksam und lief Gefahr, erschossen zu werden.«

Wyatt schenkt sich nach. »Auf das Wissen, das uns am Leben hält.«

Ich schüttele den Kopf. »Wenn ich als Sterbe-Doula eins gelernt habe, dann, dass wir nichts über das Leben wissen. Jedenfalls nicht, bis es zu spät ist.«

»Beweis«, blafft Wyatt.

»Na ja, man muss dem Tode nahe ein, um zu verstehen, warum das Leben wichtig ist«, erläutere ich. »Ansonsten fehlt einem die Perspektive. Du glaubst, du hast Zeit, den Anruf bei deiner Mutter zu verschieben. Lässt zu, dass ein alter Streit weiternagt. Du klappst die Seite im Reisemagazin zu und sagst dir, dass du eines Tages nach Istanbul oder Santorin oder in deine Geburtsstadt reisen wirst. Du verfügst über den Luxus der Zeit, bis diese knapp wird – und dann wird dir klar, was wirklich zählt.«

Betretenes Schweigen. Joe bricht es: »Oh Mann, Sie sind bestimmt ein richtiger Knaller auf Cocktailpartys.«

Ich sehe ihn an. »Was hält Sie nachts wach?«

Stirnrunzelnd erwidert Joe: »Klimawandel?«

»Was Persönlicheres«, hake ich nach.

»Ich bin ein ziemlich chilliger Typ …«

»Sie reiben die Lampe, und der Dschinn sagt: *Ich werde dir ein Geheimnis verraten, aber nur ein einziges*. Welches wäre das?«

»Warum ist mein Dad gegangen?«, platzt es aus Joe heraus.

»Auf Ihrem Sterbebett werden Sie die Antwort darauf nicht kennen«, sage ich einfühlsam, »sofern Sie Ihr Leben nicht dazu genutzt haben, es herauszufinden.«

Alberto sieht mich skeptisch an. »Ist das der Grund, weshalb *Sie* hier sind?«

Ich sehe ihm direkt in die Augen. »Ich weiß, warum mein Dad gegangen ist«, erwidere ich in bewusstem Missverstehen. »Er hatte einen Einsatz und starb bei einem Hubschrauberabsturz.«

Alberto drückt die Zigarette mit seinem Stiefel aus. »Vielleicht ist das, was man weiß, gar nicht so wichtig wie das, was man nicht weiß, oder?« Dabei wirft er Wyatt einen gezielten Blick zu und verabschiedet sich dann nach unten.

Joe steht auf. »Dann werde ich mich mal daranmachen herauszufinden, warum mein Vater verschwunden ist«, murmelt er und geht ebenfalls.

»Ich sollte mich bei ihm entschuldigen«, stöhne ich. »Ich bin so ein Idiot.«

Achselzuckend entgegnetWyatt: »Nein, eigentlich bist du ziemlich klug. Aber dein Taktgefühl könnte ein wenig Politur vertragen.«

»Manchmal vergesse ich einfach, dass nicht jeder den ganzen Tag mit Sterbenden verbringt.«

»Stimmt, einige von uns verbringen den ganzen Tag mit Leuten, die bereits tot sind.« Dabei stupst er mich an. »Außerdem hast du nicht unrecht. Deshalb gibt es doch die Sargtexte. Welchen Sinn hat das Leben, wenn nicht den, Wissen anzuhäufen?«

Ich sehe ihn überrascht an. »Das ist absolut *nicht* der Sinn des Lebens. Sondern wem deine Existenz etwas bedeutet. Wer sich verändert, weil er dich kannte. Es gibt kein einziges Grab ohne die künstlerische Umsetzung einer Beziehung – ob es der Vater und seine Kinder, ein Mann und seine Frauen, selbst ein Adeliger und seine Bürger sind. *Was* du weißt, ist nicht annähernd so wichtig, wie *wen* du kennst. Wer dich vermissen wird. Wen du vermissen wirst.«

Wyatt sieht mich forschend an. »Wer vermisst dich?«, fragt er leise. »Wen vermisst du?«

Seit dem allerersten Tag haben wir nicht mehr über Meret gesprochen, aber plötzlich vermisse ich sie schmerzhaft. Ich sehe Wyatt an, während der Gebetsruf uns überrollt.

Ich stelle mir Re vor, der unter die Erde taucht und in die Leiche von Osiris schlüpft, als würde er sich in eine Decke wickeln.

Ich denke an den Grund meines Hierseins.

Denke an all die Menschen, deren Hände ich gehalten habe, wenn sie den Schritt von einer Klippe ins Unbekannte machten. Jedes Mal wieder haut mich die Tapferkeit um, die Menschen aufbringen. Und jedes Mal wird mir bewusst, wie feige ich bin.

»Es gibt vieles, was ich vermisse«, sage ich lässig. »Im Moment steht Essen ohne Sandkörner ganz oben auf der Liste.«

»Eiscreme.«

»Klimaanlage.« Ich lache.

»Wie ich höre, soll es einige sehr angenehme Hotels in Ägypten geben.«

»Ich bin nicht hier, um Urlaub zu machen.«

»Richtig«, sagt Wyatt und lässt die Falle zuschnappen, die er gelegt hat. »Weswegen bist du hergekommen?«

Ich zögere. »Um mir Klarheit zu verschaffen.«

Er neigt den Kopf. »Gut möglich, dass ich damit völlig danebenliege, aber ich vermute mal, dass du ein komfortables Heim mit einer Tochter und einem Ehemann verlassen hast, die dich beide lieben, nur um dir irgendwas zu beweisen.«

»Du hast teilweise recht«, gebe ich ausweichend zu. »Seit ich klein war, wollte ich Ägyptologin werden, hab's aber vermasselt.«

»Als ich Kind war, habe ich mir tausend Dinge gewünscht, die nie eingetreten sind«, kontert Wyatt.

Ich sehe ihn mitfühlend an. »Freunde?«

Er klopft mir auf die Schulter. »Nein. Aber … French fries.«

»Du hast nie French fries bekommen?«

»Nicht so, wie man sie am Schalter eines Drive-ins bekommt«, beklagt sich Wyatt. »Meine waren immer Pommes frites. Und ich habe mir immer so einen Geburtstagskuchen mit bunten Streuseln im Teig gewünscht.«

»Konfettikuchen?«

Sein Gesicht strahlt. »Ja. Den habe ich mal in einer Fernsehshow gesehen.«

Ich muss lachen. »Willst du dich wirklich beklagen, weil ihr einen eigenen Koch hattet?«

»Das Gras ist doch immer grüner auf der anderen Seite, oder? Ich glaube wirklich, dass ich eine Kindheitsinitiation verpasst habe, weil ich nie einen Kuchen aus einer Schachtel bekommen habe.«

»Ich vergaß, dass du mit einem Silberlöffel im …«

»Wenn ich es mir recht überlege, glaube ich, dass ich nie eine richtige Party hatte. Mein Geburtstag fiel immer in die Schulzeit«, ergänzt Wyatt. »Und einmal hat meine Mutter mir tatsächlich einen Kuchen ins Internat geschickt. Von Fortnum's. Aber auch nur, weil sie ihren Besuch abgesagt hat und stattdessen nach Frankreich gereist ist.« Achselzuckend schiebt er nach: »Das ist genau das Problem, wenn man so besessen von der Vergangenheit ist. Es hält einen davon ab, die Gegenwart wahrzunehmen.«

Er spricht im Plauderton, Worte perlen wie Quecksilber, genauso wie ich es mache, wenn ich nicht möchte, dass er mir zu tief in die Karten schaut. Dennoch fühle ich mich dabei an den wahren Wyatt erinnert, wenn er keine Rolle spielt.

»Du bist jetzt Marquess«, stelle ich fest. »Warum bist du nicht zurück nach England?«

»Wie sich herausgestellt hat, wird dir als Leiter eines Ivy-League-Programms gleich viel mehr Akzeptanz zuteil, als du dir das als unerfahrener Ägyptologe hast vorstellen können.«

Wir schauen beide über die Balkonbrüstung auf den Horizont, wo rot der Mond aufsteigt. »Hat es dein Vater noch erlebt, dass du den Lehrstuhl an der Yale übernommen hast?«

»Hat er«, sagt Wyatt. Er angelt sein Telefon aus der Tasche und ruft die Voicemail auf. »Er hat mich angerufen und eine Nachricht hinterlassen. Ich gehe allerdings davon aus, dass er sich die Nummer von meiner Mutter geben lassen musste, denn das hatte er noch nie getan. Ich ging nicht dran – nicht, weil ich beschäftigt war, sondern weil ich nicht wusste, was ich mit dem Mann hätte reden sollen.«

»Was hat er gesagt?«

»Ich weiß es nicht. Hab's nie abgehört.«

»Du hast – *was*?«

Er blickt auf das schimmernde grüne Display. »Ich konnte es nicht«, sagt er leise. »Anfangs aus Angst, es könnte wieder eine Enttäuschung sein. Und dann – nachdem er gestorben war – aus Angst, es könnte *keine* sein.«

Ich weiß, dass der Tod eines Elternteils etwas in einem verändert. Man lebt zwar weiter wie zuvor und redet sich ein, alles sei gut, wohl wissend, dass es eine Lüge ist. Erst wenn man einen Elternteil verloren hat, wird man zum Schauspieler im Stück des eigenen Lebens.

Ich strecke eine Hand aus. »Gib es mir.«

»Nein«, sagt er.

»Ich hör's für dich ab.«

Wyatt reißt die Augen auf. »Auf gar keinen Fall.«

»Warum? Willst du damit vielleicht nur Mitleid heischen? Ist die Nachricht vielleicht von einem Restaurant in Kairo und bestätigt deine Reservierung am Freitagabend um acht?«

Mürrisch überlässt Wyatt mir das Telefon. Ich drücke auf den kleinen Pfeil und halte es mir ans Ohr.

Die Stimme ist der von Wyatt sehr ähnlich, nur tiefer und körniger, wie altes Holz. *Wie ich höre, darf gratuliert werden.*

Kurze Pause.

Gut.

Gut gemacht.

Sohn.

Auf dieses letzte Wort hätte sein Vater auch einfach verzichten können, und es hätte dennoch gereicht.

Ich gebe Wyatt das Telefon zurück. »Dein Vater war nicht enttäuscht von seinem Kind«, sage ich. »Vertrau mir.«

Er steckt es in die Hemdtasche und spielt mit dem Manschettenknopf.

»Wie viel von Nicht-Enttäuschung?«, will Wyatt wissen. »Auf einer Skala von eins bis Jesus?«

»Wenn du das herausfinden willst, wirst du es dir eines Tages anhören müssen.«

»Erbärmlich, nicht wahr. Dreiundvierzig Jahre alt und noch immer auf der Suche nach einem Krümel Anerkennung. Das ist bestimmt der Grund dafür, weshalb ich es unter Dumphries so lange ausgehalten habe.«

Ich blinzele und sehe Dumphries vor mir, der mit seiner Frau Foxtrott tanzt. »Wusste er es? Dass er krank war?«

»Ich denke schon. Aber er hat es mir anfangs nicht gesagt. Ich weiß nicht, ob es an seiner Reserviertheit lag oder weil er sichergehen wollte, ob ich für den Job qualifiziert bin, bevor er mich dann persönlich zu seinem Nachfolger bestimmt hat. Ist das nicht Ironie? Die ganze Zeit hat er uns gegeneinander ausgespielt, aber am Ende, während seines allmählichen Dahinsiechens, wäre er mit dir besser bedient gewesen.«

»Nur war ich damals noch keine Sterbe-Doula«, erinnere ich ihn.

»Nein«, sagt er. »Das warst du nicht.«

»Schade, dass ich es nicht erfahren habe. Ich hätte ihm gern gesagt, was er mir bedeutet hat.«

Wyatt verändert seine Position so, dass er mir gegenübersteht. »Ich habe versucht, dich zu erreichen.«

»Dumphries wurde doch erst krank, Jahre nachdem ich gegangen bin.«

»Aber ich hab dir geschrieben«, sagt Wyatt. »Anfangs täglich. Die Briefe kamen alle als nicht zustellbar zurück. Als ich wieder in New Haven war, habe ich dir über den Yale-Server E-Mails geschickt – auch die kamen zurück. Danach habe ich einmal im Jahr das Alumni-Netzwerk konsultiert, um dort nach einer weiterführenden Kontaktinformation über dich zu suchen. Es war einfach wie verhext. Fast, als hätte Dawn McDowell nie existiert.« Wyatt sieht mich bohrend an. »Ich weiß, warum du gegangen bist. Ich verstehe nur nicht, warum du nicht zurückgekommen bist.«

Ich spüre, wie mir das Blut aus dem Kopf rauscht und mich schwindelig macht. Schneckenpost aus Ägypten war bestenfalls unregelmäßig, aber selbst wenn sie in Boston angekommen wäre, hätte ich wohl nicht darauf geachtet, weil ich meine Tage bei meiner Mutter im Hospiz verbrachte und viel zu sehr mit ihrer Krankheit beschäftigt war. Als ich bei Brian einzog, hatte er geduldig einen ganzen Eimer voller Rechnungen und Wurfsendungen durchforstet, bezahlt, was noch offen war, und den Rest weggeworfen. Waren Briefe von Wyatt darunter gewesen? Hatte Brian sie absichtlich weggeworfen?

Inzwischen war ich schwanger. Alles hatte sich so zerbrechlich angefühlt – Verlust, Liebe, Leben –, dass er womöglich einfach beiseitegeschafft hatte, was dieses Gleichgewicht hätte durcheinanderbringen können.

Ich schlucke. »Ich habe deine Briefe nie erhalten.«

Wyatt ergreift meine Hand und dreht sie um, als wäre er ein ganz besonderer Wahrsager, der wenigstens die Vergangenheit, wenn schon nicht die Zukunft lesen kann. Seine Finger sind vernarbt, warm, sanft. »Und ich dachte, du würdest mir aus dem Weg gehen wollen.«

Ich weiß noch, wie ich am Flughafen neben Wyatt saß und die

Scheibenwischer sich wie ein geteilter Herzschlag zwischen uns bewegten. Weiß noch, wie ich mir sagte, *ich muss raus aus diesem Truck*, mich aber nicht vom Fleck rührte. Wie ich dann später, nach zwanzig Reisestunden, ins Hospizzimmer meiner Mutter stürmte und auf ihrem Bett zusammenbrach. Und mir fällt wieder ein, dass ich von dem Wunsch beseelt war, wenigstens einer von uns solle sich den erhofften Hauptpreis grapschen, und wenn ich das nicht sein konnte, dann Wyatt.

Tu es nicht, sage ich mir.

Lass es.

Aber mein Daumen schließt sich über seinen Knöcheln, und meine Finger umfangen seine. Jedes Wort, das ich sage, wiegt schwer. »Ich wusste nicht, dass du nach mir suchst.«

Ich schließe die Augen und entziehe ihm die Hand.

»Morgen ist ein großer Tag«, sage ich und mache dann, was ich am besten kann.

Ich lasse ihn einfach stehen.

In meinem winzigen Zimmer liege ich in Unterwäsche auf der Matratze. Selbst um Mitternacht ist es noch so heiß, dass der Raum mit mir zu atmen scheint. Ein Ventilator ächzt auf einer umgedrehten Milchkiste und bläst ein verblasstes gelbes Band in meine Richtung.

Jedes Mal, wenn ich über mein Leben nachgedacht habe, gab es ein Davor und ein Danach, gesetzt auf unterschiedlichen Verwerfungslinien: Ägypten. Der Tod meiner Mutter. Meret. Als gäbe es eine Dawn, die den Raum auf der einen Seite der Trennlinie bewohnt, und eine andere Dawn, die auf der anderen Seite lebt, und es fällt mir schwer zu erkennen, wie die eine sich aus der anderen herausgebildet hat. Jetzt frage ich mich, ob dies eine neue Verwerfungslinie ist. Frage mich, ob man eine alte auslöschen kann, indem man an den Punkt zurückkehrt, wo alles sich verändert hat.

Ich habe Brian diese Theorie ausgiebig interpretieren hören und weiß deshalb, dass die Antwort Nein ist, dass wir keine erneuten Versuche bekommen und unser jeweiliger Bewusstseinszustand das Bewusstsein jeder anderen Zeitachse negiert, auf der wir hätten reisen können. Aber dem kann nicht so sein. Schließlich gibt es den Veteranen aus dem Zweiten Weltkrieg, der mit dreißig Jahren Verspätung seinen Collegeabschluss macht; den Mann, der seine Grundschulliebe heiratet, siebzig Jahre nachdem sie ein Erdnussbuttersandwich geteilt haben; den Jungen in einem Entwicklungsland, den Ebola zum Waisenkind gemacht hat und der nach seinem Medizinstudium in sein Heimatland zurückkehrt, um die Krankheit zu heilen. In all diesen Fällen hatte sich das Schicksal schließlich erfüllt. Aber dennoch war der Adressat nicht mehr derjenige, der er am Anfang gewesen war – naiv und vielverheißend. Er hatte *gelebt*. Und wenn er sein Diplom oder die Hand seiner Frau oder sein Stethoskop hielt, dachte er mit Sicherheit: *Na also. Hat aber lang gedauert.*

Vielleicht ist Wyatt nicht der Einzige, der eine irrige Vorstellung vom Sinn des Lebens hat. Vielleicht geht es weder um die Anhäufung von Wissen noch um die Anhäufung von Liebe. Vielleicht geht es einfach um das Anhäufen von Bedauern.

Ich kann nicht schlafen und ertappe mich dabei, dass ich an meinem Ehering spiele. Geheiratet habe ich an einem Dienstagnachmittag ein knappes Jahr nach dem Tod meiner Mutter. Meret war damals wenige Monate alt, und Kieran hatte sich daran gewöhnt, in Brian eine Vaterfigur zu sehen. Brians Zuhause war zu meinem geworden: Ich musste nicht mehr fragen, wo die Wäsche verstaut oder in welcher Schublade das winzige Schraubenzieherset für Brillen verwahrt wird. Als er ganz beiläufig vorschlug, unsere Beziehung wegen der Steuern und der Krankenversicherung offiziell zu machen, ergab das durchaus Sinn. Unser Alltag verlief ungezwungen, und ein Stück Papier würde daran nicht viel ändern. Inzwischen war Wyatt mir so fern, dass ich ihn auch nur geträumt haben könnte.

Von einer modernen Ehe hatte ich so gut wie keine Vorstellung. Schließlich hatten meine eigenen Eltern es nicht mal geschafft, mir mitzuteilen, dass sie den Bund nie offiziell eingegangen waren. Ich fragte mich, ob es dafür einen Grund gegeben hatte, der tiefer ging als die Skepsis der Eltern meines Vaters gegenüber einem irischen Mädchen, dessen Sehnsucht nach dem Meer so groß war, dass es an Land nur einem Schatten glich.

Die Ehe im Alten Ägypten hingegen unterschied sich nicht sehr von dem, was Brian mir bot. Wir haben zwar keine Berichte, wie die Zeremonie ausgesehen hat, aber unter Wissenschaftlern ist man sich einig, dass es eine ökonomische Partnerschaft war: Die Finanzmittel wurden zusammengeworfen, und das Haus und die Kinder, die aus der Verbindung hervorgingen, waren die Erzeugnisse dieser Fusion. Die Sache wurde so professionell gehandhabt, dass man sich als Kosenamen für Ehemann und Ehefrau manchmal mit »Bruder« und »Schwester« ansprach – ohne jeglichen inzestuösen Unterton, sondern weil sie in juristischer und finanzieller Hinsicht den Besitz gleichmäßig teilten. Selbst bei einer Scheidung konnten Frauen ein Drittel des Vermögens und volles Sorgerecht für die Kinder bekommen. Tatsächlich war das Scheidungsrecht für Frauen in Ägypten so fair, dass Griechinnen ägyptische Namen annahmen und es vorzogen, unter ägyptischem Recht zu heiraten und sich scheiden zu lassen.

Eine Woche nachdem Brian mir bei einem Schmorbraten mit Kartoffelbrei den Vorschlag zu heiraten unterbreitet hatte, saßen wir bereits im Warteraum des Standesamts. Ich hatte Meret im Arm, Kieran saß zwischen Brian und mir. Die anderen Paare in diesem schäbigen grauen Rathauszimmer hatten andere Probleme, als sich über mich ein Urteil zu bilden: Ein Pärchen schien nicht mal alt genug zu sein, um sich fortzupflanzen, geschweige denn zu heiraten; eine Frau im schnittigen weißen Kostüm und mit einem Strauß Wicken in der Hand tuschelte mit einem Mann, der alt genug war, um ihr Großvater zu sein.

Brian genügte ein Blick auf sie und er erbleichte. »Bin gleich wieder zurück«, sagte er und schoss davon.

»Toll gemacht«, lautete Kierans Kommentar. »Du hast ihn verschreckt.«

Doch Brian war nur bis zum nächsten Minimarkt gerannt, weil ihm eingefallen war, dass auch ich Blumen haben sollte. Er kam mit einer Rose in der Farbe eines Orang-Utans zurück, an der ein kleines Plastikschild BALDIGE GENESUNG wünschte. »Das war alles, was es gab«, entschuldigte er sich.

Er hatte mir auch ein Rubbellos mitgebracht.

Wir waren übereingekommen, etwas Schlichtes zu notieren – Gelübde, durch die dieser Akt eine besondere Note bekommen sollte, die über das Unterschreiben eines Formulars an einem Dienstagnachmittag hinausging. Aber als es dann so weit war, lief Brian vom Hals bis zu den Ohrläppchen rot an. »Ich habe nicht … ich habe nicht gedacht, dass wir die laut vorsagen würden …«

Was tat man sonst mit Gelübden? »Ist schon in Ordnung«, beruhigte ich ihn. »Darauf kommt es nicht an.«

Eigentlich kam es nur auf meine eigenen Worte an. Ich lächelte Kieran an, der Meret in seinen Armen wiegte, während Brian und ich Händchen hielten. Ich sah Brian in die Augen und versprach, ihn zu ehren und zu lieben. Als wir nach der Zeremonie zurück in den Warteraum kamen, jubelten uns die Leute zu. Als hätten wir gerade die Zulassungsplakette für die Liebe bekommen.

Anschließend gingen wir in ein italienisches Restaurant. Wir suchten abwechselnd die Toilette auf, damit Kieran nicht allein am Tisch zurückblieb. Dort holte ich die Gelübde heraus, die ich aufgeschrieben, aber in der Zeremonie nicht vorgetragen hatte – in Hieroglyphen und auf Englisch. Anhand meiner Kursnotizen hatte ich einen Teil eines Gedichts aus dem Neuen Reich abgeschrieben – es hieß »Das Blumenlied«:

Deine Stimme zu hören ist süß wie Granatapfelwein!
Ich lebe nur, um sie zu hören!
Könnte ich dich mit jedem meiner Blicke ansehen,
wäre dies ersprießlicher als Essen und Trinken.

Ich warf sie mit dem Handtuch weg, mit dem ich mir die Hände abgetrocknet hatte.

Während Brian auf der Toilette war, rubbelte ich das Los frei.

Kein Gewinn.

Als Kieran im Bett lag, begann Brian, mich so achtsam und vorsichtig zu berühren, als wäre ich ein zerbrechliches Wesen, das ihm jederzeit entgleiten könnte. Als wir uns danach gegenüberlagen, reichte er mir ein Stück Papier.

»Das sind meine Gelübde«, sagte er.

»Ich dachte, du konntest sie nicht aufschreiben.«

»Ich konnte sie nicht aussprechen«, korrigierte er mich.

$$9x-7i > 3(3x-7u)$$

Ich war es gewohnt, dass die wissenschaftlichen Konzepte, über die Brian sprach, mein Vorstellungsvermögen überstiegen. Auch das hier kam mir nicht bekannt vor wie etwa der Vektor für Beschleunigung oder die Relativitätstheorie. »Sollte ich das kennen?«

»Finde eine Lösung für *i*.«

Ich setzte mich auf und kramte im Nachtkästchen, wo ich zwar keinen Stift, aber Kreide fand.

$$9x-7i > 3(3x-7u)$$
$$9x-7i > 9x-21u$$

»Und was nun?«

Brian übernahm und schrieb −9x auf beide Seiten der Gleichung.

$$-7i > 21\,u$$

Finde eine Lösung für *i*, sagte ich mir.

$$\frac{-7\,i}{-7} > \frac{-21u}{-7}$$

Dann lächelte ich.

$$i < 3\ (d)u$$

Kurz bevor ich in Brians Armen einschlief, fragte ich ihn: »Hast du dir schon mal überlegt, ob der Grund, warum deine Großmutter sterben und meine Mutter krank werden musste, der war, dass wir zueinanderfinden konnten?«

Er drückte mich an sich und sagte dicht an meiner Haut: »Ich hätte dich auf jeden Fall gefunden.«

Und so war ich in meiner Hochzeitsnacht mit der Überlegung eingeschlafen, was einen Physiker hätte nach Ägypten bringen können, wenn meine Mutter nicht gestorben wäre, und ob sich Brians und meine Wege dort gekreuzt hätten. Oder was eine Ägyptologin hätte dazu bewegen können, einen Physiker aufzusuchen, um mehr über die Vergangenheit zu erfahren.

Und nun greife ich in der Hitze Ägyptens zu dem Wegwerfhandy von Wyatt. In Boston ist es kurz vor 19.00 Uhr. Die Verbindung hier in Mittelägypten ist schlecht, aber Brian nimmt beim ersten Läuten ab.

»Hallo?«, sagt er mit der unbeteiligten Stimme, die er für Telefonverkäufer und andere Nummern, die ihm unbekannt sind, reserviert hat.

»Ich bin es, Brian.«

»Dawn«, haucht er. »*Dawn*? Geht es dir gut? Wo *bist* du …«

»Ich habe Meret eine Textnachricht geschickt, sie sollte dir ausrichten, dass es mir gut geht.« Als ich merke, wie blöd das klingt, zucke ich zusammen. »Ich wollte nicht, dass du dir Sorgen machst.«

»Herr im Himmel, Dawn. Es ist *Tage* her. Du sagtest, du würdest bald zurück sein … Ich dachte, du meintest *sofort.*«

Ich schlucke. »Das dachte ich wohl auch.«

Rascheln, dann Stille, als hätte Brian sich in einem Schrank eingeschlossen. »Ich verstehe nicht«, sagt er mit einer Stimme am Rande der Panik. »Komm bitte nach Hause.«

Ich reibe mir die Schläfe. »Ich kann nicht, noch nicht.«

Er kämpft gegen Tränen an. »Ist alles in Ordnung?«

Meine Kehle fühlt sich heiß und geschwollen an. Wenn es sich richtig anfühlt, hier zu sein, warum schmerzt es dann so sehr, Brian zuzuhören?

Im selben Moment, als ich *Ja* ins Telefon spreche, wird leise geklopft.

Die Tür zu meinem Zimmer geht auf. »Dawn«, sagt Wyatt. »Was du oben gesagt hast …« Er hält inne, als er das an mein Ohr gedrückte Telefon sieht und ihm klar wird, dass meine Antwort nicht ihm galt.

»Wer ist das?«, will Brian wissen.

Ich sehe Wyatt unentwegt an. Seiner steifen Körperhaltung nach zu urteilen hat er eine Vermutung, mit wem ich spreche.

»Es ist niemand«, flüstere ich, und Wyatts Gesicht fällt in sich zusammen. »Ich muss aufhören«, sage ich, aber die Verbindung wurde ohnehin unterbrochen.

Wyatt und ich sind in einem kranken Tableau gefangen, unsicher, was jetzt jeder sagen oder tun soll. Er kam zu mir, weil er nicht schlafen konnte. Aus demselben Grund habe ich Brian angerufen.

Was hat das zu *bedeuten*?

Ich schiebe das Telefon unter meinen Schenkel. »Ich habe … zu Hause angerufen«, erkläre ich ihm.

»Entschuldige, dass ich dich gestört habe«, sagt er mit einer Förmlichkeit, die uns wie ein Burggraben trennt. Er nickt, und die Tür rastet ins Schloss ein.

Um 4.30 Uhr ist Wyatt bereits unterwegs zur Ausgrabung, um Mostafa zu begrüßen und die Arbeit des Tages zu organisieren. Ich frage mich, ob er überhaupt geschlafen hat.

Frage mich, ob ihm genauso wie mir die Zeilen unseres nächtlichen Gesprächs nicht aus dem Kopf gegangen sind.

Die Stimmung ist ruhig, aber angespannt. Wir schlingen unser Frühstück hinunter, packen die Ausrüstung zusammen und eilen zum Grab. Heute ist der Tag, an dem keiner zu spät kommen möchte.

Wyatt ist im Schein der vom Generator gespeisten Lampe nicht zu übersehen. Er beugt sich über Papierkram, den Mostafa ihm hinhält, blickt aber sofort auf, als er uns kommen hört. »Wird aber auch höchste Zeit«, blafft er, obwohl wir eine Viertelstunde früher da sind als üblich. Er bellt Befehle, bestätigt die am gestrigen Abend umrissenen Aufgaben. Meinen Namen ruft er als letzten auf. »Dawn«, sagt er. »Du kommst zu mir.«

Ich nicke Mostafa kurz zu und folge dann Wyatt, der sich bereits in Bewegung gesetzt hat. Er sieht sich nicht nach mir um, sagt kein Wort.

Ganz geschäftsmäßig, als hätte es den gestrigen Abend nie gegeben.

Aber dies ist weder der Zeitpunkt noch der Ort für dieses Gespräch, außerdem bin ich diejenige, die Wyatt gestern Abend hat abblitzen lassen. Wenn er mich jetzt wie eine wissenschaftliche Mitarbeiterin, wie eine Doktorandin behandelt, die froh sein kann, sich im fernen Orbit seiner Entdeckung bewegen zu dürfen, kann ich dafür niemand anderem die Schuld geben außer mir selbst.

Wyatt bleibt vor dem Sicherheitszaun stehen, den man rund um die Schachtöffnung gezogen hat. Mehrere einheimische Arbeiter unterhalten sich aufgeregt auf Arabisch, deuten und diskutieren über die beste Möglichkeit, die Enden einer langen Strickleiter zu sichern. Die Sprossen entrollen sich in der dunklen Grube wie die Zunge einer Schlange. Wegen der geringen Deckenhöhe der Grabkapelle ist es nicht möglich, eine Metallleiter in den Schacht hinunterzulassen, und so ist das die einzige Alternative. Leichtfüßig klettert Wyatt über die Holzbegrenzung. Ich beobachte, wie er am Seil zieht, dann einen Stiefel nach dem anderen einhakt und nach unten steigt. Als nur noch sein Kopf zu sehen ist, blickt er zu mir hoch. »Gibt's ein Problem?«, fragt er.

Ich schüttele den Kopf und steige über die Sicherung. Als kein Zug mehr auf der Strickleiter ist, weiß ich, dass Wyatt den Boden erreicht hat.

Seine Stimme schwebt zu mir herauf. »Die Kammer scheint unberührt zu sein.«

Ich trete auf die erste Sprosse, und sofort setzt mein Gewicht die Strickleiter in Schwingung. Mein Blick richtet sich auf die beiden Männer, von denen die Pflöcke festgehalten werden. Der schmale Schacht hinunter in die Grabkammer ist etwa sechs Meter tief. Ich atme ein und bete, während ich nach unten klettere, dass sie mich nicht fallen lassen.

Es ist, als würde man durch den ausgedörrten Schlund der Welt gleiten. Je tiefer ich komme, desto dunkler wird es. Wyatts Stirnlampe flackert am Schachtboden, ein Funke, auf den ich mich zubewege. Als über mir kein Licht mehr zu sehen ist, fühlt es sich an, als würden die Wände sich zusammenziehen und mich verschlucken.

Etwa auf halbem Weg gerät die Leiter ins Rutschen.

Ich schreie kurz auf, klammere mich ans Seil und spüre meine Schulter gegen die Schachtwand schrappen. Wyatt ruft auf Arabisch, und das Seil spannt sich wieder. »*Ana asif!*«, höre ich es von über mir – eine inbrünstige Entschuldigung.

Meine Schulter blutet wohl. Es ist nicht mal ausreichend Platz, um sie abzutasten.

»Dawn?«, ruft Wyatt.

»Ja«, sage ich mit Herzklopfen und schweißnassen Handflächen.

»Komm jetzt.«

Aber ich rühre mich nicht vom Fleck.

Der Schacht ist an dieser Stelle kaum breiter als meine Hüften. Wenn die Leiter nun ganz runtersackt? Wenn es dort unten nicht genug Luft für mich und Wyatt gibt?

»Dawn«, sagt Wyatt. »Hör mir bitte zu.«

»Ich höre«, presse ich hervor.

»Setz jetzt einen Fuß nach unten.«

Ich schüttele den Kopf ganz leicht, und schon rutscht mein Stiefel ab. Ich höre loses Bruchgestein auf den Schachtboden fallen, wo Wyatt flucht, als der Schotter ihm ins Gesicht fällt.

»Hast du schon mal was von Archie Hall gehört?«, fragt er.

»Nein«, sage ich und zwinge mich, meinen Fuß eine Sprosse nach unten zu setzen. Ich warte auf Wyatts Antwort.

»Er war in den Sechziger- oder Siebzigerjahren einer der Epigrafen an der Uni Chicago«, erzählt Wyatt, als säßen wir plaudernd beim Kaffee und wären nicht mehr oder weniger lebendig begraben. »Dass du nie von ihm gehört hast, kann ich mir kaum vorstellen. Was bist du denn für ein Greif?«

Wieder ein wackeliger Schritt. »Phönix«, entgegne ich. »Unser Maskottchen war der Phönix.«

»Aber *ja.* Wie auch immer, Hall hat eine Inschrift in einem Tempel transkribiert – Karnak, vielleicht auch Medinet Habu, das weiß ich nicht mehr genau. Anstatt die Leiter rauf und runter zu klettern, um sie dann vor das nächste Wandstück zu schieben, hielt er sich an der obersten Sprosse fest und bewegte sich dann hüpfend damit in der Horizontalen wie auf riesigen Stelzen.«

Schritt. Und wieder ein Schritt. Die Spitze meines Stiefels schrammt gegen den Stein und lässt Kalkstaub rieseln.

»Dawn?«

»Bin noch da.«

»Also. Hall war nicht klar, dass die Leiter auf einem Säulenstumpf stand, und als er dann irgendwann weiterhüpfte, sackte die Leiter um dreißig Zentimeter ab.«

Ich halte inne. »Warum zum Teufel erzählst du mir das ausgerechnet jetzt?«

»Hall hat sich beide Fersen gebrochen, als er durch die Leitersprossen stürzte«, ergänzt er ungeniert.

Ich habe das Gefühl, durch einen Strohhalm zu atmen.

»Und wie lautet die Pointe?«, fragt Wyatt.

»Ich weiß es nicht.«

Ich mache den nächsten Schritt und spüre, wie seine Hand meine Wade umfängt. Sie ist sicher und beständig und warm, und ich lasse mich von ihm führen, bis ich auf festem Boden stehe.

Wyatt neigt seine Stirnlampe, sodass sie mich nicht blendet. »Die Pointe ist: Warum hatte er im Tempel seine hochhackigen Schuhe an?«

Es ist kaum genug Platz für uns beide. »Alles okay?«, murmelt er.

»Alles gut«, erwidere ich.

Wir stehen von der Brust bis zu den Knöcheln eng aneinandergepresst. Linkisch verändern wir die Positionen, bis ich hinter ihm bin. Wenn er in die Hocke geht, haben wir etwas mehr Platz – hier hat man während der letzten Tage die Wände mit Holz verstärkt. Dahinter befindet sich die Grabkammer, die von locker gestapelten Kalksteinblöcken zugestellt ist.

»Ich brauche Licht«, weist er mich an, und ich versuche mein Bestes, meine Stirnlampe dorthin leuchten zu lassen, wo er in die Hocke geht und mit seinen Fingern einen Kalksteinblock umfängt. Unter Ächzen müht er sich, den Block herauszulösen. Dabei strafft sich sein Hemd über den Schultern, seine Wirbelsäule verdreht sich, und der Rücken verspannt sich vor Anstrengung. Ich will schon vorschlagen, dass wir uns ein Stemmeisen runterkommen lassen, da gibt der Fels ein Stück nach. Der Atem von Tausenden von Jahren umweht uns wie ein heißes, trockenes Keuchen.

Nachdem er die Öffnung so groß gemacht hat, dass sein Körper hindurchpasst, justiert er seine Stirnlampe und kriecht durch den schmalen Felstunnel. Ich folge ihm auf den Fersen. Steine bohren sich in meine Handflächen und mein Rücken schrappt entlang der Decke des Tunnels. Dieser ist zwar eng, aber glücklicherweise kurz. Wyatt verharrt und blockiert mir somit die Sicht. »Kannst du was erkennen?«, flüstere ich.

Es dauert lang, bis Wyatt Worte findet, und er orientiert sich damit an Howard Carter, als dieser zum ersten Mal in die Grabkammer von Tutanchamun geblickt hat und Lord Carnarvon ihm dieselbe Frage stellte. »Ja«, sagt er. »Wunderbare Dinge.«

»Gibt es einen Sarg?«

Er nickt. »Und er ist intakt.«

Er kriecht vom Tunnel in einen etwas größeren Raum des aus dem Stein gehauenen Grabs. Der Schein seiner Stirnlampe fällt auf die Holzkiste, die fast die ganze Bodenfläche einnimmt. Kalkstaub hat sich in all den Jahren wie ein fahles Tuch darübergelegt. Auf den Bohlen sitzen drei Modelle, ebenfalls von Staub überzogen, doch darunter erkennt man bunte Farbe. Auf dem

Deckel des äußeren Sargdeckels scheinen sich dekorative Hieroglyphen unter der dünnen Staubschicht zu befinden – Symbole, welche die fünfzehnjährige Suche Wyatts rechtfertigen:

Djehutinacht.

Wie alle anderen auch kann ich es kaum erwarten, zu erfahren, was sich im Sarg befindet, aber jetzt ist die vorrangigste Aufgabe die Dokumentation der Grabarchitektur. Würden wir die klassischen Methoden anwenden – wie damals in meiner Doktorandenzeit –, nähme das sehr viel Zeit in Anspruch. Erst wirft der Antikendirektor einen Blick herein, dann tauschen Alberto und ich die Plätze, sodass er und Wyatt die grundlegende Planimetrie vornehmen können. Unter Verwendung eines Laser-Entfernungsmessers und eines Goniometers zeichnen sie einen Plan auf dem iPad. Alberto führt die Messungen durch, während Wyatt, der wieder nach oben gegangen ist, die Tiefe und Lage des Grabes auf einer Karte berechnet. Über mehrere Stunden bin ich die Botin zwischen Alberto und Wyatt, wann immer es zu einer Panne kommt, aber am Ende unserer Arbeit verfügen wir über eine vollständige dreidimensionale Rekonstruktion der Grabkammer. Erst dann können einzelne Teile von Safiya, der ägyptischen Konservatorin, bewegt werden, die sie erfasst und verpackt und dann aus der Grabkammer nach oben holt. Es ist mühselige, feierliche Arbeit.

Die Decke der Grabkammer ist nur anderthalb Meter hoch. Der Raum zwischen Sarg und Wand ist so schmal, dass ich mich als Einzige bis zum hinteren Ende durchquetschen kann, um dort den Kalkstaub abzubürsten.

Außer dem Deckel hat der äußere Sarg fünf Seiten – zwei lange, zwei kurze und den Boden. Die Seiten sind abgeschrägt und mit Dübeln und Kupferbändern gesichert, die oberen Kanten sind auf Stoß zusammengefügt, aber der Boden sitzt in einem Falz und ist mit weiteren Dübeln und Kupferbändern in der Leiste gesichert. Es gibt Gründe, warum er viertausend Jahre überdauert hat. Auf der Holzkiste verläuft eine horizontale Linie bunt gemalter Hieroglyphen über alle vier Seiten und nennt sämtliche Titel Djehutinachts. Farbig ist ansonsten nur noch das Paar nach Osten blickende *Udjat*-Augen, doch wir rechnen mit weiterer detaillierter Kunst an den Innenwänden, die uns wie der darin ruhende Innensarg noch verborgen sind. Einen Goldschatz gibt es nicht, aber auf dem äußeren Sarg sind Opfergaben und Modelle gestapelt. Die Kanopentruhe ist von einem in den Kalkstein gehauenen Sims zu Boden gefallen.

Eingezwängt in der Kammer bringe ich Stunden damit zu, mir die Modelle anzusehen – die Holzschnitzarbeit einer von einem Mann im Kilt angeführten Beerdigungsprozession, dem drei schlanke Frauen mit Wein, Korn und einer schwarz und cremefarben bemalten Opfertruhe folgen; ein großes Fährboot für den Toten, geschnitzt aus einem einzigen Holzblock, die Ruderer angekettet und die Ruder in bemerkenswert gutem Zustand; ein Kajütboot, mit dem ein Beamter in Regierungsangelegenheiten auf dem Nil hin und her gesegelt sein dürfte. Der Sarg steht einzig und allein für den Tod Djehutinachts, aber diese Modelle stehen für sein Leben, seine Arbeit, seine Regierungsverantwortung, die Familie und die Freunde, die um ihn trauern würden.

Es ist ein kleiner Schock, als ich mir bewusst mache, dass sich dieser Schnappschuss von Djehutinacht nicht von denen unterscheidet, die ich von meinen jetzigen Klienten habe, die sicherstellen wollen, dass sie bereit sind für das, was danach kommt, aber auch daran erinnern möchten, wer sie gewesen sind.

Drei Tage nach Öffnung der Grabkammer hatte man die Modelle entfernt, und der Sarg kann nun geöffnet werden. Die einheimischen Arbeiter flitzen die Strickleiter hoch und runter, verlegen Verlängerungskabel zum Generator und schließen unten Lampen an. Der Lärm ist höllisch und ich sehe, wie Wyatt sich die Ohren zuhält. »Meine Mutter pflegte zu sagen, wenn dein linkes Ohr klingelt, spricht jemand über dich, den du liebst«, brülle ich. »Wenn es das rechte Ohr ist, wünscht dir jemand Böses.«

»Und wenn es beide Ohren sind?«, fragt Wyatt.

Ich grinse. »Dann hast du eine Migräne.«

Wir stehen über dem Schacht, wo wir dem Lärm des Generators voll und ganz ausgesetzt sind, während Alberto unten in der Grabkammer den Sarg aus allen möglichen Winkeln fotografiert. Omar, der Inspektor, hat genügend Vertrauen zu ihm, ihn dort allein hantieren zu lassen. Seine Lichtquelle ist ein Batteriepack, das jedes Mal blitzt, wenn er ein Foto macht, das sofort auf Wyatts iPad übertragen wird.

Ich schaue in den dunklen Schacht. Wieder ein Lichtblitz, und auf dem Display erscheint ein Foto. »Warum dauert das so lang?«

»Weißt du, wie lang Carter gebraucht hat, das Grab von Tutanchamun freizuräumen?«, erwidert Wyatt. »Zehn *Jahre*. Er hat alles nummeriert. Alles fotografiert. Alles gezeichnet.« Spöttisch ergänzt er: »Ich bin jetzt seit fünfzehn Jahren dran. Wenn hier jemand ungeduldig sein darf, dann ich.«

Um das Grab herrscht noch immer Betrieb – aber es gibt eine Person, die auffällig abwesend ist. »Dailey«, sage ich, nachdem ich in den Winkeln meines Gedächtnisses nach dem Namen gekramt habe, den Joe mir genannt hat. »Warum ist dein Geldgeber nicht hier?«

Ich kann mir nicht vorstellen, dass man eine Expedition finanziert und nicht dabei sein möchte, wenn die tatsächliche Entdeckung stattfindet. Wyatt hebt ruckartig den Kopf und wird rot. »Nach allem, was ich weiß, streiken die Airline-Mitarbeiter in Italien.«

»Dein Geldgeber ist Italiener?«, hake ich nach, aber bevor Wyatt antworten kann, ruft Alberto zu uns hoch. Endlich können wir den Sarg öffnen.

Dicht hintereinander klettern wir die Strickleiter hinunter – erst Wyatt, dann ich, dann die Konservatorin Safiya und schließlich Omar. Eigentlich haben wir gar nicht alle Platz, denn außerdem diskutiert noch ein halbes Dutzend Arbeiter mit Wyatt über die beste Möglichkeit, den äußeren Sargdeckel anzuheben, und so bietet der Inspektor an, oben am Schacht zu warten. In dieser winzigen Felskammer hat es leicht achtunddreißig Grad, und da die Luft außerdem steht, läuft mir der Schweiß übers Gesicht und unter den Kragen meines Hemds. Ventilatoren zur Verbesserung der Luftzirkulation sind natürlich verboten. Was für die Konservierung ein Segen war, ist für unsere Arbeit ein Fluch.

Abdou hat die beste Idee, und die Arbeiter und Wyatt heben den massiven Deckel des äußeren Sargs an und schieben ihn zur Seite. Im schwachen Licht, das der keuchende Generator hervorbringt, kann ich einen Innensarg aus Zedernholz erkennen, sehr ähnlich den beiden, vor denen wir im Bostoner Museum of Fine Arts als Doktoranden gestanden hatten. Einzelheiten kann ich keine erkennen, nur dass die Farbe noch leuchtender ist als die der Außenhülle.

Es dauert fast eine Stunde, bis der Zedernholzdeckel entfernt ist, und wir müssen uns zu einem menschlichen Jenga-Turm positionieren, damit er abgelegt werden kann. Alberto wuselt für seine Aufnahmen um uns herum während wir uns zusammendrängeln.

Wyatt wischt sich mit dem Ärmel seines Hemds über die Stirn. »Das hat so großen Spaß gemacht«, sagt er, »dass wir es gleich noch mal machen.« Dabei zeigt er auf den Innensarg und schiebt seine Finger unter die Deckelkante.

Dieser Deckel ist nicht ganz so schwer, aber dennoch sperrig, und der Platz in der Grabkammer reicht kaum für die Körper, die nötig sind, ihn zu öffnen und anzuheben. Ich befinde mich am hinteren Ende der Grabkammer eingekeilt zwischen Fels und dem schmalen Ende des Sargs.

Als er geöffnet wird, riecht nichts nach Tod. Nur Harz, berauschend und scharf. Djehutinachts ausgetrocknete Mumie liegt auf der Seite mit Blick nach Osten, die Form seines Körpers verborgen unter den straffen Leinenlagen. Das Licht flackert über eine Bestattungsmaske, und man sieht, dass sich in die äußere Bandagenschicht Insekten gebohrt haben. Die Mumie ist in ein Leichentuch mit Fransenkante gewickelt. Vor ihm befinden sich Zeilen aus den Sargtexten sowie eine plastisch gemalte Scheintüre, durch die seine *Ba*-Seele kommen und gehen konnte. Die Mumie liegt bündig an der anderen Innenwand, aber über Hüfte und Kopf erkenne ich einen farbenprächtigen Opferfries mit Sandalen, Weinkrügen, Fleischkeulen. Einen Moment lang sind wir in Ehrfurcht erstarrt, eine Ehrerbietung, die Alberto mit seiner Kamera festhält.

»Also«, sagt Safiya und reißt uns alle wieder zurück in die Gegenwart. »Lasst uns anfangen.«

Sie schiebt sich aus der Kammer und kraxelt die Leiter hoch, befiehlt den Arbeitern, Staupolster und Seile zu bringen, mit denen die Mumie gesichert werden soll, wenn die offenen Särge im Tandem angehoben werden. Alberto folgt ihr, denn wenn erst mal alle in die Grabkammer heruntersteigen, um die Mumie zur Freilegung in die Grabkapelle zu bringen, wird der Platz noch knapper werden.

Wyatt will sich den anderen anschließen, dreht sich aber um, als er merkt, dass ich, die Hände auf den Rand des inneren Sargs leicht aufgestützt, in den Anblick von Djehutinachts Mumie vertieft bin.

»Die Antwort ist: *Ich weiß es nicht*«, sagt er.

»Wie lautet die Frage?«

»Gibt es unter ihm ein Zweiwegebuch?«

Mein Blick richtet sich auf die dicke Staubschicht, die den Boden des Innensargs bedeckt.

»Zu deiner Information – *daran* habe ich nicht gedacht.«

»Nein?«, wundert sich Wyatt. »Dann machst du dir wohl im Geiste Notizen für ein Halloween-Kostüm?«

»Du musst doch zugeben, dass das kein normaler Donnerstag ist«, erwidere ich.

Ich wende mich der Bestattungsmaske zu. Sie scheint aus Blattgold gehämmert zu sein, aber die Züge sind sehr markant – eine Nasenöffnung ist größer als die andere, die Augenwinkel sind rot betont. Auf stilisierte Weise dürfte sie den Zügen des Gaufürsten entsprochen haben, damit seine Seele seine Mumie als Teil der täglichen Wiederauferstehung erkennen konnte.

Ich muss an die Totenmasken denken, die man Königen, Gelehrten und Künstlern vom Mittelalter bis zum amerikanischen Bürgerkrieg abgenommen hat, von Heinrich VIII. über Napoleon bis zu Nikola Tesla, um sie erst auf den jeweiligen Beerdigungen und dann in Museen auszustellen. »Hast du schon mal von *l'inconnue de la Seine* gehört?«

Wyatt schüttelt den Kopf.

»Sie ist in den Achtzigerjahren des neunzehnten Jahrhunderts in Paris ertrunken. Jemand in der Leichenhalle hat eine Totenmaske von ihrem Gesicht angefertigt, und die ist … wunderschön. Sie sieht aus, als wäre sie lächelnd eingeschlafen, obwohl es möglicherweise ein Selbstmord war. Man hat sie mit der Mona Lisa verglichen, und viele, die es sich leisten konnten, hängten sich Kopien ihrer Maske als Kunstwerk an die Wand. Um 1960 hat man ihr Gesicht als Modell der ersten Wiederbelebungspuppe verwendet.«

Wyatt schiebt die Hände in die Taschen. »Wenn das keine Ironie ist.«

»Schon eine erstaunliche Vorstellung, dass man so friedlich in den Tod gehen kann.« Ich sehe Djehutinacht an. »Was meinst du, hat es auch bei ihm funktioniert?«

»Was?«

Ich zeige auf die auf den Sarg geschriebenen Zaubersprüche. »Das alles hier. Die ganze Zurüstung. Glaubst du, er ist dort angekommen, wo er hinwollte?«

Wyatt erwidert achselzuckend: »Das will ich doch hoffen, denn es war verdammt viel Arbeit, ihn hier reinzubringen, und es wird noch viel mehr Arbeit sein, ihn hier rauszubekommen.«

Er macht kehrt und ich höre das Ächzen der Seile, als er sich auf den Weg nach oben macht. Ich werfe einen letzten Blick auf die Mumie. Philosophisch betrachtet weiß ich, dass es, wenn man mehr über die Lebensweise der Menschen erfahren möchte, die in der Vergangenheit gelebt haben, nur diesen einen Weg gibt: Auseinandernehmen, was sie für ihre letzte Ruhestätte gehalten haben. Aus akademischer Sicht rechtfertigt das unsere Arbeit. Ich weiß auch, dass Religion das ist, was wir daraus machen. Aber was, wenn Djehutinacht – und all die anderen – recht hatten? Was, wenn die Sonne heute Abend untergeht und seine *Ba*-Seele in seinen Sarg zurückkehrt, die Leiche aber, mit der sie sich vereinen muss, nicht mehr da ist?

Was ist, wenn es genau auf das fehlende Teil von dir ankommt?

Ich habe gehört, dass Liebe und Hass zwei Seiten derselben Medaille sind, und das ist auch meine einzige Erklärung dafür, weshalb ich mich so schnell und heftig in Wyatt verliebt habe. Als Doktorandin befand ich mich mit ihm in einem Dauerwettlauf. Ich verwandte so viel Zeit darauf, Wyatt überholen zu wollen, dass es eine Offenbarung war, mit ihm auf Augenhöhe zu sein und lange genug zu verweilen, ihn wirklich zu sehen.

Er war nicht die Person, die er vorgab zu sein – ein arroganter, schlagfertiger Brite, der immer der Klügste im Raum war. Das, so lernte ich, war Pose. Er hatte Albträume, die ihn um sich schlagen ließen, wenn er in meinen Armen lag. Er war ein Schelm, der mir schlüpfrige Nachrichten hinterließ, die auf dem Badezimmerspiegel im Dampf sichtbar wurden, wenn wir duschten. Er berührte mich, als wäre ich aus Gold oder Dunst oder Erinnerung.

Es war schwer, vor acht Leuten, die in einem kleinen Haushalt zusammenlebten, eine Romanze zu verbergen, aber wir waren dazu bereit. Da wir im Wadi an dem neu entdeckten Dipinto zusammenarbeiten mussten, blafften wir einander weiterhin an und gaben vor, die Nähe des anderen nicht ertragen zu können, obwohl Wyatt mich jedes Mal, wenn er an mir vorbeikam, mit seiner Hand im Kreuz berührte, und ich, wenn wir beim Essen nebeneinandersaßen, meinen kleinen Finger bei seinem einhakte und seine Hand unter dem Tisch auf meinen Schenkel zog.

Wenn alle in der schlimmen Nachmittagshitze ein Nickerchen machten, lauschte ich auf Wyatts Schritte vor meiner Schlafzimmertür. Es gab lose Fliesen, die klapperten, egal, wie vorsichtig man sich bewegte. Ich zählte dann bis hundert und schlich ihm hinterher. Manchmal musste ich mich an Hasib, Harbis Vater vorbeischleichen, der im Schatten des Hofs unter der bunten Beflaggung unserer Wäsche ruhte. Sobald ich aus dem Grabungshaus trat, senkte ich den Kopf und schirmte die Augen gegen die grelle Sonne ab. Wyatt hatte für mich ein paar Steine in Form eines Pfeils oder einer Reihe gelegt, die sich um die Biegung eines Pfads wand, der zum Fluss hinunterführte. Auf halbem Weg zum Nil erwartete er mich. Oder er kam aus einem Maisfeld gesprungen und umschlang mich von hinten mit den Armen.

Diese Stunden stahlen wir uns. Die Sonne machte uns dabei nichts aus, auch nicht, dass unsere Wangen sich röteten und die Haare heller wurden. Wir wanderten auf den schmalen Pfaden zwischen erhöhten Beeten und küssten uns gehüllt in den würzigen Geruch wilder Zwiebeln. Wir legten uns auf ein Bett aus Heu, und Wyatt zeichnete mich vom Nacken bis zum Nabel mit einem Pinsel aus Lieschgras, während sich ein Esel im Staub rollte und für uns sang. Wir saßen am Flussufer und redeten – über seinen Vater, der es geschafft hatte, das Familienerbe durch eine Reihe schlechter Unternehmensinvestitionen zu dezimieren, aber dennoch darauf bestand, seine Söhne nach Eton zu schicken, um den Schein zu wahren; über meine Mutter, die zwei Jobs hatte, damit sie meine Studienkredite abzahlen konnte. Wie es wohl wäre, unsere Namen zusammen gedruckt zu sehen. Wie es sich anfühlte, sich in der Zeit zu verlieren, wenn man sich in der Zeit verlor.

Abends zählte ich mit, wer bereits in die Dusche gegangen war, und wartete, bis nur noch ich und Wyatt übrig waren. Dann ging ich ins Bad, und Wyatt folgte mir – was nicht seltsam auffiel, weil es mehrere Duschkabinen gab –, nur dass wir uns eine teilten. Dann hob er mich hoch und drückte mich gegen die geflieste Wand. Oder er sank auf den Fliesenboden und labte sich an mir, bis meine Knie nachgaben. Ich sehe seinen im Dampf nach hinten geworfenen Kopf noch vor mir, während er mit den Fingern Blutergüsse auf meinen Schenkeln hinterließ. Erinnere mich, wie nah ich ihm war, sodass selbst Wasser zwischen uns keinen Platz hatte.

Als Howard Carter die Mumie von Tutanchamun fand und versuchte, sie herauszuheben, wusste er nicht, dass der innerste Sarg aus purem Gold war und die ganze Operation beinahe fehlgeschlagen wäre. Für Djehutinachts Mumie hatte Safiya eine Winde auf zwei langen Holzbeinen über dem Grabungsschacht aufstellen lassen. Die Konservatorin hatte die beiden Sargdeckel bereits in die Hauptkammer des Grabs bringen lassen und die Mumie an Ort und Stelle gepolstert und so fest umwickelt, dass sie sich nicht bewegen konnte, während die Matrjoschka-Särge von den einheimischen Arbeitern nach oben gezogen wurden. Dort wird sie die Mumie in eine belüftete Holzkiste umbetten. Heutzutage werden Mumien nicht mehr ausgewickelt, sondern einer Computertomografie unterzogen. Wyatt hat dafür bereits vorausschauend Kontakt zu einem Krankenhaus in Minya aufgenommen, aber da er kein physischer Anthropologe ist, liegt sein Fokus auch nicht auf dieser Untersuchung. Mir ist bewusst, dass Ägyptologie immer mit Mumien assoziiert wird, aber sie erzählen uns in Wahrheit nicht sehr viel. Ja, da ist jemand vor mehreren Tausend Jahren gestorben. Das zu bestätigen kann nicht schaden. Aber erst das, was sich in diesem Sarg unter ihr befindet, könnte uns helfen zu verstehen, wie Djehutinacht gelebt, was er geglaubt und worauf er gehofft hat.

Wieder drängeln sich die Menschen in der Grabkapelle – Mostafa Awad ist zurück, begleitet von Antikendirektoren, die ich noch nie gesehen habe, außerdem hat Safiya sich Verstärkung für die Umbettung der Mumie aus dem Sarg in die Kiste mitgebracht. Eigentlich gäbe es für uns alle noch genug Arbeit im Grab zu erledigen, aber dies ist einer der Tage, von dem wir noch in Jahren sprechen werden, und Wyatt unternimmt keine Anstalten, uns zurück zum Kopieren der Wandtexte zu schicken. Wir verteilen uns und lauschen den Anweisungen des Vorarbeiters an der Seilwinde und den koordinierten Rufen der Arbeiter unten, während die Seilrolle sich in Bewegung setzt. Zentimeter um Zentimeter werden die Särge hochgezogen, bis ich von meinem Beobachtungsposten hinter Wyatt den Zedernrand des Sargs aus dem Schacht auftauchen sehe.

Es dauert fast den ganzen Vormittag, den Sarg aus dem Schacht herauszubekommen und neben der Winde über dem Loch auszubalancieren. Drei weitere Stunden vergehen, bis er sanft von den Rollen und Seilen befreit und auf gepolsterte Schienen in der Grabkapelle gestellt ist. Weil keiner von uns gehen will, bevor das erledigt ist, arbeiten wir über die Mittagszeit hinaus, als die Sonne erbarmungslos auf Sand und Fels herabstrahlt und die Hitze zu einem lebendigen Wesen wird.

Endlich steht der Sarg, und das Konservierungsteam kann sich an die Arbeit machen. Sanft heben sie die auf der Seite liegende Mumie heraus und betten sie in der bereitstehenden Kiste auf den Rücken. Wie ein Transplantationschirurg, der auf die Übergabe des Organs wartet, nimmt Wyatt daraufhin sofort seinen Platz im Zentrum des Geschehens ein. Alberto scheint überall gleichzeitig zu sein, während er die Umbettung der Mumie, die goldene Bestattungsmaske und den nun leeren Innensarg fotografiert.

Der Transport der Särge hat weiteren Kalkstaub aufgewirbelt, genauso die Entfernung der Mumie. Wyatt wartet geduldig, bis Alberto mit seiner Dokumentation der Innenseiten der schmalen Zedernkiste fertig ist, und zieht dann einen sauberen Pinsel aus der Tasche. Er beugt sich hinunter, muss sich strecken, um den Boden zu erreichen, und bürstet sanft den Staub beiseite, um die Bodenbretter des Sargs sehen zu können, die bisher von der Mumie verdeckt gewesen waren.

Mit einem Freudenschrei lässt er den Pinsel auf den Steinboden der Grabkapelle fallen, hebt mich hoch und wirbelt mich herum. Ich versteife mich, weil ich mir bewusst bin, dass uns alle anstarren.

Aber dann setzt er mich ab, und ich achte gar nicht mehr auf ihre fragenden Blicke. Denn am Boden von Djehutinachts innerem Sarg sehe ich eine blaue Wellenlinie und einen hügeligen Streifen in Schwarz, dazu ein schmales rotes Rechteck. Die neueste Entdeckung der Ägyptologie erweist sich als der Welt älteste Version des Zweiwegebuchs.

Während der Saison, in der wir im Verborgenen eine Beziehung unterhielten, kam Wyatt jede Nacht zu mir ins Bett, in dem wir nur eng aneinandergeschmiegt Platz hatten. Ich gewöhnte mich so sehr daran, neben ihm einzuschlafen, dass ich das allein gar nicht hinbekam. Und deshalb machte ich mich eines Abends, als er nach dem Duschen nicht zu mir kam, auf den Weg zu ihm.

Im Flur stieß ich mit ihm zusammen. Er hielt mich an den Schultern fest und ließ die Decke fallen, die er trug. »Tapetenwechsel«, flüsterte er.

Er brauchte keine Worte, ich wusste auch so, dass er ins Wadi unterwegs war. Dort war allerdings jetzt ein Wachposten stationiert, aber wir hatten uns die Ausrede zurechtgelegt, uns die Inschrift bei schräg einfallendem Licht ansehen zu wollen, wie das nur nach Einbruch der Dunkelheit möglich war. Wyatt gab mir eine Stirnlampe, und wir zogen los wie zwei Sternschnuppen.

Unter der Inschrift breitete Wyatt die Decke aus und zeigte darauf. »Nach dir, meine Königin.«

Ich streckte mich darauf aus. »Königin?«, sagte ich. »Wieso kann ich nicht König sein?«

Er lachte. »Wie Hatschepsut?«

Sie war die Tochter von Thutmosis I., heiratete ihren Halbbruder Thutmosis II. und wurde, als dieser starb, zur Königin. Sie führte die Regentschaft, bis ihr Stiefsohn Baby Thutmosis III. alt genug wäre, diese zu übernehmen. Aufgrund der ihr in die Wiege gelegten Qualifikationen befand sie jedoch, dass sie nicht einfach aufhören könne, und wurde etwa um 1473 vor unserer Zeit Co-Königin mit männlichen Königstiteln.

»Die war verdammt ehrgeizig«, meinte Wyatt.

Ich stützte mich auf die Ellbogen. »Wenn eine Frau die Macht ergreift, ist sie also von Ehrgeiz getrieben, aber wenn es ein Mann macht, entspricht das der natürlichen Ordnung – wieso eigentlich? Politisch motiviert und weiblich zu sein schließt sich doch nicht gegenseitig aus. Nach allem, was wir wissen, steckte sie mitten in einer familiären Krise. Vielleicht hat jemand gedroht, ihrem Stiefsohn den Thron streitig zu machen, und sie musste einen Weg finden, diesen zu retten. Das würde sie doch nur als gute Mutter ausweisen.«

»Eine allerliebste Mama, mag sein. Nach ihrem Tod hat Thutmosis dann aber alle ihre Monumente zerstört und ihren Namen getilgt…«

»Aber erst als sein eigenes Kind Amenhotep so weit war, die Macht zu übernehmen. Ihr Frausein war nun wirklich das Unwichtigste an ihr. Versteckt hat sie es nicht. In künstlerischen Darstellungen trägt sie den königlichen Haarschmuck, das Nemes-Kopftuch, einen männlichen Kilt und nackten Oberkörper – aber man konnte sehen, dass sie Brüste hatte.«

Wyatt knöpfte meine Bluse auf. »Sag bloß.«

»Selbst als König wurde sie Die Erste der vornehmen Frauen genannt. Und in allen königlichen Texten, die sie beschreiben, werden weibliche Pronomen verwendet.«

Er liebkoste meinen Hals und zog an meiner Hose. »Ich liebe es, wenn die Feministin in dir erwacht.«

Ich gab ihm einen Klaps. »Außerdem hat sie Deir el-Bahari als gewaltigen Totentempel erbaut und führte eine Handelsexpedition nach Punt, die ebenfalls riesig war…«

»Weißt du, was noch riesig ist?«

»…aber nichts davon hatte was mit ihrem Geschlecht zu tun. Das ist wie bei einer Präsidentin, deren Errungenschaften man ihrem Frausein und nicht ihren Führungsqualitäten zuschreibt.«

»Hatschepsut hat aber definitiv auch Scheiße gebaut«, sagte Wyatt, bevor er mein Gesicht umfing und mich küsste.

Als wir uns voneinander lösten, musste ich nach Luft schnappen. »Du hast wohl ein Problem mit klugen, ehrgeizigen Frauen, die auch mal Scheiße bauen?«

Er rollte sich auf mich, bis er zwischen meinen Beinen lag. »Kennst du das Sprichwort«, murmelte Wyatt, »unter jeder mächtigen Frau ist ein sehr, sehr glücklicher Mann.«

Ich fand es wunderbar, dass wir uns nachts mitten in der Wüste über ägyptische Könige und Königinnen streiten konnten. Genauso wunderbar, wie Wyatt nicht erklären zu müssen, wer Hatschepsut war. Die Physik unserer Beziehung war wunderbar: Wir konnten mit derselben Intensität streiten, mit der wir uns vereinten. Jede Minute des Beisammenseins fühlte sich an wie ein Unwetter, bevor es losbrach.

Ich liebte Wyatt.

Diese Nacht ist mir wohl deshalb so lebendig in Erinnerung geblieben, weil ich mir meine Liebe zum ersten Mal eingestand, ohne Panik zu bekommen oder verwirrt zu sein – ich war einfach geborgen in dem Gefühl, dass es *richtig* war. Wie wenn man am Morgen nach einem Schneesturm aus dem Schlafzimmerfenster blickt und die Hügel und Hänge einer nicht wiederzuerkennenden Landschaft sieht, aber weiß, dass man sich dennoch darin zurechtfinden würde.

Der andere Grund, weshalb ich mich an diese Nacht erinnere, ist der, dass wir verschlafen haben. Wir rissen die Decke hoch und rannten durch die Wüste, um zum Grabungshaus zu gelangen, bevor alle anderen wach wurden. Aber als wir in die Küche stolperten, saßen die fünf anderen Doktoranden sowie Dumphries bereits am Tisch und frühstückten. »Gott sei Dank«, meinte Dumphries, ohne von seinem Kaffee aufzublicken. »Jetzt können wir endlich alle aufhören, so zu tun, als wüssten wir nicht, dass ihr beiden es miteinander treibt.«

Ich errötete so heftig, dass ich dachte, mein Gesicht würde schmelzen. Wyatt murmelte etwas Unverständliches und gab Hasib die Decke, bevor er sich auf den Stuhl neben mir plumpsen ließ. Wir berührten uns nicht. Wir atmeten kaum.

»Ihr seid nicht die Einzigen, die eine lockere Fliese hören«, ergänzte Dumphries und wandte sich dann an mich: »Würden Sie mir den Kaffeeweißer anreichen?«

Im Antikenmagazin von Minya gibt es einen Wasserrohrbruch, und das bedeutet, dass die Särge nicht wie geplant dorthin gebracht werden können. Glücklicherweise wurden die Artefakte, die sich bereits dort befanden, nicht beschädigt, aber der Zugang zum Gebäude selbst ist erschwert, sodass man sich entschieden hat, für die nähere Untersuchung alles ins Grabungshaus zu bringen und dort zum Schutz zusätzliche Polizeiwachen zu postieren.

Das bedeutet aber auch, dass Wyatt und ich rund um die Uhr Zugang zum Sarg haben. Ich brauchte wirklich nur aus dem Bett aufzustehen, um das Zweiwegebuch zu studieren. Aber sollte es mein Traum gewesen sein, mich Seit an Seit mit Wyatt in die Darstellung am Sargboden zu vertiefen, so verpufft dieser schnell wieder, als mir bewusst wird, dass diese Entdeckung zusätzliche Arbeit bedeutet und es mir nicht zusteht, darüber zu entscheiden, was wir zuerst analysieren.

Vor fünfzehn Jahren hatte ich geschrieben, der Sarg sei ein Mikrokosmos sowohl des Grabs als auch des ganzen Universums. Grundlegend beinhaltete jeder Beerdigungstext Informationen, die der Verstorbene für das Jenseits benötigte. Zoomte man hinein, wurde der Sarg als solcher zu einer Miniatur des Kosmos, vom auf den Deckel gemalten Himmel bis zur Landkarte des Zweiwegebuchs auf dem Boden und zur Mumie, die den Raum dazwischen füllte. Zoomte man wieder heraus, wurde der Sarg selbst – mit seinem Überbau eines öffentlichen Kapellenraums und der unterirdischen Grabkammer, in der sich der Sarg befand – zu einer weiteren symbolischen Repräsentation der Ebenen des Universums.

Aber hier im Magazin des Grabungshauses ging die Dekonstruktion sogar noch weiter. Innerer und äußerer Sarg waren beide bestens erhalten und ziemlich groß mit Wänden von über einem Meter Höhe. Da sie beide aufgebockt waren, hatten wir ein Gerüst aufgebaut, um von oben hineinsehen zu können, aber da der Text sehr klein geschrieben und zu weit weg ist, benötigen wir die Hilfe von Alberto, der ihn für uns fotografiert.

Ich habe bereits damit begonnen, die kunstvollen Darstellungen in den Särgen zu kopieren und auf mein iPad zu übertragen, damit Alberto sie in seine dreidimensionale digitale Präsentation einbauen kann. Wyatt hat mich angewiesen, mit den Gemälden an der Innenseite des äußeren Sargs zu beginnen, die so atemberaubend sind, dass ich ihnen nicht gerecht werden kann. Auf meinem Display erkenne ich die Pinselstriche des Künstlers, die Schattierung und jedes Detail, das mich direkt von der Stelle, auf die Djehutinachts Kopf geblickt haben dürfte, in Weiß, Siena und Blau aus dem Zedernholz anspringt. Es ist der Kopf eines Steinbocks mit seinen gerieften Hörnern und dem gemusterten Ohr. Ein riesiger zeremonieller Weinkrug aus Terrakotta bekommt durch einen weißen seitlichen Glanzpunkt Dimension. Tische biegen sich unter der Last von Obst und Gemüse, Fleisch und Brotlaiben, der Hüfte eines Stiers mit gepunkteter Haut, einem zusammengerollten Seil, dessen einzelne Fasern und Stränge gut zu unterscheiden sind, und einer fantastischen Gans, für deren weite Flügel die gesamte Graupalette genutzt wurde, um die marmorierten Federn wiederzugeben. Den künstlerischen Höhepunkt stellt jedoch die plastisch gemalte Scheintür dar, die es der *Ba*-Seele erlaubt, zwischen Jenseits und Grab hin und her zu schlüpfen. Darüber befindet sich ein Text mit der Bitte um Opfergaben vom König und Osiris an Festtagen mit einer praktischen Auflistung vorgeschlagener Dinge ganz rechts an der Wand.

Nach einer Stunde mühseliger Arbeit am iPad brennen mir die Augen. Ich reibe sie und linse auf Wyatt. Er ist in die Bilder auf seinem iPad vertieft, und sein Mund bewegt sich schweigend, als er die Übersetzung der Texte vor sich hin murmelt, die Alberto bereits von den Seiten des inneren Sargs Djehutinachts abfotografiert hat. In den Sargtexten gibt es eintausendeinhundertfünfundachtzig individuelle Zaubersprüche, und er muss nun herausfinden, welche Djehutinacht ausgewählt hat.

Er achtet nicht auf das, was ich mache, und so werfe ich einen Blick in den inneren Sarg. Wie am äußeren Sarg befinden sich an der Vorderseite *Udjat*-Augen, die sich in derselben Höhe wie ein passendes Paar *Udjat*-Augen auf der Innenseite des Holzes befinden, gemalt über einer Scheintür, als hätte die Mumie mittels beider Augenpaare durch das Holz sehen und auf all die großartigen Illustrationen blicken können, die ich gerade von der Innenseite des äußeren Sargs kopiert habe. Auf dem Boden des Sargs befindet sich die enthüllende wellige Landkarte des Zweiwegebuchs. Ich klicke durch die digitalen Dateien, bis ich die Fotos finde, die Alberto davon gemacht hat.

Als ich mich zum ersten Mal dem Zweiwegebuch widmete, war nicht Ägypten mein Einstieg. Ich befasste mich mit Karten – Anaximanders Weltkarte im sechsten Jahrhundert vor unserer Zeitrechnung, Fra Mauros Mittelalterkarte, der Atlas Maior, Karten von Atlantis und Mittelerde, Karten der USA, wie diese ausgesehen hätten, wenn der Süden sich abgespalten hätte und von Europa ohne D-Day. Karten brauchen nicht trocken zu sein. Und auch nicht maßstabsgetreu oder konkret. Sie können die reale Welt darstellen, einen fiktionalen Raum träumen oder einen symbolischen evozieren – wie die mittelalterlichen Karten von Kathedralen, in denen der Weg vom Eingang zum Hauptschiff bis zum Altar einer Reise zu Christus gleichkam. In diesem Sinne spiegelt die Karte das Glaubenssystem ihres Schöpfers – genauso wie das Zweiwegebuch. Künstler des Mittleren Reichs skizzierten ein grafisches Bild davon, wie der Weg durch das Jenseits aussah, komplett mit Zugängen, verschlossenen Toren und Feuerseen. Diese Landschaft erfolgreich zu durchqueren, kam der besten Saison in der Abenteuershow *Survivor* gleich, und das ewige Zuhause befand sich in dem Viertel, wo auch die Götter wohnten. Hier in Deir el-Bersche hat es vier veröffentliche Generationen von Särgen gegeben, die das Zweiwegebuch beinhalten. Wyatt wird ihnen allen den Rang ablaufen.

Djehutinachts Sarg enthält die lange Version des Zweiwegebuchs, hundertundeins Zaubersprüche, die sich in einzelne Segmente aufgeteilt in zwei langen Streifen über den Boden aus Zedernholz ziehen. Es beginnt mit dem Sonnenaufgang, als Djehutinacht auf der Sonnenbarke des Sonnengotts Segel setzt. Die charakteristische geografische Karte – die obere blaue Wasserroute und die untere Landroute – kommt als Nächstes. Die Pfade werden durch einen roten Streifen geteilt, den »Feuersee« oder »Messersee«. Was an Platz übrig bleibt, wird durch Text gefüllt, der Berge, Felder, Flüsse und Schreine sowie die Namen von bewaffneten Dämonen beschreibt, die versuchen, den Verstorbenen vom Kurs abzubringen. In den Windungen, auf den Hügeln und in den Tälern sind diese Dämonen abgebildet. Schließlich bekommt der Verstorbene besondere Kleidung und Accessoires zum Beweis, dass er diesen Teil der Reise gemeistert und es nach Rosetau geschafft hat, den Ort, wo der Sarg ins Grab befördert wird.

In der nächsten Etappe kommt es noch härter. Es gibt drei

Kammern mit Feuerwänden, die von »Wächtern« bewacht werden. Bewältigt der Verstorbene diese Hürde, wird er auf die Irrpfade der Feuersteinwände in Rosetau geworfen, wo sich bebilderte Pfade kreuzen. Dahinter lauern Dämonen mit Skarabäusköpfen und Dämonen, die Schlangen und Eidechsen in den Händen halten und besiegt werden müssen, bevor der Verstorbene Osiris erreicht und ihm das ewige Leben sicher ist.

Es gibt eine kürzere Version des Zweiwegebuchs, das für gewöhnlich hier endet, aber in Djehutinachts Sarg folgt noch mehr: eine Anrufung des Gottes Thot, der Patron dieser Gegend ist, und dann noch ein Textblock, jedoch ohne Geschichten und Beschreibungen des Jenseits. Stattdessen erfährt hier das Leben des Verstorbenen seine Rechtfertigung und liefert den Beweis, dass er würdig ist, mit Re zu segeln. Dann sieht man sieben Tore, jedes mit einem noch abstoßenderen Wächter davor. Abschließend beschwört der Verstorbene seine Unsterblichkeit und wird sowohl mit Re bei Sonnenaufgang und Osiris in der Unterwelt verglichen.

Diese Landkarte bildet den Weg ab, auf dem man im Alten Ägypten das Jenseits erreichte. Aber sie zeigt uns darüber hinaus, wie sich die alten Ägypter das Jenseits *vorstellten*. Hier ging es nicht um Himmelspforten und Harfe spielende Cherubim. Die Tore waren aus Feuer, und die Dämonen flößten Angst ein – Schimären mit Menschenköpfen, Tierkörpern und Messern, Schlangenkörpern, Flügeln und Klauen. In diesem Zweiwegebuch entdecke ich eine Schimäre aus Pavian und Schlange, die auf der Wasserroute ein Messer schwingt, und ein Ungeheuer mit Leopardenkörper, Kuhkopf und göttlichen Hörnern.

Es gibt auch noch ein anderes Bild. Ich scrolle auf der Fotografie weiter runter und vergrößere sie dann. Ein sitzender Mann mit einer weißen Krone, Krummstab und Geißel in den Händen. Das ist kein Dämon, sondern eine im Mittleren Reich klassische Darstellung von Osiris, der auf einer Stufenplattform sitzt, über ihm Thot als Pavian – eine direkte Anspielung auf die Gerichtshalle des Osiris in den viel späteren Jenseitsbüchern. Neben ihm sieht man leere Waagschalen, Zeichnungen in dem Teil des Zweiwegebuchs, der üblicherweise nur aus Text ohne Illustrationen besteht.

Ich klettere am Gerüst hoch, um das Foto mit dem Original im Sarg abzugleichen. Das kann nicht sein. Noch nie habe ich ein Zweiwegebuch gesehen, das Osiris mit Waagschalen zeigt. Tatsächlich findet sich die einzige Stelle im Spruch 125 des Buchs vom Heraustreten in das Tageslicht, dem Ägyptischen Totenbuch, wo das Herz des Verstorbenen gegen die weiße Feder der Wahrheit gewogen wird.

Nur dass dieser Text erst in vierhundert Jahren existieren wird.

»Wyatt«, sage ich, »ich denke, das solltest du dir ansehen.«

Er blickt mürrisch von seinem iPad auf. »Du solltest doch am äußeren Sarg arbeiten«, sagt er, klettert aber dennoch hinauf zu mir.

»Mag sein, dass ich eingerostet bin, aber ich denke, dass es sich hierbei um die Halle der Zwei Wahrheiten handelt.«

»Aus dem Buch vom Heraustreten ans Tageslicht?«, hakt er nach. »Das kann nicht sein. Das ist Neues Reich.«

»Und wenn sich nun etwas aus den Sargtexten dazu entwickelt hat?«

Ich kann zusehen, wie Wyatt aus seinem riesigen Wissensspeicher schöpfte. »Sargtext 47 kommt dem am nächsten«, sagt er. Er fängt an, die Bilder zu durchforsten, die Alberto für uns heruntergeladen hat. Seine Finger fliegen über die Hieroglyphen, lesen viel schneller, als ich das jemals könnte, bis er den fraglichen Text auf einem Foto der nach Westen zeigenden Wand des Innensargs findet: »*Was jeden Gott, jeden Geist irgendeines toten Menschen betrifft, der sich gegen diese deine Würden stellt … so sollen sie zerschmettert werden wie die Verbündeten der Schreckensgesichter. Dein Platz auf der Sonnenscheibe soll geräumig sein. Du sollst bemessen werden in den Waagschalen wie Thot. Dein Ansehen soll erkannt werden von Ihm, der sich in der Sonnenscheibe als der Gott befindet, der neben ihm ist. Du sollst Brot essen in der Großen Halle. Dir sollen Mahlzeiten kredenzt werden wie Re von jenen, die für die Lagerhäuser von Heliopolis zuständig sind. Dein Herz gehört dir. Es soll dir nicht gestohlen werden von den Wächtern der Straße … Erhebe dich, um ewig zu leben!«*

Der Verstorbene, der sein eigenes Herz wiegt. Unsterbliches Ergebnis einer bestandenen Prüfung: Leiste Re Gesellschaft. Die Große Halle der Zwei Wahrheiten. Heliopolis – nun in nächster Nachbarschaft zum Kairoer Flughafen – war der bedeutendste Kultort von Re. Es sind alle Zutaten vorhanden, die zum Zauberspruch 125 im Neuen Reich werden. Aber bis jetzt hat es noch keine Darstellung im Mittleren Reich gegeben, die eine Verbindung gerechtfertigt hätte.

Ich bücke mich, um die Stelle zu finden, an der sich der Text im Sarg befindet, und mir fällt etwas Merkwürdiges auf. Eine Zeichenfolge der hieratischen Schrift kann ich zuordnen, aber sie wird durch einen Riss im Holz durchtrennt und ist deshalb nicht auf der iPad-Darstellung des Texts wiedergegeben. »Wo ist der Riss im Holz?«

Wyatt neigt erstaunt den Kopf. Seine Augen erforschen den Sarg. »Der Spruch ist auf *beiden* Seiten des Sargs dupliziert.«

»Ist das normal? Etwas zu wiederholen?«

»Manchmal schon«, sagt er. »In diesem Fall könnte Absicht dahinterstecken. Die Halle der *Zwei* Wahrheiten.«

Unsere Position auf dem Gerüst erlaubt es nicht, den Text wirklich lesen zu können. Ich scrolle Albertos Fotos der gegenüberliegenden Wand durch und suche nach Sargtext 47. Wyatt und ich halten unsere iPads nebeneinander, sodass wir die einander entsprechenden Zaubersprüche auf der nach Osten und der nach Westen ausgerichteten Sargwand vergleichen können.

Doch sie weichen voneinander ab.

»Was jeden Gott, jeden Geist irgendeines toten Menschen betrifft, der Böses anrichtet an deiner Seele … du bist berechtigt in der Halle der Zwei Wahrheiten zu sein. Du bist rein! Du bist rein! Du bist rein! Deine Reinheit ist die Reinheit dessen, der in seiner Sonnenscheibe ist. Nichts Böses kann dir im Land, in dieser Halle der Zwei Wahrheiten widerfahren, weil du die Namen der Götter kennst, die in ihr sind. Erhebe dich, um ewig zu leben!«

»Das entspricht fast wörtlich dem Spruch 125 im Totenbuch, nur dass er in der zweiten Person gehalten ist wie der Rest der Sargtexte …«

»Wyatt«, unterbreche ich ihn. »Sieh nur.« Mit der Spitze eines Bleistifts zeige ich auf die Stelle an der nach Osten weisenden Wand, auf die dieser Spruch gemalt ist, und dann auf das Brett direkt gegenüber. Ich stelle mir die Mumie so vor, wie sie gefunden wurde, auf der Seite liegend. Wenn man nun eine Linie von einem Spruch zum anderen zog, würde diese höchstwahrscheinlich durch Djehutinachts Herz gegangen sein.

Sollte ich je einen Beweis dafür gesucht haben, auf welch kunstvolle Weise Text und dessen Verortung im Sarg miteinander verbunden waren, dann hatte ich ihn hier vor mir.

»Dawn«, sagt Wyatt. »Ich denke, wir haben gerade das fehlende Bindeglied gefunden.«

Nicht lange nachdem unsere Beziehung durch Dumphries öffentlich gemacht worden war, lagen Wyatt und ich eines Spätnachmittags ineinander verschlungen in meinem Bett. Er war nackt, der Ventilator kühlte den Schweiß auf seinem Rücken, sein Profil lag verborgen unter dem leuchtenden Wust aus Haaren, auf die die Sonne fiel. Das war die Tageszeit, zu der für gewöhnlich alle im Haus ein Nickerchen machten, und auch Wyatt war nach dem Liebesspiel weggedöst. Ich jedoch fand keinen Schlaf. Ich zog mit einem Finger über seine Schulter, wie um eine Karte der Welt zu malen, in der ich leben wollte.

Wie immer war unser gemeinsamer Höhenflug feurig und rauschhaft gewesen, als müssten wir uns in der wenigen Zeit, die uns blieb, verzehren. Mein BH hing, von Wyatt dorthin geworfen, am Ventilator. Seine Hose hatte sich im Bettzeug verfangen. Einer seiner Schuhe lag verkehrt herum.

Meine Mutter hätte darin ein schlechtes Omen gesehen, man hätte ihn umdrehen müssen. Aber das konnte ich nicht, ohne mich von ihm zu lösen.

Wyatt murmelte etwas, schlug gegen seinen Nacken und umfing dann meine Hand. »Lass mich in Ruhe, Hurenmädchen, du bringst mich noch um.« Er drehte sich um und sah mich mit einem Lächeln auf den Lippen verschmitzt an. »Aber was für ein Abgang.«

»Hurenmädchen?« Ich drückte ihn auf die Matratze. »Du misogynes Schwein.«

Er streckte die Arme nach mir aus und zog mich näher heran. »Nur zu, ich liebe Schweinigeleien.«

Mein Lachen blieb zwischen uns stecken und wanderte in einem Kuss hin und her. Wyatt drehte mich auf den Rücken und leckte meine Kehle. Die feuchte Spur, die er mitten über meinen Leib zog, kühlte meine Haut beim Trocknen.

Anfangs hörten wir das Klopfen an der Tür gar nicht. Als wir es dann hörten, rief Wyatt: »Verpiss dich …«

»Dawn.« Dumphries' Stimme war ernst.

Ich sah Wyatt an und griff nach seinem Hemd, das am Boden lag. Ich streifte es mir über und wartete, bis er sich zugedeckt hatte, dann öffnete ich die Tür.

»Es ist eine Nachricht gekommen«, sagte Dumphries.

Damals besaß ich kein Mobiltelefon für internationale Gespräche. Das hatten nur wenige, darunter auch Dumphries. Es war die Notfallnummer, die wir alle bei unseren Familien zu Hause hinterlegt hatten. Er hielt mir das Telefon hin. »Sie sollten Ihre Mutter anrufen.«

Als sich die Tür hinter ihm geschlossen hatte, wählte ich bereits. Und während ich auf die Verbindung wartete, starrte ich auf Wyatts verkehrt herum liegenden Schuh.

Ich setzte mich auf die Bettkante, Wyatt wickelte sich um mich, den Arm um meine Taille geschlungen, als wüsste er im Voraus, dass ich Halt benötigen würde. »Mom?«, sagte ich.

Als sie zu reden anfing, mir vom Krebs erzählte, wurde ich ganz ruhig. Ich dachte den Wortfluss vielleicht stoppen zu können, wenn ich mich reglos verhielt. Aber die Worte kamen dennoch: Eierstock ... Hospiz ... Wochen.

Ich weiß nicht, ob Wyatt sie sprechen hörte, aber er wusste, dass es etwas wirklich sehr, sehr Ernstes war. Seine Finger schoben sich in meine, und er drückte sie.

Sie sprach weiter und berichtete von der Chemo, die nicht angeschlagen hatte, erklärte, warum sie mich nicht früher informiert hatte, betonte, dass ihr Tod nicht mein Leben zerstören sollte. »Ich komme nach Hause«, verkündete ich, stand auf und löste mich von Wyatt.

In den Texten, die Wyatt und ich im inneren Sarg entdeckt haben, dreht sich alles um Moral – dass man nämlich nach dem Tod durchaus den Göttern die Stirn bieten und in aller Aufrichtigkeit sagen kann, dass man nichts Falsches getan hat. Aber was bedeutet es wirklich, gut zu sein? Vielleicht, dass man sich berufen fühlt, anderen zu helfen? An jemandes Sterbebett zu eilen? Die Bedürfnisse eines anderen über die eigenen zu stellen? Man könnte natürlich argumentieren, dass es bei jeder dieser Aktionen nicht um Selbstlosigkeit, sondern um Märtyrertum geht. Der Motor dahinter nicht die Moral, sondern Schuldgefühle sind.

Was bedeutet es überhaupt, unmoralisch zu sein? Ist man es, wenn man um jeden Preis die eigenen Träume verfolgt? Andere belügt oder sich selbst? Sich in jemanden verliebt, obwohl man eigentlich jemand anderen lieben sollte? Zählt es denn, die Gefühle zwar zu haben, sie aber zu unterdrücken?

Eins weiß ich: Moral soll eigentlich in einer klaren Linie zum Ausdruck kommen, tut das aber nicht wirklich. Dinge verändern sich. Shit happens. Wer wir sind, drückt sich nicht durch das aus, was wir tun, sondern warum wir uns einreden, es zu tun.

Wyatt verpasst das Abendessen, weil er erst mit dem Studienleiter an der Yale und dann mit deren Presseabteilung telefoniert, um die Nachricht durchzugehen, die morgen früh rausgehen soll, gleich nachdem das Antikenministerium die erste Pressemeldung veröffentlicht hat. Diese ist zwar nicht annähernd so umfassend wie das, was er später in seiner Publikation über den Sarg aufdecken wird, aber weil bis dahin noch Monate vergehen werden, wird ihm – und Yale – dies vorab schon mal erhöhte Anerkennung der archäologischen Forschungsgemeinschaft einbringen.

Als sich im Grabungshaus alle schlafen gelegt haben, verweile ich noch auf der Dachterrasse, viel zu aufgewühlt, um schlafen zu können. Ich weiß, dass Wyatt mich in seiner Arbeit erwähnen wird. Wenn ich schon längst wieder weg bin, wird meine Arbeit im Kanon zukünftiger Ägyptologen weiterleben. Dass ich mir genau das wünsche, habe ich Wyatt auch als Grund meines Hierseins angegeben.

Ich beobachte eine Eintagsfliege, die über die Balustrade hüpft, bis sich zwei weitere dazugesellen.

»Da bist du ja«, sagt Wyatt. »Ich dachte schon, ich hätte dich verloren.«

Ich dachte schon, ich hätte dich verloren.

Mit einem breiten Lächeln im Gesicht wende ich mich ihm zu. »Hast du deine Telefonate beendet?«

»Fürs Erste«, sagt er.

»Hast du Dailey erreicht?«

»Warum fragst du?« Er sieht mich verwundert an.

»Einfach weil ich annehme, dass der Geldgeber von dieser bedeutenden Entdeckung in Kenntnis gesetzt werden möchte.«

»Ich will eigentlich nicht über Dailey sprechen«, sagt Wyatt, lehnt sich gegen die Balkonbrüstung und hebt die Hand, um auf eine der Fliegen zu klatschen.

»Tu es nicht«, sage ich.

»Erzähl mir bitte nicht, du gehörst jetzt zu den Leuten, die eine Spinne im Pappbecher ins Freie tragen, damit sie dort weiterleben kann …«

»Eintagsfliegen haben die kürzeste Lebensspanne auf Erden. Etwa vierundzwanzig Stunden. Fändest du es nicht bedauerlich, für einen noch frühzeitigeren Tod verantwortlich zu sein?«

Wyatt betrachtet die Fliege. »Noch mal Glück gehabt. Mach's gut, Kumpel, ich hoffe, du hattest den besten aller Tage.«

Ich hatte ihn, sage ich mir.

»Was machen Fliegen eigentlich?«

»Sie tanzen in Gruppen und treiben es dann miteinander«, erwidere ich.

»Eindeutig weiter entwickelt als wir«, sagt Wyatt. »Wenn dir nur wenig Zeit bleibt, mach das Beste daraus.«

Ich kann ihm nicht in die Augen sehen.

»Olive«, sagt Wyatt leise und stützt sich mit den Ellbogen auf das Geländer. »Was ist wirklich passiert?«

Es wäre sinnlos, vorzugeben, ich wüsste nicht, worauf er anspielt. Ich lehne mich mit dem Rücken ans Geländer, sodass unsere Blicke in entgegengesetzte Richtungen gehen. Was, wie ich mir mit einem traurigen Lächeln eingestehe, äußerst passend ist. »Ich hatte keine Wahl. Meine Mutter hatte Krebs, was sie mir aber so lange wie möglich vorenthalten hat. Sie sollte ins Hospiz.«

»Warum du gegangen bist, weiß ich«, sagt Wyatt. »Ich will wissen, warum du nie mehr zurückgekommen bist.«

So also fühlt es sich an, wenn man Rechenschaft ablegt. Wenn man an der Narbe drücken muss, die man unter Schals und Mänteln und anderen Schichten verborgen hält, und sich dann ganz genau daran erinnert, wie es sich angefühlt hatte, als die Wunde entstand. Ich taste mich vorsichtig an der Fissur entlang, der Kluft, die mein Leben von dem abgetrennt hat, was ich mir darunter vorgestellt hatte. *Was wäre, wenn, was wäre, wenn.*

»Meine Mutter brauchte mich.« In meinen Worten schwingt Überzeugung mit, und ich muss wieder an Djehutinacht in der Halle der Zwei Wahrheiten denken, wie er sich für sein Leben rechtfertigt. »Und dann brauchte Kieran mich.«

»Dein … Bruder«, erinnert Wyatt sich.

»Ja. Er wurde Arzt«, erwidere ich stolz. »Neurochirurg.«

Wyatt dreht sich um und sieht mich an. »Wohingegen … du …«

»… Sterbe-Doula wurdest«, ergänze ich. »Wie du bereits weißt.«

Aber wir wissen beide, dass er danach nicht gefragt hat. Seine eigentliche Frage zielt auf das, was ich nicht geworden bin. Eine promovierte Ägyptologin.

Die Seine.

Jahrelang hatte ich mir eingeredet, es ginge um Brian. Ich redete mir ein, Wyatt vor Scham nicht eingestehen zu können, dass ich mich so schnell einem anderen zugewandt hatte. Aber es ging nie um Brian. Es ging um *mich.*

»Wärst du denn zurückgekommen, wenn du meine Briefe bekommen hättest?«, fragt Wyatt sanft.

Ich blicke in diese leuchtend blauen Augen, die immer mein inneres Kontrolllicht gewesen sind. »Ich hätte es nicht gekonnt.«

»Dann wäre ich zu *dir* gekommen.«

Vielleicht gab es eine Welt, in der das funktioniert hätte. In der Wyatt seinen Abschluss gemacht und einen Job an der Universität angenommen und ein paar Mal im Jahr zu Grabungen gereist wäre und es weit in einer Karriere gebracht hätte, die mir versagt blieb. In dieser Welt hätte ich ihm womöglich etwas übel genommen, woran er keinerlei Schuld hatte.

In dieser Welt hätte ich mich nicht einem anderen Mann zugewandt – einem guten, freundlichen Mann, der immer bemüht war, alles einfacher als komplizierter zu machen. In dieser Welt wäre ich nicht mit dem Baby dieses Mannes schwanger gewesen.

In der wirklichen Welt habe ich mich für Geborgenheit und Sicherheit und gegen Wyatt entschieden.

In meiner Kehle spüre ich meinen Herzschlag, ich versuche, all dies zu erklären, vermag es aber nicht. »Du hast mich gefragt, warum ich hier bin: Weil ich dachte, dies hier wäre mein Leben, aber da es das nicht war, musste ich in Erfahrung bringen, wie es gewesen wäre. Du, ich, eine Grabung. Eine Entdeckung. Mir ist bewusst, dass es meine Entscheidung war, das alles aufzugeben. Aber ich wollte wenigstens noch einmal sehen, was ich verpasst habe.«

Erst als ich Wyatts Berührung auf meiner Wange spüre, wird mir bewusst, dass ich weine. Wyatt reibt die Träne, die er mir abgewischt hat, zwischen Daumen und Zeigefinger, als könnte er meine Traurigkeit in sich aufnehmen. »Vielleicht *haben* wir ja trotz allem denselben Weg genommen«, sagt Wyatt. »Man kommt den Menschen nah, die einen unausweichlich verlassen werden. Der Unterschied ist nur, dass *du* es Arbeit nennst. *Ich* nenne es Liebe.«

Er kehrt nach unten ins Grabungshaus zurück. Ich weiß nicht, wie lange es mich noch auf der Dachterrasse hält unter den Sternen an einem fiebrigen Himmel. Lange genug, um nicht mehr zu weinen und wieder atmen zu können, ohne das Gefühl, zusammenzubrechen.

Im Grabungshaus ist alles still. Albertos Computer ist im großen Arbeitszimmer die einzige Lichtquelle, ein Bildschirmschoner, dessen geometrische Muster sich wie eine Möbiusschleife qualvoll ineinander verdrehen.

Ich setze mich an seinen Schreibtisch und öffne einen neuen Browsertab. Es dauert ein paar Sekunden, bis mein Gmail-Account lädt und dann noch mal, bis ich die Nachrichten in der für die Familie vorbehaltenen Mailbox herausgefiltert habe.

Weil ich ein Feigling bin, lese ich als Erstes die Nachricht von Kieran.

Dawn, Brian will mir nicht sagen, wo Du bist. Was soll das?

Ich muss lächeln, er druckst nicht herum.

Dawn. Alle flippen aus.

Dawn. Wenn Du in Schwierigkeiten steckst, sag es mir einfach.

Als ich Merets Nachrichten öffne, fange ich wieder zu heulen an.

Mom, Dad hat geschworen, dass Du okay bist, aber warum bist Du dann inzwischen nicht schon wieder zu Hause?

Mom, wenn Du wirklich Deine Tante in Frankreich besuchst, wie Dad behauptet, dann schick mir eine Postkarte, weil ich glaube, er lügt. Ich habe Dir außerdem Hunderte von Textnachrichten geschickt, warum antwortest Du mir nicht?

Hab ich was falsch gemacht, Mommy?

Da verliere ich die Nerven. Vermutlich wird mein feuchtes Schluchzen einen Kurzschluss in Albertos raffinierter Software auslösen, aber das ist mir so was von egal. Ich stelle mir Meret vor, die im Schein des Displays auf ihrem Laptop tippt.

Ich kann mich nicht erinnern, wann sie mich zuletzt »Mommy« genannt hat, aber ich erinnere mich, wann sie mich das erste Mal »Mom« nannte. Ich hatte sie in der vierten Klasse von der Schule abgeholt, und sie brachte eine Freundin mit. Bis dahin hatte sie sich jedes Mal, wenn wir eine Straße überqueren, an die Hand nehmen lassen, als wüsste sie nicht, wie sie das ohne mich schaffen konnte. Aber als ich an diesem Tag nach ihrer Hand griff, um den Parkplatz zu überqueren, entzog sie mir diese verlegen. *Mom*, sagte sie, *ich bin kein Baby*.

Aber so funktioniert das nicht. Sie wird immer mein Baby sein, selbst dann noch, wenn sie eigene Kinder hat. Ich werde immer für ihre Sicherheit sorgen wollen. Aber das kann ich nicht, wenn eine halbe Welt zwischen uns liegt.

Ihre letzte E-Mail hat keinen Text. Es ist ein Foto von uns beiden, das sie eingescannt hat. Ich weiß nicht, wo sie es gefunden hat – vermutlich in irgendeinem Album oben auf dem Dachboden. Meret dürfte etwa zwei Jahre alt sein und steht neben mir am Strand. Sie hält einen Seestern in der Hand und blickt hoch zum Himmel. *Ist er heruntergefallen?*, fragte sie, kurz bevor Brian das Foto gemacht hat. Ich erinnere mich, dass ich die Präsenz meiner Mutter gespürt habe, und wenn man sich das Foto ganz genau ansieht, gibt es um die Gischt einen Lichteffekt, der ein wenig wie das Profil eines Geistes aussieht.

Es könnte durchaus sein, dass Meret recht hatte mit dem Seestern. Ich hätte für sie Himmel und Erde in Bewegung gesetzt. Würde es noch immer tun.

Schließlich hole ich tief Luft und öffne Brians Nachrichten, von der ältesten bis zur neuesten.

Wo bist Du?

Ganz ernsthaft, Dawn.

Du denkst vermutlich, es reicht, kryptischen Blödsinn zu schicken, von wegen, dass es Dir gut geht und Du Raum und Zeit brauchst, aber mal ganz ehrlich, Dawn, es geht hier nicht nur um Dich.

Einen Tag danach: *Das habe ich nicht so gemeint. Ich war wütend. Ich nehme es zurück.*

Dann: *Ich habe überlegt, ob Du womöglich auf was wartest, und falls dem so sein sollte, soll ich vermutlich sagen, dass es mir leidtut. Also, es tut mir leid. Aber ich bin auch traurig. Ich bin durcheinander. Ich habe Angst.*

Hast Du gelogen, als Du mir sagtest, Du liebst mich?

Einige Tage gibt es keine Nachricht, dann die letzte:

Ich weiß, Du denkst, ich höre Dir die halbe Zeit nicht zu und bin in meiner eigenen Welt gefangen, aber Du irrst Dich. Ich höre zu. Und ich habe sehr viel über das nachgedacht, was Du vor Deiner Abreise gesagt hast – dass die Vergangenheit manchmal mehr zählt als die Gegenwart. Sollte dies also die Hypothese sein – dann kann sie dennoch nicht mehr zählen als die Zukunft. Denn dann würden wir wissenschaftlich betrachtet regredieren, anstatt uns zu entwickeln. Pass auf. Ich bin nicht gut mit Worten. Und bekomme auch nicht immer mit, wenn etwas im Argen liegt. Aber eins weiß ich: Dein Zustand und mein Zustand sind miteinander verwoben. /ich > = /wir > Das Quantenstadium von mir ist wir. Bitte, Dawn. Komm nach Hause.

Ich schaffe es, die Tastatur zu berühren.

Die erste Person, der ich antworte, ist Meret.

Ich vermisse Dich wahnsinnig.

Nach einigem Zögern: *Ich bin nicht Deinetwegen weggegangen Meret, aber Du bist der Grund, weshalb ich nach Hause komme.*

Dann schreibe ich Kieran nur vier schlichte Worte: *Es geht mir gut.*

Eine weitere E-Mail geht an die Sozialarbeiterin vom Hospiz, die eine Frage zu einer Klientin hat.

Schließlich schreibe ich an Brian. Ich tippe: *Es tut mir leid*, aber ich lösche das sofort wieder. Es tut mir nicht leid.

Dann: *Ich wollte Dir nicht wehtun.*

Das klingt nach Abschied, also lösche ich auch dies.

Da ich nicht weiß, was ich sagen soll, beantworte ich die Frage, die er mir gestellt hat.

Ich habe nie gelogen, wenn ich Dir sagte, dass ich Dich liebe.

Ich drücke auf Senden. Und ich denke: *Ich habe dir nur nie die ganze Wahrheit gesagt.*

Als ich 2003 abreiste, geschah das mitten in einem Wüstensturm, den die alten Ägypter *Neshni* nannten. Wyatt fuhr mich durch den zähen Verkehr bis nach Kairo. Wasserlachen auf den Autobahnen wurden zu Planschbecken, und die Autos schwammen durch sie hindurch neben schreienden Eseln, die Mühe hatten, ihre Karren durch den Schlamm zu zerren. Fahrzeuge wurden einfach stehen gelassen, Fahrer stiegen aus ihren Autos und brüllten einander im strömenden Regen an. Mir war übel vor Kummer und Angst, und ich musste das Fenster einen Spalt geöffnet lassen. »Ich sollte dich begleiten«, meinte Wyatt.

Aber wir wussten beide, dass alles zu neu, zu frisch war. Dass es verrückt wäre, der Beziehung angesichts der Zeitspanne von wenigen Wochen, die wir als Paar gehabt hatten, großen Wert beizumessen. Alles, was uns verband, war intensiv und unerwartet gewesen, ähnlich wie das Wetter.

In Gedanken hatte ich bereits eine Aufteilung in *davor* und *danach* vorgenommen, und obwohl ich so dicht neben Wyatt saß, dass ich seine Bartstoppeln sehen konnte, dachte ich an meine Mutter, die in einem Bett lag, das nicht das ihre war, und von fremden Händen gewaschen wurde. Dachte über die seltsame Gleichung nach, dass all das, was unsere Eltern für uns tun, wenn wir jung sind, dem entspricht, was wir für sie im Alter tun.

»Ach herrje«, sagte Wyatt. »Nicht etwa schon wieder eine Straßensperre?«

Die vielen Verkehrsunfälle hatten uns ohnehin schon auf eine längere Umgehungsroute zum Flughafen gezwungen. »Ich verpasse womöglich noch meinen Flug«, murmelte ich mit Blick auf die Uhr.

»*Inschallah*«, erwiderte Wyatt. *So Gott will.*

Ungeachtet der Tatsache, dass das Universum sich verschworen zu haben schien, mich in Ägypten festzuhalten, schafften wir es schließlich zur Abflughalle des Flughafens. Keiner von uns machte Anstalten, aus dem Auto zu steigen. Vor der Windschutzscheibe gestikulierte ein Mann in gelber Warnweste wütend und heftig, denn wir blockierten den Verkehrsfluss.

Ich sah Wyatt in die Augen. »Ich werde klarkommen«, nahm ich seine Frage vorweg.

»Olive. Solltest du was brauchen … jederzeit. Verdammt. Ich würde alles tun für dich.« Er nahm meine Hand. »Alles. Zu jeder Zeit. Ohne Verfallsdatum.«

Der Kleinlaster füllte sich mit Worten, die auszusprechen uns keine Zeit mehr blieb, sie beschlugen die Fenster und ließen die Temperatur ansteigen. Wyatt und Boston waren die beiden Pole, die mich gleichermaßen anzogen.

Er hob meine Hand an die Lippen, küsste sie und umschloss dabei mit festem Griff meine Finger. »Ich liebe dich«, sagte Wyatt.

Ich wusste genau, dass ich nicht abreisen könnte, wenn ich es ausspräche: Die Transaktion wäre besiegelt, ein Gelübde abgegeben und ein Gelübde angenommen. Stattdessen öffnete ich meine Hand wie einen Stern und ließ seine Worte davontreiben, anstatt sie festzuhalten. »Ich weiß«, flüsterte ich und ging, ohne mich noch einmal umzusehen.

Wyatt sperrt seine Tür nicht ab, wenn er schläft. Als ich mich hineinschleiche, liegt er quer im Bett, das Laken um die Taille gewickelt, die Brust nackt. Der Mond hat ihn golden angemalt, als wäre er sein Lieblingsmodell. Ich betrachte ihn. Natürlich ist mir das Grau aufgefallen, das sein Haar durchzieht, auch die Fältchen um die Augen sind mir nicht entgangen, aber ihn so zu sehen, macht mir unmissverständlich klar, wie viele Jahre vergangen sind, seit ich ihn zuletzt unbekleidet gesehen habe. Wie er sich verändert hat. Wie *ich* mich verändert habe.

Er schießt ruckartig hoch. »Dawn? Was ist los?«

»Ich liebe dich«, platzt es aus mir heraus, und mir wird klar, dass es außerdem die exakte Antwort auf seine Frage ist.

Wyatt scheint zu merken, dass er nichts anhat und jemand, die durchaus auch eine Fremde sein könnte, in seinem Schlafzimmer steht. Er rafft die Laken um seine Mitte zusammen und blickt zu mir hoch. »Ich weiß«, sagt er und sieht mich schmaläugig an. »Das ist doch die nächste Zeile, oder?«

»Ich hätte es dir vor fünfzehn Jahren sagen sollen. Aber dann hätte ich niemals weggehen können.«

»Und warum erzählst du es mir jetzt?«

Ich zögere. »Weil ich am Ende meines Lebens nicht bereuen möchte, es nicht gesagt zu haben.«

Er sieht mich forschend an. »Bist du gesund?«

»Ich werde noch nicht so bald sterben«, sage ich. »Jedenfalls nicht, dass ich wüsste.«

Wyatt entspannt sich. »Gut. Wenigstens das.« Er fordert mich auf, mich zu setzen, indem er auf das Bett klopft. Er wählt seine Worte mit Bedacht. »Fünfzehn Jahre sind eine lange Zeit, Olive.«

»Ja«, stimme ich ihm zu.

Ich starre auf das weiße Laken, auf dem nur Zentimeter unsere Hände trennen. Seine Finger streifen meine, und ich erschauere.

In den Wochen, seit ich hier bin, hat Wyatt mich auch berührt. Wenn er mir Instrumente angereicht und mich mit einem Klaps auf die Schulter angeleitet oder mir beim Abstieg auf der Strickleiter geholfen hat. Aber dies ist das erste Mal, dass Absicht hinter unserer Berührung steckt. Ich spüre seinen Blick auf meinem Gesicht mit einer Frage, die er nicht in Worte fassen kann.

Und ehe ich es mir anders überlegen kann, küsse ich ihn.

Es geht schnell. Es ist bestürzend. Der Druck von Lippen als Präludium, als Ouvertüre. Er schmeckt noch immer nach Buttertoffee. Ich weiche zurück, bevor er es tun kann.

»Du hast ein anderes Leben«, sagt Wyatt.

Ich zögere. »Und wenn ich nun für eine Nacht dieses hier haben möchte?«

Seine Hand umfängt meine Hüfte. »Dann bin ich die glücklichste Eintagsfliege, die es je gab.« Wyatt verändert seine Lage, zieht mich näher an sich heran, gibt mir aber noch immer Zeit, es mir anders zu überlegen. Dann küsst er mich.

Es braucht nicht mehr als ein in der richtigen Umgebung angezündetes Streichholz, um ein Inferno auszulösen. Das geht mir durch den Kopf, als ich ihn schmecke und eine Zeitreise auf eine andere Matratze und einen anderen gestohlenen Augenblick mit denselben um mich geschlungenen Armen antrete. Wyatt ist überall gleichzeitig und legt Brände. Es geht nicht gemütlich zu wie mit Brian – es ist eine wilde Achterbahnfahrt und kein Spaziergang mit Händchenhalten.

»Olive.« Wyatt scheuert an meiner Kehle. »Oh Gott.« Wir sind ein Gewirr aus Armen und Lippen, Knöpfen und Ärmeln. Aber als er mir mein letztes Kleidungsstück ausziehen will, halte ich meine Bluse zusammen. Er wird sofort ruhig. »Hast du's dir doch anders überlegt?«

Ich schüttele den Kopf. »Ich sehe nicht mehr so aus, wie ich mal ausgesehen habe, Wyatt.«

»Du siehst umwerfend aus«, sagt er.

»Das sagst du nur, weil du mir ans Höschen willst.«

»Das auch.« Wyatt grinst. »Aber zufällig stimmt es auch.«

»Ich habe ein Kind geboren. Ich bin alt …«

»Ich bin drei Jahre älter als du.« Er umfängt mein Gesicht mit seinen Händen. »Dawn. Wenn du dich dann besser fühlst, könnte ich dir meine Blinddarmnarbe und die Stelle zeigen, wo ich glaube kahl zu werden, und du könntest mir deine Dehnungsstreifen und Runzeln zeigen. Aber ich würde meine Aufmerksamkeit lieber auf all das an dir richten, was wunderbar ist.«

Ich ziehe an seinen Haaren. »Ich habe keine Runzeln. Und du wirst nicht kahl.«

»Gott sei Dank«, sagt Wyatt und streift mir die Bluse ab. Seine

Hand wandert seitlich nach oben unter die Spitze meines BHs. Unter seiner Hand pocht mein Herz.

Ich ziehe das Laken weg und packe zu, massiere seinen Penis und verfolge, wie die Sehnen an seinem Hals sich dehnen, als er sich nach hinten biegt. »Noch nicht«, murmelt Wyatt und wirft mich auf den Rücken. Er küsst mich ausdauernd, langsam und zärtlich. *»Ganz wie ein Gott bist du ins Leben getreten«*, zitiert Wyatt. *»Dein Kopf ist Re. Dein Gesicht ist der Wegeöffner, deine Nase der göttliche Schakal …«*

Er haucht einen Kuss über meine geschlossenen Augen. *»Deine beiden Augen sind die zwei Kinder von Re-Atum. Deine Zunge ist Thot. Deine Kehle ist Nut. Dein Hals ist Geb.«*

Er hält mich an den Armen fest, umkreist mit der Zunge meine Brüste. *»Deine Schultern sind Horus. Deine Brust ist Er der den Ka-Geist von Re erfreut.«* Er hebt den Blick. »Randnotiz: Sie erfreut auch mich sehr.«

Ich spüre seine Handflächen über meine Schenkel gleiten. *»Deine beiden Seiten sind das Göttliche Orakel und der Göttliche Skarabäus … dein Bauch ist der Doppelte Löwe …«* Er spreizt meine Beine und stellt sie auf, sodass er sich dazwischenlegen kann. *»Dein Gesäß ist Isis und Nephthys«*, flüstert er. *»Nichts an dir ermangelt der Göttlichkeit.«* Sein Mund umschließt mich.

In diesem Moment spüre ich jede Sekunde, die ich mit ihm verpasst habe. Er atmet Leben in mich. Als Wyatt den Kopf hebt und in mich gleitet, wickele ich Arme und Beine um ihn, als bräuchte es nicht mehr, um ihn dort festzuhalten.

Als ich anschließend von hinten umfangen auf der Seite liege und gähne, lacht Wyatt.

»Das haben wir früher drei Mal pro Nacht gemacht«, sage ich.

»Vielleicht sind wir tatsächlich alt«, gibt er zu.

Ich überprüfe mich auf mögliche reuevolle Gedanken – finde aber keine. In mir ist keine Schuld, kein Anflug von Scham.

Aber was jetzt, nachdem es geschehen ist?

Wyatt breitet seine Hand über die Wölbung meines Bauchs, die fünf Pfund, die ich nie loswerde. »Ich hätte das gern gesehen, weißt du.«

»Wie ich fetter werde?«

»Wie du ein Baby bekommst«, sagt er.

Ich drücke auf seine Hand und presse die Augen so fest zusammen, dass es wehtut. Dann drehe ich mich in seinen Armen, bis ich ihn vor mir habe. »Ich möchte, dass du an mich denkst«, sage ich. »Und zwar in der Sekunde vor einem Kuss, wenn du so dicht dran bist, dass du alles verschwommen siehst und deinen Puls in der Luft spürst.«

Wyatt rückt ein wenig näher. »Jetzt?«, flüstert er.

»Jetzt.« Ich nicke.

Ich küsse ihn, bis ich spüre, wie er sich an mir regt, bis ich ihn auf meiner Haut rieche, bis ich ihn mit geschlossenen Augen sehen kann. Als wir uns schließlich voneinander lösen, lächelt Wyatt mich träge an. Er streicht mir das Haar hinters Ohr. »Was hast du vor, dass ich mich an dich erinnern muss?«

Ich küsse ihn noch mal, damit ich meine Antwort runterschlucken kann.

Neheh und *Djet*. Zeit in einem Kreis, Zeit in einer Linie. Die Weltsicht der alten Ägypter machte keinen Unterschied. In den Armen des Mannes liegend, den ich einmal geliebt und vielleicht nie zu lieben aufgehört habe, wird mir schmerzhaft bewusst, dass Ewigkeiten vergangen sind – und es sich gleichzeitig wie gestern anfühlt.

Ich frage mich, was jetzt mit mir geschehen wird, ob ich in der Halle der Zwei Wahrheiten stehen und meine Taten verteidigen muss. Ob ich mich als *Akhu*, als gesegnete Tote, erweise oder ob ich einfach verdammt werde und tot bin. Ob ich etwas Unverzeihliches getan habe oder mich der Person angenähert habe, die für mich bestimmt war.

Im Totenreich teilen sich die gesegneten Toten und die Verdammten denselben Ort. Im Pfortenbuch des Neuen Reichs gibt es einen See, der sich für die gesegneten Toten wie kühles Wasser, für die Verdammten aber wie ein Feuersee anfühlt.

Ich schlafe unruhig, denke an Feuer und Ertrinken und werde wach, als die Tür von Wyatts Zimmer aufgerissen wird. Ich hechte hoch und vergesse für einen Moment, wo ich bin, aber Wyatt ist so gnädig, ein Laken über mich zu werfen. Sonnenschein flutet den kleinen Raum, und ich denke, dass ich vielleicht verschlafen habe, aber dann fällt mir ein, dass Freitag ist, unser freier Tag. Alberto steht in der Tür und mir dreht sich der Magen um, denn schließlich biete ich ihm nun endlich einen Grund dafür, mich zu verachten. Aber er scheint mich gar nicht zu bemerken. »Dailey ist hier«, würgt er hervor.

»Mist.« Wyatt springt aus dem Bett, schnappt sich die Kleider von seinem Schreibtischstuhl und schlüpft in seine Stiefel. Er fährt sich mit den Händen durch die Haare, um wenigstens den Anschein von Ordnung zu erzielen. »Mist, Mist, Mist«, murmelt er und flitzt dann durch den Flur und lässt mich zurück.

Alberto wundert sich, mich in Wyatts Bett zu sehen. »Sie sollten sich lieber anziehen.«

Ich frage mich, ob Wyatts Geldgeber weiß, dass ich ihn gebeten habe, an der Grabung mitzuwirken, oder er womöglich Schwierigkeiten bekommt, weil er mich eingestellt hat, ohne vorher um Erlaubnis zu fragen. »Wird Dailey verärgert sein, mich hier vorzufinden?«

»Ja«, erwidert Alberto. »Das kann man wohl sagen.«

Ich zeige auf die Tür und gebe ihm mit den Augen rollend zu verstehen, dass er sie schließen soll, dann springe ich aus dem Bett und ziehe mir die Kleider vom gestrigen Abend über. Noch damit beschäftigt, das Ende meines Zopfs zusammenzubinden, stürme ich in den Küchenbereich, entschlossen, dafür zu sorgen, dass Wyatt nicht den Kopf für etwas hinhalten muss, worum ich ihn gebeten habe.

Am Küchentisch sitzt eine Frau mit rabenschwarzen hochgesteckten Haaren, bekleidet mit einer leichten Leinenbluse, dazu jene Art von abgetragenen Jeans, die so kunstvoll eingerissen sind, dass man sofort weiß, dass sie Hunderte von Dollar gekostet haben muss. Sie sitzt Wyatt gegenüber, und beide haben eine Tasse Tee in der Hand.

»Ist er schon wieder weg?«, frage ich atemlos.

Die Frau dreht sich um. Sie trägt blutroten Lippenstift, hat bernsteinfarbene Augen und eine perfekte Körperhaltung. Womöglich ist sie das schönste Geschöpf, das ich je gesehen habe. Wyatt hingegen ist rot geworden und zupft an seinem Kragen. »Anya«, stellt er uns vor, »das ist Dawn. Sie arbeitet unter mir.«

Ich höre ein Prusten und merke dann, dass Alberto hinter mir steht.

Wyatt erhebt sich. »Dawn, das ist Anya Dailey. Sie trägt die Kosten dieser Forschungsreise. Sie ist gekommen, um sich den Sarg anzusehen.«

Auch Anya steht auf und hakt sich bei Wyatt unter. »Unter anderem«, sagt sie lächelnd.

Mein Blick richtet sich auf ihre Hand, die in seiner Ellenbeuge ruht. Auf den alten Diamantsolitär, dort angesteckt von dem Verlobten, der sie an mir vorbei aus dem Raum führt.

WASSER / BOSTON

Abigail Beauregard Trembley fand Interesse am Geschäft mit dem Tod, als ihr im Sommer ihres zweiten Studienjahres auf der Reise durch Indonesien das Geld ausging. Sie wurde stundenweise dafür bezahlt, auf Beerdigungen zu weinen. An diesen Tagen zog sie das einzige schwarze Kleid an, das sie im Koffer hatte, und lief hinter einem Trauerzug durch die Straßen und jammerte und weinte mit den anderen. »Ich hatte dabei nicht das Gefühl, unaufrichtig zu sein«, erzählte sie mir Jahre später, als wir beide als Sozialarbeiterinnen im Hospiz arbeiteten. »In einigen Religionen geht man davon aus, dass man umso leichter ins Jenseits gelangt, je lauter es auf deiner Beerdigung zugeht. Aber einige Menschen haben nicht so viele Trauergäste, weil sie ihre Freunde oder die Familie überlebt haben. Sollten sie nicht auch eine gute Verabschiedung bekommen?«

Abigail hatte im Hospiz gearbeitet, als meine Mutter starb. Ihretwegen wurde ich Sozialarbeiterin. Es gab niemanden, dem ich mehr Vertrauen entgegenbrachte als ihr, wenn sich eine berufliche Frage ergab oder ich den Tod eines Klienten verarbeiten musste. Als sie heute ins Perkatory kommt – das Café, in dem wir uns wenn möglich mindestens einmal im Moment zum freundschaftlichen Austausch treffen –, wurde mir schon zum zweiten Mal nachgeschenkt. »Ich weiß, ich weiß … ich bin spät dran«, sagt sie, rutscht mir gegenüber auf die Bank und stellt ihre Tasche auf dem Boden ab. »Berufsrisiko.«

Ich lache. »Hast du schon bestellt?«

»Ich habe meinen Soja-Chai-Latte bereits von der Straße aus bestellt, meine Liebe.« Und als hätte sie es heraufbeschworen, bekam sie ihn auch schon serviert. »Der muss reichen, aber eigentlich könnte ich Wodka pur vertragen.«

»Solche Tage hatte ich auch gerade.«

»Ja, ich hab gehört, du warst bei Thalia, als sie starb. Reizende Lady.«

»Das war sie«, stimme ich ihr zu, und wir beide gedenken ihrer für einen Moment. »Und was befeuert deine Lust auf Alkohol?«

»Ich habe einen Patienten, dessen Ehefrau sich nicht mit seinem Tod abfinden konnte.«

»Eine kurzfristige Diagnose?«

»Nein, du wirst es nicht glauben. ALS. Es hat sich über einen langen Zeitraum angebahnt, aber die Realität hat sie dann doch wie der Schlag getroffen. Ich übertreibe nicht, wenn ich sage, dass ich mehr Zeit darauf verwandt habe, sie auf das Unvermeidliche vorzubereiten als ihn. Heute statte ich ihnen einen Besuch ab und treffe sie zusammengekuschelt auf dem Bett mit einer Überdosis Morphium an. Sie hat die Dosis erst ihm und dann sich selbst verabreicht. Dieser verdammte Nicholas Sparks und sein gottverdammtes Buch *Wie ein einziger Tag.*« Abigail seufzt. »Und jetzt kommt der Hammer. *Sie* ist gestorben. *Er* nicht. Jetzt habe ich also einen ALS-Patienten ohne Betreuungsperson.«

»Das ist fürchterlich.«

»Ich weiß.« Sie sieht mich über den Rand ihrer Tasse hinweg an. »Und du, weshalb hast du den Notfall-Kriegsrat einberufen?«

»Ich habe eine Klientin, die auf dem Sterbebett eine Beichte ablegen möchte.«

»Okay«, sagt Abigail.

»Eine, die für die Zurückbleibenden schmerzhaft sein könnte.« Bei einer Beichte wie der von Win mit dem Potenzial, die Welt eines anderen aus den Angeln zu heben, überlege ich mir gut, was ich preisgeben und verantworten kann.

»Ich hatte mal einen achtunddreißigjährigen Patienten, der mir sagte, er habe seinen besten Freund getötet«, erzählt Abigail. »Das Ganze war fünfundzwanzig Jahre her. Sein Freund war betrunken gewesen und befand sich auf einer Brücke, als er ausrutschte und ins Wasser fiel. Da er davon ausging, dass sein Kumpel schwimmen konnte, sprang er ihm nicht hinterher – aber tatsächlich hatte der Jugendliche sich beim Sturz den Kopf an einem Balken angeschlagen und ertrank. Mein Patient hat nie jemandem davon erzählt, aus Angst, Schwierigkeiten zu bekommen, weil er als Minderjähriger Alkohol getrunken hatte.«

»Was hast du getan?«

»Nachdem mein Patient gestorben war, spürte ich die Familie dieses Jugendlichen auf und erzählte ihr die Wahrheit. Das musste ich tun, um nachts wieder schlafen zu können.«

»Genau das macht mir Sorge«, berichte ich ihr. »Dass ich keinen Schlaf mehr finde.«

»Ist deine Klientin eine Serienkillerin oder so?«

»Nein. Es ist nichts Illegales. Sie möchte, dass ich was für sie erledige. Etwas, das ihren Ehemann nach ihrem Tod sehr verletzen könnte.«

»Der Klient kommt vor der Betreuungsperson.«

»Ich weiß. Die Sache ist nur … ihr zu helfen, wühlt Dinge in mir auf, die ich vor langer Zeit begraben habe.«

»Dinge?«, hakt Abigail nach. »Oder Menschen?«

Ich sehe sie fragend an.

»Wörtlich begraben«, fragt sie, »oder im übertragenen Sinn?«

»Im übertragenen Sinn«, erwidere ich mit einem zaghaften Lächeln.

»Dawn. Wie lautet die erste Regel der Hospizarbeit?«

Es geht nicht um dich.

Mir schießt ein Gedanke durch den Kopf. Im achtzehnten und neunzehnten Jahrhundert hat man im Vereinigten Königreich dem Verstorbenen ein Stück Brot auf die Brust gelegt, das die Sünden aufsaugen sollte. Der Sündenesser des Dorfs wurde dann dafür bezahlt, es zu verzehren – die Schuld und die Schande und die Lügen in sich aufzunehmen, damit die Seele des Verstorbenen leicht genug war, um in den Himmel zu kommen.

»Was wirst du tun?«, fragt Abigail.

Ich denke an Win Morse und ihren vermissten Geliebten. Ich frage mich, was aus Sündenessern wurde, wenn sie starben und keiner mehr da war, um ihnen die Absolution zu erteilen. Frage mich, ob für sie jeder Bissen nach Gift schmeckte.

Bevor wir aufbrechen, erkundigt Abigail sich nach Brian.

Als er an diesem Morgen, frisch nach Shampoo und Seife duftend, das Haar nass nach hinten gekämmt, herunterkam, reichte ich ihm seinen Reisebecher mit Kaffee. Diese Handlung hat sich so eingeschliffen, dass wir inzwischen bereits Abnutzungserscheinungen haben müssten. Aber anstatt geistesabwesend nach dem Becher zu greifen und dann alles zusammenzusammeln, was er fürs Labor benötigt, bevor er ohne einen Abschiedsgruß geht, blieb er heute vor mir stehen. »Meine Großmutter pflegte immer zu sagen, kochen sei Ausdruck von Liebe«, begann er. »Ich weiß nicht, ob Kaffee auch zum Essen zählt, aber dennoch … danke. Für den Becher Liebe.«

Als er das sagte, errötete er bis zu den Ohrläppchen. Das sah Brian so gar nicht ähnlich, und fast hätte ich gelacht, aber etwas hielt mich zurück.

Vielleicht könnte das unser neues *Wir* sein: Wertschätzen, was wir haben, anstatt es zu erwarten. »Gern geschehen«, sagte ich.

»Brian geht's gut«, lasse ich Abigail wissen.

Da Meret sich weigert, zurück ins MINT-Camp zu gehen, suche ich ein neues Sommerprogramm für sie aus. Es ist nicht einfach nur wissenschaftsorientiert, sondern erhebt den Anspruch, den Denkansatz der Renaissance einer Schule für Hochbegabte aufzugreifen und Technologie mit klassischer Literatur sowie Latein und Sport miteinander zu verbinden. Meret ist von der Idee eines Neuanfangs ziemlich begeistert. Am gestrigen Abend haben wir ausgewählt, was sie anzieht, ein Top, dessen Farbe das Blau ihrer Augen wie aus einer anderen Welt erscheinen lässt.

Schließlich fahre ich zu der Schule, an der das Programm durchgeführt wird, und warte in der Nähe des Haupteingangs. Als ich sie aus dem Gebäude kommen sehe, winke ich. Das Mädchen, das sie begleitet, sagt etwas und lächelt. Und Meret spiegelt sie und schickt das gleiche Lächeln zurück. *Okay*, sage ich mir und stoße die Luft aus, die ich unbewusst angehalten habe. *So weit, so gut.*

»Wie war's?«, frage ich, als sie auf den Beifahrersitz rutscht.

Merets Haare fallen ihr ins Gesicht, als sie sich von mir wegduckt. »Gut.«

»Wie sind die anderen?«

Achselzucken. »Die sind okay. Ich saß bei drei Mädchen, die im Herbst auf dieselbe Highschool wie ich gehen werden.«

»Das ist großartig.« Ich frage mich, ob das Mädchen, mit dem sie herauskam, dazugehört. »Irgendwelche interessanten Lehrer?«

Meret wendet sich ab, und ich sehe, dass ihr Kinn zittert.

»Hey«, sage ich und berühre sie am Arm. »Was ist denn los?«

Tränen fließen. »Nichts. Es ist blöd. Alle sind nett. Alle sind *wirklich* nett.« Sie wischt sich die Wangen ab. »Alles war gut, weißt du. Ich hatte das Gefühl, korrekt auszusehen. Und keiner sagte auch was Schlimmes über mich. Aber wie sich herausstellt, brauchten sie das gar nicht. Beim Mittagessen saß ich mit

Leuten zusammen, aber ich aß gar nicht richtig, weil keiner es tat. Jemand erzählte von einer Jugendlichen, die an Haarausfall leidet und wie fürchterlich es wäre, so auszusehen, und ich lachte. Ich *lachte*, weil ich froh war, dass sie mich nicht aufzogen. Obwohl sie schrecklich sind, wäre ich lieber wie sie als wie ich.«

»Meret …«

»Dann hatte ich Sport. Heute machten wir nur eine Besichtigungstour durch die Umkleide mit Ms. Thibodeau – sie ist Tenniscoach. Sie zeigte uns die Duschen und Spinde und dann sah sie mich an und meinte, es gebe auch einen Umkleideraum mit einem Vorhang, wenn man nicht wolle, dass alle zusahen. Ich hörte aus ihren Worten, dass sie meinte, ich müsse versteckt werden. Aber …«

Ich bin mir kaum bewusst, dass ich den geparkten Wagen verlasse, aber genau das tue ich. Ich laufe hinter die Schule zu den Tennisplätzen, wo eine Frau im Trainingsanzug einen mit knallgelben Bällen gefüllten Drahtkorb schleppte. »Entschuldigen Sie«, sage ich innerlich kochend. »Sind Sie Ms. Thibodeau?«

Sie dreht sich lächelnd um. »Ja, hallo.«

»Ich bin Meret Edelsteins Mutter.«

»Meret«, wiederholt sie, als müsse sie gedanklich erst die Anmeldelisten durchgehen. Ich sehe es ihr an, als sie sich an meine Tochter erinnert.

»Sie hat mir erzählt, was Sie heute im Sportunterricht zu ihr gesagt haben.«

Die Trainerin sieht mich verdutzt an. »Dass sie es mit Tennis versuchen sollte?«

»Mom.« Hinter mir höre ich Merets beschämte Stimme. »Sie *hat* mich gefragt, ob ich mich dem Tennisteam anschließen möchte. Du hast mich nicht ausreden lassen.«

Die Trainerin stellt den Korb mit den Bällen ab. »Ich habe in der neunten Klasse damit angefangen«, erläutert sie. Sie holt ihr

Telefon heraus und scrollt Fotos durch, bis sie das gesuchte gefunden hat und mir hinhält. Ich sehe eine jüngere, pummeligere Version der Frau mit einer schlimmen Frisur und einem Schläger in der Hand. »Ich war weder schnell noch stark, aber ziemlich gut in Videospielen. Dafür braucht man dieselbe Hand-Auge-Koordination, wie man sie in einem Wissenschaftslabor trainiert, wie Meret das getan hat.« Sie sieht Meret an. »Ich hoffe, du überlegst es dir.«

»Ja, vielleicht«, sagt Meret. Sie packt mich am Arm und zerrt daran. »Wir, äh, müssen gehen.«

Ich starre die Trainerin an und bedanke mich bei ihr dafür, dass sie sich um mein Kind kümmert. Kurz bevor wir wieder am Wagen sind, schlingt Meret – vor den Augen der anderen Schüler – ihre Arme um mich.

»Es tut mir leid. Ich dachte …«

»Ich weiß, was du dachtest«, sagt Meret und lächelt zaghaft. »Das war nicht zu übersehen.«

Wir steigen ein, und ich starte den Motor. »Dann war das mit dem Umkleideraum also nicht abschätzig gemeint?«

»Nein. Sie ist wirklich beeindruckend. Sie ist die erste Person, die daran glaubt, ich könne nicht nur mit meinem Gehirn, sondern auch mit dem Körper etwas leisten. Alle anderen halten mich für faul, weil ich fett bin.«

»Du hast Fett. Du bist nicht fett. Du hast auch Fingernägel, aber du bist nicht Fingernägel.«

Meret sieht mich aus den Augenwinkeln an. »Ich glaube, jetzt hast du zum ersten Mal zugegeben, dass ich fett … Fett *habe*.«

Es fühlt sich richtig an, es auszusprechen, anstatt darum herumzureden. »Es gibt nicht nur einen Körpertyp. Jeder, der dir das einzureden versucht, will sich nur besser fühlen, indem er sich jemanden sucht, auf dem er herumhacken kann.«

»Ja, aber wenn du aufstehst, hören die Leute dir zu. Wenn ich aufstehe, fällt ihnen meine Figur auf. Ich bin im wahrsten Wortsinn der Elefant im Raum.« Sie zuckt mit den Schultern. »Es ist so verrückt. Sie können mich nicht *über*sehen. Zugleich bin ich aber unsichtbar. Ich kann einen Flur entlanglaufen und sehe, dass alle sich abwenden.«

»Es tut mir leid«, sage ich.

Sie sieht mich überrascht an. »Dass du Coach Thibodeau aufgelauert hast?«

»Ja, vielleicht. Aber vor allem, dass ich das Gespräch mit dir darüber nicht zugelassen habe. Ich hatte das Gefühl, wenn ich es tue, würde ich damit zugeben, dein Aussehen genauso zu beurteilen, wie du das tust. Aber das tue ich nicht, damit das ganz klar ist.«

»Registriert«, sagt Meret.

»Aber es kommt schließlich nicht darauf an, wie perfekt ich dich finde, wenn du das selbst nicht tust.« Ich zögere. »Wirst du denn mit Tennisspielen anfangen?«

»Glaubst du, ich könnte dabei abnehmen?«

»Das wäre mir völlig egal«, erwidere ich. »Und das sollte auch nicht der Grund sein, warum du es tust. Unsere Körper sind einfach das, was uns zusammenhält, weißt du. Nicht das, was wir wirklich sind. Am Ende lassen alle sie zurück.«

»Ja, aber ich wäre lieber dünn«, kontert Meret.

Ich verdrehe die Augen. »Vertrau mir. Dünne Leute sind auch nicht glücklicher.«

»Na *du* musst es ja wissen. Als ich klein war, habe ich immer gedacht, ich sei bei der Geburt verwechselt worden.«

»Als *ich* klein war«, erzähle ich ihr, »haben die Leute meine Mutter immer gefragt, ob sie mich überhaupt füttert. Ich hab mir die Etiketten aus meiner Jeansjacke geschnitten, damit keiner erfährt, dass ich eine 00 war. Wirklich weniger als nichts.«

»Ich glaube, dass ich nicht mal bei der Geburt eine 00 war.«

»Warst du aber.« Ich lächele sie an und fahre los. »Ich war dabei.«

Kurz vor fünf Uhr nachmittags schickt Brian mir eine Textnachricht. Ich höre das Ping und frage mich sofort, warum er sich wohl heute zum Abendessen verspätet, zwinge mich aber, nicht gleich das Schlimmste anzunehmen.

Denke an Dich und dachte, Du solltest das erfahren.

Als er nach Hause kommt, bringt er Blumen mit. Pfingstrosen und Rosen.

Der Geruch lässt mich wieder an das Parfüm an seiner Kleidung denken, an Gita. Aber er wirkt so stolz, als hätte er Drachen erschlagen und sich durchs Unterholz gearbeitet, um sie mir zu bringen.

Obwohl ich bereits gegessen habe, setze ich mich zu ihm an den Tisch. Stelle den Strauß in eine Vase. Sage ihm, dass er schön ist.

Als Brian an diesem Abend ins Bad geht, um sich die Zähne zu putzen, rolle ich mich auf seine Seite des Betts, um das Licht zu löschen, und stoße dabei versehentlich das Buch um, das er gerade liest.

Stöhnend bücke ich mich, um es am Rücken zu packen. Bestimmt ist es ein beschissener Foliant über die Mathematik der Unsicherheit. Aber als ich es hochhebe, flattert ein Blatt Papier auf den Boden.

Es ist ein Ausdruck aus einer Frauenzeitschrift. Auf dem Foto ist eine Frau zu sehen, die sich in der Umarmung eines Mannes zurücklehnt und lacht. Dann springt mir die Titelzeile ins Auge: *19 Wege, deiner besseren Hälfte zu sagen, du bist mir wichtig!*

Mir zieht sich der Brustkorb zusammen, als ich mir Brian dabei vorstelle, wie er nach so einem Artikel sucht. Ich überfliege die einzelnen Punkte: *1. Rede nicht, hör zu! 2. Bedank dich. 3. Ein paar Blumen verschönern jedem den Tag. 4. Schreib ihr, wenn du an sie denkst. 5. Halte die Hand …*

Die ersten vier Punkte wurden bereits methodisch abgehakt.

Mit einem Lächeln schiebe ich den Artikel zurück ins Buch und lege es auf den Nachttisch. Ich nehme mein Smartphone und schreibe ihm.

Ich höre das Ping aus dem Badezimmer, und gleich darauf kommt er im Handtuch heraus und hält mir das Display hin.

Hi.

»*Hi*«, sagt er.

»Ich habe dich vermisst«, sage ich.

»Ich war nur sechs Meter entfernt.«

Ich ziehe am Handtuch. »Zu weit«, sage ich.

Mein Bruder hat vielleicht einmal im Monat einen freien Tag, und so sage ich sofort zu, als er mir vorschlägt, dass wir uns zum Lunch treffen könnten. Ich packe Hähnchensalat-Sandwiches für unser Picknick im Public Garden ein – seine einzige Bedingung war, dass wir irgendwo im Freien essen. Wir sitzen unter einem knorrigen Baum und beobachten die Enten am Ufer. »Sind auch Enten ihrem Partner ein Leben lang treu?«, will Kieran wissen.

»Bei Gänsen bin ich mir sicher«, sage ich.

Er nickt einer Stockente zu. »Na los doch, Kumpel.«

»Apropos. Hast du jemanden?«

Kieran verdreht die Augen. »Ein wenig mehr Fingerspitzengefühl könntest du schon zeigen.«

»Dann wäre ich aber nicht deine große Schwester.«

»Ich verbringe viel Zeit mit meiner rechten Hand …«, sagt er.

»Igitt.« Ich verziehe das Gesicht.

»… beim Operieren«, ergänzt er grinsend.

»Das hättest du aber auch anders ausdrücken können.«

»Dann wäre ich aber nicht dein kleiner Bruder.«

»Was ist aus Adam geworden?« Das war sein letzter Freund, ein Pfleger.

»Er hat sich für jemanden entschieden, der weniger Stress im

Job hat. Einen Fluglotsen.« Als ich lache, schüttelt er den Kopf. »Ich schwör's.«

»Mit der rechten Hand?«

Kieran wirft mit einem Kartoffelchip nach mir. »Sprechen wir über was anderes. Wie geht es Meret?«

»Sie überlegt, Tennis zu spielen, und sie liebt Naturwissenschaften.«

»Viel besser als alles, was ich an meine Zeit mit fünfzehn in Erinnerung habe.«

»Und was war da?«

»Da habe ich immer versucht, sämtlichen Lehrern zu erklären, warum meine Schwester zum ersten Elternabend kommt. Außerdem habe ich meine Schwärmerei für die Jungs aus der Band Jonas Brothers aktiv unterdrückt.« Er sieht mich an. »Du hast das sehr gut gemacht, weißt du. Dich um den kleinen verkappten Waisenjungen gekümmert.«

»Danke«, sage ich.

Er schlägt die Beine übereinander und beginnt, an Grashalmen zu zupfen. »Ich beklage mich zwar oft und bekomme wirklich zu wenig Schlaf, aber was ich mache, mache ich gern, Dawn. Und ich kann meiner beruflichen Leidenschaft nachgehen, weil *du* die deine für mich aufgegeben hast.«

»Ich liebe meine Arbeit«, widerspreche ich.

»Okay, das stimmt. Aber es war nicht dein ursprünglicher Plan.«

Achselzuckend erwidere ich: »Pläne ändern sich.«

»Ich weiß nicht, ob ich, wenn Mom nicht gestorben wäre, Medizin studiert hätte«, sinniert Kieran.

Das ist mir neu. »Ernsthaft?«

»Ich fühlte mich so … machtlos, als es passierte. Ich wollte nicht, dass andere Kids das Gleiche durchmachen müssen, und ich weiß, dass ich überlegt habe, Onkologe zu werden. Aber dann ließ ich mich durch Gehirntumore ablenken.«

»Die sind ja auch sehr verführerisch«, stimme ich ihm zu.

»Außerdem sind sie auch sicherer«, ergänzt Kieran. »Ich muss nicht an sie denken, wenn ich meine Patienten sehe.«

Wir schweigen einvernehmlich. Kieran isst sein Sandwich auf und wirft die Rinde den Enten zu. »Weißt du, was verrückt ist? Ich lebe jetzt schon länger ohne sie als mit ihr, aber ich vermisse sie noch immer.«

»Ja.«

»Ich denke etwa – ich werde mir die Fingernägel schneiden und aufheben …«

»… damit die Mäuse sie nicht wegnehmen und deine Seele stehlen können«, beende ich den Spruch und lache.

»Was hat es nur mit diesem albernen irischen Aberglauben auf sich?«

»Erinnerst du dich an das Weihnachten, als sie dir ein Schweizer Messer geschenkt hat, aber darauf bestand, dass du ihr einen Penny zurückzahlst, denn sonst würdest du in einen Kampf verwickelt?«

»Oder dass man, wenn man an der Tischecke sitzt, niemals heiraten wird?« Kieran macht eine Pause. »Wenn ich's mir recht überlege, *war* mein Platz an der Ecke.«

»Sie wäre so stolz auf dich.«

»Auf dich aber auch.«

Ich frage mich, warum wir die Gespräche mit den Menschen, die wir lieben, immer dann führen, wenn uns keine Zeit mehr bleibt. Die Ägypter schrieben Briefe an die Toten – sie malten die Nachricht auf eine Schüssel und stellten sie zusammen mit den Opfergaben auf das Grab. Selbst wenn der Verstorbene des Schreibens nicht mächtig gewesen war, nahm man an, dass er oder sie im Jenseits dazu befähigt wäre. Eine Ehefrau konnte etwa ihrem Ehemann schreiben, dass ihre Tochter krank war und sie sich Sorgen machte, das Mädchen werde womöglich von einem aggressiven *Ba*-Geist angegriffen. Der tote Ehemann konnte diesen Geist dann im Jenseits vor Gericht bringen.

Was würde ich jetzt meiner Mutter schreiben, wenn sie es lesen könnte?

Warum hast du mir nicht früher gesagt, dass du krank bist?

Warum hast du mich verlassen?

Wie soll ich Mutter sein, wenn ich mir von dir keinen Rat einholen kann?

Wie soll ich die Ehe verstehen, obwohl du meinen Vater nie geheiratet hast?

Völlig unvermittelt erinnere ich mich an einen Samstag, an dem wir die Nacht im Aquarium verbracht haben. Das war etwas ganz Besonderes für Kids, wie eine Pyjamaparty in einem Museum, genannt Schlaf mit den Fischen. Meine Mom leitete sie, weil sie dafür die anderthalbfache Zeit angerechnet bekam, und einmal nahm sie uns dazu mit. Wir packten Schlafsäcke und Snacks ein, Spielzeug für Kieran, Hausarbeiten für mich. Ich war fünfzehn, und während meine Mutter arbeitete, sollte ich auf meinen dreieinhalbjährigen Bruder aufpassen.

Meine Mutter hielt einer Gruppe ungehobelter Viertklässler einen Vortrag zum Gezeitenbecken. »Das Wasser im Ozean ist immer in Bewegung«, erzählte sie ihnen. »Wer weiß, was diese Bewegung in Gang setzt? Ich gebe euch einen Hinweis … seht aus dem Fenster.«

Ich sah den Mond vor mir. Für mich hatte die Gravitationskraft was Romantisches. Man stelle sich vor, Lichtjahre voneinander entfernt zu sein und dennoch die metaphorischen Hände nicht voneinander lösen zu können.

Ich weiß nicht, wie lange ich ihr schon zuhörte, bis ich endlich merkte, dass Kieran verschwunden war.

Eine Menge Leute wissen Geschichten über verloren gegangene Geschwister zu erzählen, aber sie spielen normalerweise nicht in Gebäuden, in denen es tatsächlich Haie und Leitern gibt, um in deren Tanks zu klettern, also schlich ich mich davon und flüsterte Kierans Namen vor dem psychedelischen Quallenexponat und suchte nach ihm in der Nähe des Oktopus-Beckens. Der letzte Ort, an dem ich nachsah, war das riesige Becken mitten im Aquarium. Ich konnte die kreisenden Panzer der Meeresschildkröten sehen, aber keinen Kieran.

In Panik rannte ich den Gang entlang, der sich um das Becken wand und hielt Ausschau nach einem leuchtenden Sneaker, der sich in den Korallen verfangen hatte, betete dabei aber umso inbrünstiger darum, keinen zu sehen.

Schließlich fand ich Kieran auf einem Felsen im Pinguingehege. Ich konnte mir nicht vorstellen, wie er dorthin gelangt war, ohne ins Wasser zu fallen, das ihn umgab. »Du liebe Güte, Kieran«, sagte ich, sprang über das Geländer in den schenkelhohen Pool und packte ihn.

»Erinnerst du dich, als du im Aquarium verloren gingst?«, frage ich ihn jetzt.

»Ja. Pinguine sehen so nobel aus, aber tatsächlich riechen sie nach Fisch und Scheiße.«

»Mir ist vor Schreck das Herz stehen geblieben, und du saßest einfach so da.«

»Ich habe auf dich gewartet«, sagte Kieran. »Ich wusste, dass du nach mir suchen würdest. Hast du ja immer getan.«

Ich denke darüber nach. Als Kieran sechs war, ging ich aufs College. In meiner Vorstellung blieb er ein Baby, weil ich nicht da war, als er heranwuchs. Ich studierte, machte meinen Abschluss, kiffte zum ersten Mal und bewarb mich dann an der Graduiertenschule. Boston war nur noch eine Erinnerung. Wäre meine Mutter nicht krank geworden, hätte ich sehr wahrscheinlich keinen engen Kontakt mehr zu Kieran bekommen.

»Die Dinge entwickeln sich so, wie sie sollen«, erwidere ich.

Ich trage meine Nachtcreme auf, als Brian, der vor seinem Waschbecken steht, sich mir zuwendet. »Ich habe diesen Artikel über ungelöste Probleme der Quantenphysik gelesen«, sagt er. »Darin ging es um das Konzept der Vergangenheit und die Frage, ob es eine einzige Vergangenheit gibt und ob das bedeutet, dass sich die Gegenwart physikalisch von der Zukunft unterscheidet…«

»Brian«, unterbreche ich ihn, »ich konnte dir schon nach dem ersten Satz nicht mehr folgen.«

»Oh«, sagt er enttäuscht. »Ich wollte nur deine Meinung hören.«

»Warum meine? Ich kann dir zehn Leute an der Harvard nennen, die bei diesem Gespräch mithalten können.«

»Aber du bist die, mit der ich verheiratet bin.«

Plötzlich rastet alles ein. Ich creme mit der verbliebenen Lotion die Hände ein. »Ah«, sage ich. »Ist das Nummer siebzehn auf der Liste? Oder achtzehn?«

Er wird rot. »Du weißt von der Liste?«

»Ja.« Ich gehe auf ihn zu und lehne mich an den Toilettentisch. »Ich brauche keinen Ehemann, der mir Blumen oder Schokolade mitbringt. Ich brauche einen, der mit mir Nachrichten guckt und sich über die vielen Werbeblöcke darin beschwert. Ich brauche den Typen, der glaubt, die zweite Strophe von »We Wish You a Merry Christmas« sei *Oh bring uns endlich den Nachtisch.* Ich wollte dich immer nur als den haben, der du bist, und nicht als den, der du laut *Cosmo* sein solltest.«

Es gefällt mir, dass er sich solche Mühe gibt. Ich finde es liebenswert, dass er nicht weiß, wie das geht, genauso wenig, wie ich weiß, wie man ein ungelöstes Problem der Quantenphysik löst. Ich freue mich, dass er bewusst an mich denkt.

Aber das alles hält meine Gedanken nicht davon ab, sich einem anderen zuzuwenden.

In jener Nacht träume ich zum ersten Mal seit Jahren von Ägypten.

Ich erinnere mich an eine Situation während meiner ersten Saison in Ägypten, in der ich von Hass für Wyatt Armstrong erfüllt war. Ich saß unter einer Zeltplane und versuchte, den Sand aus meinem Käsesandwich zu picken, während Wyatt und zwei Studenten sich über Mythologie und Sex unterhielten. »Griechische Mythen sind die schrägsten«, sagte ein Student. »Zeus treibt es mit einem Schwan.«

»Pan ist einer Nymphe nachgestiegen, die sich in Schilf verwandelt hat, um ihm zu entkommen, und er machte eine Flöte daraus, um sie blasen zu können«, warf ein anderer Student ein.

»Typisch«, murmelte ich, als Wyatt sagte: »Genial.«

»Ich kann das alles toppen«, kündigte er an. »Unsere Geschichte beginnt mit Seth und Osiris, die im Grunde Sonny und Michael Corleone sind. Wir haben also den Hitzkopf Seth, der im ständigen Streit mit Osiris liegt, dieser wiederum ist die Ruhe selbst und vernichtet völlig cool als König von Ägypten seine Feinde. Außerdem ist Osiris mit seiner Schwester Isis verheiratet, weil die göttlichen Royals an Inzest leiden, zumal wenn eine Verwandte ein richtig scharfes Geschütz ist.«

Er erzählte die Geschichte vom Tribunal des Horus allerdings in der Seifenopernfassung. Ich verdrehte die Augen und schaute hoch an die Zeltplane, die im Wind flappte.

»Seth ist wahnsinnig eifersüchtig auf seinen Bruder, also bringt er Osiris um und hackt dessen Körper in zweiundvierzig Stücke. Isis und ihre Schwester Nephthys suchen die Teile zusammen und finden auch alles, bis auf seinen Schwanz. Anubis, der Schakalgott, mumifiziert Osiris. Anschließend verwandelt Isis sich in einen Vogel, hockt sich auf die Leiche ihres Ehemanns, fickt ihn und wird auf diese Weise schwanger mit Horus.«

»Moment mal«, hielt einer der Studenten dagegen. »Ohne Schwanz?«

»Oh, den finden sie am Ende doch«, beruhigte ihn Wyatt. »Horus wächst also heran und liefert sich eine gewaltige Auseinandersetzung mit Onkel Seth. Der chaotische Seth hätte seinen Bruder wahrscheinlich nicht in Stücke hacken sollen, aber er bringt außerdem noch Apep um, die Schlange des Bösen, ist deshalb mehr Loki als Thanos. Horus gewinnt und ist dann der göttliche Musterknabe eines irdischen Herrschers, während Papa zum König der Unterwelt wird. Und das alles nur, weil seine Mutter einen Toten gefickt hat.«

»Wie verkorkst ist das denn«, meinte einer der Studenten. »Das ist ja wie bei Hamlet.«

Wyatt grinste. »Meine Damen und Herren, das war der Abschluss meiner Beweisführung.«

Ich erhob mich und verzichtete auf meinen Lunch.

»Verzeihung«, sagte Wyatt, ohne es wirklich zu meinen. »Ich glaube, wir haben Olive vergrault.«

Ich aß noch einen Bissen, nur um das Gegenteil zu beweisen, und hätte mir fast einen Zahn ausgebissen.

»Du weißt schon, dass man es *Sand*wich nennt«, meinte er.

Ich verließ das Zelt und ging in das Wadi, um zu pinkeln. Als ich gerade dabei war, mir die Hose zuzuknöpfen, hörte ich Wyatts Stimme hinter mir. »Lass dich von mir nicht abhalten, Olive«, sagte er.

»Was machst du denn hier?«

»Wohl das Gleiche wie du.«

Ich stolzierte an ihm vorbei und fragte mich, ob man auch am Penis Sonnenbrand bekommen konnte und warum Wyatt es immer wieder schaffte, mir auf die Nerven zu gehen. Beim Lunch hatte er eine Show abgezogen, doch schließlich hatte ich schon Schlimmeres gehört und die anderen Studenten fanden ihn unterhaltsam. »Warum musst du dich immer über alles lustig machen?«

Er blieb stehen, die Hände am Gürtel. »Vielleicht stimmt das so gar nicht, Olive. Vielleicht möchte ich bei anderen nur diesen Eindruck erwecken.«

»Ich denke, du hast es eigentlich nicht nötig, dich derart anzustrengen, um Aufmerksamkeit zu bekommen.«

»Aber dir dürfte bekannt sein, dass im Metropolitan Museum ein ganzer Flügel nach meinem Großvater benannt ist und ich der vierten Generation von Yalies angehöre?«

Was für ein egoistisches Arschloch. »Na und.«

»Aber vermutlich weißt du nicht, dass mein Vater das Familienvermögen in einer einzigen Generation vollkommen durchgebracht hat und mich dafür hasst, weil einer seiner Söhne gestorben ist und derjenige nicht ich war. Und dass ich einen doppelt ausgezeichneten Abschluss in Cambridge gemacht habe, weil ich mir den Arsch abgerackert habe und nicht, weil ich eine Freikarte hatte. Aber einige Leute kommen besser damit klar, in mir einen weiteren privilegierten Idioten zu sehen. Keine Ahnung, warum ich dir das überhaupt erzähle«, murmelte er.

»Du solltest es allen erzählen. Sie würden dich mehr mögen.«

Wyatt schwieg einen Moment. »Weißt du, die alten Ägypter maßen den Worten so viel Macht bei, dass sie, wenn man sie aussprach, Dinge in Gang setzten, die man nicht beabsichtigt hatte. Deshalb wird in den Texten über die Ermordung von Osiris auch nur darauf angespielt. Und wahrscheinlich behalten wir unsere Wünsche beim Ausblasen der Geburtstagskerzen deshalb auch für uns und erzählen unsere wildesten Träume auch nie laut. Es ist einfach zu beängstigend, sich vorzustellen, wie es unser Leben verändern könnte, wenn wir alles öffentlich machten.« Ich hörte das Klirren seiner Gürtelschnalle. »Ich würde empfehlen, dass du jetzt gehst, es sei denn, du bist verkorkster, als ich dachte.«

Beim Verlassen des Wadis wurde mir bewusst, dass ich Wyatt Armstrong trotz unserer wochenlangen engen Zusammenarbeit erst jetzt wirklich kennengelernt hatte.

Ich schlafe nicht gut und gebe mich schließlich vor Sonnenaufgang geschlagen. Ich sitze am Küchentisch, trinke Kaffee und reibe an einem Fleck auf dem Platzdeckchen. Ich weiß, warum ich das geträumt habe. Es sind die vielen Gespräche mit Win über eine nicht erledigte Vergangenheit – egal, wie sehr ich mich bemühe, mich auf Brian zu konzentrieren, die Erinnerung an Wyatt kommt immer wieder hoch.

Brian tapst verschlafen in Pyjamahose und T-Shirt in die Küche und sieht genauso erschöpft aus, wie ich mich fühle. Er steht vor mir und wippt auf seinen Fersen. »Hi.« Als er meinen Gesichtsausdruck bemerkt, sagt er: »Hab ich was falsch gemacht?«

Ich finde es schrecklich, dass das seine erste Vermutung ist und ich ihn dazu getrieben habe. Aber es geht nicht um ihn, es geht um uns. Ich zwinge mich, ihm in die Augen zu sehen. »Hast du dich schon mal … zerbrochen gefühlt?

Die Ernsthaftigkeit, mit der Brian mich lange schweigend ansieht, kenne ich an ihm sonst nur, wenn er sich mit einer Problemstellung in seinem Labor herumschlägt und sich nicht erklären kann, warum ein Experiment nicht das erwartete Ergebnis liefert. Dann zieht er mich in seine Arme. »Ich kenne dich in- und auswendig. Ich kann dich wieder ganz machen.«

Er hatte angenommen, dass ich von mir sprach und nicht über unsere Ehe. Weil unsere Beziehung immer unerschütterlich gewesen war. Deshalb hat er auch nicht nachgedacht, als er mit in Gitas Wohnung ging, deshalb hat es ihn auch so schockiert, dass ich mich darüber aufgeregt habe. Ich habe ihm immer von Herzen vertraut, warum sollte das jetzt aufhören?

Du hast so viel Glück, sage ich mir. *Du hast diesen wunderbaren Mann. Hör auf, dich damit verrückt zu machen, was schiefgelaufen sein könnte, und konzentriere dich auf das, was gut gehen könnte*. Ich lehne mich an ihn. »Brian? Selbst wenn ich vergesse, es zu sagen … ich liebe dich.«

Seine Hände streichen über meinen Rücken. »Ich weiß«, sagt er.

Ich weiß.

Plötzlich befinde ich mich in einem Wolkenbruch in Kairo und verfolge, wie die Welt vor meinen Augen verschwimmt. Ich fange zu zittern an.

Als Brian es spürt, hält er mich an den Schultern fest. »Alles okay mit dir?«

»Ja«, sage ich. Sage ich mir. »Ja, ja, alles gut.«

Win schläft, als ich eintreffe, und Felix arbeitet, also putze ich die Küche und überprüfe ihren Medikamentenvorrat. Dann gehe ich an den Schreibtisch im Flur und hole den Schlüssel am Band heraus. Ich schließe den abgesperrten Raum mit den Leinwänden auf.

Ich weiß genau, wo ich das Bild von Win finde, den Akt, den Thane gemalt hat. Ich ziehe es hinter drei anderen Leinwänden hervor und blicke auf das Geheimnis in ihren Augen. Fast fordert sie den Betrachter heraus, sich zum Komplizen zu machen.

Vielleicht interpretiere ich das aber auch nur hinein.

Ich betrachte den sanften Hügel ihrer Brust, ihren Bauchnabel, ihre Hände zwischen den Schenkeln. Ich habe Win beim An- und Ausziehen geholfen. Habe sie gebadet. Ihr Körper unterliegt meiner Verantwortung, und ich achte auf Anzeichen, dass er sie im Stich lässt. Aber das hier – das ist ein für Win errichteter Altar, um das anzubeten, was der Maler sah.

Ich stelle die Leinwand zurück, schließe die Tür, sperre ab und lege den Schlüssel zurück in die Schublade. Als ich dann nach Win sehe, ist sie wach und sitzt aufrecht in ihrem Bett.

»Ich habe was für Sie aufgeschrieben«, sagt sie. »Es ist in meiner Frisierkommode.«

Mir fällt auf, dass sie kein Make-up trägt. Sie hat dunkle Ringe unter den Augen. Von Felix weiß ich, dass sie schlecht, aber zugleich mehr schläft. Ich gehe durchs Zimmer zu dem kleinen weißen Spiegeltisch, auf dem ihre Schmuckschatulle steht. In einer Schublade liegt inmitten von Lidschatten, Lippenstiften und Gesichtscremes eine Liste.

WAS ICH NICHT HABEN MÖCHTE
1. Lilien
2. Religion
3. Sargträger
4. Mücken
5. Schwarz
6. Einen offenen Sarg

WAS ICH HABEN MÖCHTE
1. Red Velvet Cake
2. Feuerwerk
3. Sidecars

Ich ziehe einen Stuhl an ihr Bett. »Ich nehme an, es geht um Ihre Beerdigung«, sage ich. »Aber Mücken?«

»Ich möchte nicht, dass die Leute sich wünschen, es wäre vorbei, weil sie bei lebendigem Leib aufgefressen werden.« Win grinst. »Oder sollte ich lieber sagen, zu Tode gebissen werden.«

»Was soll nicht schwarz sein?«

»Die Kleidung. Sagen Sie den Leuten, sie sollen sich bunt anziehen.«

»Das lässt sich machen. Und mit Sidecars meinen Sie sicherlich die Cocktails und nicht die Beiwagenmaschine?«

»Sehe ich etwa wie eine Hells Angel aus?« Sie bringt sich in eine aufrechtere Position. »Oh und noch was. Ich möchte nicht eins dieser Fotos von mir auf einer Staffelei stehen haben, auf dem ich aussehe wie retuschiert.«

»Wir können eins aussuchen, das Ihnen gefällt«, schlage ich vor.

»Später vielleicht«, sagt Win. »Ich erinnere mich, dass ich auf meiner Hochzeit gedacht habe, dass dies abgesehen von meiner Beerdigung das einzige Mal ist, alle meine Lieben in einem Raum versammelt zu sehen.« Sie sieht mich an. »Was, denken Sie, wird passieren? Danach?«

»Keine Ahnung«, sage ich. »Aber wir können uns im Uterus wohl auch keine andere Existenz vorstellen. Und wenn wir dann mal hier sind, erinnern wir uns *daran* nicht mehr.«

»Glauben Sie an Geister?«, fragt Win.

»Ich glaube an die Hirngespinste von jemandem, der trauert. Eine meiner Klientinnen, deren Lebenspartnerin gestorben war, stellte für sie jeden Abend ein Gedeck auf den Tisch.« Ich zögere. »Die Menschen nehmen offenbar an, beim Tod gehe es um alles oder nichts. Jemand ist da oder er ist nicht da. Aber so ist es nicht, oder? Das Echo von dir ist noch immer da – in deinen Kindern oder Enkelkindern, in der Kunst, die du zu Lebzeiten hervorgebracht hast, in den Erinnerungen, die andere Menschen an dich haben.«

»Nun, ich bin der Ansicht, dass die Geister in der Nähe bleiben, weil es etwas gibt, das sie nicht zu Ende geführt haben«, sagt Win. »Deshalb sollten Sie mir lieber helfen, diesen Brief an Thane zu schreiben. Denn wenn Sie es nicht machen, werde ich bei Ihnen herumspuken.«

Ich habe das Gemälde in dem abgeschlossenen Zimmer vor Augen.

»Ich werde Ihnen helfen, ihn zu finden«, verspreche ich Win.

Alles, was ich über Tränen weiß, habe ich von Meret gelernt, die darüber mal ein Referat gehalten hat. Dazu hatte sie vier riesige Fotos auf Staffeleien gestellt: jeweils eine Röntgen-Kristallografie von Zwiebeltränen, Tränen der Veränderung, Lachtränen,

Trauertränen. Mikroskopisch betrachtet sehen sie ganz unterschiedlich aus, weil sie das auch sind. Emotionale Tränen zum Beispiel beinhalten proteinbasierte Hormone, darunter einen Neurotransmitter, genannt Leucin-Enkephalin, ein natürliches Schmerzmittel. Durch Zwiebeln hervorgerufene Tränen sind weniger klebrig und halten sich weniger lang auf den Wangen.

Alle Tränen enthalten Salz, Wasser und Lysozym – das in Tränen hauptsächlich vorkommende Enzym –, aber für die unterschiedlichen Kristallstrukturen sind andere Ingredienzen verantwortlich. Zwiebeltränen wirken so dicht wie Brokat. Tränen der Veränderung ähneln dem lebhaften Bienenschwarm im Stock. Lachtränen haben Ähnlichkeit mit dem Innenleben einer Lavalampe, nur mit eleganteren Kurven. Und Trauertränen erinnern an die Erde von oben betrachtet.

Brian hält mir eine Vorlesung. Nun, eigentlich übt er vor mir. Ich soll aufpassen, sitze aber am Computer und versuche, Thane Bernard zu finden, den Mann, den Win verlassen hat.

»In den Neunzigerjahren haben Physiker mit Hightech-Experimenten begonnen, weil sie herausfinden wollten, wie Neutronen sich in Protonen zerlegen. Das allein war schon etwas Besonderes – es ist das Kernkonzept hinter der Radioaktivität. Aber es passierten seltsame Dinge.«

Er hält inne, also lächele ich und zeige ihm den erhobenen Daumen.

»Neutronen, die in Teilchenstrahlen erschaffen wurden …«

»Was ist das?«

»Das ist ein Gerät der Teilchenphysik, ein Kernreaktor, der Milliarden von …«

»Egal.«

»Jedenfalls dauerte es bei den in Teilchenstrahlen erschaffenen Neutronen etwa vierzehn Minuten und achtundvierzig Sekunden, bevor sie sich in Protonen zerlegten.«

Es gibt über eine Million Google-Ergebnisse für »Thane Bernard«.

»Aber Neutronen in einem Laborgefäß zerlegen sich etwas schneller. In vierzehn Minuten und *achtunddreißig* Sekunden«, fährt Brian fort.

Fügt man »Frankreich« zur Suche hinzu, reduzieren sich die Ergebnisse auf fünfhundertsiebenunddreißigtausend.

Bernard ist in Frankreich der zweithäufigste Nachname.

»Ich weiß, was du dich jetzt fragst.«

War Thane überhaupt Franzose oder auch nur auf Besuch wie Win?

»Sind die zehn Sekunden wirklich so bedeutsam? Nun, es dürfte keinen Unterschied geben. Das ist das Besondere. Alle Neutronen sind identisch, und ihr Verhalten sollte nicht davon abhängig sein, wo sie sich befinden.«

Thane Bernard ist weder bei Facebook noch bei Twitter oder Instagram oder Snapchat. Ich kann auch nicht bei den vermissten Personen suchen, weil er technisch gesehen nicht vermisst wird. Auch im Telefonbuch gibt es keinen T. Bernard, aber das hat in unserer Welt der Mobiltelefone nichts zu sagen. Auf einer Webseite für Akademiker ist ein Thane Bernard gelistet, aber er ist Mitarbeiter an der University of Southern California und sein Fachbereich ist das Ballett.

»Es gibt zwei Erklärungen«, führt Brian aus. »Entweder zerfallen Neutronen in etwas anderes als Protonen – wofür es allerdings keinen Beweis gibt – oder sie wechseln hinüber in eine Spiegelwelt und werden zehn Sekunden lang zu gespiegelten Neutronen, bevor sie einen Salto zurückmachen. Sollte das der Fall sein, dann könnte womöglich eine andere Welt – sogar ein Multiversum – existieren.«

Ich gebe Thanes Namen in eine internationale Personensuchmaschine ein. Dafür werden fünfzig Dollar verlangt. Ich tippe meine Kreditkartennummer ein.

»Bevor du nun denkst, dein Physikprofessor muss in die Zwangsjacke, biete ich dir Folgendes an: Wir wissen – wussten es seit den Siebzigerjahren –, dass die Dunkle Materie im Universum die sichtbare Materie im Verhältnis sechs zu eins überwiegt. Aber keinem ist es gelungen, sie zu finden. Es gibt buchstäblich eine Welt, in der sich die Dunkle Materie versteckt. Wenn das der Fall ist, ist die Spiegelwelt, in der diese Neutronen kurzzeitig abtauchen, riesig. Riesiger als die unsere.«

Unvermittelt meldet sich Brians Telefon. Er wirft einen misstrauischen Blick darauf. »Ich glaube, unsere Kreditkarte wurde gerade gestohlen«, sagt er. »Ich habe einen Betrugsalarm erhalten von LocateTheLost.com.«

Ich klappe meinen Laptop zu. »Das war in Wirklichkeit ich.«

»Nach wem suchst du denn?«

»Ich suche *für* jemanden, der nach jemandem sucht. Es ist eine meiner Klientinnen.«

»Deine Klientin wird vermisst?«

»Nein. Sie möchte jemandem einen Brief schreiben, zu dem sie vor Jahren den Kontakt verloren hat.«

»Etwa ein uneheliches Kind?« Obwohl Brian so verkopft ist, hat er einen Hang zur Melodramatik. Deshalb will er auch unbedingt jeden Film von Marvel Universe gleich am ersten Tag sehen, wenn er in den Kinos anläuft, und schafft es, jedes Mal im Raum zu sein, wenn ich mir *Der Bachelor* ansehe.

»Nein«, erwidere ich. »Es ist ein Mann, den sie mal geliebt hat. Sie möchte auch, dass ich ihm diesen Brief aushändige.«

»Moment, was? Geht es um Win? Die mit dem Eierstockkrebs?«

Ich nicke.

»Das kannst du nicht machen«, sagt er.

Nach all meinen Jahren als Sterbe-Doula kann ich an einer Hand abzählen, wann Brian mein Urteil infrage gestellt hat. Die heftigste Auseinandersetzung hatten wir wegen einer Klientin, die von mir wollte, dass ich mich für sie über Sterbehilfe informiere. Ich hatte kein gutes Gefühl dabei und empfahl sie einer anderen Sterbe-Doula, die sich damit befasst. Brian hingegen war wütend, weil ich nicht versucht hatte, es ihr auszureden. Ihr Sohn war gerade mal in der zehnten Klasse, und Brian fand es unverantwortlich, sie nicht davon abzuhalten.

»Ist sie diejenige, die mit einem Fahrlehrer verheiratet ist?«, vergewissert sich Brian, und mir wird klar, dass er, obwohl ich immer annahm, er würde sich ausklinken, tatsächlich sehr genau zugehört hatte.

»Felix. Ja.«

»Und für ihn ist das in Ordnung?«

»Er weiß es nicht«, gebe ich zu. »Er wird es nicht erfahren.«

»Glaubst du das wirklich? Was ist, wenn der Vermisste ihr antwortet?«

»Es wird keine Absenderadresse geben.«

Brian schüttelt den Kopf. »Es ist dennoch besser, es zu wissen, als überrumpelt zu werden. Was ist, wenn Felix Wins Kleider und ihre Bücher und alles andere wegpackt, nachdem sie gestorben ist, und eine Nachricht von diesem Mann findet oder eine Eintrittskarte zu einer Show, die er nie gesehen hat, oder eine Fotografie von seiner Frau, auf der sie glücklicher wirkt als jemals mit ihm?«

Ich denke an das Gemälde im verschlossenen Raum und sage nichts dazu.

»Dieser Mann stirbt doch ohnehin schon nach und nach. Du tötest ihn gleich zweimal.«

»Das ist unfair. Felix ist nicht mein Klient, Win ist es.« Ich deute auf seine Notizen. »Woher willst du wissen, ob sie nicht in diesem anderen Universum glücklich mit diesem anderen Mann zusammenlebt?«

»Woher weißt du, dass sie es *tut*?«

»Ich verstehe wirklich nicht, warum du dich aus heiterem

Himmel plötzlich für einen Experten auf meinem Gebiet hältst«, erwidere ich kühl.

»Weil du eine Heuchlerin bist.«

Da muss ich an meinen Traum von Wyatt denken, und mein Gesicht wird so heiß, dass ich mich abwende.

»Du hilfst einer Frau auf dem Sterbebett, ein Geheimnis zu wahren. Nein, tatsächlich ist es ja noch viel schlimmer. Du bist das Streichholz, das nach ihrem Tod diese ganze Ehe niederbrennen könnte«, wirft Brian mir vor. »Aber auf mich warst du wütend, weil ich dir nicht über jeden Moment, den ich mit Gita verbracht habe, Rechenschaft abgelegt habe, obwohl gar nichts passiert ist.«

»Ich wäre auch wütend gewesen, *wenn* du es mir erzählt hättest«, platzt es aus mir heraus. »Der einzige Unterschied ist der, dass ich in diesem Fall sofort gewusst hätte, dass es offenbar um unsere Beziehung so schlecht steht, dass du Ausschau nach einer anderen halten musstest!«

Meine Stimme klingt in der Stille nach, die zwischen uns lastet. Wenn ich den Bezugspersonen und Klienten eins immer ans Herz gelegt habe, dann, dass letzte Worte nachhaltig sind.

Ich habe mich immer gefragt, was vorzuziehen wäre: das Schlimmste zu wissen oder nicht zu wissen. Ist es besser, die fatale Diagnose zu bekommen und dann die Tage zu zählen, bis man stirbt, sich auf diese Weise aber in aller Ruhe von allen, die man liebt, verabschieden zu können? Oder ist ein plötzlicher Tod vorzuziehen – ein Unfall, ein Schlaganfall, ein Aneurysma –, um nicht auf das Unausweichliche warten zu müssen? Die Antwort darauf ist: weder noch. Im Ergebnis ist beides schrecklich.

»Es gibt Dinge, die ich dich nie gefragt habe über … die Zeit, bevor wir uns kennengelernt haben«, sagt Brian stockend, und unvermittelt liegt der Grund für seine Entrüstung offen zutage. »Denn ich dachte immer, du hättest mir alles erzählt.«

Es gibt Dinge, die würdest du nicht wissen wollen, sage ich mir. Aber ich sehe ihm in die Augen. »Das habe ich auch«, erwidere ich, denn auf eine Lüge mehr kommt es nun auch nicht mehr an.

Während der vergangenen paar Tage habe ich Win über meine Suche nach Thane Bernard auf dem Laufenden gehalten. Sie hatte in letzter Zeit mehr Energie, wie das vor dem Ende häufiger vorkommt.

Sie weiß, dass ich keine bedeutenden Fortschritte gemacht habe, aber ich denke, ihr gibt die bloße Tatsache meiner Suche das Gefühl, dass die Welt wieder ins Lot kommt. »Vielleicht sollten wir diesen Brief schreiben«, schlage ich ihr mehrmals vor, aber Win winkt ab.

»Zuerst müssen wir noch was anderes erledigen«, insistiert sie und bittet mich dann, etwas für sie zu besorgen.

Ich komme aus dem Geschäft für Künstlerbedarf mit allem zurück, was auf Wins Liste stand. Sie ist zu schwach, die Leinwand selbst aufzuspannen, also erteilt sie mir die Anweisungen mit militärischer Präzision. Win klärt mich auf, dass einem die Spannung verrät, ob man die Leinwand richtig aufgezogen hat.

Ich versiegle und grundiere die Leinwand, und wir lassen sie trocknen, dann bittet Win mich, in den abgeschlossenen Raum zu gehen und ihre Farben zu holen. Diese verwahrt sie in einer Plastikschachtel. Einige Tuben sind so verkrustet, dass ich die Verschlüsse mit warmem Wasser aufweichen muss, bevor ich sie aufschrauben kann. Vor dem Fenster, wo Win gutes Licht hat, stütze ich sie mit Kissen ab. Sie drückt fingernagelgroße Farbtupfer auf eine Glaspalette: Weiß, Kadmiumrot, Kadmiumgelb, Ultramarin. Aus den Primärfarben mischt sie Violett, Grün und Orange. Sie entfaltet eine ganze Skala von Rot bis Blau und füllt die Mitte mit violetten Abstufungen. Sie lässt Regenbogen entstehen.

Ich werfe einen Blick aus dem Fenster, um sicherzustellen,

dass der Wagen von Felix noch unterwegs ist. »Kennen Sie Thanes Geburtstag?«, frage ich sie. »Das würde mir nämlich helfen.«

»Warum?«

»Es ist die erste Frage, die einem bei der Onlinesuche nach vermissten Personen gestellt wird.«

»Er ist nicht vermisst.«

»Ja, das ist das andere Problem. *Und* er lebt im Ausland. Fast alle Datenbanken, die ich gefunden habe, sind amerikanische. Da ich kein Französisch spreche, habe ich für alles das Google-Übersetzungsprogramm benutzen müssen.«

»Ich weiß nur, dass er Löwe ist. Über unser Alter haben wir nie gesprochen.«

Warum sollte sie auch, schließlich war er ihr Professor? Es hätte nur die Unterschiede betont.

»Ich weiß, dass er noch keine vierzig war«, sagt Win. »Was sich damals uralt anfühlte.«

Für eine Zwanzigjährige auf jeden Fall. Ich erinnere mich, dass Win mir erzählte, seine Frau sei schwanger gewesen. Ich frage mich, wie alt sie wohl war.

»Erzählen Sie mir noch mal, wo Sie gesucht haben«, bittet sie mich, als sie den Pinsel auf die Leinwand bringt.

»Facebook. Twitter. Instagram«, sage ich. »Genealogie-Webseiten. Die Telefonbuchseiten. Das Strafvollzugssystem von Frankreich.«

»Wie bitte?«

»Also, ich habe ihn dort nicht gefunden, wenn Sie das beruhigt. Er taucht auch nirgendwo in Gerichtsprotokollen auf.«

Dass ich als Nächstes vorhabe, die Sterbeeinträge durchzusehen, behalte ich für mich. Win kann sich vermutlich nicht vorstellen, dass Thane diese Welt verlassen hat, ohne *sie* davon in Kenntnis zu setzen.

»Was werden Sie malen?«

»Den Tod. Was sonst?« Sie wirft mir einen Blick zu. »Nicht gucken.«

Stattdessen mache ich eine Bestandsaufnahme von ihr. Ihre Handgelenke sind so zerbrechlich, dass die aschfarbene Haut sich über den Knochen spannt, die Fingernägel sind gelblich verfärbt. Aber ihre Augen sind leuchtender als noch vor einer Woche, die Blicke huschen zwischen der Palette und dem Bild hin und her. Es hat fast was Mystisches, wie sie auf eine leere Leinwand blickt und etwas sieht, was bis jetzt noch kein anderer sehen kann. Vermutlich unterscheidet sich das nicht allzu sehr vom Blick über den Rand dieser Welt in die nächste.

Plötzlich hören wir, wie die Eingangstür aufgeht und Felix nach Win ruft. »Hier«, sagt sie, und sein Gesicht schiebt sich ins Esszimmer.

»Nun sieh mal einer an! Ich kann mich nicht erinnern, wann ich dich das letzte Mal habe malen sehen.« Er küsst sie auf den Scheitel. Sie neigt ihm ihr Gesicht zu, eine Katze, die sich der Sonne entgegenreckt. »Haben Sie eine Ahnung, wie viele Loew-Cornell-Pinsel ich in ihre Weihnachtssocken gesteckt habe und nie benutzt wurden?«, sagt er zu mir. »Sie bewirken Wunder.«

Win sieht mich an, unser Geheimnis ruht sicher zwischen uns. »Kann man wohl sagen.«

Felix kann nicht aufhören, Win zu berühren. Seine Hand streicht über ihren Arm, ihren Hals, zwischen die Schulterblätter. Ohne zu ahnen, dass Win ihre Lebhaftigkeit der Tatsache verdankt, als letztes Geschenk ihres Lebens eine Nachricht an jemanden zu verpacken, den sie mehr geliebt hat als ihn.

»Darf ich dich um einen Gefallen bitten, Schatz?«, fragt Win. »Ich habe das verrückte Verlangen nach Buttermilchbiskuits. Aber wir haben keine Buttermilch.«

Felix blinzelt überrascht. Wir wissen beide, wie lange es her ist, seit Win eine Mahlzeit aufgegessen, geschweige denn um etwas Spezielles *gebeten* hat. »Wird sofort erledigt«, sagt er.

»Und ich backe sie dir sogar im Handumdrehen.« Über Wins Kopf hinweg gibt er mir zu verstehen, dass er mich draußen im Flur kurz unter vier Augen sprechen möchte. Ich folge ihm.

»Ich weiß, es ist unwahrscheinlich, aber macht es nicht den Anschein, als würde sie sich erholen? Ich meine, es kommt doch immer wieder vor, dass Ärzte eines Besseren belehrt werden …«

»Felix«, warne ich ihn. »Lassen Sie es gut sein. Win ist todkrank. Was Sie sehen, kommt recht häufig vor, bevor jemand stirbt. Es ist wie ein Energieausbruch oder so. Ich weiß nicht, wie lange das anhält. Aber es ist keinesfalls von Dauer.« Zögernd ergänze ich: »Tut mir leid.«

»Gut. In Ordnung.« Er reibt sich den Nacken. »Dann sollte ich wohl schnell die Buttermilch holen.«

Als ich zurück ins Esszimmer komme, bin ich sauer auf Win, weil sie mich in diese Lage gebracht hat und weil sie Felix stiefmütterlich behandelt, obwohl er sie abgöttisch liebt. Und auch, weil ich mir sage, dass Brian wohl recht hat und ich ihr nicht helfen und diesen Verrat begünstigen sollte. »Sehen Sie denn nicht, wie sehr er Sie bewundert?«

Win nickt. »Das habe ich immer gesehen.«

»Und Sie haben nicht das Gefühl, ihn zu hintergehen?«

Sie gerät nicht mal ins Stocken. »Es gibt Zeiten, da frage ich mich, ob meine ganze Ehe nicht ein Betrug an Thane war. Ob es nicht *jenes* Leben war, das ich hätte führen sollen.« Win blickt mich über den Rand der Leinwand hinweg an. »Ich gehörte zu ihm, bevor ich zu Felix gehörte. Damit will ich nicht sagen, dass ich nicht zwei Männer lieben konnte. Nur, dass es in mir, wenn ich bei Thane geblieben wäre, gar keinen Platz für Felix gegeben hätte.«

Ich setze mich auf einen Stuhl hinter ihrer Staffelei. Sie hat meinen Gedanken zu Ende geführt. Felix war derjenige, bei dem sie gelandet ist … aber er war nicht der Startpunkt.

»Ich muss einfach ständig daran denken«, ergänzt Win. »Wer

ich vielleicht gewesen wäre, wenn ich um Thane gekämpft hätte. Eine Künstlerin, vielleicht sogar eine gute. Eine Mutter auf jeden Fall. Aber wäre ich nach Frankreich gezogen? Hätte mein Sohn gelebt? Hätte ich Krebs bekommen? Was, wenn diese eine Entscheidung eine ganze Kette anderer Weggabelungen nach sich gezogen hat?«

Mir kommt Brians Multiversum in den Sinn. »Selbst wenn Thane Ihren Brief bekommt … werden Sie niemals die Antwort erfahren.«

»Das heißt aber nicht, dass ich mir darüber keine Gedanken machen kann«, sagt Win.

»Aber auch nicht, dass dieses Leben nicht doch das Beste war. Das, das Ihnen bestimmt war.«

»Glauben Sie das?«, fragt sie und legt ihren Pinsel ab. »Dass ich den Krebs verdiene?«

»Das habe ich nicht gesagt …«

»Ich glaube das nämlich nicht«, ergänzt Win. »Ich denke, das hat *keiner* verdient. Das Leben ist ein Würfelspiel. Ich habe eine Eins bekommen, hätte aber auch eine Sechs kriegen können. Es ist, was es ist. Aber es ist kein Schicksal. Es wird nicht von drei alten Hexen beschlossen, die in der Minute deiner Geburt einen Faden abschneiden. Nicht der Krebs, nicht mein Beruf, nicht mal, wen ich liebe. Die einzig reale Frage ist die, ob ich hier todkrank sitzen würde, wenn ich andere Entscheidungen getroffen hätte.« Sie sieht mich an. »Glauben Sie denn, dass ungeachtet all dessen, was Sie in der Vergangenheit getan und welche Entscheidung Sie getroffen haben, Sie am Ende hier in diesen Raum dieses Gespräch in diesem Moment mit mir geführt hätten?«

»Ja«, sage ich. »Wahrscheinlich.«

Win lacht. »Das sind zwei unterschiedliche Antworten. Außerdem kann ich beweisen, dass ich recht habe.«

»Wie denn?«

»Schließen Sie die Augen. Jetzt stellen Sie sich die Person vor, mit der Sie glaubten zusammenzukommen.«

Ich sehe ihn, als stünde er vor mir. Er trinkt aus einer Wasserflasche, hat den Kopf in den Nacken gelegt, seine Kehle arbeitet. Sein Lächeln, als er meinen Blick auffängt.

»Das können Sie jeden fragen, und jeder hat jemand Bestimmten vor Augen. *Immer*. Und jetzt kommt es, Dawn – es ist in den seltensten Fällen die Person, zu der man am Abend heimkehrt.«

Ich male mir unsere im kühlenden Sand verschlungenen Beine aus, seine Hand ein Stern in meinem Kreuz.

Win zieht die Brauen hoch. »Ich wusste es. Wer ist er?«

»Jemand, den ich auf der Uni kannte«, sage ich leise.

»Sie haben keinen Kontakt?«

»Nein.«

»Aber Sie denken noch immer an ihn.« Eine Feststellung, keine Frage.

»Nicht oft«, berichte ich Win. »Nicht, bis Sie mir von Thane erzählt haben.«

Sie lächelt. »Na, na, na. Mich dünkt, die Doula begehrt zu sehr auf.«

»Ich bin glücklich verheiratet«, erinnere ich sie.

»Das bin ich auch.« Sie widmet sich wieder ihrem Bild. »Und … wieso war es zu Ende?«

»Ich weiß es nicht mehr.«

»Ja genau«, sagt Win. »Wahrscheinlich könnten Sie mir das letzte Gespräch, das Sie geführt haben, in allen Einzelheiten wiedergeben.« Sie taucht den Pinsel in Blau und dann in Rot und malt ein kleines violettes Herz auf ihre Palette. *Eine Tapferkeitsmedaille.*

»Warum haben Sie so lange gewartet, um Thane zu finden, obwohl Sie nie aufgehört haben, ihn zu lieben?«

»Weil ich auch nie aufgehört habe, Felix zu lieben«, lautet

Wins schlichte Antwort. »Außerdem brauchen Frauen keine Midlife-Crisis fürs Weglaufen und die Selbstfindung.«

Ich denke darüber nach – wie viele Männer waren abgehauen, um einem trügerischen Glück nachzujagen. Jeden Tag verlassen Männer ihre Frauen und Kinder, und keinen schockiert das. Fast als würde dieses Y-Chromosom sie zur Selbstfindung, zur Neuerfindung berechtigen.

War es das, was Brian empfunden hatte?, frage ich mich. *Bei Gita?* Das verunsichert mich. Brian war immer mein Fundament, mein Anker gewesen, der Ritter, der mich gerettet hat. Ein taumelnder Brian ist für mich genauso unvorstellbar, wie dass die Erde von ihrer Bahn abdriftet oder die Jahreszeiten sich umkehren. Womöglich war er wie ich der Annahme gewesen, dass wir für immer zusammen sein würden – konnte aber dennoch nichts dagegen tun, dass seine Gedanken zu einer anderen abirrten. Wenn die Liebe, wie Win sagte, nur Zufall ist, dann ist der einzige Weg, sich sicher zu fühlen, der, es nach dem ersten Würfeln nie wieder zu versuchen.

Brian war mein zweiter Versuch.

Felix kommt mit der Buttermilch zurück, und bald duftet es im ganzen Haus nach Backen. Er bringt uns einen Teller, die Biskuits dampfen noch, dazu gibt es Honig. Win isst zwei, und nachdem Felix geht, um abzuwaschen, nimmt sie den Gesprächsfaden wieder auf. »Es ist in Ordnung, wissen Sie.«

»Was denn?«

»Sich einzugestehen, dass Sie daran denken. Wo Sie jetzt womöglich wären und mit wem. Was wäre, *wenn*. Man ist deshalb noch nicht untreu. Es bedeutet nicht mal, dass Sie nicht dieselbe Wahl wieder treffen würden, wenn Sie noch mal vor der Entscheidung stünden. Es ist nur …«

Ich sehe sie an. »Ein Teil des Lebens«, beende ich den Satz.

»Ein Teil des Lebens«, wiederholt Win.

Sie tupft mit einem Finger mitten auf die Leinwand. »Acrylfarbe trocknet schnell«, sagt sie zufrieden und dreht das Bild zu mir um.

Ihr Porträt des Todes lebt in den Schatten. Es ist in Mitternachtsblau und einem rauchigen Violett sowie einem brutalen Schwarz gehalten, aber wenn man es genau betrachtet, entdeckt man darin zwei schwache Profile, nur einen Atemhauch voneinander entfernt, aber unfähig, diesen Kuss für die Ewigkeit zu vollenden.

»Jetzt«, erklärt sie, »nehmen wir die Leinwand von den Keilrahmenleisten.« Sie greift nach einem Werkzeug zum Entfernen der Heftklammern in ihrer Angelkiste und beginnt, die Leinwand abzulösen. Und schon rollt sie sich von einem Ende her ein.

»Sie ruinieren das Gemälde!«

»Welches Gemälde?«, erwidert Win ruhig. Jetzt ist die Leinwand nur noch eine farbige Spule, eine Pigmentrolle. Sie dreht sie um. »Ich sehe nichts weiter als einen Untergrund für einen Brief, den ich schreiben muss.«

Ich finde online alle möglichen Thane Bernards, doch keiner davon ist der Richtige. Da ist ein Mann, der mit seinem Boot in Alaska auf Krabbenfang geht. Der Leiter für das öffentliche Bauwesen in Johannesburg. Ein Hedgefonds-Angestellter, der sein Haus am Margaret River in Australien verkauft. Drei Thane Bernards, die im letzten Jahr geheiratet haben und zu jung sind, um Wins Thane sein zu können, und vier, die verstorben sind, aber dafür zu alt waren.

Eine vielversprechende Spur finde ich: Der Mann hat das richtige Alter, unterrichtet Figurenzeichnen an einer Universität in Belgien, und ich ziehe sein Foto auf mein Mobiltelefon. Als ich es aufrufe, richtet die im Bett liegende Win sich ein wenig auf, streicht, als könne er sie sehen, sogar ihren Morgenmantel glatt und tupft ein wenig Blistex auf ihre gesprungenen Lippen, bevor sie sich mein Telefon geben lässt.

Es bricht mir das Herz.

»Warten Sie«, sagt sie. »Was wissen Sie über ihn?«

Ich weiß, dass er seit zehn Jahren an dieser Universität unterrichtet. Weiß, dass er einem Ruderklub angehört und an Regatten im Vierer mit Steuermann teilgenommen hat. Mir ist auch bekannt, dass er dem Herausgeber der Lokalzeitung einen Brief zu einer Verfügung der Stadt geschickt hat, die Auswirkungen auf Fahrradwege hätte.

Aber ich weiß auch, dass Wins Interesse einer anderen Frage gilt.

»Er ist noch immer verheiratet«, sage ich leise.

Ihre Hand krampft sich um eine Falte des Bettüberwurfs, dann entspannt sie sich. Sie nimmt das Telefon. Ich beobachte, wie sie das Display berührt, um Details des Gesichts zu vergrößern.

Win schließt die Augen. »Er ist es nicht.« Ihre Stimme ist rau, ihre Erleichterung spürbar. »Er ist es nicht.«

Als wir unser Abendessen beendet haben, lasse ich Brian wissen, dass ich noch Papierkram zu erledigen habe, und gehe in mein Arbeitszimmer. Mein Laptop meldet mir die Benachrichtigung einer anderen Suchmaschine. Diese hat den Namen Thane Bernard ausgerechnet in einer Ausgabe des *Rolling Stone* von 2009 gefunden. David Bowie wurde in seinem Londoner Wohnsitz zu seiner Kunstsammlung interviewt, mit alten Meistern wie Rubens und Tintoretto sowie moderner Kunst von Henry Moore und Jean-Michel Basquiat. Er erwähnte dabei auch einen Neuerwerb des Künstlers Nathaniel Bernard. Das für zehntausendfünfhundert Dollar verkaufte Gemälde trug den Titel *Prometheus* und orientierte sich im Stil an dem berühmten Werk von Rubens, doch anstelle der um die Handgelenke gewickelten Ketten war dieser Prometheus mit Ethernetkabeln, Telefonschnüren und Stromleitungen gefesselt. Der mythologische

Adler pickte nicht die Leber des Opfers heraus, sondern einen Schnabel voll britischer Pfundnoten. Das Schöne an der Kunst, sagte Bowie, sei es, Künstler aufzuspüren, die bisher noch unentdeckt waren – *wie Thane.*

Ich hatte Professor Thane Bernard nicht finden können, weil er nicht Kunst unterrichtet. Er *ist* Künstler und signiert seine Werke mit seinem vollständigen Vornamen.

Ich erweitere meine Suche auf der Basis dieser neuen Information und finde Auktionsverkäufe in Frankreich, Belgien und Italien. Die Ankündigung einer Ausstellung in einer Gagosian-Galerie. Die Teilnahme an der Art Basel. Obwohl seine künstlerische Entwicklung elektronische Spuren hinterlassen hat, findet man so gut wie keine persönliche Information über ihn. Er hat keinen Wikipedia-Eintrag. Ich kann auch kein Foto finden.

Dann endlich, in Google Images: ein Foto von einer Wohltätigkeitsversteigerung in London, um Geld für eine Obdachlosenunterkunft aufzubringen. Fünf Männer im Smoking. *Von links nach rechts: A. Rothschild, T. Haven-Shields, H. Ludstone, R. Champney, N. Bernard.*

N. Bernard.

Als ich das Foto vergrößere, ist es körnig. Sein Kopf ist kahl. Die Augen sind dunkel wie die Nacht, Pupillen und Iris fast nicht voneinander zu unterscheiden.

Ich drucke dieses Foto aus, damit ich es Win am nächsten Tag mitbringen kann.

Dann antworte ich auf die E-Mail von der Seite mit der Originalreferenz. Für weitere fünfzig Dollar beauftrage ich sie, die letzte bekannte Adresse für mich zu finden.

Ja. Ja, genau das mache ich.

Ich klicke mich aus meinem E-Mail-Account. Jetzt, da ich getan habe, worum Win mich gebeten hat, sollte ich meinen Laptop schließen und zu meinem Ehemann gehen, der im Bett liegt und sich im Fernsehen die *Late Show* ansieht. Aber dann ertappe ich mich beim Öffnen von Facebook. Meine Finger finden selbstständig die Suchmaske, und ich tippe Wyatts Namen ein.

Ich weiß nicht, ob ich erleichtert oder sauer bin, als keine Ergebnisse angezeigt werden.

Ich sollte es in dem Gefühl, noch mal davongekommen zu sein, dabei bewenden lassen. Aber dann meldet sich Wins Stimme: *Stellen Sie sich die Person vor, mit der Sie glaubten zusammenzukommen.*

Es ist kein Betrug, wenn er meine erste Liebe war. Es ist kein Betrug, wenn ich der Information keine Tat folgen lasse. Es ist kein Betrug, wenn Brian den ersten Schritt getan und sich anderswo umgesehen hat.

Es gibt so viele Wege, sich selbst zu belügen.

Sollte meine Beziehung zu Brian eine Chance auf Stabilisierung haben, wir aber das Rad nicht zurückdrehen können, dann liegt es vielleicht an mir, die Distanz zwischen uns zu überbrücken. Wie Brian sagte: Es ist nichts passiert. Aber einen Herzschlag lang hat er sich gefragt, wie es wohl mit jemand anderem wäre. Und das werde auch ich tun.

Im Unterschied zu Thane Bernard hat Wyatt Armstrong starke Internetpräsenz. 2005 hat er seine Dissertation beendet und eine Analyse über Text und Grammatik des Zweiwegebuchs veröffentlicht. Nach dem Tod von Professor Dumphries wurde er Leiter der ägyptologischen Fakultät an der Yale – ich überfliege den Nachruf, den er in unserem Alumni-Magazin publiziert hat. Lese über seine Suche nach dem vermissten Grab von Djehutinacht und dessen Entdeckung vor fünf Jahren. Bis heute hat er nichts darüber veröffentlicht.

Es fühlt sich an wie ein Schlag in die Magengrube. Wyatt ist noch immer schlank und aufrecht und man sieht ihn wie ein Klappmesser gebeugt im engen Schacht eines Grabs über die Schulter in die Kamera blicken. Sein Gesicht ist gleichermaßen vertraut und fremd. Müdigkeit mildert den Blick seiner durchdringenden blauen Augen – die einen eher *durch*schauen als *an*schauen. Die Fältchen darum herum erinnern mich an alles, was zwischen uns liegt: Menschen, Entfernung, Zeit.

Als wäre es uns geschehen.

Als hätte ich es nicht selbst verantwortet.

»Oh.« Als ich mich zu der leisen Stimme umdrehe, sehe ich Brians gekränkte Miene.

In einem schrecklichen Moment des freien Falls warte ich darauf, dass der Erdboden mich verschluckt, doch als das nicht geschieht, folge ich Brian in unser Schlafzimmer und schließe die Tür. Meine Gedanken überschlagen sich auf der Suche nach einer Erklärung so schnell, dass sie mir bereits aus dem Mund fallen. »Ich habe nach Wins ehemaligem Liebsten gesucht …«

»Und hast stattdessen deinen gefunden?«, fällt Brian mir ins Wort.

Der Schmerz in seinem Blick ist so akut, dass ich ins Straucheln komme. »Du … du weißt, wer Wyatt ist?«

»Ich bin nicht blöd.«

Ich lasse mich aufs Bett fallen. »Ich verstehe nicht.«

»Da sind wir schon zu zweit«, murmelt Brian.

Er setzt sich neben mich. Ich schiele auf sein dunkles Haar, die rauen Knöchel seiner Hände, die abfallenden Schultern und frage mich, wann ich Brian zuletzt wirklich und wahrhaftig angesehen habe, *ihn* gesehen habe und nicht den Mann, als den ich ihn brauchte.

»Wirst du mich verlassen?«, fragt Brian.

»Nein«, sage ich, aber es ist ein Reflex, wie beim Arzt, wenn er dir mit dem Hämmerchen aufs Knie schlägt und du zusehen musst, wie es zuckt.

»Warum hast du ihn dann gesucht?«

»Weil die Suche nach Wins Ex mich neugierig darauf gemacht hat, was Wyatt jetzt macht.« Ich probiere Wins Frage an ihm aus.

»Gibt es jemanden in deinem Leben, mit dem du glaubtest zusammenzukommen?«

»Nein«, sagt er. »Aber auf wundersame Weise habe ich es dennoch geschafft.«

»Ich bin mir zu tausend Prozent sicher, dass Wyatt nicht mal weiß, dass ich am Leben bin.«

»Wieso sagst du das? Er könnte in einer Pyramide oder Gott weiß wo nach dir suchen.«

»Mir war gar nicht bewusst, dass du seinen Namen kennst.«

Er zögert. »Er hat dir Briefe geschickt, die ich zwischen den Werbeprospekten im Papierkorb deiner Mutter fand. Ich hätte sie dir geben sollen. Aber ich hatte mich inzwischen in dich verliebt. Und du schienst mich zu lieben.« Er blickt auf. »Ich bin Physiker, Dawn. Ich weiß, was Dinge in Bewegung setzt. Du bist wegen deiner Mutter zurückgekommen – aber keiner schießt mit solcher Wucht und Geschwindigkeit davon, sofern dahinter keine Kraft steht, die ihn verscheucht.«

Ich würde alles tun, um ihn von der Qual zu erlösen, die seine Stimme beherrscht. »Ich wollte *dich*. Ich wählte *dich*.«

»Damals«, sagt er. »Und jetzt?«

Ich schlucke meine Reaktion hinunter: *Du hast als Erster beschlossen, mich nicht mehr zu wollen*. Aber hier geht es nicht darum, einander auszustechen. Das ist kein Spiel Auge um Auge. Hier geht es um zwei Menschen, die den Putz entfernen, um zu entdecken, dass die Wand dahinter bröckelt.

»Findest du nicht, dass wir eine glückliche Ehe führen?«

Er überlegt. »Kann man eine glückliche Ehe führen, wenn der Partner das nicht so empfindet?«

Ich frage mich, ob er von mir oder von sich spricht. »Ich hatte offenkundig ein Leben, bevor ich dich kennenlernte«, sage ich zu Brian. »Ich habe nicht versucht, es vor dir zu verbergen.«

»Ich habe dich nie darum gebeten. Aber meine Frau hat mir

kürzlich gesagt, dass nicht über etwas reden genauso schlimm sein kann, wie offen damit umzugehen.«

Meine Wangen brennen. »Glaubst du wirklich nach fünfzehn Jahren, dass ich dich nicht liebe?«

Brian schweigt lange Zeit. Ich kann zusehen, wie er Puzzleteile hin und her schiebt. »Nach fünfzehn Jahren ist Liebe nicht nur ein Gefühl«, sagt er. »Es ist eine Entscheidung.«

Nach einer schlaflosen Nacht wähle ich die feige Variante und fahre zu Win, bevor Brian aufwacht. Als Felix mir die Haustür öffnet, sieht er genauso erschöpft aus, wie ich mich fühle.

»Schlimme Nacht?«, frage ich.

»Sie konnte einfach keine Ruhe finden. Egal, was ich versucht habe.«

»Mal sehen, was ich tun kann«, biete ich an.

Win wirft sich in dem gemieteten Krankenhausbett unruhig hin und her, ihre Beine strampeln unter der leichten Baumwolldecke. Als sie mich hört, schlägt sie die Augen auf.

»Ich bin noch da«, sagt sie.

»Hab ich bemerkt.«

»Dawn.« Ihre Stimme ist ganz schwach. »Ich hätte nicht gedacht, dass es so schwer sein wird.«

In den Wochen, die ich nun bei Win bin, war sie abwechselnd beherzt, wütend und pragmatisch. Aber so verzweifelt wie jetzt habe ich sie noch nie erlebt. »Was ist so schwer?«

Ihre Finger klammern sich ans Bettzeug. »Das Loslassen. Jedes Mal, wenn man eine Todesanzeige liest oder dir ein Nachbar erzählt, dass jemand, den du kennst, gestorben ist. Es ist so bizarr, sich vorzustellen, dass ich nun diese Person sein werde. Dass ich die Nächste bin.«

»Ich weiß Win«, sage ich schlicht.

»Diese Welt ist so ein Chaos. Wer hätte geahnt, dass ich so sehr daran festhalten möchte?«

»Ich schon, denn wie ich geben Sie nicht so leicht auf.« Ich hole den Ausdruck aus meiner Tasche und glätte ihn.

Win nimmt ihn und hält ihn sich ganz nah vors Gesicht, nah genug, um ihn zu küssen. Aber stattdessen starrt sie Thane Bernard an, als wäre die Welt von Schwarz-Weiß gerade in Farbe umgeschlagen.

Sie legt sich zurück aufs Kissen, den Ausdruck fest in der Hand. Dann schließt sie die Augen und eine einzelne Träne wandert ihr über die Wange.

»Ich werde jetzt diesen Brief schreiben, Dawn«, sagt sie.

LAND / ÄGYPTEN

In der Theorie ist Anya Dailey für Wyatt die perfekte Partnerin. Eigentlich ist sie *Lady* Anya, eine entfernte Cousine der Queen oder so, die an Prinz Williams Hochzeit teilgenommen hat und deren Geburtsgeschenk für Prinzessin Charlotte das erste Kleidungsstück war, in dem diese offiziell fotografiert wurde. Sie besuchte erst ein Internat, dann das King's-College. Sie hat den Vorsitz von einem Dutzend Wohltätigkeitseinrichtungen inne. Ihrem Vater gehörte der halbe Grund, auf dem London erbaut wurde.

Kennengelernt hat sie Wyatt im British Museum, wo sie eine Benefizveranstaltung plante und Wyatt eine Rede hielt. Als sie am Auditorium vorbeikam, hörte sie seine Stimme, die nach ihren Worten wie Honig war. Sie war die Fliege.

Sie war mit Ägyptologie aufgewachsen, weil ihr Großvater mit dem verstorbenen Lord Carnarvon freundschaftlichen Kontakt pflegte und sie als kleines Mädchen zu einem Besuch von Highclere Castle mitgenommen hatte, bevor dieses zum Filmset für *Downton Abbey* wurde. In den Eingeweiden des Gebäudes befand sich eine Schatztruhe mit den Artefakten von Lord Carnarvons diversen Konzessionen – den Gegenständen, die er nicht dem Metropolitan Museum verkauft hatte. Ihr Großvater war ein Ägyptenfanatiker gewesen, und als er starb, dachte sie sich: *Wie kann ich seiner Erinnerung einen besseren Dienst er-*

weisen, als in eine laufende Ausgrabung zu investieren? Sie war die Beziehung als Wyatts Geschäftspartnerin eingegangen. Eins führte zum anderen.

Das erfahre ich alles, kaum dass ich sie fünf Minuten kenne.

Ich lasse mich hinter Anya und Wyatt im Land Rover durchrütteln, weil er Alberto und mich angewiesen hat, sie zur Grabung zu begleiten. Anya möchte die von ihrem Geld geförderte Entdeckung sehen.

Ich durchbohre Wyatts Kopf mit messerscharfen Blicken, während er fährt. Warum er Alberto dabeihaben möchte, erschließt sich mir – er kann ein paar Pressefotos von der Gönnerin und dem Archäologen schießen. Aber warum ich – außer um zu leiden.

Nachdem wir die wertvollsten Schätze aus dem Grab entfernt haben, wird die Ausgrabung nur noch von einem *Gaffir* bewacht, der auf einem Stück Karton vor dem Eingang döst. »Schlafen während der Arbeit?«, murmelt Anya, als Wyatt ihr aus dem Geländewagen hilft. Der *Gaffir* springt auf. Ich frage mich, ob sie weiß, welchen Anteil an ihren Fördergeldern dieser Mann bekommt – einen Hungerlohn, von dem man in einem Land der Ersten Welt nicht leben könnte. »*Mudir*«, begrüßt er Wyatt und öffnet für uns das verschlossene Tor zum Grab.

Weil wir uns alle auf die Särge im Magazin des Grabungshauses konzentriert haben, wurde der Generator, der für Licht im Grab sorgt, ausgeschaltet. In der Hauptkammer ist es stickig und dunkel, also leuchte ich mit der Taschenlampe auf die bemalten Wände. Als Anya auf eine Stelle deutet, die sie interessiert, übersetzt Wyatt einige der Hieroglyphen. Mitten in seiner Schilderung der Szene von Fischfang und Vogeljagd werden ihre Augen glasig. Unvermittelt macht sie einen Satz und knallt gegen seine Brust. »Spinne«, sagt sie.

Alberto und ich sehen uns hinter ihrem Rücken an, der erste einvernehmliche Gedankenaustausch.

Als Wyatt dazu übergeht, die Freilegung der Särge zu beschreiben, wirft Anya einen unsicheren Blick in den Grabschacht. Die Strickleiter ist oben noch immer an Pfählen befestigt und verliert sich in der Tiefe. »Komm, ich zeig es dir«, sagt Wyatt.

»Oh, ich kann nicht …«

»Du willst doch deinen persönlichen Indiana-Jones-Moment nicht verpassen, oder?«, fragt er grinsend. Er legt eine Hand an ihre Taille. »Ich werde direkt hinter dir sein.«

Er bittet Alberto, sich um das Gerüst zu kümmern, das die Leiter sichert, und wendet sich dann an mich. »Du gehst mit der Taschenlampe voran, Dawn«, instruiert er mich. »Auch um Anya zu beweisen, dass die Leiter trägt.«

Ich lese diese Äußerung auf vielerlei Weise: Ich bin das Opferlamm. Ich muss seinen Worten Folge leisten. Ich bin schwerer als die spindeldürre Anya, wenn die Leiter also mein Gewicht tragen kann, dann sicherlich auch ihres. Ich klemme die Stirnlampe fest, und als ich meinen Fuß auf die erste Sprosse setze, wird mir plötzlich bewusst, wessen Stiefel ich anhabe.

Verdammter Mist!

Ich kraxele hinunter in den heißen Schlund des Grabs und schalte die Lampe an und drehe sie so, dass Anya sich vorsichtig ihren Weg durch den Schacht bahnen kann. Dass sie dabei ihre Fersen absichtlich in die Felswand gräbt, steht für mich außer Frage. Aber ich lasse den Kalksand ungerührt auf mich herabrieseln und beobachte ihre Fortschritte.

Als auch Wyatt unten angekommen ist, habe ich mich bereits in die Grabkammer verzogen. Dort gibt es nicht viel zu sehen, nachdem alles herausgeholt wurde. Wyatt beschreibt Anya, wie es ausgesehen hat, als er zuerst die Kalksteinblöcke entfernte, die den Eingang versperrten. Ich vergesse für einen Moment, wo wir sind, und lasse Wyatts Geschichte auf mich wirken. Die Details, die er auslässt, ergänze ich: der Moment, als ich an ihn gepresst über seine Schulter spähte. Wie er mich in der Grabkapelle herumriss, als ihm klar wurde, dass sich im Sarg ein Zweiwegebuch befand. Diese Einzelheiten speichere ich ab und koste sie aus.

»Komm«, sagt Wyatt zu Anya. »Gib mir dein Telefon.«

Alberto befindet sich als zusätzliche Absicherung noch immer oben, falls die Leiter sich auf geheimnisvolle Weise selbst von ihren Pflöcken wickelt und wir im Untergrund begraben zurückbleiben, und so bietet Wyatt sich als Fotograf an. Er wartet, bis Anya lächelnd posiert, und macht dann ein paar Fotos. Sie nimmt ihm das Telefon ab und sieht sich das Ergebnis an. »Mach das noch mal. Das Licht stimmt nicht.«

Bei diesen Worten sieht sie mich direkt an.

Wyatt wendet sich an mich und räuspert sich. Ich richte den Lichtstrahl meiner Stirnlampe direkt in ihre Augen. »Oh«, sage ich. »Sorry.«

Endlich hat er ein Foto gemacht, das ihre Akzeptanz findet. »Jetzt eins von uns beiden«, insistiert sie. Sie reicht mir das Telefon.

Vor der Ablage, auf der ursprünglich die Kanopengefäße gestanden haben, postiert sie sich neben Wyatt. Er hat einen Arm um sie gelegt. In der letzten Minute, als ich bereits abdrücke, dreht sie sich herum und drückt ihre Lippen auf seine Wange.

Ich gebe ihr das Telefon zurück in der Hoffnung, dass ich versehentlich ihre Köpfe abgeschnitten habe.

»Wie viele Gräber gibt es nun in dieser Nekropole?«, erkundigt sich Anya.

»Es waren neununddreißig«, sagt Wyatt. »Das ist das vierzigste.«

»Sehen sie alle gleich aus?«

»So ziemlich. Einige haben mehr als eine Grabkammer, für Ehefrau und Ehemann.«

»Wie gemütlich.« Anya berührt die Wand der Grabkammer. »Ich frage mich, wie viele Sklaven wohl benötigt wurden, um eine Nekropole zu errichten. Mindestens so viele wie für die Pyramiden, denke ich.«

»Es wird Sie schockieren, aber die Anzahl an Sklaven war die gleiche«, werfe ich ein. »Nämlich null.« Ich verschränke die Arme. »Ihr Großvater wird Ihnen das sicherlich erzählt haben, aber die Pyramiden wurden von Arbeitern erbaut, die dafür entlohnt wurden und außerdem ihre Steuern entrichteten. Es gibt keinerlei Beweise dafür, dass ausländische Gefangene an den Pyramiden gearbeitet haben. Außerdem waren die Pyramiden Meisterleistungen der Ingenieurskunst, und es kam auf jedes Detail an, wie etwa die Ausrichtung der Kante hin zum Benben-Stein, der in Heliopolis das Zentrum der Sonnenverehrung darstellte. Für derart handwerkliche Kunstfertigkeit brauchte man Experten. Ich meine, das dürfte doch der Grund sein, weshalb Sie Wyatt ausgewählt haben?«

»Dawn …«, murmelt er warnend.

»Oh, Verzeihung. Ich meine natürlich *Dr. Armstrong.*« An Wyatt gewandt sage ich: »Du kannst die verdammte Taschenlampe selber halten.« Ich drücke ihm meine Stirnlampe in die Hände, klettere die Strickleiter hinauf und flüchte aus dem Grab, bevor jemand meinen Zusammenbruch mitbekommt.

Ich renne so schnell in das Wadi, dass mir der Wind in den Ohren braust und ich Wyatt, der nach mir ruft, erst höre, als er mich eingeholt hat. Er ist kräftiger und schneller als ich, ich kann ihn nicht abhängen – und selbst wenn, wohin sollte ich schon gehen? Und so bleibe ich stehen, als er mich am Arm packt.

»Warum hast du es mir nicht gesagt?«, frage ich.

»Ich dachte, du wüsstest es.« Er lässt los und tritt einen Schritt zurück. »Du kanntest ihren Namen.«

»Ich dachte, *sie* wäre ein *Er*.«

»Warum ist das wichtig?«, kontert Wyatt. »Du bist *verheiratet*.«

»Das weiß ich«, blaffe ich.

»Dann weißt du auch, dass ich dir keine Erklärung schuldig bin, was ich verdammt noch mal in den letzten fünfzehn Jahren gemacht habe«, schreit er.

Ich würde am liebsten auf ihn einschlagen. Ihn am liebsten umarmen. »Aber du hast mich glauben lassen…« Ich schlucke den Rest des Satzes hinunter und trete gegen den Sand vor meinen Füßen.

Wyatts Finger umfassen mein Kinn und er hebt mein Gesicht an, sodass er mich ansehen kann. »Was glauben lassen?«, hakt er so sanft nach, dass es mich umhaut.

»Dass ich dir etwas bedeutet habe.«

»Das hast du«, erwidert Wyatt. »Das *tust* du, Olive.«

Er presst seinen Mund auf meinen, und ich ziehe ihn mit so festem Griff, dass es wehtun muss, an mich heran. Seine Hände wühlen sich in meine Haare, sodass der Hut herunterfällt und mein Zopf sich löst. Der Wind bläst so ungestüm, als hätten wir einen Pakt mit dem Wetter.

Als wir uns atemlos und hitzig voneinander lösen, berührt Wyatt meine Stirn mit seiner. »Du warst verschwunden«, sagt er rau. »Als du meine Briefe nicht beantwortet hast, habe ich versucht, dich zu finden. Aber du warst wie von der Erdoberfläche verschwunden.«

Dawn McDowell war verschwunden. Sie wurde Mrs. Brian Edelstein.

»Weißt du, warum ich so entschlossen war, Djehutinachts Grab zu finden?«

»Ja«, sage ich, und er lacht.

»Okay, du hast recht. Aber mit ein Grund war, dass du, sollte die Entdeckung wirklich groß genug sein, davon erfahren würdest.«

»Um was zu tun?«

»Ich weiß es nicht.« Er sieht mich an. »Hast du ihm von mir erzählt?«

Ich schüttele den Kopf.

»Warum nicht?«

Ich weiß nicht, wie ich das in Worte fassen soll. Vermutlich, weil ich Brian genug liebe, um ihn zu beschützen. Erzählst du einem Mann gar nicht erst davon, dass etwas in dir fehlt, wird er auch nie danach suchen.

Aber es gibt noch einen anderen Grund: Weil ich Wyatt für mich behalten habe, gehörte er mir und mir ganz allein. Brian von ihm zu erzählen, hätte bedeutet, ihn aufzugeben.

Ich streiche mit der Hand über seine Wange, spüre seine Bartstoppeln. Er hatte heute Morgen keine Zeit, sich zu rasieren, bevor Anya eintraf. Ich weiß, dass er dasselbe denkt, denn er sagt: »Ich werde ihr alles erzählen, wenn du das möchtest.«

»Du wirst deine Finanzierung verlieren«, erwidere ich.

»Ich werde andere finden.«

Meine Augen fangen zu brennen an. »Das kann ich nicht zulassen.«

Weil ich noch immer zu einem anderen gehöre, was aber ungesagt bleibt.

Wyatt löst meine Hand von seiner Wange und küsst sie. »Wir waren füreinander bestimmt«, sagt er kläglich. »Zwei Menschen, die in der Vergangenheit leben.«

Ich schlinge noch mal kurz die Arme um ihn. Er duftet nach Zeder, nach Sommer. Das hat er immer getan. Der Knopf seines Hemds drückt mir gegen die Schläfe, und ich verstärke den Druck ein wenig in der Hoffnung, dass ein Mal zurückbleibt.

Wir kehren in die Nekropole zurück. Natürlich treibt mich der Gedanke um, was er Anya erzählen wird und ob sie klug genug ist, nicht zu fragen, warum er mir hinterhergerannt ist.

Anfangs halten wir uns an den Händen, aber als wir den Schutz des Wadis verlassen, lassen wir los.

Alberto und Anya warten vor Djehutinachts Grab auf uns. Wyatt springt die Steinstufen hoch und fragt: »Genug gesehen?«

»Und noch viel mehr«, erwidert sie.

Wir erstarren beide, aber Wyatt erholt sich schneller als ich. Er beugt sich zu ihr hinab und flüstert etwas, das sie zum Lachen bringt, und sie schmiegt sich an ihn. Die Sonne bricht sich im Diamanten ihres Verlobungsrings und lässt das Licht über die Kalksteinsäulen hinter ihnen tanzen.

Über Anyas Schulter hinweg sieht er mich an.

Anya sorgt dafür, dass das Abendessen in Wyatts Schlafzimmer serviert wird, und das reicht, um mir den Appetit zu verderben. Ich arbeite im Magazin, wo ich sorgfältig Bilder auf mein iPad kopiere, bis vor meinen Augen alles verschwimmt. Dann gehe ich auf mein Zimmer, aber es ist so stickig, dass ich mich eingesperrt fühle.

Meine Unrast führt mich zu einem Schrank mit einem Vorhängeschloss, in dem Wyatt eine Kiste ganz ausgezeichneten französischen Weinbrand verwahrt. Harbi und seine Familie trinken nicht, das Schloss ist für den Rest des Teams. Ich finde, dass Wyatt mir zumindest das schuldig ist.

Seit Studententagen habe ich kein Schloss mehr aufgebrochen, und damals haben wir den nämlichen Schrank geöffnet, um uns an Dumphries' Spirituosen zu bedienen, aber ich habe es nicht verlernt. Mithilfe zweier Büroklammern drehe ich den Zylinder, und das Schloss öffnet sich. Auf der Kiste Tesseron Cognac liegt noch eine gepolsterte Schachtel, die eine Flasche Louis XIII. Rémy Martin enthält. Versehen mit einer Notiz von Richard Levin, dem ehemaligen Universitätspräsidenten von Yale, der Wyatt zu seiner Ernennung zum Leiter der ägyptologischen Fakultät gratuliert.

Und *diese* Flasche nehme ich.

Im Grabungshaus ist es still, zu still. Ich lausche angestrengt, ob ich nicht das Lachen einer Frau oder Wyatts Stimme höre. Male mir aus, wie er mit Anya im Bett liegt, und frage mich, ob er die Laken gewechselt hat. Frage mich, ob er an mich denkt, und sage mir gleich darauf, dass mir diese Frage doch wohl kaum zusteht, nachdem ich jahrelang mit Brian im Bett gelegen habe.

Zurück in mein Zimmer will ich nicht und gehe stattdessen in den Gemeinschaftsraum, wo die Laptops und iPads geladen werden.

Albertos Bildschirmschoner ist die Sphinx. Vermutlich ein Foto, das er aufgenommen hat: Menschenkopf und Löwenkörper, Schwanz auf der rechten Seite, die Traumstele zwischen den Pfoten. Ich habe den Text dieser Traumstele gelesen – wie jeder, der Ägyptologie studiert. Dort steht, dass Thutmosis IV., der Vater von Amenhotep III. und Großvater von Echnaton in seinem Streitwagen um die Nekropole von Giseh gefahren und im Schatten des Kopfes der im Sand eingegrabenen Sphinx eingeschlafen sei. Die Sphinx sprach im Traum zu ihm und versprach ihm, wenn er den Sand entferne, werde er König werden. Und das wurde er auch.

Ich weiß nicht, wie lange ich schon davor sitze und meinen Cognac schlürfe, als Alberto hereinkommt, den ich nur sehr verschwommen wahrnehme.

»Was machen Sie denn hier?«, fragt er.

»Liegt das nicht auf der Hand«, sage ich und hebe die Flasche.

»Sie sitzen an meinem Schreibtisch.«

»Das ist richtig.« Ich mache keinen Versuch, mich wegzubewegen.

Seufzend zieht er einen anderen Stuhl heran. Er hält mir seine Kaffeetasse hin, ich gieße etwas Cognac ein. Wir stoßen an, Keramik an Glas. »Ich habe ein Sphinxrätsel für Sie«, sage ich.

»Mensch.«

»Wie bitte?«

»Das ist die Antwort«, sagt Alberto.

»Aber ich habe die Frage doch noch gar nicht gestellt …«

Achselzuckend zitiert er: »*Was geht am Morgen auf vier Bei-*

nen, am Nachmittag auf zwei Beinen und am Abend auf drei Beinen? Spoileralarm: Ödipus hat's herausgefunden.«

»Nein, ich habe ein anderes«, entgegne ich. »Warum befindet sich der Schwanz einer Sphinx immer auf der rechten Seite?«

Alberto lacht. »Sie haben also tatsächlich ein Sphinxrätsel.«

»Weil es der Hieroglyphe entspricht«, antworte ich und dann schnürt es mir die Kehle zu. »Das hat Wyatt mir beigebracht.«

»Verdammt«, sagt Alberto. »Sie werden jetzt doch nicht weinen, oder?«

»Welchen Unterschied macht das schon. Sie hassen mich doch ohnehin schon.«

»Ich hasse Sie nicht.«

Ich nehme einen großen Schluck. »Das stimmt nicht. Seit meinem ersten Tag hier sind Sie auf Distanz zu mir gegangen.«

»Natürlich bin ich das.« Er verdreht die Augen. »Sie tauchen hier auf, und es war wie Steak auf dem heißen Stein.«

»Besten Dank auch.«

»Ich brauchte nur zu sehen, wie er Sie angeschaut hat, und wusste, dass unsere Fördergelder im Arsch waren. Er hätte es wissen müssen. Fünf Jahre lang haben wir an diesem Grab gearbeitet. Das aufs Spiel zu setzen, zumal in der Saison, in der wir endlich den Sarg freilegen würden …« Er spricht nicht weiter, das braucht er auch nicht.

»Liebt er sie denn?«, frage ich.

Alberto sieht mich lange an und hält mir dann seinen Becher hin. Ich gieße ihm noch mal Cognac nach. »Ich weiß es nicht. Ich glaube, er liebt die *Vorstellung* von ihr.«

Ich denke über Wyatts Worte nach, dass ihm dieser Fund wichtig war, damit ich, wo immer ich auch sein mochte, davon Wind bekommen würde. Dann denke ich an Anyas lange Beine und ihre cremige Haut und komme zu dem Schluss, dass es für Wyatt nicht allzu schwer gewesen sein dürfte, sich auf dem Altar der Ägyptologie zu opfern.

»Sind Sie hergekommen, um ihn zu finden?«, fragt Alberto.

Ich spüre die lauernde Hitze seiner Augen auf meinem Gesicht. An meiner Antwort hängt womöglich seine Lebensgrundlage. Und es ist eine gute Frage – eine, die ich selbst wohl nie in Erwägung gezogen hätte, wenn ich nicht eine Dreiviertelflasche ausgezeichneten Weinbrand in mir hätte.

»Ich bin hergekommen, um *mich* zu finden«, antworte ich leise. »Ich weiß nur nicht, ob mir gefällt, was ich entdeckt habe.«

Was war mein Endzweck gewesen? Wyatt wiederzusehen, ja. Aber was dann? Hatte ich vor, die Wahrheit zu sagen und dann zu gehen, als würden meine Worte im Teich seines Lebens keine Wellen schlagen? »Ich muss zurück nach Hause«, wird mir bewusst. »Zu meiner Tochter und zu meinem Ehemann.«

Da Alberto nicht mit der Wimper zuckt, wird Wyatt ihm wohl erzählt haben, dass ich verheiratet bin. »Dann sind Sie also gekommen, um Wyatt wehzutun?«

»Nein«, sage ich sofort. »Wie kommen Sie darauf?«

»Warum sonst sollten Sie ihn daran erinnern, dass er Sie liebt, um ihn dann zu verlassen. Wieder.«

So habe ich das bisher noch nicht gesehen, aber es ist genau das, was ich tun werde. »Ich dachte, Sie sind sauer auf ihn und nicht auf mich«, murmele ich.

»Ich denke, jetzt werde ich auf euch beide sauer sein.«

Schweigend trinken wir. Dann hebt Alberto den Kopf. »Wissen Sie, die Griechen glaubten, die Menschen bestünden aus zwei Köpfen und zwei Körpern. Aber Zeus hatte Angst, sie könnten zu mächtig werden, und zerteilte sie deshalb. Und anstatt ihm Ärger zu bereiten, hatten sie nun ihr Leben lang genug damit zu tun, ihre andere Hälfte zu finden.«

»Einen Seelenfreund«, sage ich.

»Was denken Sie: Gibt es für jeden von uns nur einen, sodass wir uns durch sieben Milliarden Menschen wühlen müssen, um ihn zu finden?«

»Nein. Ich denke, man kann in einem Leben mehr als eine Person lieben. Es gibt aber den einen, der dir zeigt, was Liebe ist, selbst wenn diese nicht anhält.« *Wyatt.* »Und dann gibt es den, der dich zu einem besseren Menschen macht, während du bei ihm dasselbe bewirkst.« *Brian.*

»Und dann gibt es den letzten«, ergänzt Alberto. »Den, mit dem du nie genug Zeit verbringst. Aber der dir bis zum Ende beisteht.«

Wenn ich die Angehörigen nehme, die ich an den Sterbebetten erlebt habe, ist das eine sehr passende Beschreibung. Dein letzter Seelenfreund kann dein Ehepartner oder auch dein Kind sein. Oder auch eine beste Freundin, ein bester Freund, vielleicht sogar eine Sterbe-Doula. Es ist die Person, die deine Hand hält, wenn du am Ende loslässt.

Er stellt seinen leeren Becher ab. »Ich kenne Sie nicht. Ich weiß nicht, was Sie in all der Zeit gemacht haben. Aber ich habe mitbekommen, wie Sie seine Sätze beendet haben, und dass er weiß, was Sie sagen wollen, bevor Sie es aussprechen: als wären Sie Zwillinge mit einer Geheimsprache. Ich sehe, wie Sie einander ansehen – nicht, als würden Sie sich an die Wäsche gehen wollen, sondern als wollten Sie einander unter die Haut kriechen. Ich denke, es ist wirklich ziemlich einfach, Dawn: Wen wollen Sie an Ihrer Seite haben, wenn es mit Ihnen zu Ende geht?«

Alberto erhebt sich. »Ich gehe jetzt ins Bett. Und treiben Sie keinen Unfug mit meinem Computer.« An der Tür dreht er sich noch mal um. »Nur fürs Protokoll: Ich finde, es war fies von ihm, Ihnen nicht von ihr zu erzählen«, sagt er.

Meine Mutter pflegte zu sagen, dass sich schlechte Energie im Haus bekämpfen ließ, indem man ein Glas Wasser auf den Kühlschrank stellte, um sie aufzusaugen. Wenn man es dann am nächsten Tag in die Spüle kippte, wären auch die Probleme weg. Um mich abzusichern, taumele ich in Harbis Küche und fülle einen Plastikbecher mit Wasser und stelle ihn auf den schäbigen alten Kühlschrank. Eine zweite Tasse mit Wasser nehme ich mit in mein Zimmer.

Doch davor gehe ich noch mal ins Magazin. Es ist dunkel, also knipse ich die Arbeitslampe an, deren Licht auf den äußeren Sarg fällt. Es fällt mir ganz leicht, mir Wyatt vorzustellen, dessen Hemd sich über seinen Schultern strafft, als er sich tiefer beugt, um den Text am Boden besser erkennen zu können. Der Lichtstrahl illuminiert das in den Sarg gemalte *Peret-cheru*, das Anrufungsopfer. Welch schöne Schlichtheit, daran zu glauben, dass es reicht, einen Wunsch auszusprechen, damit er in Erfüllung geht.

»Dawn«, flüstere ich. »Wyatt.«

Aber wir sind nicht im Alten Ägypten, und ich bin allein und betrunken.

Ich schleiche den Flur entlang und halte in der Stille die Luft an. Sie in ihrem Zusammensein zu hören, wäre wirklich das Letzte. Ich gehe in mein Zimmer und setzte mich aufs Bett und da sehe ich es – einen Kalksteinsplitter auf meinem Kissen mit einer hieroglyphischen Nachricht darauf:

Neheh Djet. Für immer und ewig.

WASSER / BOSTON

Ich weiß wirklich nicht, wie ich anfangen soll. Hallo kommt mir zu formell vor. Erinnerst Du Dich an mich?, finde ich albern. Schließlich weiß ich, dass Du Dich an mich erinnerst, weil ich mich an Dich erinnere. Das stand nie infrage. Die weitaus größere Herausforderung war die, ob wir einander vergessen könnten.

Ich kann mir vorstellen, dass es ein Schock sein wird, diesen Brief zu bekommen. Ich meine, es ist Jahre her. Vielleicht ist es vermessen von mir, zu glauben, dass Du Dich freust, von mir zu hören. Vielleicht ist es Dir besser gelungen als mir, die Vergangenheit einfach zu überputzen. Nachdem ich mich nun dafür entschieden habe, dieses Gespräch zu führen, so einseitig es auch ist, fällt es mir schwer, die Worte zu finden, die ich sagen möchte.

Am besten fange ich wohl hiermit an: Ich habe nicht jeden Tag an Dich gedacht. Aber ich habe auch niemals nicht an Dich gedacht. Wenn ich es tue, ist es nicht die Art von Rückbesinnung, die zart und tröstlich ist. Sie sitzt ganz tief wie der saubere Schnitt eines Schwerts. Gerade noch bist Du gar nicht präsent, doch gleich darauf spüre ich Dich so heftig und intensiv, dass sich meine ganze Aufmerksamkeit darauf konzentriert.

Du siehst, auch nach all den Jahren raubst Du mir noch immer den Atem.

Der Körper stirbt auf sehr intelligente Weise: Er schont das Herz, die Lunge und das Gehirn und beginnt sich der Dinge zu entledigen, die nicht wichtig sind. Als Erstes stellt er die periphere Durchblutung ein, das Blut in Händen und Füßen. Wenn man auf die Nagelbetten drückt, kehrt die Farbe nicht mehr zurück. Dann stellen die Nieren ihren Dienst ein. Verdauungsgeräusche verschwinden. Der Blutdruck fällt ab. Der Herzschlag beschleunigt sich. Die Körpertemperatur sinkt. Das Atmen wird mühsam. Und dann fällt man in Ohnmacht.

Win befindet sich nun in der akuten Sterbephase. Ich verbringe mehr und mehr Zeit mit ihr, wie sie sich das auch gewünscht hat. An manchen Tagen findet kein einziges Gespräch statt, an anderen ist sie klar. Wenn sie es vermag, schreiben wir ihren Brief. Weil sie zu schwach ist, einen Stift zu halten, schreibe ich ihre Worte in kleinen Druckbuchstaben auf die Rückseite ihres Gemäldes. Manchmal hält sie mitten im Satz inne und driftet für Momente, für Stunden ab.

Bevor meine Mutter starb, habe ich sie auch in den Phasen, in denen sie keine Reaktion zeigte, berührt, wie um mich an ihrem Dasein festzuklammern. Ich hielt ihre Hand, strich ihr über den Arm. Legte mich neben sie. Das alles tat ich, weil ich wusste, wenn sie erst mal gestorben wäre und das Bestattungsunternehmen gekommen und sie mitgenommen hätte, würde ich sie nie mehr berühren können.

Ich verbringe so viel Zeit bei Win, dass bei meiner Heimkehr alle bereits schlafen. Dann schleiche ich mich auf Zehenspitzen in Merets Zimmer und gebe ihr einen Kuss auf die Stirn, wenn sie schon schläft. Anschließend streife ich im Bad meine Kleider ab und krieche zu Brian ins Bett.

Trotz unseres Streits über Wyatt haben wir zu einem fragilen Frieden gefunden. Ich weiß nicht, ob das unseren wenigen gemeinsamen Stunden geschuldet ist, aus denen wir das Beste zu machen versuchen, oder weil wir Angst haben, eine Wunde zu öffnen. Obwohl er es nicht mitbekommt, schmiege ich mich an ihn oder schlinge einen Arm um seinen oder verschränke unsere Finger. Da steckt nichts Sexuelles dahinter, nur Verzweiflung, wie damals, als meine Mutter im Sterben lag.

Ich frage mich, ob ich Brian berühre, weil ich weiß, dass auch meine Zeit mit ihm sich dem Ende nähert.

Erinnerst Du Dich an den Tag, als wir uns auf die Suche nach dem perfekten Blau machten? Einiges ist verschwommen, aber ich weiß noch, dass es geregnet hat. Wir befanden uns im guten Atelier mit den besseren Lichtverhältnissen, wo der Radiator nicht rülpste wie ein alter Mann. Ich bekam die Mischung der Farben nicht so hin, wie ich es mir vorstellte, aber es gelang mir weder auf Englisch noch auf Französisch, Dir zu erklären, was mir vorschwebte. Ich blaffte Dich an, Du knurrtest zurück und schließlich packtest Du mein Handgelenk und zerrtest mich aus dem Atelier, aus dem Gebäude zur Metro. Wir gingen als Erstes in den Louvre, und Du schleiftest mich durch die Gänge von einem Gemälde zum nächsten: von der Frau in Blau *von Corot mit ihrer stählern kadettenblauen Seide, die sich von der orangefarbenen Spitze ihres Fächers abhob, zu Colin Nouailhers* Melchisedek und Abraham *in leuchtendem Kobalt, weiter in den Salle Henri II. mit Georges Braques* Die Vögel *an der Decke, sattes Mitternachtsblau, das in Königspurpur übergeht.* Ist es das?, *fragtest Du jedes Mal, aber ich schüttelte den Kopf. Also zogst du mich mit ins Musée d'Orsay, wo wir im Taubenblau von Monets Wasserlilien badeten und uns dann weiter zu Van Goghs* Sternennacht über der Rhône *treiben ließen. Schließlich standen wir vor* Die Kirche von Auvers *unter dem kühlen Azurhimmel. Schon nah dran,* sagte ich, *aber noch nicht ganz.*

Wir setzten uns ans Ufer der Seine und schauten in deren Tiefen. Lagen auf dem Rücken und schoben mit unserer Vorstellungskraft die Wolken weg, bis wir nichts als Blau sahen, Blau, das wehtat, Blau, das zur Schwärze des Universums wurde. Wonach suchst Du?, *fragtest Du, und ich sagte:* Wenn ich es sehe, werde ich es wissen.

Wir versuchten das Blau in den Töpferwaren zu finden, die ein Türke auf dem Straßenmarkt verkaufte, und in einer Handvoll zerplatzender Beeren. Blieben vor einem Chinarestaurant mit einem Becken lebendiger Fische stehen und betrachteten ihre Regenbogenschuppen. Strichen mit unseren Fingerspitzen über die Köpfe von Stiefmütterchen in Schaufenstern und zählten die marineblauen Tornister von Schulkindern in Uniform.

Schließlich kehrten wir ins Atelier zurück und Du mischtest die Farbe an: Aqua und Cerulean, Indigo, Saphir. Nahmst Deinen Pinsel und strichst sie in Streifen auf meinen Handrücken und auf die Innenseite meines Arms. Wir betrachteten sie im Zwielicht, alle Blautöne der Nacht waren geboren, und Du verwandeltest mich in Kunst.

Und als Du dann in mich drangst, meinen Namen schriest, da fand ich die Farbe, nach der ich gesucht hatte. Dieses glühende Blau Deiner Augen. Danach habe ich seitdem immer gesucht.

Ohne Geburt gibt es keinen Tod. Die alten Ägypter glaubten, dass vor der Schöpfung alles eins war – es keinen Tod, keine Geburt, kein Licht, keine Dunkelheit, keine Erde und keinen Himmel gab. Nur eine undifferenzierte Einheit, in die etwas eingemeißelt werden musste.

Atum war der androgyne Schöpfergott. Sein Name bedeutet wörtlich Alles. In den Sargtexten steht, dass Atum das erste männlich/weibliche Paar erschaffen hat. Aus seinem masturbierten Samen entstand Schu – der leuchtende Raum zwischen Himmel und Erde, und er spuckte Tefnut aus – die göttliche Feuchtigkeit. Da im Mittelägyptischen das Wort Hand weiblich ist, verfügt der männliche Atum selbst über ein feminines Element, das er benutzt, um die Welt zu formen.

Dies ist die Grundlage für das Konzept des Synkretismus in der ägyptischen Religion. Zwei Gottheiten, die in Tempeln als getrennte Götter in Erscheinung treten, können in der zurückliegenden Generation noch ungetrennt gewesen sein. Amun-Re ist der verborgene Amun und seine sichtbare Form Re als Einheit. Man beginnt mit einem vereinten Ganzen, um dann im Lauf der Zeit zu differenzieren, zu organisieren und zu trennen. Schöpfung ist per Definition Trennung. Vorwärtsbewegen bedeutet auseinanderbrechen.

Darüber denke ich nach, wenn ich nachts nicht schlafen kann. Wenn ich Brian über den Tisch hinweg anschaue und mich zu erinnern versuche, wen ich geheiratet habe.

Zeit ist ein Konstrukt. Wusstest Du, dass unsere Gehirne achtzig Millisekunden benötigen, um Information zu verarbeiten? Jeder, der behauptet, man lebe im Hier und Jetzt, ist ein Lügner. Bis man die Gegenwart eingeordnet hat, ist sie bereits Vergangenheit.

Hättest Du mich damals gefragt, wo wir in zehn Jahren sein werden, hätte ich gelacht und gefragt, wieso, wir haben doch das Heute? Ich hätte es weder Dir noch irgendeinem anderen gegenüber zugegeben, dass ich immer dann, wenn ich meinen Kopf von Deiner Schulter hob und in die Zukunft schaute, Dich und mich sah, aber nicht uns.

Vermutlich ist das etwas, was einem keiner jemals sagt. Man kann jemanden so sehr lieben, dass es Zahnschmerzen bereitet, so sehr, dass es sich anfühlt, als würde dieser Jemand Dein Herz in seinem Brustkorb tragen, aber wenn es keinen gangbaren Weg gibt, zusammen zu sein, zählt das alles nichts. Es ist, als würde man erfahren, dass das Einatmen von Stickstoff einen unsterblich machen könnte, man aber zugleich weiß, dass man vom Sauerstoff der Erde abhängt.

Ich war der Meteor, der in Dein Leben einschlug, als Du dieses bereits bewohnt hast. Meine Landung konnte ich genauso wenig kontrollieren wie Du Dein Erstarren beim Blick in den unausweichlichen Himmel. Du hattest eine Vergangenheit und einen Plan und Verantwortlichkeiten. Du hattest jemanden, der Dich bereits liebte. Wir waren in Feuer gegossenes Benzin. Mit Dir brannte ich doppelt so hoch und heiß.

Deshalb hätten Du und ich auch nie zusammenbleiben können. Wir hätten einander verzehrt, bis nichts mehr übrig gewesen wäre.

Als ich den Mann traf, den ich dann heiratete, hätte ich ihn fast übersehen. Er war ruhig und nachdenklich, beständig und zuverlässig, all das, was Du nicht warst. Wie langweilig, *sagte ich mir anfangs.* Wo ist die Explosion der Farben? Warum redet er nicht dazwischen, wenn ich etwas sage, denn wir haben doch so viel zu sagen? *Wenn man gewohnt ist zu fliegen, fällt es schwer, mit den Füßen am Boden zu bleiben. Aber es passierte etwas ganz Merkwürdiges. In meinem achtsamen Voranschreiten bemerkte ich Dinge, die mir vorher nie aufgefallen waren: Dass er nie losfuhr, bevor er sich vergewissert hatte, ob ich angeschnallt war; dass er mich fragte, bevor er mich küsste, als stünde es ihm nicht zu, sich das zu nehmen, was ich zu geben hatte; dass er, als ich eine Blinddarmentzündung hatte, besorgter um mich war als ich selbst. Dass er das Essen bestellte, von dem er wusste, dass ich es mochte, anstatt das, was er gerne aß. Dass er täglich mein Telefon auflud, wenn ich dies vergaß. Dass ich, wenn er meine Hand hielt, nicht einfach nur Dinge fühlte, sondern alles. Er war nicht bieder und träge. Er war beständig. Als die emotionale Schlingerpartie zwischen himmelhoch jauchzend und zu Tode betrübt aufhörte, fühlte ich mich nicht gelangweilt. Ich fühlte mich sicher.*

Eine Zeit lang war ich wütend auf Dich, weil ich das alles beinahe versäumt hätte – jemand, mit dem ich nicht nur zusammen sein wollte, sondern jemand, dem ich ähnlicher sein wollte. Doch Du warst das hell funkelnde Ding am Rande meines Bewusstseins. Aber ich zwang mich, wegzusehen.

Obwohl Kieran und ich uns manchmal wochenlang nicht sehen, weiß ich, als wir uns bei Saks am Copley Square treffen, sofort, dass etwas nicht stimmt. Zugleich weiß ich aber auch, dass er nicht darüber sprechen kann, ohne noch aufgewühlter zu werden. »Ich verstehe nicht, warum du einen Anzug brauchst«, sage ich beiläufig, während wir durch den Laden laufen und Kaschmirblazer so zart wie ein Traum und Hemden so fein, dass sie mir durch die Hand rutschen, anfassen.

»Weil ich meine Forschungsergebnisse nicht im OP-Kittel auf einer Konferenz vortragen kann.« Er schielt aufs Preisschild und wird blass. »Das ist mehr, als ich in einem Monat verdiene.«

»Ich dachte, Neurochirurgen schwimmen in Geld.«

»Aber nicht die Assistenzärzte.«

Er zappelt herum wie früher, wenn er nervös war – vor seiner Zulassungsprüfung zur Universität und als er sich endlich mir gegenüber outete. Also tue ich, was ich auch früher getan habe – ich nehme seine Hand und drücke sie einmal, wie ein Pulsschlag. Dann warte ich, dass er es erwidert. Wir halten diesen Herzschlag zwischen uns fest.

Hätte es je eines Beweises bedurft, dass es die richtige Entscheidung war, nach dem Tod meiner Mutter in Boston zu bleiben, anstatt nach Ägypten zurückzukehren, musste ich nur an Kieran denken. Er war ein ausgezeichneter Schüler, ging zum Studium erst nach Harvard und dann auf die Harvard Medical School, arbeitete als Assistenzarzt im Krankenhaus von Massachusetts und war jetzt mit achtundzwanzig Jahren eingeladen worden, seine Forschung zu präsentieren: Aneurysma-Therapie unter Verwendung reparierbarer Platinspiralen, den Guglielmi Detachable Coils. Ich weiß, dass das für ihn eine große Sache ist. Und ich würde ihm am liebsten das Haar zurückstreichen und sagen, dass er sich entspannen darf.

»Hey«, sage ich jetzt zärtlich, »du wirst das großartig machen.«

Er sieht mich mit den Augen meiner Mutter an, nickt und schluckt, lässt meine Finger aber nicht los.

»Du könntest auch einen Kartoffelsack tragen«, sage ich. »Keinem wird auffallen, wie deine Krawatte aussieht, wenn du erst mal zu sprechen beginnst.«

»Du hast leicht reden«, murmelt Kieran, »du wirst schließlich nicht beurteilt. Ich beherrsche meine Materie, aber ich weiß nicht, ob ich sie einem ganzen Hörsaal voller Menschen verständlich machen kann.«

»Du unterrichtest doch ständig Medizinstudenten.«

»In Fünfergruppen. Keine fünfhundert.«

»Stell sie dir einfach alle in Unterwäsche vor«, schlage ich vor.

»Die Medizinstudenten?«, hakt er nach. »Die, die ich kenne, tragen gar keine, weil sie keine Zeit zum Wäschewaschen haben.«

Er scherzt, aber sein Puls rast noch immer. Da es mein Job ist, den menschlichen Körper zu lesen, erkenne ich, dass er kurz davor ist, die Nerven zu verlieren.

»Willst du mir nicht erzählen, was wirklich los ist?«

Er bleibt stehen. »Und wenn es das ist, was los ist? Ich war der Beste in meinem Kurs. Zweimal. Habe alles bekommen, was ich wollte. Alles ist nach Plan gelaufen. Findest du nicht, dass es für mich an der Zeit wäre, mal richtig auf die Nase zu fallen?« Er lässt den Kopf hängen. »Dass ich so früh in meiner Berufslaufbahn gefragt werde, ob ich meine Forschungen vorstellen möchte, ist eine große Sache. Vielleicht hätte ich lieber ablehnen sollen.«

»Du hast es dorthin geschafft, weil du hart daran arbeitest. Atme mal tief durch«, schlage ich vor und gehe mit gutem Beispiel voran.

Und erschrecke mich fast zu Tode, weil ich Wyatt rieche.

Zucker und Sonne und was Teures. Ich entreiße Kieran meine Hand und fahre herum, als wäre jemand hinter mir her.

»Dawn?«, fragt Kieran, aber seine Stimme kommt von ganz weit her.

Verheddert in weißen Laken liege ich in seinen Armen. Ich ziehe sein Hemd um mich wie einen Bademantel. Ich kann ihn überall um mich herum riechen.

Im Glauben der alten Ägypter entfaltete sich ein unwiderstehliches Aroma, wenn sich ein Gott in seiner wahren Gestalt zeigte. In der Schöpfungsszene der Königin Hatschepsut in Deir el-Bahari wird ihre Mutter mit ihr schwanger, als Amun zu ihr kommt. Obwohl Amun die Gestalt ihres Gatten annimmt, weiß sie aufgrund seines Geruchs, dass er in Wirklichkeit ein Gott ist.

Ich spüre Kierans Hände auf meinen Schultern, die mich zurück in die Gegenwart schütteln. »Dawn? Ist alles in Ordnung mit dir?«

Ich möchte stark sein für ihn, wie ich das nun jahrelang war. Aber in diesem Moment füllen meine Augen sich mit Tränen. »Nein. Ich glaube nicht.«

Er zieht mich tiefer in die Herrenabteilung hinein, bis in die Umkleide, und schließt hinter uns die Tür. »Um Himmels willen, was ist denn bloß los mit dir?«

Ich zittere so heftig, dass ich nicht aufhören kann. Als ich den Mund aufmache, gibt es kein Halten mehr für meine Worte. Ich erzähle ihm von Gita und Brian und dem Streit, den wir am Abend von Merets Geburtstag hatten. Ich erzähle ihm alles, beginnend mit dem Moment, als ich von zu Hause weglief bis zu dem Abend, als Brian hinter mir stand und auf Wyatts Gesicht auf dem Bildschirm starrte.

Ich sage ihm, dass ich einen Fehler gemacht habe.

»Du meinst, indem du nach Wyatt gesucht hast«, versichert er sich, aber ich schüttele den Kopf.

»Wie oft habe ich Brian über Paralleluniversen sprechen hören?« Ich picke einen Faden vom Saum eines Mantels, der hinter mir auf einem Bügel hängt. »Es ist, als hätte ich die Büchse der Pandora geöffnet … in meiner Seele. Ich kann das nicht mehr verdrängen.«

»Was verdrängen?«

»Wie mein Leben hätte sein können.«

Mein Nacken prickelt vor Scham. Welche Mutter, welche Ehefrau gibt so etwas zu? Der einzige Trost, den ich habe, ist der, dass Kieran mich unmöglich mehr hassen kann, als ich mich im Moment selbst hasse.

Aber für Kieran bin ich kein Monster. Er nimmt meine Hand in seine und drückt sie. Wartet, dass ich es erwidere. Als ich nicht reagiere, drückt er sie noch mal, und plötzlich schlägt wieder etwas zwischen uns. Dünn und unregelmäßig … aber präsent.

Als ich ihm in die Augen schaue, sehe ich den Jungen, der er war, als er sich nach dem Tod unserer Mutter in den Schlaf geweint hat, den Teenager, der die Abschiedsansprache hielt, den Mann, der gerade seinen ersten Liebeskummer verschmerzen musste. »Du«, sage ich, »wirst ein großartiger Arzt sein.«

Kieran hebt eine Hand, und ich denke, dass er mir übers Haar oder die Wange streichen wird, das Kind, das sich um den Erwachsenen kümmert. Stattdessen greift er nach dem Mantel, der an der Wand des Umkleideraums hängt. Nachdem er einen Blick auf das Preisschild geworfen hat, meint er lächelnd: »Blöder Laden. Lass uns zu T.J. Maxx gehen, da finden wir was Preiswerteres.«

Jedes Mal, wenn ich malte, dachte ich an Dich. Auch bei jedem Museumsbesuch. Ich fragte mich, wie Du wohl unsere Geschichte erzähltest, wie sehr sie sich von meiner Fassung unterschied. Für Dich war ich gerade noch da und dann weg. Vermutlich dachtest Du, ich hätte aufgehört, Dich zu lieben. Dir war nicht bewusst, dass ich weggegangen bin, weil ich Dich zu sehr liebte.

Ich wollte uns ersparen, zum Klischee zu verkommen. Aber vor allem wollte ich nicht die Verlassene sein, also musste ich dem zuvorkommen. Immer wieder habe ich an Deine Frau denken müssen, wie sie sich wohl fühlen würde, wenn Du am Ende zu mir ge-

hören würdest. Es fiel mir nur allzu leicht, mich in sie einzufühlen. Ich durfte nicht der Grund dafür sein, einer Frau dieses Gefühl zu geben, ob ich nun blieb oder nicht, ich konnte nur verlieren.

Ich habe Dich vorhin belogen, als ich Dir sagte, dass ich Dich und mich in der Zukunft sehen konnte, aber nicht uns beide. Das stimmt nicht. Ich habe uns zusammen gesehen, das wahrhaft Beste von uns fünfzehn Jahre lang – im Angesicht unseres Sohnes.

Das ist der Teil, der Dir erlaubt, mich zu hassen – denn ich habe es Dir nicht nur verschwiegen, sondern ihn auch von Dir ferngehalten, und jetzt ist es zu spät, das zu richten. Er hieß Arlo und hatte Deine blauen Augen und Deine Größe und meine schiefen Schneidezähne. Er liebte die kleinen Dixie-Eisbecher, aber nur die Schokohälfte, und er hasste Erbsen. Es war ihm unmöglich, eine gerade Linie zu ziehen, so viel also zu vererbten künstlerischen Fähigkeiten. Es war nicht leicht mit ihm – wenn er jedoch beschloss, einen zu lieben, zählte es umso mehr. Vielleicht war er mit Feuer anstatt mit Blut geboren worden.

Was er vermutlich von uns beiden hatte.

War, hatte. *Vergangenheit. Wie Dir sicherlich aufgefallen ist. Der Grund, weshalb ich weiß, dass es mit uns beiden im Tandem nicht gut gegangen wäre, ist Arlo. Was auch immer in ihm wütete, konnte gebändigt werden, aber nur für sehr kurze Momente. Anfangs mit einem Spielzeug. Dann mit einer Süßigkeit. Einer Umarmung. Aber als er älter wurde, vermochten nur noch Drogen ihn von sich selbst zu befreien.*

Vor drei Jahren ist er gestorben.

Ich habe mir immer ausgemalt, dass ihr beide euch durch die Dichte dieses Planeten hindurch spüren könnt, er, wenn er durch Boston läuft, Du, wo immer Du warst. Wie ein Echo in euren Schritten oder ein Zittern in eurem Puls.

Das habe ich mir ausgemalt, weil mir der Gedanke, dass Du nichts von seiner Existenz wusstest, unerträglich ist. Und das ist alles meine Schuld.

Immer mal wieder ist nur Dunkel um dich herum. Du tappst blind umher, so dicht am Rand, dass du dir sicher sein kannst, gleich hinunterzustürzen, und wenn du ehrlich zu dir bist, musst du dir eingestehen, dass es nicht mal das Schlechteste wäre, so mies, wie du dich fühlst. Aber dann begegnet dir eines Tages jemand. Er findet dich am Abgrund kniend vor und anstatt dich aufzufordern, aufzustehen, kniet er sich neben dich. Er versucht zu sehen, was du siehst. Will nichts von dir wissen, sagt nicht, du sollst dich zusammenreißen, und erinnert dich auch nicht daran, dass es Menschen gibt, die dich brauchen. Er wartet ab, bis du dich umdrehst und blinzelst und dir sagst: *Ah ja, ich erinnere mich. So also sieht* Licht *aus.*

Du weißt nicht, wie es geschieht, aber ihr werdet Freunde. Du entdeckst, dass du auf den Parkplatz schielst, ob sein Auto dort steht. Du siehst was im Fernsehen oder liest ein Buch und denkst, *das muss ich ihm unbedingt erzählen*. Du lernst, wie er seinen Kaffee mag und was seine Lieblingsfarbe ist – nicht, indem du fragst, sondern durch Beobachten. Dann wird dir bewusst, dass dein Tag Schwung bekommt, wenn du ihn siehst. Sich dir die Härchen auf den Unterarmen aufstellen, wenn sich im Aufzug eure Schultern berühren. Seine Präsenz ist so erfüllend, dass seine Abwesenheit schmerzt.

Du beginnst das Puzzle deines Lebens neu zusammenzustellen, damit er hineinpasst. Wann immer möglich, willst du Zeit mit ihm verbringen. Du stellst ihn der Familie vor. Lässt es über dich ergehen, dass sie sich anrempeln und die Brauen hochziehen, weil ihr dann später etwas habt, worüber ihr lachen könnt. Du hättest ihn gern den Familienmitgliedern vorgestellt, die nicht mehr hier sind. Sie hätten ihn gemocht. Du siehst, wie er mit Kindern umgeht, und denkst: *eines Tages*.

Wenn er dich bittet, ihn zu heiraten, atmest du aus, obwohl dir gar nicht klar gewesen ist, dass du die Luft angehalten hast. Am Tag deiner Hochzeit schmerzt dir vom vielen Lächeln das

Gesicht. Dein Leben ist nicht einfach, aber ist das so wichtig, wenn du jemanden wie ihn an deiner Seite hast, um die Last zu schultern? Geld, Jobs, Beförderungen, Niederlagen, das sind alles nur Bremshügel auf einer Spur, die ins Unendliche führt.

Du bekommst ein Kind. Du glaubst nicht, dass er jemand anderen so lieben kann wie dich, bis du ihn mit dieser Tochter erlebst. Sie ist nicht nur ein Schatz, der um jeden Preis beschützt werden muss. Sie ist der Beweis, dass ihr beide zusammengehört.

Nicht, dass es dafür eines Beweises bedürfte.

Deine einzige Aufgabe ist nun, dieses Baby am Leben zu halten.

Als es krank ist, legst du dich völlig erschöpft auf der Couch schlafen. Du glaubst, gar nicht mehr ohne ihn an deiner Seite einschlafen zu können. Du täuschst dich.

Du schläfst ziemlich gut.

Es kommt wieder vor, als er erkältet ist, du spät von der Arbeit nach Hause kommst, wenn ihr euch streitet. Aus dem Gästezimmer wird ein Zufluchtsort. Deine Tochter fragt dich, ob ihr euch scheiden lasst. *Nein*, sagst du ihr. *Wir lieben einander*.

An diesem Abend kehrst du ins gemeinsame Bett zurück. Du sagst *Ich liebe dich*, aber nicht so, als würdest du die Fenster deines Herzens aufreißen. Du sagst es im selben Ton wie *Heute ist Dienstag* oder *Ich bin brünett*: sachlich, eine Wahrheit, eine Feststellung. Ohne Begeisterung. Ohne Zauber. Du fragst dich, wann aus Leidenschaft Mitgefühl wurde.

Du sorgst nicht mehr für Überraschungen, indem du zu ihm unter die Dusche schlüpfst. Er schaltet die Lampe an seinem Nachttisch aus, während du noch im Bett liest, und dreht sich zur Seite. Du erinnerst dich, wie er mit dir in der Menschenmenge stand, eine Hand beschützend und besitzergreifend um deine Taille geschlungen. Jetzt hält er eher die Hand deiner Tochter als deine.

Alles, was dir einst so lieb an ihm war, macht dich wahnsinnig. Dass er sich ständig räuspert. Dass er die leere Rolle Toilettenpapier nicht ersetzt. Falsch zur Musik aus dem Radio singt. Aber das ist alles Blödsinn, sagst du dir. So ist eben die echte Liebe, die ist anders als die Hollywoodliebe. Ihr habt ein Kind. Das ist es, was zählt.

Doch es gibt Tage, da streitest du mit ihm nur, um etwas zu spüren.

Du fängst an dich zu fragen, ob du ihn noch immer liebst. Fragst dich sogar, ob du ihn je geliebt hast. Das Gegenteil von Liebe ist nicht Hass, erkennst du. Es ist Bequemlichkeit.

Und so findest du dich eines Tages im Dunkeln wieder, wo du am Rande eines Abgrunds umhertappst. Auch er ist dort. Aber du sagst dir, vielleicht ist er gar nicht das Licht, war *niemals* das Licht. Er hat nur aufgesaugt, was von *deinem* Licht noch übrig war, um seine eigenen Schatten zu erleuchten.

Du hast dich verändert. Du willst nicht in diesen Abgrund springen. Das musst du auch nicht, denn die Quelle deines Schmerzes steht direkt neben dir.

Wenn du dich verliebst, dann, weil du jemanden findest, der die leeren Stellen in dir füllt.

Wenn die Liebe vorbei ist, dann weil dir klar wird, dass ihr beide am Ende seid.

Warum jetzt? Warum schreiben, nach zwanzig Jahren? Warum auftauchen wie ein unruhiger Geist mit rasselnden Ketten und den wie auch immer gearteten Frieden stören, dessen Du Dich inzwischen versichert hast?

Weil mir die Zeit davonläuft.

Sie ist das, was wir nie hatten, und es tut mir leid, das sagen zu müssen, aber es ist nur schlimmer geworden.

Ich bin krank, mein Liebling. Ich bin krank, und während mein Körper nach und nach verfällt, bleibt mir nur noch mein Geist. Ich habe viele lange Stunden sinnierend in diesem Bett zugebracht – es war uns zwar nicht bestimmt, zusammenzubleiben, aber doch, zusammen zu sein. *Selbst wenn wir einander verlieren mussten, waren wir doch dafür bestimmt, uns zu finden. Meine Ehe oder die fast sechzehn Jahre mit meinem Sohn hätte ich nicht gehabt ohne Dich. Ich glaube nicht, dass es anders hätte laufen können oder ich einen anderen Weg hätte einschlagen* sollen. *Du bist der Katalysator, wenn nicht das Ergebnis einer chemischen Gleichung. Du gehörtest zu ihr, und ich gehörte zu ihm, aber für ein kurzes Aufflackern gehörten wir zusammen. Ich könnte diese Welt einfach nicht verlassen, ohne Dir zu sagen, dass Du für mich der Eine warst. Der Eine, den ich nicht abschütteln konnte und wollte.*

Wenn Du das liest, werde ich wahrscheinlich schon nicht mehr sein. Aber weil Du dies liest, weiß ich, dass ich, solange Du hier bist, es auch bin.

Je kränker ein Mensch wird, umso mehr Gerätschaften sind vonnöten. Neben Wins Bett häufen sich Tablettenschachteln, Becher mit Strohhalmen, Tücher, um ihre Haut zu kühlen, wenn ihr heiß wird. Ebenso liegt ein Stapel Inkontinenzunterlagen bereit, die wir unter die Laken schieben. Der Stock, den sie benutzt hatte, als ich sie kennengelernt hatte, wurde erst von einem Rollator, dann von einem Rollstuhl abgelöst. Die Kommode, die zuvor im Badezimmer stand, steht jetzt neben dem Bett.

Win hat ihren Kopf dem Fenster zugedreht. Dort hat Felix einen Futterkasten für die Vögel aufgehängt, auf dessen Rand sich Winterammern und Eichhörnchen und gelegentlich auch ein Blauhäher zu einer Stippvisite niederlassen. »Ist das ein rotes Blatt?«, fragt sie.

Ich komme näher, um zu erkennen, was sie sieht. Doch der Sommer ist grün, so weit das Auge reicht.

»Ich glaube nicht. Dass sich die Blätter färben, dazu ist es noch zu früh.«

Seufzend dreht sie sich auf den Rücken. »Ich hatte gehofft, bis zum Herbst durchzuhalten.«

»Ist das Ihre liebste Jahreszeit?«

»Nein, ich hasse sie. Kürbisgewürz ist ein Werk des Satans.« Win faltet die Hände über dem Bauch. »Wissen Sie, die meisten Sterbenden reden nur über das, was sie vermissen werden. Einen Frühlingstag. Orangeneis. Die Enkelkinder heranwachsen zu sehen. Keiner spricht über die Sachen, die man nicht vermissen wird: die Einfahrt freischaufeln, die Steuerklärung machen, Arthritis bekommen … oder Kürbisgewürz. Aber jetzt kommt der Clou: Ich werde tatsächlich auch das vermissen.« Win sieht mich an. »Eigentlich müsste es für dieses Gefühl doch ein Wort geben. Was Langes, Deutsches wie Schadenfreude. Oder vielleicht hatten Ihre alten Ägypter ja eins.«

Es gibt einen Text aus dem Mittleren Reich mit dem Titel »Gespräch eines Mannes mit seinem *Ba*«, in dem der lebensmüde Mann in Dialog mit seiner Seele tritt und sie informiert, dass er Selbstmord begehen möchte. Die Seele hält dagegen, dass man dieses Risiko vielleicht lieber nicht eingehen solle, da wir nicht wirklich wissen, was nach dem Tod geschieht. Der Text verurteilt den Mann nicht für seine Suizidgedanken – es geht nicht um Hölle, Sünde oder auch nur eine Warnung. Es geht darum, dass man die irdischen Freuden verpasst.

Win streckt mir eine Hand entgegen, und ich ergreife sie. Ihre Knochen sind leicht und substanzlos. Sie ist ein Stundenglas mit nur noch wenig Sand darin. »Eins bedauere ich sehr, wissen Sie. Dass ich Sie nicht unter günstigeren Umständen kennengelernt habe.«

Ich spüre, wie meine Augen feucht werden. »Es war mir eine Freude, Win, Sie kennenzulernen.«

»Ich denke, wir wären Freundinnen geworden«, sagt sie.

»Ich denke, wir sind Freundinnen.«

Sie nickt. »Und deshalb möchte ich auch, dass Sie gehen.«

Ich sehe sie verdutzt an.

»Um den Brief zu überbringen.«

Ich schüttele den Kopf. »Ich habe Ihnen versprochen, dass ich ihn Thane bringen werde, aber im Moment stehen Sie im Vordergrund.«

»Und ich bitte Sie jetzt zu gehen, um das zu erledigen. Ich weiß, dass es nichts ändern wird. Aber ich denke, es wird leichter für mich werden zu … gehen …, wenn ich weiß, dass er an mich denkt.« Wins Worte enden in Flüstern. »Ich vertraue Ihnen, Dawn.«

»Aber …«

»Sie haben mir gesagt, dass Sie dafür Sorge tragen, dass ich alles bekomme, was ich mir am Ende wünsche oder brauche. Ich brauche das. Ich möchte das.«

»Es wäre gut möglich, Win, dass Sie sterben, während ich unterwegs zu Thane bin«, halte ich ihr behutsam vor Augen.

»Ich habe Felix hier.«

Ich nicke, weil mir die Kehle zugeschnürt ist. »Ich kümmere mich darum, dass meine Freundin Abigail zu Ihnen kommt. Sie ist Sozialarbeiterin im Hospiz.«

»Das wäre gut«, sagt Win. »Auch für Felix.«

Ich glaube, dass es fünf Dinge gibt, die wir den Menschen, die wir lieben, sagen sollten, bevor sie sterben, und diesen Rat gebe ich den Angehörigen: *Ich verzeihe dir. Bitte verzeih mir. Ich danke dir. Ich liebe dich. Adieu.* Ich sage ihnen, dass sie diese Vorgaben nach Belieben interpretieren können, aber dass auf diese Weise nichts ungesagt bleibt.

Ich verzeihe Win, dass sie mich damit beauftragt.

Ich hoffe, sie wird mir verzeihen, dass ich vielleicht nicht da sein werde, wenn sie stirbt.

Ich danke ihr dafür, dass sie mir einen Teil von mir offenbart hat, den ich vergessen hatte.

»Ich liebe Sie«, sage ich und drücke ihr einen Kuss auf die Stirn.

Als wir uns in die Augen sehen, weint auch sie. »Adieu«, sage ich.

Sie streckt sich mir entgegen, was sie sehr viel Kraft kostet, und hält meine Hand mit ihren beiden Händen fest, als würde es auch ihr schwerfallen, loszulassen.

Der Schreibtischschublade entnehme ich die zusammengerollte Leinwand mit dem Gemälde auf der einen und dem von mir eng geschriebenen Text auf der anderen Seite. Zusammengebunden mit einem Bindfaden sieht sie aus wie die Papyrusrolle des Buchs vom Heraustreten in das Tageslicht.

»Dawn?« Wins Stimme erreicht mich, als ich schon an der Tür bin. »Ich hoffe, Sie finden ihn.«

»Thane? Das werde ich. Versprochen.«

»Nicht meinen«, sagt sie. »Ihren.«

Als Brian von der Arbeit nach Hause kommt, bin ich am Packen und habe bereits ein Ticket für London-Heathrow gekauft. Er sieht, wie ich Kleidung zum Wechseln und Unterwäsche in einen Rucksack packe, und wird ganz still. Da wird mir klar, dass er denkt, ich würde ihn verlassen.

Schon wieder.

»Ich reise nach London«, erkläre ich. »Für Win.«

Er setzt sich auf die Bettkante. »Ist sie denn tot?«

»Nein. Aber ich denke nicht, dass es noch lange dauern wird. Sie bat mich, den Brief jetzt abzugeben, anstatt noch zu warten.«

Brian nickt und zupft an einem Faden unserer Steppdecke.

»Ich weiß, dass du nicht möchtest, dass ich fahre«, erwidere ich. »Aber ich habe ein Versprechen gegeben.«

»Ein Versprechen«, wiederholt Brian. »Das hast du mir vor langer Zeit auch gegeben.«

»Was soll das jetzt heißen?«

Brian sieht mich an. »Ich habe mitbekommen, dass du online deinen alten Freund gesucht hast, aber ich bin nicht weggerannt.

Immer wieder sagst du, das Problem sei ich, und begründest es mit dem, was ich getan oder beinahe getan hätte, aber ich bin hier. Klebe fest. Kämpfe um unsere Ehe. Du bist diejenige, die ständig für Abstand zwischen uns sorgt.« Seine Stimme bricht. »Herrgott noch mal. Mit dir zusammen sein ist alles, was ich je wollte. Aber für dich ist das Zusammensein mit mir eine Qual.«

»Das ist nicht wahr. Ich liebe dich.« Ich zögere. »Ich kann uns in zwanzig Jahren sehen, mit Falten und weißen Haaren und Enkelkindern, alles. Ich weiß nur nicht, wie wir von hier … dorthin kommen.«

Er umfängt meine Hand mit der seinen und dreht sie um, als könne er daraus lesen. »Ich schon. Ich werde alles tun, was nötig ist, damit du dich wieder sicher fühlst. Ich werde meinen Job kündigen und an eine andere Universität gehen. Bin bereit zu einer Eheberatung. Wir könnten Urlaub machen. Ägypten – du könntest mir Ägypten zeigen! Lass uns zusammen zu Merets Tennismatches gehen und dort die lautesten, peinlichsten Eltern sein. Lass uns versuchen, uns daran zu erinnern, wie es ist, wieder *wir* zu sein.«

Ich möchte es. Ich wünsche es mir so sehr, dass es schmerzt. Aber ich kann mir dieses *Wir* nicht vorstellen, sofern ich nicht weiß, wer *ich* bin.

»Es ist wie ein Déjà-vu. Meine schlimmsten Ängste werden wahr«, sagt Brian. »Jedes Mal, wenn du aus dieser Tür gehst, denke ich, jetzt ist es so weit und du kommst nicht mehr zurück.«

Ich weiß nicht, was ich sagen soll. Als ich das letzte Mal wegrannte, rechnete ich auch nicht damit, dass ich zurückkommen würde.

Brian atmet flach. »Denkst du etwa, ich wüsste nicht, dass du dich bereits festgelegt hast?«

»Ich habe mich nicht festgelegt«, widerspreche ich. »Ich bin genau dort angekommen, wo ich ankommen sollte.«

»Dann geh nicht.«

Logik. Damit hatte Brian mich immer schlagen können. Bei ihm sieht das immer ganz einfach aus: Bleibe hier und kämpfe um die Ehe. Aber ich muss Wins Brief überbringen.

»Damit sage ich nicht, dass du ihn nicht überbringen sollst«, ergänzt Brian, als hätte er meine Gedanken gelesen. »Ich sage nur, dass du ihn nicht *jetzt sofort* überbringen sollst.«

»Manchmal zählt die Vergangenheit mehr als die Gegenwart«, entgegne ich, und er lässt meine Hand los.

Meret rettet uns vor uns selbst, sie kommt ins Schlafzimmer gerannt und wedelt mit einem Umschlag. »Er ist zurück. Er ist endlich da!«

Brian und ich verwandeln uns sofort in normale sorglose Eltern.

»Genomia?«, vermutet Brian.

»Was ist Genomia?«

Meret setzt sich zwischen uns. »Der DNA-Test, den Dad mir zum Geburtstag geschenkt hat.«

Ich erinnere mich undeutlich daran, dass sie sich bei Brian für das verspätete Geschenk bedankt hat – aber ich hatte nicht nachgefragt, was es war.

»Er soll darüber aufklären, ob es eine Anlage für Zöliakie oder einen erhöhten Cholesterinspiegel oder Alzheimer … oder Adipositas gibt«, führt Meret aus. »Ich dachte einfach, es wäre cool zu erfahren, warum ich so bin, wie ich bin.«

Ein Mädchen, das keine Ähnlichkeit mit ihren Eltern hat und seinen Platz in der Welt zu finden versucht. Ich tausche über ihren Kopf hinweg einen Blick mit Brian.

»Also?«, sagt sie. »Bereit für die große Enthüllung?«

Sie reißt den Umschlag auf. »Auf der ersten Seite geht es nur um die Abstammung«, sagt Meret. »Aber ich weiß ja bereits, dass ich irischer und …«

»Neunundneunzig Prozent?«, sagt Brian mit Blick auf das

Kreisdiagramm. »Das ist verrückt. Deine Oma und dein Opa waren aschkenasische Juden aus Polen. Wie hoch ist die Fehlertoleranz dieses Tests?«

Immer der Wissenschaftler.

Meret grinst. »Ist jetzt der Zeitpunkt gekommen, mir zu sagen, dass ich adoptiert bin?«

Ich starre auf das Kreisdiagramm und kann mich plötzlich nicht mehr rühren. Mein Blut, dasselbe Blut, das durch Merets Adern fließt, stockt. Dieses fast vollständig ausgefüllte Kreisdiagramm. Britisch und irisch, neunundneunzig Prozent.

Der Marquess ist mein Vater. Ich bin bloß ein Earl.

Die Linie reicht zurück bis zu William dem Eroberer, fürchte ich.

Durch und durch englisch, hatte Wyatt gesagt.

LAND / ÄGYPTEN

Es gibt einen ägyptischen Mythos, wonach Isis, die es nach der Macht von Re verlangte, um diese an ihren eigenen Sohn weiterzugeben, den Sonnengott herunterholte, indem sie aus dessen eigener Spucke eine giftige Schlange erschuf. Re ist machtlos gegen sie, weil sie ein Teil von ihm ist. – Genauso fühle ich mich am nächsten Tag bei meiner Arbeit im Magazin, als Wyatt hereinkommt.

Dass Anya abreist, weiß ich bereits. Ich hatte den Land Rover abfahren hören, war aber davon ausgegangen, dass Wyatt sie zurück nach Kairo zu ihrem Flug brachte.

»Ich bin überrascht, dich zu sehen«, begrüße ich ihn.

Er lehnt an einem der Regale mit den Artefakten. »Alberto musste ohnehin nach Kairo wegen eines Computerkabels und hat sich als Chauffeur angeboten.«

»Dafür hat er eine Gehaltszulage verdient«, erwidere ich und wende mich einer Zeile in hieratischer Schrift zu, die ich bereits viermal gelesen habe.

Wyatt kommt näher und klettert auf das Gerüst, sodass er mir gegenübersteht, zwischen uns der Hohlraum des Sargs. »Du bist wütend.«

»Wie du selbst sagtest: Ich habe kein Recht, wütend zu sein.« Ich wende mich von ihm ab. »Deine Nachricht habe ich erhalten. Oder war es ein Abschiedsgeschenk?«

Ich würde ihn gern fragen, was er Anya erzählt hat. Aber gleichzeitig möchte ich es auch nicht wissen. So oder so, ich weiß nicht, wie wir weitermachen sollen.

»Verdammt, Olive. Ich möchte wirklich mit dir reden.«

»Dann rede.«

»Nicht hier.« Wyatt klettert vom Gerüst und bleibt dann mit ausgestreckter Hand neben dem Sarg stehen wie ein Ritter, der die Maid aus dem Turm rettet. »Lass uns einen Ausflug machen.«

An dem Tag, an dem wir 2003 das Fels-Dipinto gefunden haben, hatten sich alle anderen freigenommen. Wir waren allein, weil sie zu einer Besichtigung von Tell el-Amarna aufgebrochen waren, der Stadt, in der Echnaton mit seiner Königin Nofretete geherrscht hatte. Obwohl es nur sechzehn Kilometer von uns entfernt liegt, war ich noch nie dort, und das, obwohl Echnaton einer der faszinierendsten Könige des Alten Ägypten war. Seine Bekanntheit als Pharao des Neuen Reichs aus der achtzehnten Dynastie verdankt er zwei Dingen: Er ist der Vater von Tutanchamun und hat während seiner Regentschaft die Religion verändert.

Es steht außer Frage, dass Gottheiten – Plural – wichtig für die alten Ägypter waren. Viele ägyptische Götter traten in Dreierkonstellationen oder multiplen Dreierkonstellationen auf: von Atum, Schu und Tefnut zu Amun, Re und Ptah; von Osiris, Isis und Horus zur Ennead – den neun Hauptgöttern, die in Heliopolis verehrt wurden. Die Tempel Ägyptens waren Bühnen für Prozessionen. Die Ägypter pflegten sich dort zu treffen, und wenn die Götter die spirituelle Nahrung der Opfergaben aufgesogen hatten, wurde das buchstäbliche Essen an die Massen verteilt. Feiertage damals waren wie Weihnachten heute.

Aber als Echnaton König wurde, gab er sich als Grinch. Er schloss die Tempel, und es gab keine Feste mehr. Anstatt viele

Gottheiten anzubeten, gab es für die Ägypter nur noch einen Gott – Aton, die Sonnenscheibe –, aber Echnaton war deshalb kein Monotheist. Er brachte sich selbst in die Theologie ein und bildete eine neue Trilogie zusammen mit ihm selbst und seiner königlichen Gemahlin Nofretete. Und in Amarna, der goldglänzenden Stadt, wurden jeden Tag Feste abgehalten, ihm, seiner Frau und seinen Töchtern zu Ehren. Ständig wurde er von einer Militäreskorte begleitet. Es ist die einzige Ära in der ägyptischen Geschichte, aus der es Darstellungen mit sich ständig vor ihrem König verneigenden Untertanen gibt.

Aber er hat nicht nur Weihnachten kassiert. Er kassierte auch das Jenseits. Obwohl Pharao des Neuen Reichs, finden sich in seinem Grab – anders als in den Gräber im Tal der Könige – keine Abbildungen von Begräbnisritualen, in denen Gottheiten wie Re und Osiris eine Rolle spielen, weil dies Echnatons Konzept eines Schöpfergotts negiert hätte. Erklärtermaßen durfte keine dieser anderen Gottheiten existieren.

Schweigend legen Wyatt und ich die Fahrt nach Amarna zurück. Wir halten erst bei der Grenzstele an und fahren dann weiter in die Nekropole.

Wyatt ist schon oft hier gewesen. Die Wachen kennen ihn und händigen ihm den Schlüssel aus, sodass wir uns auf eigene Faust umsehen können. Als wir in das königliche Grab hinabsteigen, atme ich den süßen, rauchigen Geruch von Fledermauskot ein. Von den Darstellungen an den Wänden, die sich so sehr von der Kunst in Deir el-Bersche oder anderen Orten im Alten Ägypten unterscheiden, fühle ich mich sofort angezogen.

Nofretete und Echnaton lassen sich schwer auseinanderhalten, weil die Gestalten weder männlich noch weiblich aussehen. Ihre Reliefs zeigen sie mit überlangen Köpfen und runden Bäuchen wie die androgynen Schöpfergottheiten im Alten Ägypten. Auch die ebenfalls dargestellten Töchter haben an Aliens erinnernde Köpfe und Bäuche, als wären auch sie für alle Ewigkeit im Moment der Schöpfung erstarrt. In rituellen Tempelszenen und Privatgräbern wurden nur Echnatons Töchter abgebildet, denn ein Schöpfergott konnte so viele weibliche Manifestationen haben, wie er wollte, doch sobald ein anderes männliches Wesen auftauchte, gewann seine ursprüngliche Natur die Oberhand.

Plötzlich begreife ich, warum Wyatt mich hierhergebracht hat. Echnaton hatte versucht, die Zeit zurückzudrehen.

»Ich habe Anya nichts gesagt«, gesteht Wyatt, »weil mir klar wurde, dass ich erst mit dir sprechen muss.«

Langsam drehe ich mich zu ihm um. Wyatt steht vor einer Sonnenaufgangsszene mit der königlichen Familie. Seine hellen Haare befinden sich in einer Höhe mit der Sonnenscheibe, und ich würde aus unerfindlichen Gründen am liebsten weinen.

»Bleib bei mir, Olive. Publiziere mit mir über dieses Grab. Es ist nicht zu spät für einen Neuanfang.«

Es ist eine verführerische Vorstellung, dass mein Leben hätte anders sein können. Noch immer anders sein könnte. Aber schon in dem Moment, als Wyatt nach meiner Hand greift, weiß ich, was ich ihm sagen muss.

Wie Echnaton können wir uns nichts vormachen. Wir können uns in Deir el-Bersche einigeln, nur wir beide. Wir können die märchenhafte Geschichte weiterspinnen, dass wir immer füreinander bestimmt waren. Aber genauso wenig wie Echnaton werden wir nie wirklich zurückgehen können.

Ich entziehe mich ihm und flüchte in eine andere Kammer des Grabs, während ich mir die Handballen auf die Augen drücke. Ich kann das nicht. Ich kann nicht ein zweites Mal von ihm weggehen.

Ich höre ihn hinter mir die Kammer betreten. Es ist der Raum, in dem Meketaton, die zweite Tochter von Echnaton, begraben wurde. Sie starb in etwa um das vierzehnte Regentschaftsjahr ihres Vaters. In der Szene, die in den Putz auf den Wänden gemeißelt ist, liegt sie tot auf einer Bahre, beweint von Echnaton und Nofretete, die sich an den Händen halten. Es ist die atemberaubendste Darstellung der Trauer.

Eine zweite Szene zeigt Echnaton und Nofretete, wie sie sich vor Meketatons aufrechter Mumie oder Statue trauernd die Haare raufen – *nwn*. In dieser Darstellung wird ein Baby von einer Pflegerin weggebracht.

Während meines Ägyptologiestudiums gab es viele Diskussionen über dieses Baby und wer es sein könnte. Einige Forscher meinten, es beweise, dass Meketaton im Kindbett gestorben sei – und der Vater des Kindes ihr eigener Vater Echnaton sei. Aber Meketaton starb mit elf Jahren, was selbst damals zu jung für eine Schwangerschaft war. Einige sagten, das Baby sei Tutanchamun (damals Tutanchaton), doch eine danebenstehende Verkleinerungshieroglyphe ließ offen, ob die sitzende Gestalt weiblich oder männlich war. Andere gingen davon aus, dass es die unter den heilenden Strahlen Atons wiedergeborene Meketaton war – die einzige Möglichkeit, ein Jenseits zu zeigen, da unter Echnatons Herrschaft keine Bezüge auf Osiris oder Re erlaubt waren.

Obwohl es sich wissenschaftlich betrachtet bei diesem Baby sehr wahrscheinlich um Tutanchamun handelt, bevorzuge ich letztere Analyse. Je nach eigenem Blickwinkel ließ Echnaton sich als König, Narzisst, Visionär deuten – aber *definitiv* war er ein trauernder Vater. In seinem Herzen würde er sich die Wiederauferstehung seiner Tochter gewünscht haben. Für mich ist dies die einzige Interpretation, die auf Hoffnung verweist.

Wenn man ein Kind hat, wird man alles dafür tun. Selbst wenn man es nicht gut hinbekommt, wird man nichts unversucht lassen. Mag sein, dass man über Hindernisse stolpert, während man sie aus dem Weg räumt. Doch man wird ihm die Chancen ermöglichen, die man selbst nicht hatte.

Ich trete näher an die Darstellung der gramgebeugten Eltern Meketatons heran. Das ist der bemerkenswerte Teil der Geschichte. So sehr sich mein Leben von dem eines ägyptischen Pharaos unterscheidet, weiß ich doch, wie es sich anfühlt, in einer Welt aufzuwachen, in der ich eine Tochter habe, und mich am nächsten Tag einer Zukunft zu stellen, wo ich womöglich keine mehr haben werde.

Das ist der Grund, warum ich nicht hierbleiben kann.

Die schwierigste Aufgabe, die ich als Sterbe-Doula je hatte, war auch die kürzeste. Ich betreute ein Paar, das wusste, es würde ein Baby ohne Gehirn bekommen. Nun könnte man dies für einen neuen Kreis der Hölle halten – einen Fötus austragen zu müssen, der nicht überlebensfähig ist. Aber in diesem Fall läge man falsch. Die Mutter freute sich auf die Arztbesuche, weil sie dort Zeit mit ihrer Tochter verbringen konnte, indem sie ihren Herzschlag hörte. Sie sagte, wenn sie nachts um zwei zum Pinkeln aufstehen müsse, rede sie sich ein, dies seien die störrischen Teenagerjahre ihrer Tochter – und sie mache diese eben jetzt durch.

Diesem Paar sagte ich, mich würde nicht der Geburtsplan, sondern ihr *Lebens*plan interessieren. Sollte das Baby fünf Minuten überleben, was sei dann das Wichtigste? Wer sollte im Kreißsaal sein? Sollte das Baby fünf Stunden überleben, wer dürfte zu Besuch kommen? Sollte das Baby fünf Tage leben, wollten sie es dann mit nach Hause nehmen?

Sie sagten, sie wollten in der ihnen verbleibenden Zeit jeden größeren Festtag feiern. Ihr erstes Jahr sollte auf wenige Momente komprimiert werden. Also heuerte ich einen Fotografen an. Wir machten Fotos von dem Baby in einem Santa-Strampelanzug, mit einer Baby-New-Year-Schärpe und mit einem kleinen Valentinsherz aus Papier. Wir legten fest, wann ihre Großeltern sie halten durften, welche Musik gespielt wurde, wann der Geistliche kommen und ihr die Sterbesakramente geben sollte. Das Baby hieß Felicity. Sie lebte siebenunddreißig Minuten.

Diese Geschichte habe ich vielen Menschen erzählt, die wissen wollen, wie ich es schaffe, mit Sterbenden zu arbeiten. Ich versichere ihnen, dass es am Ende Schönheit und Gnade gebe, selbst für Babys wie Felicity. Sie hat nie Krieg, Liebeskummer oder Schmerz erfahren müssen. Musste nie zusehen, wie sie über die Runden kam. Wurde in der Schule nicht gemobbt und musste nicht die Erfahrung machen, bei einer Beförderung übergangen zu werden oder allein vor dem Traualtar zu stehen. Sie hat in ihrem kurzen Leben nur Liebe erfahren.

Ich weiß nicht, warum wir, wenn es um den Tod geht, sagen, wir haben jemanden *verloren*. Die Toten werden nicht vermisst oder wurden verlegt. Sie wurden uns aus der innigsten Umarmung entrissen.

In einer Welt, in der es manchen Eltern nicht möglich ist, ihre Kinder bei sich zu behalten, kann ich meins nicht einer zweiten Chance mit Wyatt wegen verlassen.

Ich weiß, dass er wartet, und drehe mich um. »Weißt du, was

das Schwerste ist, wenn man jemanden sterben sieht? Die Menschen, die zurückbleiben.«

»Deshalb solltest du auch bleiben, Olive«, fällt Wyatt mir ins Wort. »Ich liebe dich.«

»Ich weiß.« All die Jahre – und jetzt wiederhole ich mich selbst. Mir laufen die Tränen übers Gesicht. »Aber du bist nicht der Einzige, den *ich* liebe. Selbst wenn ich ihn verlassen könnte… sie könnte ich nicht verlassen.«

»Deine Tochter.«

»Ja. Meret.« Ich hole tief Luft. »Nach Meretseger.«

Wyatt gehört zu den wenigen Leuten, denen ich das nicht erklären muss. Die Kobraköpfige Göttin der Bergspitze wurde mit dem Berg über dem Tal der Könige in Verbindung gebracht. Ihr Name bedeutet *Die, die Stille liebt*, und sie wurde von den Arbeitern in Deir el-Medina verehrt, welche die königlichen Gräber bauten. Diebe oder Verbrecher ließ sie erblinden oder streckte sie nieder, aber sie konnte auch gnädig sein.

Es war nicht leicht gewesen, eine ägyptische Gottheit zu finden, die im Wesenskern eine Verzeihende war. »Wir Menschen vermasseln es«, sage ich zu Wyatt, »wir machen Fehler, treffen falsche Entscheidungen und stoßen die Menschen vor den Kopf, die uns wichtig sind, aber wenn wir Glück haben, erbarmt sich unser eine Göttin wie Meretseger.« Ich sehe ihm in die Augen und sage endlich das, weswegen ich die ganze Reise hierher gemacht habe. »Deshalb habe ich unsere Tochter nach ihr benannt.«

WASSER / BOSTON

Vor fünfzehn Jahren, als ich Ägypten während des *Neshni* verlassen hatte, als die Straßen überflutet waren und Wyatt mich zum Flughafen von Kairo brachte, war mir übel. Ich glaube sogar, dass ich ihn ein- oder zweimal hatte bitten müssen, am Straßenrand anzuhalten. Jetzt, im Rückblick, weiß ich, dass es nicht die Angst war.

Wyatt und ich hatten mit Ausnahme der ersten Nacht Kondome benutzt, wie hoch also standen die Chancen?

Genauso hoch vermutlich, wie diese auf den Fels gemalte Inschrift inmitten der Wüste zu finden.

Genauso hoch wie die, sich ausgerechnet in die Person zu verlieben, die man zu hassen glaubte.

Genauso hoch wie die, einen Seelenfreund zu finden.

Ich denke an die Sargtexte, Spruch 148: *Blitze zucken; den Göttern wird angst. Isis erwacht geschwängert.*

Ein Funke am Himmel, ein anderer *Neshni*, ein anderes Kind. So einfach war das und so unerwartet.

Ich sitze im Badezimmer auf dem geschlossenen Klodeckel, bemüht, mich nicht in meine Einzelteile aufzulösen. Dann kommt Brian herein. Er ist nicht der Mann, der mich noch vor einer Stunde angefleht hat, nicht abzureisen. Er ist unnachgiebig, die Augen sind blicklos und leer. »Meret schläft«, sagt er. »Es ist mir gelungen, im Internet drei Studien aufzutreiben, die fehlerhafte DNA-Testergebnisse aufgrund von Fremdkörpern in der Probe nachwiesen.«

Ich versuche zu nicken, aber nicht mal das schaffe ich. Brian lehnt sich an den Toilettentisch, auf dessen Marmorplatte meine Gesichtslotion und seine Rasiercreme einvernehmlich nebeneinanderstehen, als wäre es so einfach. »Warum hast du es mir nicht gesagt?«, fragt er schließlich.

»Ich wusste es nicht.«

Es ist die Wahrheit, obwohl ich mich jetzt frage, ob ich unterbewusst nicht einfach daran glauben wollte. Als ich entdeckte, dass ich schwanger war, hatte ich meine Mutter bereits verloren. Ich hatte eine Art Regelblutung gehabt. Da diese immer unregelmäßig kam und sich die Zeitwahrnehmung im Hospiz verändert hatte, schienen meine letzten Momente mit Wyatt Monate anstatt Wochen zurückzuliegen. Jetzt jedoch fällt mir ein, dass Meret zwei Wochen vor dem berechneten Termin zur Welt kam und die Geburtsschwester mir versicherte, sie sähe so robust aus wie ein voll ausgetragenes Kind. Ich erinnere mich, dass der Anblick ihres Ohrs mich an das von Wyatt hatte denken lassen. Aber schließlich war Brian da und wiegte Meret, wenn sie eine Kolik hatte. Brian, der sie in die Luft warf, bis sie vor Entzücken kreischte. Brian, der ihr beibrachte, wie man von der Seite ins Schwimmbecken springt. Also hörte ich irgendwann auf, in meiner Zukunft nach meiner Vergangenheit zu suchen.

Vielleicht war ich blind gewesen. Oder *wollte* es einfach sein.

»Ich wusste es nicht«, wiederhole ich, und die Tränen laufen mir ungehemmt über die Wangen. »Ich wusste es nicht.«

Brians Kiefer ist so verhärtet, dass sich sein Gesicht zur Grimasse verzerrt. Ich erkenne ihn kaum wieder. »Du wirst mir verzeihen, wenn ich dir das nicht abnehme«, sagt er. »Darf ich dir eine Frage stellen? Hast du mich als leichtes Ziel ausgewählt?«

»Nein. Ich habe mich in dich verliebt.«

Er schüttelt den Kopf. »So Typen wie ich, die im Souterrain der Großeltern leben, Comics sammeln und zum Frühstück Reste vom Vortag essen, lernen vielleicht Mädchen kennen, die klug, witzig und hübsch sind, Mädchen die sich nicht auf Gesprächsthemen vorbereiten müssen, bevor sie einen Raum betreten, Mädchen, die in uns nicht nur den Nerd sehen – aber mit nach Hause bringen wir sie nie. Und das Glück, sie zu heiraten, wird uns nie, niemals zuteil.« Er sieht mich mit einem so kalten Blick an, dass mich fröstelt. »Ich hätte es wissen müssen.«

»Brian, ich schwöre es dir. Ich wusste nicht, dass Meret nicht dein Kind war.«

»Sie ist gottverdammt mein Kind«, knurrt er. »Auf jede Weise, auf die es ankommt.«

Ich nicke, schlucke. »Ja. Natürlich. Was machen wir jetzt?«

»Wir?«, fragt Brian. »Ich weiß nicht mal, wer du bist.«

Er verlässt das Badezimmer. Ich folge ihm, aber der Blick, den er mir vor Merets Tür über die Schulter zuwirft, lässt mich innehalten. Er geht zu ihr und wird die Nacht wachend an ihrem Bett verbringen.

Sie ist bei ihm in den besten Händen, sage ich mir. Viel besser als in meinen.

Brian weiß vielleicht nicht, wer ich bin, aber ich weiß es. Ich bin ein Feigling.

Und deshalb greife ich nach der Reisetasche, die ich gepackt habe, bevor meine Welt zusammenbrach, und schleiche aus dem Haus.

Als ich vor einigen Wochen schon mal wegging, lag die Schuld nicht bei mir. Nachdem Brian Merets Geburtstagsessen verpasst hatte und mit einer pompösen Entschuldigung wegen Gita nach Hause kam, stieg ich in mein Auto und fuhr los.

Er hatte geschrieben: *Bitte Dawn, es tut mir leid.*

Lass uns reden.

Es war ein Fehler.

Ich mache mir Sorgen.

Ich hatte die Nachrichten auf dem Display meines Navis auftauchen sehen, aber allesamt ignoriert.

Bis dann eine von Meret kam, die in ihrem Zimmer gewesen war, als ihr Vater und ich uns stritten. Sie wusste nichts von Gita, hatte – wie ich damals dachte – gar nicht mitbekommen, dass ich das Haus verlassen hatte.

Kommst du zum Gutenachtsagen?

Also dauerte es keine Stunde, bis ich wieder zurück war, und Brian entschuldigte sich. Er näherte sich mir, wie man sich einem wilden Tier nähert oder jemandem, dessen Welt zusammengebrochen ist. Er sagte, er habe gedacht, ich sei für immer gegangen. Ich ging hoch in Merets Zimmer, deckte sie zu und gab vor, nie weg gewesen zu sein.

Aber das war ich.

In den Wochen, die seither vergangen sind, habe ich Brian nie erzählt, wohin ich unterwegs war, als Meret mich davon abhielt.

Zum Flughafen.

Und in all diesen Wochen habe ich Brian auch nicht erzählt, warum ich wegging. Er geht davon aus, ich hätte unter Schock gestanden, nachdem er mir von Gita erzählt hatte.

Das stimmt auch. Aber nicht Brians wegen.

Als er es mir beichtete und auf meine Wut oder meine Absolution oder irgendwas dazwischen wartete … war ich nicht wütend auf ihn. Und ich war auch nicht verletzt.

Eigentlich spürte ich kaum etwas.

Und das machte mir wirklich Angst – mehr als die Untreue, mehr als die Erkenntnis, dass ich Bequemlichkeit womöglich fälschlicherweise mit Liebe verwechselt hatte. Also machte ich, was ich immer machte, wenn nichts einen Sinn ergab: Ich lief davon. Hätte Meret mir nicht geschrieben, hätte das Universum nicht eingegriffen – wäre ich in ein Flugzeug gestiegen.

Vor drei Wochen dachte ich, ich würde vor Brian davonlaufen.

Aber vielleicht war ich, ohne es zu wissen, *zu* einem anderen hingelaufen.

Als ich in England ankomme, ist ein ganzer Tag vergangen. Ich war am frühen Morgen losgeflogen, und als ich in London lande, geht gerade die Sonne unter und die Straßen sind verstopft, weil die Leute auf dem Heimweg von der Arbeit sind. Die Scheinwerfer werden zu einer glühenden Schlange, wie wenn Meret im Dunkeln mit einer Wunderkerze wedelte und ich ihr auf dem Leuchtkäferpfad folgte, den sie hinter sich herzog.

Meret.

Der Bus setzt mich im Zentrum von Richmond ab. Dank Internetsuchmaschine habe ich Thane Bernards Adresse, aber mir ist zu spät aufgefallen, dass ich keine internationale SIM-Karte habe. Also gehe ich in ein Pub, wo eine Gruppe Männer und Frauen, offenbar Arbeitskollegen, sich bei einem Bier an einer Quizshow beteiligen, die im Fernsehen läuft. Ich bestelle ein Ale und eine Fleischpastete und erkundige mich nach dem Weg.

Ich habe das Gefühl, Zeitachsen übersprungen zu haben. Als könnte diese Version von Dawn mit dieser lärmenden Truppe befreundet sein und versucht nun, sich an die Namen der Charaktere in *Herzbube mit zwei Damen* zu erinnern. Als wäre ich nach der Universität hierhergezogen und würde nun in Cambridge unterrichten. Nur dass dieses andere Ich dann nicht im Pub auf einem Barhocker sitzen und dort ein Loch spüren würde, wo sonst der moralische Kompass sitzt.

»Noch eins, meine Liebe?«, fragt der Barkeeper und zeigt auf mein leeres Glas.

Ich könnte den ganzen Tag hier sitzen und das Unvermeidliche hinauszögern. Aber ich habe für morgen früh einen Rückflug nach Boston gebucht und muss mich dann wappnen für den Schlamassel, den ich angerichtet habe.

Ich laufe am Themse-Ufer entlang und durch einen hübschen Park, wo Jogger an mir vorbeirauschen, versunken in ihre eigene Musik. Ich bleibe stehen und streichele einen Hund mit einem patriotischen Flaggen-Halstuch. Und dann stehe ich schließlich vor dem Stadthaus von Thane Bernard.

Es ist ein roter Ziegelbau mit einem kunstvoll gestalteten viktorianischen Tor in Schwarz. Ich recke den Hals und versuche, bis hoch zum dritten Stock zu schauen. Das Gebäude ist schmal, geht in die Höhe anstatt in die Breite. Aus einigen Fenstern fällt weiches gelbes Licht wie aus Katzenaugen.

»Win«, flüstere ich, »das ist für dich.«

Ein Brief kann ein Anfang sein, jedenfalls versuche ich, mir das einzureden. In Ägypten gibt es zahlreiche Ursprungsmythen und in dem von Memphis erschuf Ptah die Welt durch Aussprechen seiner Gedanken.

Ich hole die Schriftrolle aus meinem Rucksack, öffne das Tor und gehe zur schmalen Eingangsstufe. Es gibt keinen Briefkasten, nur einen kleinen Schlitz in der Tür. Doch bevor ich die Rolle durchschieben kann, nehme ich eine Bewegung wahr. In dem breiten Doppelfenster rechts von der Tür trägt gerade eine Frau ein Brathähnchen auf einer Servierplatte zum Esstisch.

Dies also wäre Wins andere Zeitachse. Sie könnte hier sein und Essen kochen. Alle zum Abendessen rufen. Gesund. Lebendig.

Die Frau ist hübsch. Größer als Win, aber nicht so gertenschlank, sie hat kräftige Schultern und gerundete Formen. Während ich sie betrachte, kommt ein Junge im Teenageralter angesprungen, grapscht sich ein Hühnerbein von der Platte und beißt hinein. Ich sehe, wie sie ihn maßregelt, aber er grinst nur und setzt sich an den Tisch. Ihm folgt ein Mädchen, ein paar

Jahre jünger als er, das sich in sein Telefon vertieft auf den Stuhl plumpsen lässt.

»Kann ich Ihnen helfen?«

Ich wirbele herum und sehe mich Thane Bernard gegenüber. Er ist schlaksig und trägt die bunten Fahrradklamotten eines passionierten Radlers. Den Helm in der einen Hand streicht er mit der anderen über den schweißnassen kahlen Kopf. Er spricht mit leichtem Akzent, und ich versuche, einen mentalen Schnappschuss zu machen, um es Win zu erzählen, dann aber fällt mir ein, dass sie gar nicht mehr am Leben sein wird.

Zum ersten Mal frage ich mich, ob es fair ist von Win, Unfrieden zu stiften. Ich wollte ihr in erster Linie ermöglichen, den Kreis zu schließen, habe dabei jedoch nicht bedacht, dass dadurch das Leben eines anderen aus der Spur geraten könnte.

»Ich … ich glaube, ich habe die falsche Adresse«, haspele ich und schiebe mich an ihm vorbei durchs Tor. Mein Herz pocht wie verrückt, als ich weitergehe, ohne mich noch mal umzudrehen.

Vier Häuserblocks weiter setze ich mich auf die Bordsteinkante und atmete tief durch. Die funkelnden Sterne prangern mich an.

Ich kann es nicht.

Ich kann nicht in weniger als vierundzwanzig Stunden zwei Familien auseinanderbringen.

Verborgen in den Falten der Dunkelheit laufe ich erneut an dem viktorianischen Tor vorbei. Thane Bernard und seine Familie sind inmitten der Reste eines abgenagten Hühnchens und einer geleerten Terrine Kartoffelbrei in ein Gespräch vertieft, *das ich nicht hören kann.*

Diese Geschichte zu beenden, ist jedenfalls nicht meine Aufgabe.

Ich mache mir gar nicht erst die Mühe, mir ein Hotel zu suchen. Ich steige in den Bus nach Heathrow und stelle mich vor die riesigen Anzeigetafeln im Abflugterminal von British Airways, um zu erfahren, wo ich für meinen Flug nach Boston einchecken muss. Mit dem Pass in der Hand rücke ich langsam vor, bis nur noch eine Frau vor mir dran ist, die den schicken weißen Hosenanzug trägt, in dem ich selbst immer gern gereist wäre, anstatt in T-Shirt und Cargohose. »Wohin geht es heute, Madam?«, erkundigt sich die Frau am Schalter.

»Kairo«, antwortet sie.

Nachdem die Angestellte die Daten eingegeben und zwei Gepäckstücke eingecheckt hat, reicht sie der Frau den Boardingpass. »Boarding ist in dreißig Minuten.«

Die Frau bewegt sich Richtung Sicherheitskontrolle.

»Nächste bitte?«, ruft die Frau am Schalter, und ich trete vor. Ich reiche ihr meinen Pass, und sie gibt meinen Namen ein. »Ms. Edelstein. Sie fliegen nach Boston?«

Meine Finger verkrampfen sich am Riemen meines Rucksacks. »Wäre es möglich, mein Ticket umzubuchen?«

Meine Mutter, deren Leben und Sterben von Aberglauben begleitet wurden, verlangte vor jeder Reise von uns gemeinsam aufzusagen: *Wir gehen nirgendwohin.* Damit sollte der Teufel ausgetrickst werden. Ich kann nicht behaupten, dass ich an so etwas glaube, aber dann wiederum habe ich es nicht gesagt, als ich von zu Hause aufbrach, und man sieht ja, was es mir eingebracht hat.

Kairo im August fühlt sich an, als würde ich beim Verlassen des Flughafens die Oberfläche der Sonne betreten. Auch spät in der Nacht schneidet die Hitze wie ein Messer in die Haut und brandet einem in erdrückenden Wellen entgegen. Schon spüre ich, wie mir der Schweiß über den Rücken rinnt – darauf war ich nicht eingestellt. Um mich herum passieren andere Menschen:

Eine zerknautschte, benommene Touristengruppe wird in einen Minivan gescheucht; ein Teenager schleift sein mit Klebeband gesichertes Gepäck vom Rollwagen zum Bordstein; eine Frau sichert ihr im Luftzug flatterndes Kopftuch.

Plötzlich bin ich umringt von Männern. »Taxi?«, schreien sie. »Sie brauchen Taxi?«

Die Tatsache, dass ich aus dem Westen bin, lässt sich nicht verbergen, ich signalisiere es von den roten Haaren bis zur Cargohose und den Sneakers. Ich nicke und nehme zu einem von ihnen Blickkontakt auf, einem Fahrer mit kräftigem Schnauzbart im langärmeligen gestreiften Hemd. Die anderen Fahrer ziehen sich zurück wie Möwen auf der Suche nach anderen Brotkrumen.

»Haben Sie Koffer?«

Ich schüttele den Kopf. Alles, was ich bei mir habe, ist die kleine Tasche, die ich über der Schulter trage.

»Amerikanerin?«, fragt der Mann, und ich nicke. Ein breites weißes Grinsen zerteilt sein Gesicht. »Willkommen in Alaska!«

Flugzeuge und Züge und Taxis. Ich brauche einige Stunden, um nach Mittelägypten zu kommen. Als der Fahrer nach Süden abbiegt, um mich zurück nach Deir el-Bersche zu bringen, wage ich wieder einen Blick aus dem Fenster und werde in den Bann der Schönheit des über der Wüste gähnenden Himmels gezogen. Seine blauen, pinken und orangefarbenen Streifen sind die Vorboten des Tages. Ein Stern zwinkert mir kurz zu, bevor er von der Sonne verschluckt wird.

Sothis. Sirius. Der Stern, der das Nilflut-Fest zu Beginn der *Achet* angekündigt, Jahreszeit der fruchtbaren Überschwemmung und der Wiedergeburt. In früherer Zeit geschah das im Juli. Aber nachdem die Achsneigung der Erde sich in so vielen Jahren langsam verschoben hat, geht der Stern nun an einem Morgen Anfang August auf.

Tatsächlich sogar heute. Und vor mehreren tausend Jahren wird es ganz genauso ausgesehen haben, als der Nil über die Ufer trat und die alten Ägypter sich zum Feiern trafen und einer von ihnen ein Dipinto auf eine geschützte Felswand malte, das zweitausend Jahre später von zwei Doktoranden der Ägyptologie entdeckt wurde.

Ich starre auf die Stelle, wo der Stern bereits verschwunden ist, eine Sommersprosse auf der rosigen Wange des Horizonts.

Und wie die alten Ägypter sehe ich das als Zeichen.

VON KAIRO NACH BOSTON

In meinem Kalender finden sich viele Tote.

Als der Alarm meines Telefons losgeht, angle ich es aus der Tasche meiner Cargohose. Wegen der Zeitverschiebung habe ich vergessen, die Erinnerungsfunktion auszuschalten. Ich bin noch schläfrig, aber ich klicke auf das Datum und lese die Namen: *Iris Vale. Eun Ae Kim. Alan Rosenfeldt. Marlon Jensen.*

Ich schließe die Augen und mache das, was ich jeden Tag in diesem Moment tue: Ich denke an sie.

Sie waren einmal meine Klienten. Jetzt sind sie meine Geschichten, die ich bewahre.

Ich frage mich, ob Win inzwischen verstorben ist. Frage mich, wo ich ihren Namen in meinen Kalender eingebe.

In meiner Reihe schlafen alle. Ich stecke das Telefon zurück in meine Tasche und klettere dann vorsichtig über die Frau zu meiner Rechten, ohne sie zu stören – Passagieryoga –, um die Toilette im hinteren Teil des Flugzeugs aufzusuchen. Dort putze ich mir die Nase und schaue in den Spiegel. Ich nehme mir ein paar Papiertücher und öffne die Tür in der Absicht, an meinen Platz zurückzukehren, aber im kleinen Bordküchenbereich drängeln sich die Flugbegleiter. »Würden Sie bitte zu Ihrem Platz zurückkehren, Ma' am«, werde ich aufgefordert.

Ich klettere zurück über die dösende Frau und schnalle mich wieder an. Eine Hand gleitet über meine und verschränkt ihre

Finger mit meinen. Ich lehne mich an Wyatts Schulter, atme seinen Duft ein, berühre ihn, weil ich es kann. Ungeachtet all der Ereignisse der vergangenen sechs Wochen – beginnend mit den Tagen, an denen ich versucht habe, meine löchrige Ehe zu kitten, bis zu Wins Brief und der Reise nach London, von meinem in letzter Minute gefassten Entschluss, nach Ägypten zu fliegen, mich dort mit Wyatt wiederzuvereinigen und den Sarg zu heben –, empfinde ich es als gewaltig und geradezu naturnotwendig, jetzt diesen Punkt erreicht zu haben.

Wyatt öffnet blinzelnd die Augen und lächelt träge. »Wo warst du?«, fragt er, die Stimme noch rau vom Schlaf. In diesem Moment geht die grelle Beleuchtung an, und es kommt Leben in die Kabine.

Das zweitschwerste Gespräch meines Lebens führte ich in einem Grab in Amarna. Nachdem ich Wyatt erzählt hatte, dass Meret seine Tochter war, sah er mich einfach nur fassungslos an, als hätte er meine Worte missverstanden. Aber was hatte ich erwartet? Wenn er es erst jetzt nach über fünfzehn Jahren erfuhr? Wenn seine erste Vermutung – wie Brians – die war, dass ich es ihm vorenthalten hatte.

Dieses eine jedenfalls hatten sie gemeinsam.

Ich füllte das erstaunte Schweigen. Erzählte ihm vom Aufenthalt meiner Mutter im Hospiz. Wie sehr mich das überfordert hatte und wie Brian plötzlich auftauchte. Erklärte ihm, dass ich mit Brian geschlafen hatte, weil ich nicht mehr wusste, wie Freude sich anfühlte, weil ich mal jemanden brauchte, der sich um mich kümmerte, anstatt immer nur die Fürsorgende zu sein. Dann von der Schwangerschaft und dass wir ein Jahr darauf geheiratet hatten.

Ich erzählte ihm auch von Gita und der Nacht von Merets Geburtstag, als Brian nicht zum Feiern nach Hause kam. Dass ich daraufhin weggefahren war und eigentlich hatte abhauen wollen, es dann aber doch nicht tat. Von Win und ihrer verlorenen Liebe kam ich darauf, dass ich im Internet Thane Bernard suchte und Wyatt fand. Ich schilderte ihm den Moment, als Meret mit dem DNA-Test ins Schlafzimmer kam und daraufhin plötzlich alles klar wurde.

Ich schloss meine Zusammenfassung damit, dass ich in letzter Minute meinen Rückflug umbuchte und stattdessen nach Kairo kam – weil er es verdiente, von Meret zu erfahren, nachdem ich es nun wusste.

Als ich fertig war, war ich schweißnass. In diesem Grab gab es keine Luft. Innerlich fühlte ich mich erstarrt, ein Insekt in Bernstein.

Endlich hob Wyatt den Kopf. Seine Miene war wachsam, zurückhaltend. »Du hast erfahren, dass du schwanger warst, aber dir kam nie der Gedanke, das Kind könnte von mir sein?«

Wie sollte ich Wyatt die Wochen erklären, in denen meine Mutter im Sterben lag, die seltsame Elastizität der Zeit, wo Stunden zu Tagen verschwammen und sich nichts linear anfühlte. Wie ihm vermitteln, dass mich der Abschied von ihm zerrissen hatte und es mir peinlich war, dass ich Brian benutzt hatte, um mich wieder zusammenzuflicken. Dass ich in einer ungewissen Zukunft zu ertrinken drohte und nach festem Halt gesucht hatte. Dass ich wirklich davon ausgegangen war, das Kind, das ich erwartete, sei von Brian, denn das Schicksal schickte einen riesigen Neonpfeil in nur diese eine Richtung.

Also schwieg ich.

Ein Muskel an Wyatts Wange zuckte. »War ich so leicht zu vergessen?«, fragte er. »Oder warst *du* einfach verdammt selbstsüchtig?« Er schob sich an mir vorbei, und seine Schritte hallten, als er die anderen Kammern der Nekropole durchmaß.

Und mich allein zurückließ. Was ich ehrlich gesagt auch verdient hatte.

Unter der Szene elterlichen Kummers sank ich auf den Boden

und weinte. Nofretete und Echnaton hatten eine geliebte Tochter verloren, ich hatte fast alle verloren, die mir etwas bedeuteten. Ich konnte Wyatt nicht mal einen Vorwurf machen. Er musste es bestenfalls als Dummheit und schlimmstenfalls als Verrat sehen. Entweder hatte ich ihn vor fünfzehn Jahren so schnell aus dem Gedächtnis verbannt, dass unsere Beziehung offensichtlich bedeutungslos war, oder ich hatte die kalkulierte Entscheidung getroffen, ihm seine eigene Tochter vorzuenthalten. Ich malte mir aus, wie er die Nekropole verließ und dem *Gaffir* die Schlüssel zurückgab. Vielleicht würden in Tausenden von Jahren Touristen vorbeikommen und meinen vertrockneten Leichnam finden: *Hier liegt die Frau, die ihr Leben zerstört hat.*

Eine Stunde verstrich, bevor sich Schritte näherten. Wyatt setzte sich neben mich, lehnte sich an die Felswand. »Als du das erste Mal dein Zuhause verlassen hast«, hakte er nach, »wohin wolltest du da?«

Von allen Fragen, die er hätte stellen können, kam diese völlig unerwartet. »Ich weiß es nicht. Ich hatte keinen Plan.« Ich musste schlucken. »Aber ich wusste wohl schon lange Zeit, dass ich in einer Sackgasse stecke und es daraus nur einen einzigen Ausweg gibt, nämlich den zu dir, wo immer du bist.«

In diesem Grab, wo die Zeit stillstand, wartete ich Sekunden, Wochen, ein Leben lang, bis ich Wyatts Hand auf meiner spürte. »Ich habe verloren, was ich einmal geliebt habe, und ich habe nicht vor, das noch mal zu tun«, sagte er leise. »Ich möchte meine Tochter kennenlernen.«

»Meine Damen und Herren«, verkündet eine Stimme, »wir sind eben vom Kapitän darüber informiert worden, dass wir eine geplante Notlandung durchführen werden. Bitte hören Sie auf die Anweisungen der Flugbegleiter und befolgen Sie diese.«

Wyatt hatte darauf bestanden, dass wir den ersten Flug von Kairo nehmen, ungeachtet des Umstands, dass er mitten in der

Durchbruchphase einer Grabung ist (*er ist seit viertausend Jahren tot, Olive, er geht nirgendwohin …*) und obwohl ich fand, er sollte seinen Entschluss noch eine Nacht überdenken. Vermutlich rührte meine Angst aus der Konfrontation, die uns in Boston bevorstand, die nicht leicht sein würde, selbst wenn sie richtig war. Aber vielleicht hatte mich auch ein sechster Sinn vor diesem Flug gewarnt.

Eine Schockwelle erfasst die Kabine und entlädt sich geräuschvoll, aber ohne Kreischen, ohne laute Schreie. »Wir stürzen ab«, flüstert die Frau auf dem Gangplatz. »Oh mein Gott, wir stürzen ab.«

Schnallen Sie sich an. Nehmen Sie die Klemmhaltung ein, sobald Sie dazu aufgefordert werden. Wenn das Flugzeug zum Stillstand gekommen ist, hören Sie die Aufforderung: Lösen Sie die Anschnallgurte. *Steigen Sie aus. Lassen Sie alles zurück.*

Ich habe gehört, dass im Angesicht des Todes das eigene Leben vor einem abgespult wird.

Aber ich habe nicht Brian oder Meret vor Augen. Sehe auch nicht meine Mutter oder Kieran.

Stattdessen sehe ich Wyatt – und nur Wyatt.

Stelle ihn mir in der ägyptischen Wüste vor, wo ihm die Sonne auf den Hut brennt und der ständige Wind ihm den Sand als Schmutzstreifen um den Hals legt. Ein Mann, der fünfzehn Jahre lang nicht mehr Teil meines Lebens war. Ein Ort, den ich verlassen habe.

Eine nie beendete Dissertation.

Eine Zukunft, die wir nie hatten.

Ich versuche, mir Wyatt und Meret und mich als Familie vorzustellen. Überlege, wie vielen Menschen wir wehgetan haben, weil wir uns vor fünfzehn Jahren ineinander verliebt haben. Ich denke an die Feder der Maat und ob mir in Anbetracht all dessen, was ich getan habe, der Zugang ins Jenseits gewährt werden wird.

Ich fingere nach meinem Telefon, überlege, es anzuschalten, um eine Nachricht zu versenden – eine Entschuldigung? –, obwohl ich genau weiß, dass es kein Signal gibt, aber ich bekomme den Knopf meiner Hosentasche ohnehin nicht auf. Wyatts Hand umfängt meine und drückt sie.

Ich blicke auf unsere Fäuste, durch die kein Geheimnis entweichen könnte. »Dawn«, Wyatts Stimme durchdringt meine Panik. »Hör mir zu. Wir werden nicht sterben. Wir sind Orpheus und Eurydike. Wir sind Romeo und Julia. Catherine und Heathcliff. Unsere Geschichte endet nicht, bevor sie überhaupt begonnen hat.«

Ich frage mich, ob er sich darüber im Klaren ist, dass es für keins seiner Beispiele ein glückliches Ende gibt.

Wyatts Nägel graben sich in meine Haut. »Ich liebe dich, Olive. Habe dich immer geliebt. Werde dich immer lieben.«

Ich wünsche mir, *immer* wäre mehr als die nächsten drei Minuten.

Klemmhaltung, schreien die Flugbegleiterinnen. *Klemmhaltung!*

Das Flugzeug geht in den Sturzflug über. Taschen fliegen aus den Gepäckfächern, und die Sauerstoffmasken fallen wie makabre Marionetten an ihren Schnüren herab. Jemand schreit, und ich drehe den Kopf nach hinten. »Sieh mich an«, fordert Wyatt, doch seine Worte verlieren sich im Getöse eines auseinanderbrechenden Flugzeugs. Meine Welt beschränkt sich auf diese stechend blauen Augen, die mich kritisiert, herausgefordert, überrascht, verführt und geliebt haben.

Während wir vom Himmel fallen, frage ich mich, wer sich wohl an mich erinnern wird.

Ich bin in den Feuersee zwischen den zwei Routen des Zweiwegebuchs eingetaucht. Um mich herum Gebrüll, Rauchschwaden, die sich in meiner Mundhöhle und unter meinen Augenlidern einnisten und beißende Tränen über mein Gesicht laufen lassen. Flammen züngeln nach meinen Kleidern, meinen Schultern, meinen Haaren. Ich schreie, aber keiner kann mich hören.

Wissen. Ich brauche Wissen. Nur das wird mir bei meinem Weg durch die Tore helfen, vorbei an den Dämonen. Sie sind überall – ein Ungeheuer, dem der halbe Körper abgerissen wurde. Ein verstümmelter Sitz mit einem darauf festgeschnallten Mann, kreischend, während sich das Feuer in seinen Anschnallgurt frisst. Ein Mädchen mit Flammen statt Zöpfen. Ihr Blick ist so wild wie meiner, und ich versuche an ihr vorbeizukommen, während ich Wyatts Namen schreie.

Es gibt zwei Wege, die herausführen – Land und Wasser. Das weiß ich instinktiv, als wäre es mir ins Herz eingeprägt. Aber ich werde nicht ohne ihn gehen.

Wyatt, brülle ich.

Der Rauch wird zur Bestie, Wolken rollen in der geschwärzten Gestalt einer Person auf mich zu. Ich taumele rückwärts. Wyatt! Wyatt!

Eine Flugbegleiterin schält sich aus dem Rauch, als würde sie eine zweite Haut ablegen. Sie packt mich am Arm. *Sie müssen mit mir kommen.* Ich kann von ihren Lippen ablesen, höre aber keinen Ton.

Ich muss nirgendwohin mitkommen. Ich entwinde mich ihr und springe durch einen Reifen aus Feuer und Treibstoff. Dabei stolpere ich und falle flach auf einen Mann im weißen Hemd und mit blonden Haaren, das Gesicht auf dem Boden. *Wyatt.*

Ihn umzudrehen, erfordert meine ganze Kraft, ich huste, meine Lungen sind wie Bänder, und seine Augen, seine blicklosen Augen starren in den schwarzen Himmel.

Aber dieser Mann trägt eine Brille und hat einen Schnurrbart. Dieser Mann ist nicht Wyatt.

Ich bekomme einen Weinkrampf und bin unfähig, aufzustehen. Feiner Nebel bedeckt mein Gesicht und mein Haar. Die

Wasserroute. Ich wende mich ihr zu und erkenne das ferne Schimmern von Löschschläuchen, magische Hydras, die gegen den Atem der Drachen ankämpfen.

Aber sie verdichten auch den Rauch, lassen ihn zäh werden, bis ich Suppe einatme und meinen Weg nicht mehr erkennen kann. Die Landroute ist ein einziges Inferno. Ich bin gefangen.

Der Rauch teilt sich wie von der Axt gespaltenes Holz, und ein weiteres Ungeheuer stakst auf mich zu. Dieses hat Blut im Gesicht.

Dieses schreit meinen Namen.

Ich stehe auf, und er zieht mich an sich, hält meinen Hinterkopf in seinen Händen, küsst mich, als könnte er mir den Sauerstoff seiner eigenen Lungen schenken.

Und da kann ich es sehen: einen Ausweg. Ein nächstes Leben.

DANACH

Als ich die Augen öffne, ist alles weiß, so weiß und grell, dass ich zusammenzucke. Um mich herum Gegenstände, unbewegt, unscharf, umgeben von Halos.

Das Erste, was ich spüre, ist Schmerz.

Mein Kopf ist viel zu schwer, um ihn zu bewegen, und er hat seinen eigenen Puls. Meine Kehle ist wie ein trockener Wüstenstreifen. Die Augen offen zu halten, erfordert herkulische Kräfte.

Wenn ich Schmerz empfinde, kann ich nicht tot sein, oder? Aber wer von uns weiß schon, was das Jenseits bereithält. Vielleicht besteht es *nur* aus Schmerz.

Doch sofort, als hätte eine Decke all das Licht gedämpft, blendet es mich nicht mehr so heftig. Ich sehe, dass man den Vorhang am Fenster zugezogen hat. Die Gegenstände entpuppen sich als Stuhl, Waschbecken und das Fußende eines Krankenhausbetts. Dann höre ich Brians Stimme. »Besser?«, will er wissen.

Seine warme Hand umfängt meine. Sein Gesicht taucht in meinem Gesichtsfeld auf wie ein Blutmond, vertraut, aber unerwartet.

Er lächelt mich an, hat dabei aber Tränen in den Augen, und mir wird klar, dass es ihm genauso schwerfällt wie mir, seine Sprache zu finden.

»Du wurdest verletzt«, sagt er schließlich. »Du wurdest operiert, um den Druck in deinem Gehirn zu reduzieren.«

Vorsichtig hebe ich meine freie Hand und taste die Ränder des Verbands ab, der um meinen Kopf gewickelt ist. Ich versuche, ruhig zu bleiben, aber in mir ist blankes Entsetzen. Mein Bruder hat mir von einigen neurochirurgischen Fällen erzählt, die er gesehen hat: Arbeiter, die von der Leiter gefallen und nie mehr aufgewacht sind. Mit Preisen ausgezeichnete Professoren, die Krampfanfälle haben und sich nicht mehr selbst anziehen können. Das Gehirn, sagt Kieran, ist ein faszinierendes und unberechenbares Organ. Man weiß nie, was es anstellen wird.

Das Pochen ergibt jetzt einen Sinn. Ich versuche, mich zu erinnern, wo ich bin und wo ich war.

Wyatt.

Ägypten.

Der Flugzeugabsturz.

Ich drehe den Kopf zur Seite und sehe vor Schmerz Sterne. Dann blicke ich suchend von einer Seite zur anderen. Aber da ist nur Brian, als wäre er die Nordrichtung und ich ein Kompass, der nachjustiert werden muss.

Hatte ich mir das alles nur eingebildet?

Waren Ägypten und das Grab ein Fiebertraum? War meine Wiedervereinigung mit Wyatt nur eine Synapse, die bei der Untersuchung eines Chirurgen anfing, Signale zu senden?

Bei diesem Gedanken verschwimmt mir alles vor den Augen. Ich schließe sie, und eine Träne rollt mir über die Wange.

»Es ist gut«, beschwichtigt Brian und drückt meine Hand fester. »Es wird alles gut werden. Ich bin ja da.«

Ich bin ja da.

Mühsam kommt ein Wort über meine Lippen: »Meret«, flüstere ich.

»Sie ist zu Hause. Bei Kieran. Ihr geht es gut.« Brian zögert. »Als der Anruf kam … dachte ich, ich sollte dich zuerst allein sehen.«

Um dich zu vergewissern, dass ich nicht an Maschinen angeschlossen oder in Teile zerschnitten oder bis zur Unkenntlichkeit verbrannt war. *Was ist mit mir passiert?*

Ich versuche, mich zu erinnern, aber in meinem Gedächtnis mischen sich lebhafte Empfindungen: brennender Sand, der Strahlenkranz der Sonne, das Schimmern der Wüste. Bilder, die nicht zu diesem Krankenzimmer passen mit seinem blauen Stuhl und dem Wasserbehälter aus Plastik und dem an der Wand befestigten Fernseher.

Außer Ägypten kann ich mich nur noch an Merets DNA-Test erinnern. Ich schließe die Augen. »Es tut mir leid«, hauche ich. »Es tut mir so leid.«

Brian schüttelt den Kopf. »Das zählt jetzt alles nicht. Du musst einfach nur so gesund werden, dass du nach Hause kannst.«

Nach Hause, das wiegt schwer. Ist es noch meins, wenn meine letzte Erinnerung doch die ist, dass ich es verlassen habe?

Jede Kopfbewegung tut weh, auch denken tut weh. Vielleicht war es so: Ich bin von Brian und Meret weggefahren, aber nie dort angekommen, wo ich hinwollte.

Wie Perlen sehe ich es plötzlich vor mir aufgereiht: Thane, England, Win.

Dann reißt die Kette ab.

Kann man etwas vermissen, was man nie wirklich hatte?

Oder *jemanden*?

Dieser Gedanke schmerzt mehr als mein Schädel.

Brian streicht mir mit einem Daumen vorsichtig und zart über den Handrücken, als würde er einen Schmetterling berühren, der jeden Moment losfliegen könnte. »Ich sollte mal eine Krankenschwester holen. Mitteilen, dass du aufgewacht bist.« Ein Schluchzen entringt sich seiner Kehle, und er beugt sich über mich und küsst unsere miteinander verschränkten Finger. »Ich dachte, du wärst für immer gegangen«, sagt er mit brechender Stimme.

Das hatte er schon mal zu mir gesagt.

Ich hebe meine freie Hand und berühre langsam Brians Hinterkopf. Seine Haare sind weich wie Daunen. Dann streiche ich mit den Fingernägeln über seine Kopfhaut und lasse meine Hand schließlich an seiner Wange ruhen. Mir fallen die Augen zu, ich gebe mich ihm anheim, wie ich das immer getan habe.

Im Flur herrscht Aufregung, ein aufgebrachter Wortwechsel, gedämpft durch die geschlossene Tür. Dann wird sie aufgerissen, und eine Stimme übertönt die anderen. »Es ist mir egal, dass ich nicht mit ihr verwandt bin. Sie können mich nicht einfach von ihr fernhalten.«

Wyatt drängt ins Zimmer. Mit wildem Blick steht er da, lässt den Verband um meinen Kopf und die Maschinen, an denen ich angeschlossen bin, auf sich wirken, ebenso meinen Ehemann, der aufgestanden ist, aber noch immer meine Hand hält.

Und ich bin wach. Hellwach.

Sein strahlendes Lächeln, das sich auf seinem Gesicht ausbreitet, ist wie ein Sonnenaufgang in mir. *Du bist real und du bist hier*, denke ich und weiß, dass ihm genau dasselbe durch den Kopf geht.

»Gott sei Dank«, stößt er aus. Er kommt einen Schritt auf mich zu. »Ist alles gut mit dir? Ist wirklich alles gut? Sag doch was«, fordert er mich auf.

»Wyatt«, erwidere ich. »Das ist Brian.«

Meine Mutter pflegte zu sagen, dass das Pech im Dreierpack kommt, und wie üblich hatte sie recht.

Die Ergebnisse des DNA-Tests.

Der Flugzeugabsturz auf dem Weg von Kairo nach Boston.

Und mein Herz. Ich werde aus dieser Sache unmöglich rauskommen, ohne dass es bricht.

Ich erkläre Brian, dass ich von London nach Kairo geflogen bin, dort Wyatt gefunden, ihm von Meret erzählt habe und wir dann in der abgestürzten Maschine auf dem Weg zu ihr gewesen waren. Ich war davon ausgegangen, mit mir sei alles in Ordnung, weil ich das Wrack eigenständig verlassen konnte. Ich war noch nicht mal von einem Arzt untersucht worden, weil Wyatt derjenige mit einer Kopfwunde war, die nicht zu bluten aufhörte. Doch als ich den Vertreter der Airline auf Flüge nach Boston ansprach, begann sich plötzlich der Raum zu drehen. Danach erinnerte ich mich dann an nichts mehr.

Ich beobachte, wie die beiden Männer einander mustern. Keiner sagt etwas. Dann streckt Wyatt Brian seine Hand hin.

Brian starrt darauf. »Sie wollen mich wohl verarschen?«, sagt er.

Rettung naht ausgerechnet in Gestalt eines Neurochirurgen, der hereinkommt, um nach mir zu sehen, und sich freut, dass ich bei Bewusstsein bin. Brian und Wyatt ziehen sich jeweils in eine Ecke zurück, während der Arzt mich untersucht, mir in die Augen leuchtet, Fragen stellt und auf meine Zehen drückt, um mein Zentralnervensystem zu testen. Er erklärt mir, dass an mir eine Notfall-Kraniotomie vorgenommen worden sei, nachdem auf dem CT ein Epiduralhämatom zu erkennen gewesen war. Bei dieser OP sei das Blut zwischen Gehirn und Knochen im Epiduralraum entfernt worden, um den Druck abzuschwächen. Man habe ein Trepanationsloch in meinen Schädel gebohrt, den Schädellappen angehoben, den Klumpen herausgepumpt, den Schädel daraufhin mit winzigen Titanplatten wieder verschlossen und die Kopfhaut zugenäht. Mein Alter und das Glück, dass ich in einem Traumazentrum kollabiert bin und somit sofort versorgt werden konnte, ließen auf ein positives Ergebnis hoffen. Man würde mich hier in North Carolina noch zwei, drei Tage beobachten, dann könne ich zur Nachsorge in ein meinem Zuhause näher gelegenes Krankenhaus gebracht werden.

Schon wieder dieses Wort.

Als er mit seiner Untersuchung fertig ist, sitze ich aufrecht, die Kopfschmerzen lassen nach, und meine Stimme ist kräftiger.

»Alles in allem«, erklärt der Arzt, »können Sie mehr als dankbar sein.«

Er verlässt uns in unbeschwerter Ahnungslosigkeit, um in einem Schwesternzimmer Notizen in meine Krankenakte einzutragen.

Mein Blick wandert von Brian zu Wyatt. Ich schlucke. »Wyatt, könntest du uns eine Minute allein lassen?«, bitte ich ihn.

Sein verletzter Gesichtsausdruck bricht mir fast das Herz. »Ich gehe nirgendwohin«, sagt er stur, »nur vor die Tür.« Dabei sieht er Brian argwöhnisch an, als würde er ihm alles Mögliche zutrauen.

Wobei es doch eindeutig andersherum war.

Die Tür rastet hinter Wyatt ein. »Brian …«, beginne ich.

Er setzt sich auf die Bettkante. »Du hattest eine Kopfverletzung, Dawn. Dieses Gespräch … wir müssen es nicht jetzt führen.« Er zieht sein Telefon heraus. »Aber ich kenne jemanden, der wirklich gern mit dir sprechen möchte.«

Er beginnt zu wählen, bevor ich protestieren kann, und schon erscheint Merets hübsches Gesicht auf dem Display. »Mom!«, kreischt sie. Ihr Lächeln ist eine Galaxie.

»Hey Baby.«

»Bist du okay? Was ist mit deinem Kopf passiert? Hast du noch Haare?«

Ich verkneife mir ein Grinsen. »Es wird alles wieder okay sein«, erkläre ich ihr und bin mir in diesem Moment ganz sicher, dass ich mit allen Mitteln darum kämpfen werde, dieses Versprechen zu halten. »Sie haben ein Loch in meinen Kopf gebohrt. Und ich weiß nicht, ob ich noch Haare habe.«

»Echt jetzt?«

»Ich könnte unter all dem Verband wie eine Bowlingkugel aussehen«, sage ich. »Was meinst du, wirst du es ertragen, dich mit mir in der Öffentlichkeit zu zeigen?«

»Wann kommst du nach Hause?«

Ich schiele auf Brian. »In ein paar Tagen. Wenn es die Ärzte erlauben.«

Das Bild auf dem Telefon kippt und wirbelt, und plötzlich taucht Kierans Gesicht auf. »Hey«, sagt er. »Brian meinte, es sei ein Epiduralhämatom mit Massenwirkung. Sexy.«

»Jetzt weiß ich, warum du Single bist«, sage ich, und er lacht.

»Du *bist* okay«, versichert Kieran und ergänzt dann sachlicher: »Weißt du, ich habe nicht genug Familie, um auf dich verzichten zu können.«

Mir schnürt es die Kehle zu. »Ich weiß.«

Ich höre Merets ungeduldige Stimme, als sie versucht, sich ihren Computer zurückzuerobern. Es gibt so vieles, was ich ihr erzählen möchte, aber jetzt ist nicht der richtige Zeitpunkt dafür. Nicht mit Brian an meiner Seite, nicht, solange ich nicht weiß, was die nächsten fünf Minuten bringen werden, geschweige denn die Zukunft.

Ich starre sie eine Zeit lang auf dem Display an, sauge noch mal ihren Anblick auf. Ihr Gesicht spiegelt die widersprüchlichsten Gefühle: Angst, Wut, Erleichterung. Sie scheint ihre Worte abzuwägen, und ich frage mich, worüber Brian wohl mit ihr gesprochen hat, bevor ich aufwachte, welche Gespräche sie geführt haben, als ich in Ägypten war. Ich erinnere mich an die E-Mail, die sie mir geschickt hatte, und ihre Frage, ob sie daran schuld sei, dass ich weggegangen bin.

Ich wollte, dass Wyatt eine Beziehung zu seiner Tochter aufbaute, aber vielleicht ist er nicht der Einzige, der das tun muss.

»Mom?«, sagt sie schließlich ganz leise. »Ich habe dich vermisst.«

»Und ich dich erst.«

Im Dunkeln leuchten ihre Augen wie Sterne. »Nicht sterben, okay?«, flüstert Meret.

»Abgemacht«, erwidere ich.

Sie legt auf, und ich gebe Brian sein Telefon zurück. Ich habe

Tränen in den Augen, und als ich sie mit meiner Hand wegwische, gibt Brian mir ein Taschentuch. »Mir ist nicht bewusst gewesen …«, beginne ich, aber die Worte verflüchtigen sich.

Brian hält den Blick gesenkt. »Es dürfte vermutlich schwerer sein, an das zu denken, was nicht direkt vor einem ist«, sagt er leise und schüttelt sich dann, wie um sich neu zu sortieren.

»Kennt sie die Wahrheit?«, frage ich.

Er zögert. »Du musst dich ausruhen …«

»Brian.«

»Ja«, sagt er. »Das meiste hat sie selbst herausgefunden. Ich meine, du bist nach *Ägypten* geflogen. Das wäre ziemlich willkürlich gewesen, sofern nicht …« Seine Stimme verliert sich. »Du solltest jetzt nicht darüber nachdenken.«

»Brian«, sage ich, »wir können aber auch nicht die Augen davor verschließen.«

»Du wärst fast gestorben«, sagt er mit so sanfter Stimme, dass ich es kaum ertrage.

»Bin ich aber nicht.«

»Das ändert alles.«

Ich warte, bis er mich ansieht. »Tut es das?«

Nur weil ich im Krankenhausbett liege und er Mitleid mit mir hat, bedeutet das doch nicht, dass alles, was er gestern empfunden hat, nicht noch unter seiner aufgesetzten Gelassenheit arbeitet.

Er räuspert sich. »Hast du mit ihm geschlafen?«

Mit dieser Frage hatte ich nun wirklich nicht gerechnet.

»Hast du?«

Ich schlucke. »Ja.«

Als ich den Schmerz in Brians Augen sehe, glaube ich mich übergeben zu müssen. *Ich* habe ihm das angetan, *mir*. Sein Schweigen ist schwerer zu ertragen, als wenn er mich anschreien würde. Er sackt auf dem Stuhl neben dem Bett zusammen. »Hast du dich in ihn verliebt?«

Der freundlichste Schlag ist der reinste. »Ich habe nie damit aufgehört«, flüstere ich.

Brian nickt, bemüht, meinem Blick auszuweichen. »Weißt du, auf einer Physikerkonferenz stellen Physiker sich immer theoretische Situationen vor. Wie etwa, als Passagier in einem Flugzeug zu sitzen, dessen Motoren versagen, sodass du abstürzen und sterben wirst. Sollte man also Trost aus der Tatsache ziehen, dass es da draußen irgendwo andere Versionen von einem gibt, die weiterleben werden? Oder im Gegenteil: Sollte man sich vielleicht schlechter fühlen, weil man weiß, dass es da eine Version von einem gibt, deren Leben eine Katastrophe ist – ein Du, das von der Schule geflogen oder kriminell geworden ist oder auf schlimme Weise enttäuscht und geschieden wurde. Das sind wirklich Dinge, über die Quantenphysiker sich unterhalten.« Endlich sieht er mich an. »Doch sie werden als hypothetisch angenommen.«

»Ich wollte nicht, dass das passiert«, sage ich stockend, und da muss Brian ein wenig lächeln.

»Na ja«, sagt er. »Da rennst du offene Türen ein.«

In einer idealen Welt wäre das Flugzeug nicht abgestürzt. Ich würde nicht mit einem Loch im Kopf im Krankenhaus liegen. Ich hätte Zeit gehabt, Wyatt mit Brian und mit Meret bekannt zu machen.

In einer idealen Welt hätte ich das gar nicht tun *müssen*.

»Ich fahre nach Hause zu Meret«, sagt Brian, und mir klappt die Kinnlade herunter.

»Was?«

Er nickt und rückt näher ans Bett heran. Er greift nach meiner Hand. »Es stand außer Frage, dass ich herkomme und mich vergewissere, ob es dir gut geht«, sagt Brian. »Und ich werde mir das von den Ärzten bestätigen lassen. Aber die Prognose ist gut. Meret braucht einen von uns. Und ich gehe davon aus, dass er dich nach Boston bringen wird, wenn du entlassen wirst.«

»Ja aber …«

»Dawn. Du möchtest mit ihm zusammen sein.«

Er sagt dies so gleichmütig, dass ich die Luft anhalte, weil ich mir sicher bin, dass ein Aber folgen wird.

Er steht auf und die Fältchen um seine grünen Augen kräuseln sich auch ohne ein Lächeln. »Alles, was ich mir je erhofft habe, war, dir zu geben, was du dir wünschst.«

Brian beugt sich herab und küsst mich mit behutsamer Sanftheit auf die Stirn, umfängt mein Gesicht mit seinen Händen. »Du warst auf dem Weg zurück zu mir, als das Flugzeug abstürzte«, sagt er. »Du weißt es nur noch nicht.«

Ohne sich noch einmal umzusehen, stiehlt er sich aus dem Zimmer.

Wyatt weigert sich, mein Zimmer zu verlassen, und betört die Krankenschwestern mit seinem Akzent und seinen Lachgrübchen, sodass sie ihm gegen die Vorschriften erlauben, über Nacht sein Lager bei mir aufzuschlagen. Er kontaktiert Yale und führt ein langes Gespräch mit dem Dekan der Fakultät. Der Neurochirurg kommt zweimal zu mir und teilt mir mit, dass meine Genesung bessere Fortschritte mache als erwartet. Ich mache ein Nickerchen und habe beim Aufwachen das Gefühl, wieder ich selbst zu sein. Wir machen ein Kreuzworträtsel und schauen uns ein paar Folgen von *Law & Order* an. Wyatt isst meinen Wackelpudding. Er klärt mich über die Dinge auf, an die ich mich nicht mehr erinnern kann: dass wir sechsunddreißig Überlebende sind. Berichtet, wie wir in dieses Krankenhaus gebracht wurden, wo er genäht wurde und mir beim Zusehen schummerig wurde und ich deshalb zum Luftschnappen den Raum verließ. Als er dann den Tumult auf dem Flur mitbekam, sei er rausgerannt und habe mich umgeben von Krankenhauspersonal auf dem Boden liegend vorgefunden. »Musstest du mir denn den Rang ablaufen?«, fragt er trocken. »Ich hatte schließlich die blutende Kopfwunde, aber du musstest als Gewinnerin des Flugzeugabsturzes dastehen.«

Er macht Scherze, weil das einfacher ist, als sich der Wahrheit zu stellen: Hätte ich auf einem anderen Sitz gesessen und wäre auf andere Weise auf dem Boden aufgeschlagen, läge ich jetzt nicht hier. Unsere Geschichte, die gerade erst begonnen hatte, wäre beendet. Irgendwo in einer parallelen Zeitachse gibt es ein anderes Ich auf meiner eigenen Beerdigung.

Da fällt mir Win ein. Lebt sie noch? Wenn ich gestorben wäre, hätte sie auf mich gewartet?

Noch mehr als der Verband um meinen Kopf verdeutlicht mir dies, wie nah ich dem Tod gekommen bin. Ich fange zu zittern an und kann nicht mehr aufhören. Wyatt kriecht zu mir ins Bett. »Hey.« Er nimmt mich in die Arme. »Hey Olive. Alles ist gut.«

»Es ist nicht alles gut.« Ich bekomme kaum Luft, als hätte mich die Wucht der Erkenntnis, welchen Umständen ich mein Überleben verdanke, zerschmettert.

»Wird es aber«, verkündete er, und nie war ich ihm dankbarer für seine Anmaßung.

»Und wenn der Arzt sich irrt?«, flüstere ich. »Wenn ich die Augen schließe und nicht mehr aufwache?«

Wyatt sieht mich wild entschlossen an. »Du wirst nicht sterben. Punkt.«

Das entlockt mir ein Lächeln. »Weißt du, wenn's drauf ankäme, könntest du womöglich sogar mit Osiris selbst einen Handel abschließen.«

»Wenn du Angst haben solltest, die Augen zu schließen, werde ich dich wach halten. Wenn du den Ärzten nicht glaubst, werde ich Hunderte finden, die dich überzeugen.« Mit einem kläglichen Grinsen ergänzt er: »Außerdem musst du schon allein meiner eigenen Sicherheit wegen am Leben bleiben. Solltest du sterben, solange ich auf dich aufpasse, wird dein Mann mich umbringen.«

»Ich wollte nicht, dass du ihn auf diese Weise kennenlernst«, sage ich.

»Mal abgesehen von dem Hämatom kann ich mir eigentlich kein Szenario vorstellen, das weniger peinlich hätte sein können.« Zögernd ergänzt er: »Ich kann kaum glauben, dass ich das sage, aber *ich* hätte dich nicht verlassen.«

Ich weiß nicht, wie ich ihm klarmachen soll, dass Brian nicht nach Hause gefahren ist, weil ich ihm so wenig bedeute, sondern weil ich ihm so *viel* bedeute.

Ich frage mich, ob Wyatt, wenn die Rollen anders verteilt gewesen wären, mir den Raum gegeben hätte, eine Entscheidung zu treffen.

Er nimmt meine Hand und legt sie auf sein Herz, das regelmäßig und kräftig schlägt.

»Was glaubst du, ob schon mal jemand Sex in einem Krankenhausbett gehabt hat?«, sinniert er.

Ich unterdrücke ein Lachen. »Ich denke, wenn man im Krankenhaus liegt, sollte man eigentlich zu krank dafür sein.«

»Was wissen die schon?« Seine Hand schmiegt sich um meine Taille. »Es ist, als wäre diese Stelle für mich gemacht«, sagt Wyatt. »Als wären wir aus demselben Kalksteinblock geschnitten.«

Ich sehe die Statue von Ramses II. in Luxor vor mir und die seiner Frau Nefertari, die aus demselben Stein gemeißelt war wie seine und ihm als Teil seiner massigen Skulptur zwischen die Beine gestellt worden war.

»Nur dass in unserem Tempel«, ergänzt Wyatt, »deine Statue dieselbe Größe bekäme wie meine.«

»Wie kommt es, dass du immer weißt, was ich denke?«

Er sieht mich an. »Vielleicht weil ich fünfzehn Jahre lang versucht habe, in dein Gehirn einzudringen.« Er nimmt meine Hand und verschränkt seine Finger mit meinen. »In meiner Fantasie hättest du mir geschrieben und mitgeteilt, dass du nicht glücklich warst.«

»*Das* war deine Fantasie?«

»Eine der harmloseren. Ich träumte es und machte mir dann klar, dass es ein Traum war, und dann stürzte ich mich umso intensiver in meine Arbeit.«

»Hast du mir zurückgeschrieben?«, frage ich. »In dem Traum?«

Er nickt. »Ich sagte dir, du solltest das ändern. Aber ganz allgemein. Dass du in ein Flugzeug steigen und reisen solltest. Die ganze Nacht aufbleiben und einen Fremden küssen solltest. Aber eigentlich wollte ich dir sagen, dass du zu mir kommen solltest. Die ganze Nacht mit mir aufbleiben und mich küssen solltest.«

Ich tue es. Ich presse meine Lippen auf sein Kinn. »Was wurde aus dieser Fantasie?«

»Sie verblasst neben der Realität«, sagt Wyatt.

Aber die Realität ist ein Flugzeugabsturz und eine Kopfverletzung und ein gordischer Beziehungsknoten, der nicht weniger verschlungen ist, als er es bei meiner Abreise von Boston war.

Es gibt im Altägyptischen einen literarischen Text, der besagt, die Götter würden Wunder wirken, um Unglück von den Menschen abzuwenden. Aber auch wenn sich etwas Schlimmes abmildern ließ, so konnte man es doch nicht verhindern.

Ich betrachte Wyatts von der Grabungsarbeit vernarbte Hand. Betrachte meine, an der noch immer der Ehering steckt. »Wie soll es von hier weitergehen?«

Obwohl wir zusammen in ein Flugzeug gestiegen sind und obwohl Wyatt seine Tochter kennenlernen möchte, haben wir nicht wirklich über unsere Zukunft gesprochen. Wir haben nicht über Anya gesprochen. Womit ich recht gut klarkomme, weil ich Angst habe zu hören, was Wyatt möchte.

Angst habe zu hören, was *ich* möchte.

»So weit weg wie möglich von diesem Krankenhaus. Und das so schnell wie möglich.«

»Ich meinte das im übertragenen Sinn.«

»Womöglich ist das vermessen«, sagt Wyatt, »aber ich hoffe, du wirst dahin gehen, wo ich hingehe.«

»Du hast eine Verlobte.«

»Das wirst du mir nachsehen müssen. Ich war zu sehr damit beschäftigt, einen Flugzeugabsturz zu überleben, um das abzusagen.« Als ich das nicht mit einem Lachen beantworte, haucht er mir einen Kuss auf die Lippen. »Ich weiß, dass wir beide anderen Menschen Zusagen gemacht haben. Wir gingen davon aus, diese Menschen für den Rest unseres Lebens zu lieben. Aber die Dinge entwickeln sich nicht immer so, wie wir das geplant haben. Das wissen wir besser als andere.«

»Ich habe Angst«, flüstere ich.

»Du hast ein Loch im Kopf«, murmelt er und küsst meine bandagierte Schläfe. »Du bist eine ganz Toughe.«

»Das ist nicht dasselbe«, erwidere ich. »Ich habe so viel zu verlieren.«

»Ich auch … und ich bin ihr noch nicht mal begegnet.«

»Ich wünsche mir, dass sie dich mag.«

»Wie könnte sie das nicht?« Grinsend und arrogant wie immer. Aber ich sehe es in seinen Augen: ein angstvolles Flackern, das Unbehagen, in eine Rolle geworfen zu werden, auf die er sich nicht vorbereitet hat. Für zwei Menschen, die von der Vergangenheit besessen sind, sind wir verdammt mies darin, uns der eigenen zu stellen.

Ich denke an Meret, an ihr Gesicht, als sie meins auf ihrem Bildschirm sah, an all die Arbeit, die vor mir liegt, um das zu kitten, was ich zerbrochen habe. »Ich kann nicht einfach ins Ausland gehen.«

»Dann werde ich pendeln.«

»Nach Ägypten?«

»Zum Mars, wenn's sein muss.« Er lächelt mich an, und plötzlich wird alles hell. »Kapierst du es nicht, Olive?«, sagt Wyatt leise. »Das ist der *leichte* Teil.«

Er schließt mich in die Arme. Jede Minute wird die Krankenschwester hereinkommen und uns schimpfen. Aber so lange werde ich es genießen.

»Die anderen Fantasien«, hake ich nach. »Die weniger zahmen …?«

Ich spüre Wyatts Grinsen an meinem Hals. »In einer besonders anzüglichen malte ich Zaubersprüche aus dem Buch vom Heraustreten in das Tageslicht.«

»Das ist ja eine *fürchterliche* Fantasie.«

»Dein nackter Körper war mein Papyrus.«

»Darüber musst du mir mehr erzählen.«

Am zweiten Tag muss ich zu einer weiteren CT-Untersuchung. Es hat sich kein neues Gerinnsel mehr gebildet und auch keine intrakraniale Luft. Alles in allem, meint der Arzt, sehe es nach einer vollständigen Genesung aus. Ich bleibe noch einen Tag unter Beobachtung.

Wie durch ein Wunder hat mein Telefon bis auf einen Sprung im Display den Absturz überlebt – und so war es mir möglich, mit Meret zu sprechen. Von Brian wusste sie, dass ich noch ein paar Tage im Krankenhaus bleiben müsse, wo sich ein Freund um mich kümmere. Dank dieser großzügigen Formulierung stellt Meret es nicht mal infrage. Wir sprechen über Facetime miteinander, als ich mich das erste Mal allein im Bett aufsetzen kann, und ich nehme sie sogar auf eine Runde über den Flur mit und zeige ihr die Patientenlounge mit dem Fernseher, auf dem nur ein spanischsprachiger Cartoonsender läuft, und den Pfleger, der aussieht wie Alec Baldwin. Sie ist dabei, als der Arzt mir den Verband abnimmt und ich zum ersten Mal die ordentliche kleine Narbe in Form eines Fragezeichens betrachte, die verklebt und geklammert ist. Man hat mir die Haare nur auf einer Seite abrasiert, und sie meint, ich sähe aus wie Natalie Dormer in *Die Tribute von Panem*, was sie mir dann mit einem

Bild bei Google beweist. Sie gewinnt ihre ersten Einzelmatches im Tennisteam und ruft mich vor Begeisterung auf dem Heimweg an.

Jedes Mal, wenn Meret anruft, verlässt Wyatt das Zimmer. Ich weiß, er tut es, damit ich ungestört bin, aber auch weil er davor zurückschreckt, das erste Zusammentreffen mit ihr über einen Bildschirm zu haben. Vielleicht hat er auch überhaupt Angst vor dem ersten Zusammentreffen mit ihr.

Ich achte jedes Mal darauf, zu lächeln und gute Laune zu verbreiten, selbst wenn ich Kopfschmerzen habe oder müde bin. Meret achtet sehr genau darauf, nur über Oberflächliches zu reden. Wann immer das Gespräch angespannt wird, spüren wir das beide, als würden wir über einen zugefrorenen See gehen und den Stellen ausweichen, wo das Eis zu dünn ist.

Bevor wir auflegen, bittet Brian jedes Mal darum, mich zu sprechen.

Er mustert mich eingehend und sagt mir, dass ich besser aussehe. Ich berichte, was die Ärzte gesagt haben. Uns geht der Gesprächsfaden aus, weil ich ihm gegenüber Wyatt nicht erwähnen möchte, und er zeigt keinerlei Bereitschaft, von sich aus zu erzählen, wie er seine Tage zubringt. Das ist vertraut, aber auch ein wenig schräg, wie wenn man im Fernsehen einen Film sieht und die Stimmen nicht ganz synchron zu den Mundbewegungen der Schauspieler passen. Er ist nicht wütend, er ist nicht traurig, ich komme einfach nicht dahinter, *was* er ist. Eifrig um *Gleichmut* bemüht vielleicht. Abwartend.

An meinem dritten Tag im Krankenhaus lässt Meret Brian unerwähnt. »So«, sage ich, »dann sollte ich jetzt wohl mit …«

Ich weiß nicht, was ich sagen soll. *Deinem Dad sprechen?*

»Oh«, sagt Meret. »Der ist nicht da.«

»Okay«, sage ich. Es ist keine Überraschung, dass er in seinem Labor ist, aber irgendwie doch. Irgendwie hatte ich mit ihm gerechnet.

Nachdem wir aufgelegt haben, starre ich das Telefon an und denke an Brians brillanten Kopf. Aber womöglich hat er diese Lektion von *mir* gelernt: dass etwas erst weggehen muss, bevor man merkt, dass es fehlt.

Vier Tage nachdem ich knapp einen Flugzeugabsturz überlebt habe, steige ich wieder in eine Maschine.

Weil meine Befunde gut waren, gaben mir die Ärzte ein vorsichtiges Okay zum Fliegen, zumal der Flug kurz ist und es in Boston Neurochirurgen gibt, die sich bei eventuellen Komplikationen um mich kümmern können. Wyatt besorgt im Geschenkeladen einen Seidenschal, den ich mir um den Kopf wickeln kann, obwohl er nicht wirklich verdeckt, dass eine Hälfte meines Schädels rasiert ist. Eigentlich hatte ich erwartet, nie wieder eine Gangway betreten zu können, doch wie sich herausstellt, ist meine Angst gar nicht so groß. Doch als ich sehe, wie die anderen Passagiere ihr Handgepäck verstauen und sich anschnallen, würde ich sie gern fragen: *Wissen Sie, was für ein Glück Sie haben, dass Sie mit mir fliegen? Mir ist das Schlimmste bereits passiert, wie hoch ist die Wahrscheinlichkeit, dass es erneut dazu kommt?*

Doch als wir landen, umklammere ich Wyatts Hand so fest, dass meine Nägel sich in seine Haut bohren.

Ich bin schon viele Male am Logan Airport angekommen – nach einer Reise gemeinsam mit Meret nach Orlando oder einer Konferenz in London mit Brian – aber dies ist das erste Mal, dass ich mit Wyatt hier bin. Es ist das erste Mal, dass ich mit ihm an einem anderen Ort als in Ägypten oder an der Yale bin. Ihn in der Stadt zu wissen, die ich mein Zuhause nenne, irritiert mich.

Es liegt nahe, dass Wyatt sich am besten ein Hotelzimmer nimmt. Wir beschließen, uns einen Mietwagen zu nehmen, denn mein am Flughafen geparktes Auto hat Brian längst abgeholt.

Am Avis-Schalter fragt der Angestellte mit zähem Bostoner Akzent Wyatt, ob er ein Oberklassefahrzeug, einen Kompakt- oder einen Kleinwagen mieten möchte.

»Ihr Amerikaner mit eurem Größenwahn«, sagt er. »Kompakt ist gut. Ich muss nichts kompensieren.«

Der Angestellte zuckt mit keiner Wimper. »Wenn Ihre Frau fährt, brauche ich auch ihre Fahrerlaubnis.«

Es ist nur eine Vermutung, aber sie überrumpelt uns. »Ich ... ich fahre nicht«, stammele ich. Ich darf ohnehin einige Wochen lang nicht fahren, aber es ist außerdem einfacher, als zu sagen, dass ich nicht seine Frau bin. Ich muss an Wyatts Auftritt im Krankenhaus denken, als er sich auch als Nicht-Angehöriger den Weg in mein Zimmer erstritten hat. Ich stehe in keiner Beziehung zu ihm – weder rechtlich noch praktisch, auf keine Weise, die von der Welt anerkannt wird. Und dies macht mir unmissverständlich den Ernst dessen klar, was uns erwartet.

»Nur ich«, teilt Wyatt dem Mann mit, händigt ihm seine Kreditkarte aus – wie durch ein Wunder ist seine Brieftasche während des Absturzes in seiner Tasche geblieben – und schlingt dann einen Arm um mich. »Ist Boston nicht die Hummerstadt?«

»Hm ja, warum?«

»Ich würde gern einen essen. In der ägyptischen Küche findet man sie ja eher nicht so häufig.«

Dankbarkeit erfüllt mich, dass Wyatt es schafft, für eine Atmosphäre der Normalität zu sorgen. Selbst wenn es nur für die nächste halbe Stunde ist, in der ich noch nicht an dem Faden ziehen muss, der das Leben, in dem ich es mir gemütlich gemacht habe, aufdröselt.

»Das kann ich ermöglichen«, sage ich.

Es ist kurz nach neunzehn Uhr, als Wyatt mich vor meinem Haus absetzt. Wir sind übereingekommen, dass es das Beste ist, wenn ich diesen ersten Schritt allein gehe. Wir verweilen einen Moment, die Hände auf dem Schalthebel verbunden. »Was auch immer geschieht, Olive«, sagt er, »ich mache dir keinen Vorwurf daraus. Ich weiß sehr gut, dass ich für niemanden in diesem Haus ein willkommener Besucher bin.« Seine Stimme wird rau. »Und sollte sie mich jetzt nicht gleich sehen wollen, nun, ich habe fünfzehn Jahre gewartet. Ich kann auch noch länger warten.«

Ich nicke und öffne die Beifahrertür, aber er hält meine Hand fest. »Mich lässt einfach der Gedanke nicht los, dass du, wenn du erst mal durch diese Tür gehst, nicht wieder herauskommen wirst«, sagt Wyatt zärtlich und beugt sich dann vor, um mir einen Kuss wie ein Brandzeichen auf die Lippen zu drücken. Ich steige aus, bevor ich es mir anders überlegen kann. An der Tür zögere ich, bin mir nicht sicher, ob ich klopfen oder einfach reingehen soll. Wyatt wartet noch am Straßenrand, als wüsste er, dass ich kehrtmachen und Zuflucht in seinem Wagen nehmen könnte.

Ich atme tief durch und betrete mein Haus.

Da ich Wasser laufen höre, folge ich dem Geräusch in die Küche. Brian steht mit dem Rücken zu mir und lässt Wasser über das Geschirr laufen, das er dann in die Spülmaschine stellt. Unvermittelt durchzuckt mich eine Erinnerung: der Sommer, als die Spülmaschine kaputtging, wir aber kein Geld hatten, um eine neue zu kaufen, und deshalb jeden Abend eine Münze warfen, die darüber entschied, wer Spüldienst hatte. Doch wenn ich verlor, kam er dennoch in die Küche und trocknete das Geschirr für mich ab, damit ich nicht alles allein machen musste.

»Ich bin zurück«, sage ich.

Brian wusste, dass ich entlassen worden war, aber ich hatte ihn über meine Ankunft in Boston im Unklaren gelassen. Gut möglich, dass er angenommen hatte, ich würde lieber mit dem Auto fahren und deshalb später kommen. Ich sehe, wie seine Schultern sich verspannen, während er den Hahn abdreht und sich die Hände abtrocknet, bevor er mich aufrecht und wohlbehalten bis auf die Narbe in Augenschein nimmt. Die Freude auf seinem Gesicht zu sehen, ist unerwartet und wunderbar. Mit einem Schritt ist er bei mir, und ich liege in seinen Armen, und er drückt mich an sich. Er rückt ein wenig von mir ab und streicht mir mit den Händen über die Arme, als müsse er sich vergewissern, dass ich es wirklich bin. Aber dann verfestigt sich der Raum zwischen uns, bis wir einen Schritt voneinander stehen und uns nicht mehr berühren.

»Die Ärzte meinen, es brauche mehr als einen Flugzeugabsturz, um mich loszuwerden.« Zu spät bemerke ich, dass mein Aufmunterungsversuch nicht ankommt.

»Gut«, sagt Brian. »Das ist gut.«

»In ein paar Tagen müssen die Klammern raus. Das kann Kieran machen.«

Er nickt. Wir starren einander an in einem Raum, der mit Gesprächsstoff geladen ist, aber nicht von uns genutzt wird. Er fragt nicht: *Wo ist Wyatt*? Und ich sage nicht: *Was nun?*

Schließlich frage ich: »Wo ist Meret?«

Brians Blick wandert zur Treppe. »In ihrem Zimmer.«

Jeder Muskel in mir möchte das Gespräch vermeiden, das wir führen müssen, und lieber gleich zu ihr rennen.

»Wo ist er?«, will Brian wissen.

Ich zwinge mich, ihn anzusehen. »In einem Hotel«, antworte ich.

Brians Hände ballen sich zu Fäusten, ich beobachte, wie er sich zwingt, seine Gefühle zu kontrollieren.

»Du kannst nicht so weitermachen«, sage ich.

»Wie weitermachen?«

»Mich behandeln wie ein rohes Ei.«

»Ich behandele dich als gar nichts.«

»Genau. Weil ich fast gestorben wäre. Aber das bin ich nicht.« Ich gehe auf ihn zu. »Wir müssen reden, Brian, als hätte ich keinen Flugzeugabsturz hinter mir.«

»Wenn du nicht weggelaufen wärst, *hättest* du auch keinen Flugzeugabsturz erlebt«, platzt es aus ihm heraus. Er zuckt zurück, als hätte die Wucht seiner Wut ihn geschubst.

Seine Stimme ist hitzig und tief, ein Streichholz an Zunder. *Du wolltest es*, sage ich mir. Bevor das ganze Haus in Flammen aufgeht, greife ich in der Absicht, ihn wieder zurückzuholen, nach seinem Arm. Aber sobald ich ihn berühre, zuckt er zurück, als hätte er sich verbrannt.

Vermutlich hat er das auch.

»Lass uns das nicht hier tun, wo Meret uns hören kann.«

»Ach«, sagt er. »*Jetzt* also denkst du an sie?«

Mein Puls dröhnt so laut in meinen Ohren, dass auch er ihn hören muss. »Ich wollte nicht, dass das passiert. Es tut mir so leid, Brian.«

»Was tut dir leid?«, hakt er nach, und seine Stimme ist dabei trügerisch sanft. »Dass du mich angelogen hast? Uns verlassen hast, nachdem die Bombe geplatzt war? Dass ich für Meret die Trümmer zusammensammeln musste?« Seine Augen werden schmal. »Dass du ihn gefickt hast?«

Ich zucke zusammen. Eine Erinnerung kommt hoch: Ich frage Win, ob sie das Gefühl hatte, Felix zu betrügen. Wins Antwort: *Es gibt Zeiten, da frage ich mich, ob meine ganze Ehe ein Betrug an Thane war.*

»Du hast dein *Kind* verlassen«, beschuldigt Brian mich. »Du hast sie verlassen in dem Moment, als sie erfuhr …« Er schüttelt den Kopf, unfähig den DNA-Test zu erwähnen. »Weißt du denn, wie viel sie in diesen vergangenen drei Wochen geweint hat, weil sie dachte, einen Vater und eine Mutter verloren zu haben? Hast du eine Ahnung, wie selbstsüchtig das war?«

Als ich das später noch mal abspule, wird mir klar, dass es dieses letzte Adjektiv war, das in mir eine Brücke auf tönernen Füßen einbrechen ließ, eine Struktur, die viel länger existiert hatte, als das vorgesehen war. »Selbstsüchtig«, wiederhole ich.

»Selbstsüchtig? Weißt du, wie viele Menschen mir in den letzten fünfzehn Jahren immer wichtiger gewesen waren als ich? Meine Mutter. Mein Bruder. Meine Klienten. Meret. Du. Sogar Wyatt. Jedermanns Wohlergehen war wichtiger als meins. An mich denke ich *immer* zuletzt. Und jetzt habe ich es kurz – einen *Moment* lang – mal getan. Sicher, ich hätte dir meine Gedanken mitteilen sollen, dir sagen, wohin ich wollte. Aber um meines eigenen Seelenfriedens willen musste ich einfach gehen. Ich konnte nicht hierbleiben und so tun, als wäre alles in Ordnung, wie immer, und dies an mir nagen lassen mit der ständigen Frage, *was wäre, wenn.* Am Ende wäre nichts mehr von mir übrig geblieben.«

Ich schnaufe heftig, als ich fertig bin, als wäre ich einen Marathon gelaufen, um dieses Gespräch zu führen.

Vielleicht bin ich das ja auch.

Mir wird bewusst, dass diese weiß glühende Wut seit Langem die am wenigsten verfälschte Emotion zwischen Brian und mir ist. Ich denke, auch für ihn wird das offenbar. Als wir uns daraufhin in die Augen sehen, hat sich der Sturm gelegt. Da sind nur noch er und ich, wie früher, inmitten von Pfützen voller Bedauern. »Warum war es nicht genug?«, fragt er leise nach. »Warum waren *wir* nicht genug?«

»Ich wollte es ja. Ich flog nach Kairo, weil ich in Erfahrung bringen musste, ob das alles nur in meiner Fantasie existierte, verstehst du. Als hätte ich eine Erinnerung überlebensgroß aufgeblasen.«

»Wenn du das Gefühl hattest, die Verbindung verloren zu haben, hätten wir uns doch bemühen können, das zu ändern. Doch du hast stattdessen versucht, an etwas Neues anzudocken.«

Etwas Altes, korrigiere ich für mich.

»Ich habe uns immer als Team gesehen«, sagt Brian. »Wir haben den Tod der Menschen bewältigt, die wir liebten. Haben uns beruflich entwickelt. Haben einen *Teenager* aufgezogen. Ich dachte, dass wir uns gegenseitig gestützt haben, und auch wenn die Gewichte manchmal verschoben waren, so hat es sich immer wieder ausgeglichen.«

»Das dachte ich auch«, gebe ich zu.

»Warum dann also?«

Ich habe keine Antwort für ihn – warum fühlen wir uns zu bestimmten Menschen hingezogen, warum schaffen es einige, unsere Ecken und Kanten besser abzuschleifen als andere.

Brian schließt die Augen. »Ich sage mir ständig: Ich habe dir das angetan.«

Erst als er es ausspricht, merke ich, dass ich schon sehr lange nicht mehr an Gita gedacht habe. Ich frage mich, ob er bei ihr Trost gesucht hat, nachdem er aus dem Krankenhaus in North Carolina zurückgekommen war. Ob er sich in ihren Armen ausgeheult hat.

Ob ich noch immer das Recht habe, mich dabei zu fühlen, als hätte ich einen Schlag in die Magengrube bekommen. Wenn ich es *je* hatte.

Aber dann realisiere ich, dass er etwas gänzlich anderes meint. »Als du weg warst, habe ich jede Nacht wach gelegen und mir gewünscht, dass es dir elend geht. Fünfzehn Jahre lang hast du mich angelogen … hast mich beschissen und hast dein Kind beschissen … und dafür soll es keine Bestrafung geben?« Er schluckt. »Mir ist, als hätte ich diesen Flugzeugabsturz herbeigeführt.«

Er ist im Irrtum. Der Absturz war keine Vergeltung, aber es *gibt* einen Preis, den ich zahlen muss. Egal, wie glücklich ich mit Wyatt bin, diese Freude ist vergiftet. Sie ist nur um den Preis des Lebensglücks eines anderen zu haben.

Brian streckt die Hand aus, zögert jedoch vor meinem rasierten Schädel. »Ich wünschte dir Leid. Aber nicht so etwas, Dawn«, sagt er. »Niemals.«

Es überrascht mich, dass der methodisch vorgehende Wissenschaftler Brian auch nur en passant glauben konnte, seine düsteren privaten Gedanken könnten etwas mit dem Versagen eines Flugzeugs zu tun haben.

»Es gibt ein anderes Universum, in dem ich wütend war und du für immer verloren. Und so … ich weiß nicht. Mag sein, dass es abergläubisch ist, aber ich dachte, wenn ich nicht mehr wüte, bleibst du vielleicht.«

Ich öffne den Mund und schließe ihn wieder. »Es tut mir leid«, würge ich schließlich hervor. Wieder.

Brians Augen sind dunkel und sanft. Sein Blick wandert von meinen Augen zur halbmondförmigen Narbe, zu meinen Lippen. »Ich weiß«, sagt er. »Mir auch.«

Über seine Schulter hinweg sehe ich auf der Straße etwas aufleuchten. Ich stellte mir vor, dass es Wyatt ist, der wegfährt.

Als ich die Türe öffne, sitzt Meret auf ihrem Bett über dem geöffneten Laptop. Sofort richtet sie sich auf, reißt sich die Ohrstöpsel heraus und erstarrt. Vorsichtig bewege ich mich auf sie zu und setze mich auf die Bettkante.

Sie wirft sich mir um den Hals.

Ich schließe sie in die Arme und vergrabe mein Gesicht in ihren Haaren. Die Tatsache, sie verlassen zu haben – *das hier* verlassen zu haben –, trifft mich wie ein Schlag auf den Kopf. Mir schwindelt und mir wird übel bei dem Gedanken, dass ich womöglich nie mehr die Chance gehabt hätte zu sehen, was aus ihr wird. Ich weiß, dass ich sie zu fest drücke, dass sie kaum Luft bekommt, aber ich kann einfach nicht locker lassen. Ich muss an die Zeit denken, als sie ein Baby war und ich mich über sie beugte und ihren Hals liebkoste und sie zum Lachen brachte.

»Du riechst immer nach Schaumbad«, flüstert sie.

»Ich … tatsächlich?«

»Ich war letzte Woche im Camp, und als ich aus dem Klassenraum kam, roch ich genau diesen Duft und fing an, überall zu suchen, weil ich mir sicher war, dass du da bist.« Sie entzieht sich mir. »Warst du aber nicht.«

Ich versuche, sie mir vorzustellen, wie sie sich erfüllt von steigender Hoffnung im Kreis dreht, mich aber nicht finden kann.

Sie sieht mich an. »Tut es weh?«

»Ein bisschen.« Ich betaste vorsichtig meine Kopfhaut. »Richtiger Frankenstein-Chic, findest du nicht?«

»Das ist nicht lustig.« Meret wischt sich mit dem Handrücken eine Träne ab. »Du hättest sterben können.«

»Das kann jeder«, sage ich sanft. »Zu jeder Zeit.«

»Aber du hast dich nicht mal verabschiedet«, wirft sie mir vor, und ich frage mich, warum ich das nicht sofort gesehen habe: die Spuren von Selbstekel an den Wänden, die in ihr Bettzeug gewebten Streifen der Verunsicherung.

Ich beschließe, ihr die Wahrheit zu sagen. »Wenn ich das getan hätte, hätte ich den Mut verloren, wegzugehen.«

»Du meinst *verlassen*«, korrigiert Meret mich verbittert. »*Mich* verlassen.«

Nach einigem Zögern erwidere ich: »Ich musste jemanden finden.«

»Meinen biologischen Vater.«

Ich atme tief durch. »Deshalb war ich in Ägypten. Ich weiß, dass dein …« Ich stocke, suche nach dem richtigen Wort. »… dein anderer Vater es dir gesagt hat.«

»Er ist mein *einziger* Vater«, erklärt Meret loyal. »Ich weiß ja nicht mal den Namen der anderen Person.«

»Ich könnte dir von ihm erzählen«, biete ich ihr an. »Wyatt.«

Sie bebt fast vor – vor was? Angst? Wut? Schließlich hebt sie den Blick. Erlaubnis.

Also bringe ich Wyatt metaphorisch gesprochen in dieses Haus. Ich erzähle ihr die Geschichte von dem Jungen, der mir mit seinen goldblonden Haaren, himmelblauen Augen und seiner Großspurigkeit auf den ersten Blick zuwider war. Berichte von unserem Dauerclinch auf der Yale, wer von uns am besten in unserem Fachbereich ist. Ergänze, dass Wyatt in England aufgewachsen ist und nach dem Tod seines Bruders den Adelstitel geerbt hat. Schildere ihr das Grabungshaus und die Stille der Wüste vor Sonnenaufgang und unseren Streit, bevor wir das Dipinto fanden. Erzähle von dem Kuss, der mir die Augen dafür öffnete, dass ich ihn aus Angst abgewehrt hatte, mich sonst nie wieder von ihm trennen zu können.

»Von dir wusste ich nichts«, beende ich meinen Bericht. »Als ich Ägypten verließ, wusste ich nicht, dass ich schwanger war.«

»Und das soll ich dir glauben?« Meret verzieht das Gesicht. »Das ganze Gerede von wegen sicherer und geschützter Sex. Kaum hatte ich meine Periode, musste ich mich schon panzern, damit ich ja nicht so ende wie – nun, wie *du*.«

»Das habe ich wohl verdient.«

»Dann hast du ihn also sitzen lassen und was mit Dad als Lückenbüßer angefangen?«

Ich zucke zusammen. »Vermutlich habe ich auch das verdient. Aber dein Dad war kein Lückenbüßer. Mein ganzes Leben lag in Scherben vor mir und Br… – dein Dad half mir, es wieder zusammenzusetzen. Wie hätte ich mich da *nicht* in ihn verlieben können?« Ich mache eine Atempause. »Ich erwarte nicht, dass du mir verzeihst. Noch nicht einmal, dass du es verstehst. Aber was mich mit Wyatt verband – das habe ich absichtlich ganz tief vergraben, weil ich mich vorwärtsbewegen musste, nicht rückwärts. Ich wollte ein Leben mit deinem Dad. Wollte unsere Familie. Wenn ich an Ägypten zurückdachte, waren da nur Fragezeichen, denn ich konnte mir den Luxus nicht mehr erlauben, Forscherin zu sein. Ich musste Schwester und Mutter sein. Wenn ich nach vorn schaute, dorthin, wo dein Vater wartete, sah ich Antworten.« Nachdem ich mich geräuspert habe, ergänze ich: »Aber die Gefühle, die ich für Wyatt empfand, wurden dabei verdrängt. Und sie schlugen Wurzeln. Sie wuchsen. Ich könnte sie zurückschneiden, Meret. Aber wenn ich das täte, würde ich immer auf die Stelle schauen, wo sie einst geblüht haben.«

Kleinlaut fragt Meret: »Was ist mit mir?«

»Was mit dir ist? Er möchte dich kennenlernen.«

Ruckartig hebt sie den Kopf. »Jetzt? *Hier?*«

Ich verfolge, wie sich alles für sie herauskristallisiert.

»Dann ist er derjenige, der bei dir im Krankenhaus war.«

»Er hat mich zu dir zurückgebracht«, stelle ich klar. »Er ist in einem Hotel. Es liegt bei dir, ob du ihn kennenlernen möchtest oder nicht.«

Wie immer, wenn sie nervös ist, zieht sie an ihren Kleidern, sodass sie ihre Kurven nicht mehr betonen.

»Du musst ihn nicht mögen. Er muss nicht Teil deines Lebens werden.«

Sie sieht mich neugierig an, als hätte sie an mir gerade etwas bemerkt, das ihr zuvor nie aufgefallen war – ein krummer Finger mit der Geschichte dahinter, wie es dazu kam; ein Tattoo, das bisher unter Kleiderschichten verborgen gewesen war. »Und was wird aus uns? Aus mir und dir und Dad?«

»Das weiß ich nicht.«

Ein zornfunkelnder Blick. »Meine Güte, kannst du einfach aufzuhören zu *lügen*?«

»Ich lüge nicht.«

»Aha, okay. Er ist also hier, um mir zu sagen *Hi Tochter, schön dich kennenzulernen*, um dann wieder zurück nach Ägypten zu gehen, während du hierbleibst und wir alle so tun, als hätte sich nichts verändert?«

Ich weiß nicht, was ich darauf sagen soll, denn es gibt keine gute Antwort.

»Genau«, murmelt Meret. »Hab ich's doch gewusst.«

Es gibt einen Moment, wo einem als Erwachsenem klar wird, dass das Kind, mit dem man spricht, gar kein Kind mehr ist. Bei Kieran war das, als ich ihm sagen musste, dass unsere Mutter tot war. Ich weiß noch, dass ich damals in seinen Augen die Erkenntnis heraufdämmern sah, dass das feste Fundament, auf das er sich gestützt hatte, zu Staub zerfallen war und er ins Leere fiel. Für Meret ist dieser Moment jetzt. Als sie ein kleines Mädchen war, erzählte ich ihr all die Märchen über die Liebe: dass sie einen von den Toten auferwecken, über das Böse triumphieren, die Armen reich machen konnte. Aber heute ziehe ich den Vorhang zurück und enthülle nicht nur nette Geschichten, sondern Fakten: dass die Liebe einen auch töten kann; dass für den eigenen Triumph andere Menschen leiden müssen; dass der Reichtum, den die Liebe bringt, einen hohen Preis hat. »Ich weiß nicht, wie das mit deinem Dad wird. Wir haben viel aufzuarbeiten. Aber ich werde auch nicht sagen, dass ich nicht mit Wyatt zusammen sein möchte. Jemanden so zu lieben wie ich ihn, hätte ich nie für möglich gehalten.«

Der Pfeil der Wahrheit vibriert, wenn sich der Bogen des Schmerzes spannt, und Meret hört diesen Ton und lauscht angestrengt.

»Manche Leute erleben dieses Gefühl nie und finden auch keinen anderen zum Lieben … aber ich habe deinen Dad geliebt. Liebe ihn. Aber die größte Liebe, die ich je erfahren habe, ist die für *dich.*« Ich greife nach ihrer Hand, und sie entzieht sie mir nicht. »Ich habe Wyatt einmal verloren und es überlebt. Ich könnte deinen Dad verlieren und werde es überleben. Aber dich?« In ihrem Gesicht sehe ich meine Augen, Wyatts Kinn, Stärke von uns beiden. »Dich zu verlieren, würde ich nicht überleben.«

Schluchzend schlingt mir Meret erneut die Arme um den Hals. Ich halte sie fest und streichele ihr Haar, wie ich das immer getan habe, wenn Ungeheuer sich in ihrem Zimmer eingenistet hatten. Mögen sie auch nicht real gewesen sein, ihre Angst war es, und nur darauf kam es an. »Was ist, wenn er mich nicht mag?«, fragt sie, und mir wird klar, dass sie eine Entscheidung getroffen hat.

Ich nehme ihr Gesicht in meine Hände. »Baby, wie könnte er dich nicht mögen?«

Ich schreibe Wyatt eine Nachricht. Aber es wäre nicht fair, ihn ins Haus zu bitten, nicht, wenn Brian hier ist. Also parkt Wyatt vor dem Haus und wartet auf der Veranda, setzt sich auf die kleine Holzschaukel, die wir vor fünf Jahren gekauft, aber viel weniger genutzt hatten als gedacht. Als ich die Tür öffne, Meret einen Schritt hinter mir, erhebt er sich.

Und strahlt wie eine Kerze.

»Hallo«, sagt Wyatt.

Sie tritt von einem Bein aufs andere. »Hi.«

»Möchtest du dich, äh. Möchtest du dich setzen?«

Sie rührt sich nicht vom Fleck, also lege ich eine Hand in ihr Kreuz und gebe ihr einen kleinen Schubs. Sie setzen sich gemeinsam auf die Schaukel und mustern sich wie Boxer aus ihrer jeweiligen Ecke.

»Also«, beginne ich, »dann lasse ich euch beide mal besser allein …«

»Nein«, fällt Meret mir ins Wort, und Wyatt sagt im selben Moment: »Bitte bleib.«

Und so lehne ich mich an das stabile Fundament des Hauses und versuche eins zu werden mit den Schindeln.

Wyatt faltet die Hände zwischen den Knien. Meret verschränkt die Arme.

»Wie ich höre, bist du eine Forscherin.«

»Du brauchst nicht onkelhaft zu sein«, erwidert sie.

»Will ich gar nicht. Ich …« Er reibt sich den Nacken.

Es ist das erste Mal, dass ich Wyatt in einer Situation erlebe, in der er sich nicht mühelos wohlfühlt. »Deine Mutter hat mir ein bisschen was über das Camp erzählt, das du in diesem Sommer besucht hast.«

»Ich kann dir auch den Rest erzählen. Ich habe mir immer einen Berner Sennenhund gewünscht, kenne jedes Wort von *Hamilton* auswendig und habe Angst, Fisch mit Gräten zu essen. Ich kann nicht kochen, aber ich kann Nähr-Agar herstellen. »Oh«, sagt sie eine Spur zu herzig, »und ich bin Stier.«

Er fängt zu lachen an. »Ja, die Ähnlichkeit ist nicht zu übersehen.«

»Es gibt dafür auch einen DNA-Test, sofern du einen Beweis brauchst.«

Ich muss es Wyatt zugutehalten, dass er mich nicht Hilfe suchend ansieht. »Die Ergebnisse brauche ich nicht.« Er hält seinen Blick ausschließlich auf Meret gerichtet, die keinen Zentimeter nachgibt. »Weißt du, mir ist eins wichtig … ich freue mich. Ich weiß nicht, wie, aber ich würde gern versuchen, dein Vater zu sein.«

Ich zucke zusammen, weil ich weiß, dass Meret genau das nicht hören möchte.

»Danke, aber ich habe schon einen«, sagt sie. »Du bist nur Genmaterial.«

»Verwegenes und außergewöhnlich brillantes Genmaterial, hoffe ich«, scherzt er.

»Keine Ahnung«, entgegnet Meret. »Wir scheinen nicht viel gemein zu haben.«

»In dem Punkt täuschst du dich allerdings.« Er blickt hoch und grinst. »Wir lieben beide deine Mutter.«

Meret presst die Lippen zusammen.

»Und«, ergänzt Wyatt, »auch ich kenne den ganzen Text von *Hamilton*.«

Meret reißt die Augen auf. »Tatsächlich?«

»Nein. Aber den ersten Song krieg ich ganz gut hin.« Nüchtern fährt er fort: »Ich weiß, dass du auf das alles gut und gern verzichten kannst. Bestimmt fühlst du dich, als hätte man dir den Teppich unter den Füßen weggezogen. Das ist auch etwas, das wir gemeinsam haben. Mir ist auch bewusst, dass ich von dir nicht erwarten kann, dass du mir mehr Bedeutung beimisst als einem Fremden auf der Straße. Ich habe auch keine falschen Erwartungen, du könntest einen Freund in mir sehen. Aber ich kann nicht umhin zu hoffen, dass du mir die Chance gibst, einer zu werden.«

Er angelt sein Telefon aus der Tasche. »Ach ja, und ich möchte dir das hier zeigen«, sagt er.

Er scrollt zu einem Foto, das die Farbfülle alter Kodakabzüge hat. Es zeigt einen Jungen mit Wyatts charakteristischen goldblonden Haaren und einem gequälten Lächeln, der neben einem Berner Sennenhund auf den Stufen eines Steingebäudes sitzt.

Er tut es in der Absicht, ihr das Haustier seiner Kindheit zu zeigen, aber sowohl Meret als auch ich starren auf den jungen Wyatt – einen Jungen, der pummelig und kräftig ist, mit prallen Wangen und dem Anflug eines Doppelkinns.

»Ich weiß nicht, ob die Begeisterung für eine Hunderasse genetisch bedingt ist, aber …«

»Du siehst jetzt ganz anders aus«, sagt Meret und nimmt ihm das Telefon aus der Hand.

Er schielt auf das Foto. »Nein«, meint Wyatt achselzuckend. »Ich war immer groß für mein Alter, jedenfalls hat man das damals aus Höflichkeit so genannt. Als klar war, dass ich für das blöde Rugby überhaupt nicht zu gebrauchen war, musste ich mir überlegen, wie ich mich vor dem Coach verstecken kann. Die Bibliothek auf dem Schulcampus betrat er nie – ich bin mir ziemlich sicher, dass er in seinem ganzen Leben kein Buch gelesen hat. Aber ich tat es. Und las über Pyramiden und Mumien und Pharaonendynastien.«

Ich sehe ihn verwundert an. Da hatte ich immer nur den perfekten Wyatt gesehen, und dabei gab es eine Zeit, in der er sich ganz und gar nicht so gefühlt hatte.

Ich sehe, wie Meret ihren Finger auf das Foto legt und es vergrößert, als müsse sie es genauer sehen, um es glauben zu können. Sie hält die Luft an, und es ist ihr anzusehen, dass endlich alle Antworten zusammenkommen. *Daher* also komme ich.

»Menschen verändern sich«, sagt Wyatt ruhig und sieht mich an, obwohl er mit Meret spricht. »Du kannst es dir jetzt vielleicht nicht vorstellen, aber manchmal ist es gut, sich daran zu erinnern, wer man einmal war.«

Meine Augen brennen. Mit nur einem Foto hat Wyatt Meret nicht nur ein Gefühl für ihre Geschichte gegeben, sondern mir auch die Absolution erteilt.

Meret gibt ihm das Telefon zurück.

»Ich habe diesen Hund geliebt«, sinniert Wyatt. »Ich wollte ihn Narmer nennen nach dem ersten König, der Ägypten vereint hat. Aber eigentlich war es der Hund meines Bruders. Also hieß er Bailey.« Sein Mund zuckt. »Wie prosaisch.«

»Hörst du dir manchmal Podcasts an?«, fragt Meret. Ein Friedensangebot.

»Nein.«

»Es gibt einen, der heißt *The Weirdest Thing I Learned This Week*. Der ist super. In einer Folge geht es darum, wie Haare über Nacht weiß werden, und um Hirsche, die Menschen fressen, und Tod durch Melasse. Einmal ging es um Mönche, die sich selbst mumifizieren«, sagt sie. »Ich könnte dir einen Link schicken.«

Wyatt nickt ernst. »Das fände ich schön.«

Ein Lächeln verwandelt Merets Gesicht. »Ich habe gerade mit Tennis angefangen. Die Trainerin meint, ich sei ein Naturtalent.«

»Das nehme ich dir sofort ab. Als ich in deinem Alter war,

stand ich im Einzel ganz oben auf der Rangliste unseres Internats.«

»Echt jetzt?«

»Ja.« Er hält inne. »Ich habe länger nicht gespielt. Vielleicht kannst du mir irgendwann mal ein paar Tricks zeigen.«

»Vielleicht«, sagt sie. »Irgendwann.«

Ich beobachte ihr Gespräch eine Weile, es erinnert an ein Dame-Spiel – ein weißer Stein gegen einen schwarzen und umgekehrt. Eine Stunde vergeht, dann noch eine. Meine Gedanken wandern zu Brian, und ich frage mich, ob er irgendwo in seinem eigenen Haus sitzt und sich fragt, wie ein Fremder es anstellt, ihm die Loyalität seiner Tochter zu stehlen.

Und als hätte ich ihn heraufbeschworen, öffnet sich die Tür, und Brian tritt heraus. Sofort erhebt sich Wyatt. Und mir wird bewusst, dass ich mich an meinem Platz genau in der Mitte zwischen ihnen beiden befinde.

Brian starrt ihn mit verbissener Miene an. Wyatt nimmt es gelassen hin.

Es ist wie ein Pinkelwettbewerb. Selbst Meret blickt gebannt von einem Mann zum anderen.

»Es ist schon spät«, sagt Brian zu Meret. »Du kommst sonst am Morgen nicht aus dem Bett.«

Sie springt von der Schaukel.

»Ich hoffe, wir können dort anknüpfen, wo wir aufgehört haben«, sagt Wyatt. Ich sehe ihr die widerstreitenden Gefühle an: Soll sie seine Hand schütteln? Ihn umarmen? Weder noch?

Er verlässt die Veranda, entfernt sich von Brians Anwesen und nimmt ihr die Entscheidung ab. »Also dann«, sagt Wyatt linkisch. »Gute Nacht.«

Ich mache einen Schritt auf Wyatt zu, aber Meret packt mich am Handgelenk, bevor ich zu ihm kann. »Du gehst doch nicht wieder, oder?«

Darüber haben Brian und ich noch nicht gesprochen: Wo

werde ich bleiben, *falls* ich bleibe. Aber Merets Gesicht ist so arglos, so zerbrechlich. Ich bin gerade erst zu ihr zurückgekommen, wie könnte ich sie da schon wieder verlassen?

»Nein«, sage ich, als hätte ich dergleichen nie im Sinn gehabt. »Natürlich nicht.«

Als er das hört, dreht Brian sich um und geht ins Haus. Meret folgt ihm, nachdem sie Wyatt zugewinkt hat. »Sag ihm Gute Nacht«, fordert sie mich auf.

Wyatt steht unter dem Sternenhimmel. »Es tut mir leid«, flüstere ich. »Ich …«

»Ich weiß. Ich verstehe.« Er holt den Autoschlüssel aus seiner Tasche und wirft ihn in die Luft. »Meret braucht dich heute Abend mehr als ich. Ich bin bereit zu teilen.«

»Du bist ganz schlecht im Teilen.«

»Ja, das stimmt«, gibt Wyatt zu. »Ich bin dieses *eine Mal* bereit zu teilen. Aber ich werde beim ersten Dämmerlicht hier am Straßenrand mein Lager aufschlagen.«

Er geht die Einfahrt entlang, dreht sich aber noch einmal um. »Sie ist bemerkenswert«, murmelt er, und ein Grinsen umspielt seinen Mund.

»Hab ich dir doch gesagt.«

»Du konntest es kaum erwarten, das loszuwerden, stimmt's?« Er lacht.

Ich warte, bis die Rücklichter verschwunden sind, und wende mich dann dem Haus zu, in dem ich fünfzehn Jahre lang gelebt habe. Ich kenne jede lose Bodendiele und jeden Wasserfleck an der Decke und weiß, welche Zimmer zuletzt gestrichen wurden, aber heute Abend kommt es mir fremd vor. Wie ein Mausoleum, eine Krypta.

Ich überrasche Brian dabei, wie er in meinem Zimmer das Bett herrichtet. »Du … du brauchst das nicht zu tun«, sage ich.

Er dreht sich um, und seine Wangen röten sich. »Ich bin davon ausgegangen, dass du … Ich habe nicht gedacht, dass …«

Jetzt werde ich rot. »Ich meine ja. Aber das kann ich selbst machen. Du kannst … lass einfach alles liegen.«

Er legt die Decke und die Kissen auf das Laken, mit dem er die Sofapolster bereits bezogen hat. Er steht nur einen Schritt von mir entfernt, und ich muss plötzlich an unsere Flitterwochen denken, die wir mit der kleinen Meret und meinem Bruder in Miami verbracht haben. Kieran hatte einen rot gefleckten Molch entdeckt, der unter einer Hecke verschwunden war, bevor er ihn sich genau ansehen konnte. Daraufhin hatte Brian eine halbe Stunde lang eine Spur aus Krümeln und Zucker gelegt und darauf gewartet, dass die kleine Amphibie wieder ins Sonnenlicht kam.

Das verdeutlicht mir den Unterschied zwischen ihm und Wyatt: Wyatt wird graben, bis er was findet, Brian wird warten, bis es zu ihm kommt.

»Ich gehe jetzt zu Meret und sage ihr Gute Nacht«, teile ich ihm mit.

»Ich werde meine Tür auflassen, damit ich dich höre«, sagt Brian, bevor er hinausgeht. »Falls du in der Nacht was brauchst, ruf mich einfach.«

Wyatt und die Pflegekräfte haben mich nachts überwacht, jetzt bin ich zum ersten Mal allein. Brian hat das vor mir realisiert.

Ohne ihm das zu sagen, weiß ich, dass er aufwachen wird, wie er das auch tat, als Meret klein war und an Krupphusten litt. Er wird auf Zehenspitzen über den Flur gehen und meinem Atem lauschen.

In Merets Zimmer lege ich mich wie früher neben sie auf die Decke. Kurz bevor sie einschläft, murmelt sie: »Jetzt ist es so, wie es immer war.«

Aber das ist es nicht.

Als ich davonschleiche, komme ich an der offenen Tür zum

dunklen Schlafzimmer vorbei. Ich gehe in mein Arbeitszimmer und lege mich auf die Couch. Ich starre die Decke an, aber ich finde keine Ruhe, finde einfach keinen Schlaf.

Schließlich gebe ich es auf und nehme mein Telefon. Als Wyatt das Facetime-Gespräch annimmt, sieht er aus, als käme er aus tiefem Schlaf. »Dawn? Ist alles in Ordnung?«

Zu spät wird mir klar, dass Anrufe zu so später Stunde normalerweise nichts Gutes bedeuten.

»Mir geht es gut«, beruhige ich ihn. »Aber woher wusstest du, dass ich es bin?«

»Wer weiß denn sonst noch, dass ich in Amerika bin?«

Ich kuschele mich ins Bett und platziere ihn neben mir.

»Dann überprüfst du mich also«, murmelt Wyatt. »Vergewisserst dich, dass ich keine anderen zukünftigen Ägyptologen mit auf mein Zimmer nehme?«

»Ich habe dich einfach vermisst.«

»Ich wünschte, du wärst hier«, sagt er zärtlich.

»Das wäre ich auch gern.«

»Warum siehst du dann aus, als würdest du gleich losweinen?«

Weil mir klar wird, dass es nicht um sofortige Befriedigung geht. Vielmehr ist es ein langsames Auseinanderrücken, eine Neujustierung von Knochen und Sehnen. Und das ist mit Schmerz verbunden, mit Verletzungen.

»Ich weiß nicht«, sage ich. »Ich kann nicht schlafen.«

»Du kannst nicht ohne *mich* schlafen«, korrigiert er mich dreist, sodass ich lächeln muss.

Gleich darauf tut es mir leid, dass ich ihn in meine Schlaflosigkeit hineingezogen habe. »Du warst müde, und ich hab dich aufgeweckt. Ich bin eine fürchterliche Freundin.«

»Freundin«, überlegt er. »Ist es das, was du bist?«

In Anbetracht dessen, dass er noch immer eine Verlobte hat und ich noch einen Ehemann, weiß ich nicht, was ich sonst sein *könnte*. Ich komme mir vor, als wäre ich wieder in der siebten Klasse und tuschelte mit meinem Schwarm. Mein Herz pocht wie wild, während ich nach einer Antwort suche. »Co-Elternteil?«

»Zu klinisch.«

»Ich bin offen für Vorschläge.«

»*Bist* du das?« Wyatt Stimme leckt die Innenseite meines Ohrs. »Wie wär's mit *meine andere Hälfte. Mein Herz. Meine Liebe.*«

Erfüllt von Sternen lasse ich mich ins Kissen zurückfallen. »Die sind gut«, presse ich hervor.

»Gut. Darf ich jetzt weiterschlafen, wenn ich verspreche, von dir zu träumen?«

»Ich denke schon«, sage ich grinsend. »Gute Nacht.«

»Olive«, stöhnt er. »Du musst auflegen.«

»Du zuerst.«

»Zählen wir bis drei?«

»Eins«, sage ich.

»Zwei«, flüstert er.

Ich unterbreche die Verbindung und bin so beschwingt, dass ich das Gefühl habe zu schweben. Ich schließe die Augen, aber nach einigen Minuten gebe ich es auf und tapse nach unten in die Küche.

Und bin plötzlich wieder am Boden. Brian sitzt in dem kleinen Lichtkegel der Dunstabzugshaube. Vor ihm steht eine Flasche Whiskey. Er dreht sich um, als ich ein paar Schritte vor ihm stehen bleibe, und sieht mich an, als wäre mein Auftauchen unumgänglich. Er hat dunkle Ringe unter den Augen, und seine Haare sind vom Schlaf oder aus Schlafmangel zerzaust. Er steht auf und ist sofort in Habachtstellung. »Ist alles in Ordnung mit dir? Tut dir etwas weh?«

Alles. Aber nicht so, wie du dir das vorstellst.

»Mir geht es gut. Ich brauche nur einen Schluck Wasser.«

Während ich das Wasser laufen lasse und ein Glas fülle, lässt Brian sich wieder am Küchentisch nieder. Ich drehe mich um und sage: »Du trinkst doch sonst nicht.«

Er hebt das Glas und leert es. »Es gibt eine Menge Dinge, die ich vorher nie getan habe.«

Es fühlt sich fremd an, hier in unserer Küche zu sein und ihn in dem Flanellmorgenmantel zu sehen, den ich ihm vor zwei Jahren zu Weihnachten geschenkt habe, zu wissen, wie es ist, von ihm gehalten zu werden, wie unsere Körper zusammenpassen, und dann zu überlegen, dass ich das sehr wahrscheinlich nie wieder tun werde. Ich werde ihn nie mehr küssen, nie mehr das Salz auf seiner Haut schmecken, nie mehr seine Hüften an meine ziehen.

Wir haben schon viele Male mitten in der Nacht hier gesessen – haben eine Beförderung Brians gefeiert, über einen Klienten von mir gesprochen, uns Sorgen um die fiebrige Meret gemacht und über den Zahlen unseres Monatsbudgets gebrütet. Ich befinde mich auf vertrautem Boden, der mir aber völlig fremd ist.

Wie macht man Intimität ungeschehen? Wie kehrt man zurück auf das Niveau einer Bekanntschaft, obwohl die andere Person dich in- und auswendig kennt, jede irrationale Angst, jeden Trigger?

Er folgt mir mit den Blicken. »Eins kann ich einfach nicht begreifen. Warum warst du so wütend auf mich, als das mit Gita passiert ist?«

Es ist unfassbar, aber ihr Name lässt mich noch immer erschaudern. »Ich weiß nicht. Vielleicht weil ich irgendwie das Gefühl hatte, dass es nicht fair von dir ist, an eine andere zu denken, nachdem ich Wyatt vor Jahren aufgegeben hatte.« Zögernd ergänze ich: »Vielleicht weil du vor dem Betrug zurückgeschreckt bist. Und ich nicht weiß, ob ich das gekonnt hätte.«

Mein Geständnis lässt Brian schockiert auflachen. »Wow«, bringt er hervor. »Okay.«

Das Schweigen, in dem wir verharren, drückt mir schließlich schwer auf die Trommelfelle. »Mir ist klar, dass es nicht viel bedeutet, aber ich werde dich immer lieben.«

»Nur nicht genug«, murmelt er, und ich zucke zusammen. Doch dann sieht er mich freundlich an. »Du solltest schlafen. Wenigstens *einer* von uns sollte das.«

Ich nicke und stelle mein Glas in die Spüle.

»Ich weiß, es ist blöd, aber das Haus fühlt sich anders an mit dir. Richtiger.«

Als ich mich wieder umdrehe, umfangen seine Hände das Whiskeyglas. »Es ist nicht blöd«, sage ich leise und lasse ihn dann allein.

Ich schwimme durch Flammen. Asche überzieht meine Zunge, meine Wimpern, meine Haut. Ich drehe mich zur Seite und sehe einen feuerspuckenden Drachen aus Rauch auf mich zukommen. Drehe mich auf die andere Seite und starre in blicklose Augen.

Ich rappele mich auf, versuche, meine Stimme zu finden, aber die Schreie der anderen übertönen sie. Ich laufe auf Pflastersteinen aus Toten. Ich muss ihn finden. Ich muss ihn finden.

Unter den Sohlen meiner nackten Füße sind glühende Kohlen. Ich blicke nach unten durch einen Wirbelsturm aus Schlacke und erspähe eine dünne Linie. Eine blaue und daneben eine schwarze.

Ich setze mich in Bewegung.

Dämonen brüllen mich an. Einer hat die Gestalt eines Kindes ohne Gesicht. Ein anderer ist eine von einem Metallspieß durchbohrte Frau, deren Arme und Beine sich noch bewegen. Ich hefte den Blick auf meine Füße, schiebe einen Fuß vor den anderen im Rhythmus zweier Silben: *Wyatt. Wyatt.*

Vor mir ein Inferno. Hinter mir der tosende Ozean. Eigentlich sollte ich die Antwort kennen, aber ich weiß nicht mehr, worauf.

Ein blutiges Ungeheuer greift mir ins Gesicht und packt mich. Aber dieses schreit mich an. *Dawn! Dawn.*

Ich verschlucke mich an seinem Namen.

»Dawn!«

Keuchend öffne ich die Augen. Ich bin schweißnass und zittere in Brians Armen. »Du hattest einen Albtraum«, sagt er. Seine Hand gleitet über meinen Rücken. Da scheint ihm bewusst zu werden, dass er auf der Sofakante sitzt und ich in T-Shirt und Unterwäsche bin, und er lässt mich los, als stünde ich tatsächlich in Flammen.

Den Abdruck seiner Hand spüre ich immer noch auf meiner Haut. »Es ist alles gut«, flüstert er, und ich glaube ihm.

Die Langsamkeit, mit der sich der Bruch vollzieht, überrascht mich. Kein sauberer Schnitt, keine Guillotine, sondern ein Zerren und Ziehen und Auskugeln. Vor dieser endgültigen Trennung muss noch so viel passieren. Zum Teil liegt es wohl daran, dass weder Brian noch Wyatt mich bedrängen. Ich kann mir meine Zukunft vorstellen, aber sie wird überlagert von meiner Vergangenheit. Wenn ich mit Wyatt zusammen bin, ist es, als sähe ich die Welt zum ersten Mal in einer Farbenpracht, die mich sprachlos macht. Wenn ich bei Meret und Brian bin, fühlt es sich an wie ein Blättern durch lieb gewonnene Erinnerungen. Wer könnte schon eine Entscheidung zugunsten des einen auf Kosten des anderen treffen?

Am Tag nach meiner Rückkehr bedrängt Kieran mich, im Krankenhaus noch mal einen CT-Scan vornehmen zu lassen, den sein Vorgesetzter, der beste Neurochirurg von Boston, auswerten wird. Obwohl ich weder Schmerzen noch Komplikationen habe, weiß ich, dass er sich selbst von meiner Gesundheit überzeugen muss.

Wyatt bringt mich zu diesem Termin und geht in die Cafeteria, um uns Kaffee zu holen, während ich im Wartezimmer sitze. Ich blättere eine alte Zeitschrift durch, als mein Bruder noch im OP-Kittel durch die Tür kommt.

Er schließt mich in die Arme. »Verdammt noch mal, Dawn«, murmelt er. »Du darfst mich nicht verlassen wie alle anderen.«

»Ich versuche mein Bestes«, versichere ich ihm und halte ihn mit geschlossenen Augen fest. Seit fünfzehn Jahren lebe ich nun mit ihm in Boston. Doch ich habe in dieser vertrackten Gleichung immer nur an Meret gedacht und dabei völlig vergessen, dass ich auch Kieran zurücklassen würde, wenn ich mit Wyatt nach Ägypten gehe.

Er hält mich auf Abstand und untersucht kritisch meine Narbe. »Gute Arbeit«, konstatiert er. »Wie heißt der Chirurg in North Carolina? Wann müssen die Klammern entfernt werden?«

Plötzlich ist Wyatt an meiner Seite mit zwei Kaffeebechern. Mit einem breiten Lächeln versucht er, einen Weg zu finden, trotz der beiden Lattes, eine Hand zur Begrüßung auszustrecken.

»Du musst Kieran sein. Ich bin Wyatt Armstrong. Ich habe viel von dir gehört.« Er gibt mir meinen Kaffee. »Hier, Olive.«

»Er weiß nicht mal deinen Namen?«, brummelt Kieran. »Hatte er auch eine Kopfverletzung?«

»Er kennt meinen Namen. Es ist eine lange Geschichte.«

Verdutzt schüttelt Kieran Wyatts Hand. »Mir war nicht bewusst, dass er mit dir zurückgekommen ist …«

»Er ist mitgekommen, um Meret kennenzulernen. Er ist ihr biologischer Vater.«

Kierans Augen werden groß. »Das habe ich nicht kommen sehen.«

»Da sind wir schon zu zweit«, murmele ich.

Die Krankenschwester am Empfang blickt auf. »Ms. McDowell?«

»Du trägst wieder deinen Mädchennamen?«, wundert sich Kieran.

Während ich das Krankenhaushemd anziehe, wartet Kieran vor der Umkleidekabine. »Lass mich eins klarstellen«, sagt er. »Du hast deinen Freund mit nach Hause zu deinem Ehemann gebracht?«

»Lass es, Kieran.« Ich komme aus der Kabine, und er führt mich in den Untersuchungsraum. »Ich hatte einen Plan. Aber dann landete ich auf dem OP-Tisch.«

»Schade, dass ich nicht jedes Mal, wenn ich diese Ausrede höre, zehn Cent bekomme...« Er spricht mit den Radiologieassistenten, die mir auf den Tisch helfen. Ich werde mit einem Laken zugedeckt. Kieran zieht sich mit verschränkten Armen in die Glaskabine zurück und sieht zu, wie ich in die Röhre gleite.

»Okay, Dawn. Das wird nicht lange dauern.« Ich höre seine Stimme über einen Lautsprecher. Sie ist ausgeglichen und beruhigend, aber ich kenne ihn gut genug, um seine unterschwellige Angst herauszuhören. Die genauso groß ist wie meine. »Halt still. Nicht bewegen.«

Als wäre ich nicht ohnehin schon wie gelähmt.

Ich schließe die Augen und hoffe, dass das, was Kieran auf dem Bildschirm sieht, normal, eindeutig und perfekt ist. *Bitte lass alles in Ordnung sein*, bete ich.

Ich habe ihn doch gerade erst wiedergefunden.

Nach wenigen Minuten werde ich wieder herausgeschoben. Kieran drückt auf einen Knopf und spricht mit mir durch die Glasscheibe. »Ich hätte nie gedacht, das mal sagen zu können, aber dein Gehirn ist perfekt.«

Ich stoße einen tiefen Seufzer der Erleichterung aus. Wenn ich nun auch noch in mein Herz sehen könnte.

»Andererseits«, ergänzt Kieran, »siehst du mit deinen Haaren aus wie aus einer Freakshow.«

Mit dem an meine Brust gedrückten Laken setze ich mich auf. »Dr. McDowell«, sage ich. »Du kannst mich mal.«

Als Brian am nächsten Tag bei der Arbeit ist, kommt Wyatt vorbei. Er benutzt meinen Laptop, um den Entwurf für einen Artikel zu schreiben, während ich einen Roman lese, dann unternehmen wir einen Spaziergang. Wir holen Meret vom Camp ab. Am späten Nachmittag spielen Wyatt und Meret Monopoly, bis er sich beklagt, er werde vor Langeweile gleich umkommen, und mich um Spielkarten bittet, damit er ihr Katz und Maus beibringen kann. »Also, Ziel dieses Spiels ist es, deinen persönlichen Kartenstapel leer zu räumen«, erklärt Wyatt. »Du hast fünf Karten in der Hand. Du musst deine Asse und deine Zweien spielen. Joker sind Platzhalter, können aber weder Ass, Zwei, Sieben oder König sein …« Er lacht. »Also los, hau mich weg!«

Merets Augen beginnen zu leuchten, als er flucht. »Verdammt. Ich hätte wohl nicht fluchen dürfen«, sagt er und lächelt noch mal so breit.

Wir achten darauf, uns nicht zu berühren, wenn Meret in der Nähe ist. Vielleicht bin aber auch nur ich vorsichtig, und Wyatt respektiert es. Er hat nichts dagegen, dass ich mich in ihrer Nähe aufhalte und mich vorgeblich um das Putzen der Küchentheke kümmere oder E-Mails beantworte.

Als sie ihr Spiel beenden und Wyatt mischt, um das nächste vorzubereiten, bin ich damit beschäftigt, den Berg unbeantworteter Nachrichten in meinem Posteingang zu lichten.

»Das war Anfängerglück«, sagt er sauer.

»Du bist ein schlechter Verlierer.«

»Das glaubst du. Aber jetzt wirst du untergehen, *Sukar*.«

»Sukar?«

Er scheint selbst überrascht, es gesagt zu haben. »Das ist Arabisch. Für Zucker.« Seine Wangen werden rot. »Eine Art … Kosename.«

Über den Rand meines Laptops beobachte ich die verschwimmenden Karten in seiner Hand – ein Wasserfall, ein Fächer, den Gesetzen der Schwerkraft enthoben.

»Wirst du nach Ägypten zurückgehen?«, erkundigt Meret sich, und die Karten verteilen sich auf dem ganzen Tisch.

Er schielt auf mich und beginnt, sie einzusammeln. »Ich habe es jedenfalls vor.«

Mir ist nicht bewusst, dass ich die Luft anhalte, bis ich Merets Reaktion höre: »Kann ich mitkommen?«

Wyatt grinst. »Das fände ich gut.«

»Ich möchte die Cheops-Pyramide sehen.«

»Nein, das willst du nicht«, behauptet er. »Die ist zu eng und es ist viel zu touristisch. Ich werde dich zu Gräbern führen, die seit Tausenden von Jahren kein Tageslicht mehr gesehen haben …«

»Aber die Cheops-Pyramide ist die, deren innere Kammer man durch Einsatz von Myons entdeckt hat.«

»Man hat *was* benutzt?«, frage ich.

Sie wenden sich mir beide zu. »Myons«, wiederholt Meret. »Das sind subatomare Elementarteilchen. Ein bisschen so wie Elektronen, nur mit mehr Masse. Sie treffen ständig auf der Erde auf und können Steine und festes Material durchdringen, aber dann verlaufen sie im Nichts. Physiker haben sie in der Cheops-Pyramide eingesetzt, um Leerräume zu finden.«

»Ein japanisches und ein französisches Team führten in Giseh eine Tomografie durch«, ergänzt Wyatt, »aber das hat uns nicht wirklich neue Erkenntnisse gebracht. Es wird sich nämlich eher nicht um eine neue Grabkammer, sondern um eine architektonische Notwendigkeit handeln, um das Gewicht auf der Großen Galerie in der Pyramide abzufangen.«

Meret meint achselzuckend: »Aber du wirst doch zugeben müssen, dass es wirklich cool ist, natürliche Strahlung für die Vermessung zu benutzen.«

»Und verdammt teuer«, kontert er.

Ich beobachte ihr freundliches Geplänkel. Wyatts Augen tanzen, als er sich auf die verbalen Paraden seiner Tochter einlässt.

Ich male es mir aus. Vielleicht werden wir zu dritt nach Giseh fahren und in den engen Tunnel der Cheops-Pyramide kriechen, Schweiß und abgestandene Luft einatmend, bis wir im Zentrum der Großen Galerie stehen, umgeben von Geschichte.

Als ich die E-Mail von Abigail Trembley sehe, öffne ich sie. Der Betreff lautet *WIN*.

Ich hatte mich vor meiner Reise nach London an meine Freundin gewandt. Obwohl Win mich meiner Pflichten entbunden hatte, hätte ich es nicht für richtig befunden, sie und Felix auf sich allein gestellt zurückzulassen. Dann hatte ich Abigail eine Mail aus Ägypten geschickt, aber seitdem nichts mehr von ihr gehört.

Während ich warte, dass die Mail lädt, teilt Wyatt Karten aus.

Unvermittelt fragt Meret: »Wie soll ich dich denn nennen?«

Sag nicht Dad, denke ich für mich. *Dazu ist sie noch nicht bereit.*

»Mächtig ist die Maat des Re, Erwählter des Re?«, schlägt Wyatt vor, indem er den Thronnamen von Ramses II. übersetzt.

Merets Lippen zucken. »Ich hatte eher an Wyatt gedacht.«

»Das ist auch gut«, sagt er.

Die E-Mail hat sich geöffnet.

Liebe Dawn,
als ich zuletzt mit Brian sprach, warst Du noch immer außer Landes. Falls Du Deine E-Mails überprüfst, möchte ich Dich wissen lassen, dass Win noch immer bei uns ist. Verwelkend, nicht ansprechbar, aber noch da.
Ich glaube, sie wartet auf Dich.
Melde Dich, wenn Du zurück bist.

X
Abigail

Ich sehe mir das Datum der Nachricht an: Sie wurde vor zwei Stunden verschickt.

Ich stehe so abrupt auf, dass Meret und Wyatt sich gleichzeitig umdrehen.

»Alles in Ordnung?«, murmelt er und erhebt sich.

»Ich muss jemanden besuchen. Eine Klientin.«

»Jetzt?« Wyatt wirft einen Blick auf Meret. »Nicht mogeln«, sagt er und zieht mich in den Flur. »Jemand, der im Sterben liegt?«

»Ja«, erwidere ich ungeduldig. »Das passiert nun mal mit meinen Klienten. Ich werde Nachtwache halten müssen.«

»Ist das wirklich eine gute Idee, Olive? Du bist gerade erst operiert worden …«

»Ich sterbe nicht«, entgegne ich schlicht. »Sie tut es.«

Er nickt. »Gut. Dann hol dir, was du brauchst, ich fahre dich hin.«

Ich wäre nie auf die Idee gekommen, dass er mich würde begleiten wollen. Aber ich muss Win einige Dinge sagen, Vertraulichkeiten, die unter uns bleiben müssen.

»Ich brauche dich hier«, entgegne ich. »Zum Babysitten, bis Brian nach Hause kommt.«

Wyatt reibt sich den Nacken. »Wenn es das eigene Kind ist, ist es kein Babysitten«, kontert er.

Der Taxifahrer setzt mich vor Wins Haus ab, und ich finde den Schlüssel, den sie immer für mich unter einem Blumentopf hinterlegt hatten. »Hallo?«, rufe ich. »Felix?«

Die Zimmer sind dunkel und muffig. Aber die Küche ist sauber, und das Geschirr steht gespült auf der Ablage. Natürlich hat Abigail sich um die beiden gekümmert, während das Unausweichliche näher kam.

»Dawn?«

Felix ist so dünn geworden, dass ihm die Kleider von Schultern und Hüften hängen. Die Haare kleben an der Kopfhaut, und ich würde vermuten, dass er schon ein paar Tage lang nicht mehr geduscht hat. Seine Augen sind rot vor Erschöpfung und Tränen.

Ich schließe ihn in die Arme und spüre sein Zittern. »Es wird alles gut werden«, murmele ich. »Ich bin da, um euch beide zu unterstützen.«

Er weicht zurück, als könnte er seinen Augen nicht trauen. Sein Blick fällt auf meine Narbe und die rasierte Schädelhälfte. »Was … was ist mit Ihnen passiert?«

»Das ist eine sehr lange Geschichte, die im Moment aber nicht wichtig ist«, erwidere ich. »Sie sind das. *Win* ist es. Ich würde sie gern sehen, wenn das in Ordnung ist.«

Abigail sitzt neben Win, als wir ihr Zimmer betreten, und liest laut aus einem Roman vor. Sie zieht die Augenbrauen hoch, als sie mich und meine bedrohlich rote Wunde sieht, aber sie ist Profi. Anstatt Theater um mich zu machen, sagt sie: »Win, Dawn ist auf Besuch gekommen.«

Sie legt das Buch beiseite und steht auf, um mir ihren Stuhl zu überlassen. Unausgesprochen tauschen wir Dankbarkeit, Neugier und Bestätigung aus. Ich ergreife Wins Hand, die eine über Knochen gespannte Leinwand aus Haut ist. Ihre Augen sind dunkle Höhlen, die Wangenknochen Klingen. Wir sind gleich alt, aber sie sieht aus, als hätten ihre Jahre sich verdoppelt. Ihr Atem geht unregelmäßig und zäh. »Cheyne-Stokes?«, murmele ich.

Abigail nickt. »Den ganzen Morgen schon. Sie ist jetzt seit zwölf Stunden nicht mehr ansprechbar.« Sie drückt mich kurz. »Ich bin froh, dass du es geschafft hast.«

Denn es bleibt nicht mehr viel Zeit.

Sie wendet sich lächelnd an Felix. »Wollen Sie sich nicht frisch machen, dann koche ich Kaffee, während Dawn nach Win sieht?«

Er nickt, dankbar, gesagt zu bekommen, was er tun soll. Anweisungen zu befolgen ist so viel einfacher, als dem Unbekannten in die Augen zu sehen.

Ich mache es mir an Wins Seite bequem. Man hat die Decke ihres Sohnes über sie gebreitet. Hinter Abigail schließt sich die Tür.

»Ich habe Ihnen doch gesagt, dass ich hier sein werde, wenn es so weit ist«, sage ich leise, denke aber: *Danke, dass Sie auf mich gewartet haben.*

Ihre Haut ist kalt und trocken. Rasselnd entringt sich ein mühevoller Atemzug nach dem anderen ihren Lungen. »Ich habe ihn für Sie gefunden«, flüstere ich. »Er sieht so gut aus, Win. Er war gerade vom Radfahren zurückgekommen, und seine Wangen waren gerötet.«

Unter ihren geschlossenen Lidern bewegen sich die Augäpfel.

»Ich muss Ihnen etwas beichten. Ich habe ihm Ihren Brief nicht ausgehändigt. Ich weiß, dass ich es versprochen habe. Aber verstehen Sie, er hat eine Tochter und einen Sohn und eine Frau. Als ich das sah, sagte ich mir: *Das ist nicht das, was Win wollte.* Nach einigem Nachdenken fragte ich mich dann aber, ob Sie nicht auf eine Information gehofft haben, die ich Ihnen zurückbringe, damit Sie diese mitnehmen können, wenn Sie gehen. Das Wissen, dass es ihm gut geht. Dass er in seinem Leben so glücklich war wie Sie in Ihrem.« Ich lächle traurig. »Ich meine, wer bekommt schon so ein überreiches Angebot? Eine Liebe, die einen in die Erdumlaufbahn schießt … und dann noch eine, die einen nach Hause begleitet?«

Ich löse eine meiner Hände, um eine Träne wegzuwischen. »Wenn Sie sauer auf mich sind, weil ich Ihren Wunsch nicht erfüllt habe, verstehe ich das. Aber ich hoffe, Sie sind es nicht. Denn obwohl von mir erwartet wurde, Ihnen die Werkzeuge in die Hand zu geben, aus Ihrem noch verbliebenen Leben das Beste zu machen, haben Sie sich als die bessere Lehrerin erwiesen. Was ich getan habe … was ich gefunden habe … Oh Win. Es gibt wirklich keine richtigen oder falschen Entscheidungen. Wir treffen keine Entscheidungen. Unsere Entscheidungen treffen *uns*.«

Ich beiße mir auf die Unterlippe. »Sie haben mich mal gefragt, wie das ist, wenn wir sterben, und ich sagte, ich wisse es nicht. Aber jetzt weiß ich es. Ich wäre fast bei einem Flugzeugabsturz gestorben. Ich habe inständig versucht, es nicht zu vergessen, jede Minute zu verinnerlichen, damit ich später den Menschen erzählen kann, was sie erwartet. Ich hatte das Gefühl, irgendwohin zu müssen, doch es war so schwer, sich an den Weg zu halten. Es ist wie beim Wandern, wenn man endlich den Gipfel erreicht und dann ins Tal sieht und einem bewusst wird, wie klein man tatsächlich ist. Das Herz schlägt einem bis zum Hals, weil es so schön und schrecklich zugleich ist, und müsste man es jemandem beschreiben, wäre man unfähig die richtigen Worte zu finden, denn wie kann man so allein und unbedeutend und doch gleichzeitig so erfüllt und vollständig sein?« Ich schüttele den Kopf. »Ich weiß, das ist nicht das, was Sie sich erhofft hatten. Sie möchten wissen, ob ein weißes Licht oder hundert Hunde oder ein Engel auf Sie zukommen. Davon weiß ich nichts. Aber ich weiß, dass dort all die Antworten auf Fragen warteten, die zu stellen mir nie in den Sinn gekommen wäre.«

Wins Brust bewegt sich nicht mehr. Ich sehe sie forschend an und warte, suche nach dem gerissenen Pulsfaden.

»Aber ich bin zurückgekommen«, berichte ich ihr. »Vielleicht war ich noch nicht bereit dazu, diese Antworten zu hören.«

Da spüre ich, wie sie ganz zart meine Hand drückt.

Noch ein flacher Atemzug. Eine lange Pause.

»Felix?«, rufe ich. »Ich denke, Sie sollten jetzt kommen.«

Ich beuge mich über sie und lege meine Wange an ihre. »Es ist in Ordnung loszulassen, Win«, flüstere ich.

Die Tür fliegt auf, und Felix steht verängstigt da, mit wildem Blick. »Ist sie …?«

»Noch nicht. Aber jetzt wäre ein guter Zeitpunkt, ihr zu sagen, was Sie ihr noch sagen möchten.«

Felix sinkt auf die Bettkante. Er beugt sich über sie und flüstert ihr etwas ins Ohr, das ich nicht hören kann. Sie atmet aus, ein weiches Säuseln, das sein Haar zaust, dann ist sie gegangen.

Er schmiegt sich zusammengefaltet an sie, ein Origami der Trauer.

Ich verlasse das Zimmer, um ihnen noch einen letzten Moment Intimität zu geben. Dann hole ich mein Telefon aus der Tasche und füge Wins Namen meiner Liste der Geister hinzu.

Nach einem Blick auf mich und meine Narbe erklärt Abigail mir, sie werde das Beerdigungsinstitut anrufen und ich solle nach Hause fahren, bevor ich ihr hier aus den Latschen kippe. Sie ruft mir ein Taxi, und obwohl die Fahrt nur eine Viertelstunde dauert, schlafe ich ein. Neben mir sitzt die Traurigkeit als zweiter Passagier.

Ich schicke Wyatt eine Textnachricht, dass Win gestorben ist, dann auch noch eine an Brian, aber keiner reagiert darauf.

Als ich in mein Haus komme, habe ich ein Bild vor mir, mit dem ich niemals gerechnet hätte. Brian, Meret und Wyatt sitzen gemeinsam am Küchentisch und essen Pizza. Wyatt und Brian trinken Bier, und Wyatt erzählt eine Geschichte, wie er als Doktorand an etwas Versteinertem geleckt hatte, um herauszufinden, ob es sich um Knochen oder Fels handelte, dabei aber einen Hustenanfall bekam und etwas davon einatmete. »Gut möglich, dass ich mit einem Stück Pharao in mir herumlaufe«, sagt er und blickt dann auf, als ich durch die Tür komme.

Er springt sofort auf, reagiert auf etwas, das er in meinen Augen liest. Er kommt zwei Schritte auf mich zu und es fehlt nur noch einer, bevor er mich umfangen und in seine Umarmung ziehen kann – aber dann hält er unvermittelt inne, steckt die Hände in die Taschen und erinnert sich daran, wo er ist. »Deine Klientin …?«

»Ist gestorben«, sage ich, und zum ersten Mal ist das Wort keine Feststellung oder ein Faktum, sondern etwas so Zerbrechliches wie ein Ei, das ich über unebenes Gebiet befördern muss.

»Das tut mir sehr leid, Olive.« Der Kosename entschlüpft ihm. Brians Augen werden schmal, als er es hört.

Auch er steht auf und holt einen Teller aus dem Schrank. Auf seinem Weg zum Tisch drückt er meine Schulter. »Setz dich. Ich bringe dir ein Stück.«

Sogar Meret ist mitfühlend. Sie holt eine Papierserviette und umarmt mich. Sie ist ganz offenkundig der Klebstoff, der diese merkwürdig geformte Menschengruppe vor mir zusammenhält.

Ich schiebe meine Trauer hinter einen Vorhang und werde diesen hässlichen Pullover später wieder herausholen und überstreifen, bis ich ihn fürs nächste Mal in den Schrank lege. Ich setze ein Lächeln auf. »Hoffentlich mit Wurst.«

»Mein Gott, Mom«, sagt Meret. »Ist dir eigentlich klar, dass man Schweinen Videospiele beigebracht hat und sie klüger sind als Schimpansen?«

Und im Handumdrehen sollte alles wieder normal sein. So normal, wie es sein kann, wenn Wyatt und Brian neben mir mit an einem Tisch sitzen. Und Stück für Stück Pizza essen, obwohl mir der halbe Kopf rasiert wurde. Und das Wichtigste: Ich bin hier. Win nicht.

Ich hoffe, dass Abigail sich um Felix kümmert und er die erste Nacht in einem leeren Haus gut übersteht, die immer die Schlimmste ist.

Meine Klienten und Klientinnen haben Angst vor dem Sterben, ihre Bezugspersonen jedoch haben Angst vor dem Alleinsein. Die Welt ohne den Menschen, der einen am besten kennt, ist trostlos und öd.

Während Brian von einem Experiment in seinem Labor berichtet, beobachte ich ihn. Wenn es einen Wettkampf gäbe, würde er den Sieg davontragen. Er kennt die winzigen Details, die mein Leben ausmachen: wo ich meine Ingwerkekse verstecke, damit keiner sie mir wegnascht. In welcher Schublade meine Socken, meine BHs, meine Pullover sind. Dass ich den Koriander aus dem Essen picke, weil er für mich nach Seife schmeckt. Er weiß, welche Stelle meines Rückens immer schmerzt, wenn er anbietet, mich zu massieren. Wie der Verschluss der Halskette funktioniert, den ich selbst nicht öffnen kann.

Wyatt hingegen weiß, wer ich sein könnte. Eine Forscherin. Eine Autorin. Eine Archäologin.

Eine Kollegin, auf deren Ideen er eingeht, deren Vorstellung er traut.

Eine Frau, die sich bei ihm im Bett so leicht auflöst, dass ich manchmal die Zähne in ihn graben muss, um die Bodenhaftung nicht zu verlieren.

Die Mutter seines Kindes.

Die Person, die er am Morgen als Erste und am Abend als Letzte sieht.

Als ich mich wieder in das Gespräch einzuklinken versuche, erzählt Meret von ihrem nächsten Tennismatch. »Ich bin nicht toll, aber ...«

»Du bist *noch* nicht toll«, korrigiert Wyatt sie.

Sie rollt mit den Augen. »Es gibt Kids, die haben schon mit drei Jahren gespielt.«

Brian hebt sein Bier. »Dann ist die Tatsache, dass du so schnell Fortschritte gemacht hast, nur umso beeindruckender.«

Vielleicht ist es genau das, was Meret immer schon gebraucht hat. Einen zusätzlichen Elternteil, der sie aufbaut, wenn sie glaubt, die Welt würde ihr übel mitspielen.

»Ich bin vielleicht nicht ganz objektiv«, sagt Brian, »aber sie ist klug, wisst ihr? Sie hat nicht nur einen rasanten Aufschlag ...«

»Ich habe *keinen* rasanten Aufschlag …«

»… und macht das durch Strategie wett.«

Meret wendet sich mir zu. »Er hat keinen Wettkampf verpasst. Er hat sogar die Abschlussexamina dieses Sommersemesters verschoben, damit er sich auch den letzten ansehen konnte.«

Brian strahlt sie an. »Man muss sie gesehen haben.«

»Das glaube ich gern«, sagt Wyatt.

Unangenehmes Schweigen macht sich breit, als wir alle verarbeiten, warum Brian der Einzige ist, der Meret Tennis spielen gesehen hat.

Brian fängt an, seine Papierserviette in Viertel, dann in Achtel zu falten. »Ich wollte es dir sagen, Meret. Ich fürchte, meine perfekte Erfolgsbilanz bekommt eine Delle. Zu deinem Match am Donnerstag schaffe ich es nicht. Ich hab's versucht, aber da findet ein Prüfungsverfahren zu einer Anstellung statt.« Er räuspert sich. »Vielleicht könnten deine Mom und … und Wyatt hingehen.«

Es ist eins der reinsten und demütigsten Geschenke, das ich je bekommen habe.

Während meiner Ausbildung zur Sozialarbeiterin wurde ich in ein Krankenzimmer gerufen, in dem der Teufel los war. Ein Mädchen gerade mal im Highschoolalter hatte die Beine noch in den Fußrasten, nachdem sie gerade ein Frühchen auf die Welt gebracht hatte. Neben ihr saß ein vor Schreck gelähmter Junge mit Pfirsichflaum auf der Oberlippe. Im Kreißsaal drängten sich die Fachkräfte, die ihre unmöglich winzige Tochter wiederzubeleben versuchten. Man hatte mich angepiepst, weil die Teenagermutter hysterisch war und keiner Zeit hatte, sich um sie zu kümmern. Ich packte sie sofort an den Schultern und versuchte, sie dazu zu bringen, mich anzusehen, aber als das nicht gelang, folgte ich ihrem Blick auf das Baby.

Die Haut des Neugeborenen war blau und dünn wie Seidenpapier. Mit jedem Druck der Herz-Lungen-Reanimation riss sie und fing zu bluten an. Der ganze Raum hallte vom Gekreische des Mädchens und den rhythmischen Wiederbelebungsversuchen, die allesamt ergebnislos blieben. Der Arzt sah mich über die Schulter hinweg an, während er noch immer seine blutbedeckten Hände auf den winzigen Brustkorb drückte. »*Tun* Sie was«, befahl er.

Ich ließ das Mädchen los und packte stattdessen den Jungen an der Schulter. »Sie müssen jetzt der Vater sein«, sage ich mit Nachdruck. »Man wartet darauf, dass Sie eine Entscheidung treffen.«

Sein Gesicht fiel zusammen. »Ich dachte … ich dachte, wir hätten noch mehr Zeit.«

»Alle denken, sie hätten noch mehr Zeit. Aber ein Vater muss seine Tochter weggeben, und das tun Sie heute.«

Der Junge hob den Kopf mit leerem Blick. »Aufhören«, sagte er. »Hören Sie auf.«

Jetzt lächelt Wyatt Meret an. »Ich würde gern zu deinem Match kommen. Sag mir eure Camp-Farben, damit ich mir das Gesicht anmalen, mich mit Mardi-Gras-Perlen behängen und dich unverschämt laut anfeuern kann.«

Sie lacht, und ich sage mir: *Er ist so gut darin, ein Kind für sich einzunehmen.*

Aber dann wandert mein Blick zu Brian, der so großzügig ist, eins zu verlieren.

Als Wyatt nach dem Abendessen zurück in sein Hotel fahren will, begleite ich ihn zum Wagen. Wir lehnen uns dagegen, und Wyatt zieht mich an sich heran, streicht über meine ungleichmäßigen Haare. Mit seiner Stabilität, Stärke und Vitalität ist er das denkbar beste Argument gegen den Tod. »Das wollte ich schon tun, als du reinkamst«, murmelt er. »Du wirktest so … niedergeschlagen.«

Ich verstärke den Druck meiner Arme um ihn. »Das hatte

ich mir von dir auch gewünscht, als ich reinkam«, erwidere ich. »Aber ich weiß, warum du es nicht getan hast.« Mit einer Krone aus Sternen hebt er sich vor dem Nachthimmel ab. »Ich wäre selbst fast gestorben, als ich dich mit Brian am Tisch sitzen sah.«

»Ich muss zugeben, dass diese Einladung mich sehr überrascht hat.« Wyatt zögert. »Er ist … er ist guter Mensch, Olive. Falls ich nicht mit dir zusammen sein könnte, wäre ich froh um ihn.«

Ich weiß, wie viel es Wyatt bei all seiner lässigen Selbstsicherheit abverlangt, dies zuzugeben.

»Aber *so* froh nun auch wieder nicht«, ergänzt er und küsst mich.

Ich weiß nicht, wie es kommt, dass es sich immer wieder wie das erste Mal anfühlt. Ich dränge mich noch dichter an ihn heran und verzehre mich nach ihm. Es sollte mich eigentlich nicht mehr überraschen, tut es aber: Sobald meine Sinne Wyatt aufgesogen haben, verlangt mich nach mehr.

Er drückt seine Stirn an meine. »Ganz ruhig, Olive«, murmelt er. »Du musst nicht versuchen, unter meine Haut zu kriechen. Da bist du nämlich schon.«

»Ich vermisse es, neben dir zu schlafen«, sage ich.

»Ich vermisse es, neben dir aufzuwachen. Mich erinnert das hier irgendwie an ein Schauermärchen, in dem du während des Tages die Meine bist, er dich aber nach Sonnenuntergang bekommt.« Er strahlt mich an. »Lass uns morgen ein Nickerchen machen und den Fluch brechen.«

Wenn es nur so einfach wäre. Wenn es nicht ein von mir selbst erschaffener Fluch wäre.

Ich warte, bis er eingestiegen und losgefahren ist. Doch anstatt ins Haus zurückzukehren, setze ich mich auf die Verandaschaukel. Ich denke über Win und über Meret nach, und dann – wie auf ein unausgesprochenes Stichwort – kommt Brian nach draußen.

Wortlos setzt er sich neben mich. Ich höre das Zirpen der Grillen und die fast zwitschernden Laute der Laubfrösche aus einem Teich im Wald. »Dass die so spät noch aktiv sind«, sinniert Brian. »Wir haben doch fast schon Herbst.«

Ich frage mich, ob unsere Gespräche, weil das sicherer ist, sich nun auf Dinge wie das Wetter und die Flora und Fauna beschränken werden, bis es praktisch nichts mehr für uns zu sagen gibt.

Ich zwinge mich, ihm in die Augen zu sehen. »Danke, dass du das getan hast.«

Er weiß, dass ich von seinem Verzicht auf Merets Match spreche, damit Wyatt mitkommen kann. Brian zieht eine Schulter hoch und lässt sie wieder fallen. »Nun, ich kann es ja nicht ändern.« Bedeutet: Wyatt. »Also.«

Er beugt sich vor und verschränkt seine Hände zwischen den Knien. »Reden wir über Win.«

»Ja.«

»War es friedlich?«

»Davon gehe ich aus. Ihr Mann war dabei, als es passiert ist.« Ich linse vorsichtig zu ihm hinüber. »Ich habe ihren Brief nicht überbracht, nur damit du es weißt.«

Er sieht mich überrascht an. Wir sitzen im Lichtkegel der Verandalampe und beobachten ein erstes rot gefärbtes Blatt, das angehoben vom Wind und gelöst vom Baum in einer Spirale herabtrudelt.

»Dawn«, sagt er. »Es tut mir leid.«

Ich muss lächeln. »Ich denke, mit diesem Satz haben wir bereits unser Lebenskontingent ausgeschöpft.«

Er spricht unbeirrt weiter. »Ich fühle mich ganz genauso«, sagt er und deutet auf das Blatt, das nun wie ein Blutfleck im Gras liegt. »Es gibt so viele Winde, die mich herumschubsen, aber es sind allesamt *Gefühle.*« Er sagt das, als wäre es ein Schimpfwort. »Für einen Wissenschaftler ist das wie Kryptonit für Superman.«

Ich verhalte mich ganz still und gebe ihm Raum.

»Ich war sauer auf dich«, gibt er zu. »Ich war verdammt wütend, als du gingst. Konnte es kaum erwarten, dir die Meinung zu sagen. Aber dann wird mir diese Chance beinahe genommen, und das ändert alles. Es war, als würde ich von einem völlig anderen Blickwinkel aus sehen, einem Blickwinkel, den ich nie in Erwägung gezogen hatte. Wir haben eine Basis von fünfzehn Jahren. Mag sein, dass der Hurrikan das Haus hat zusammenbrechen lassen, aber das Gerippe ist noch da.« Ganz langsam, damit ich Zeit habe, sie zurückzuziehen, schiebt Brian seine Finger zwischen meine. »Wir können es wieder aufbauen, und diesmal wird es doppelt so stabil sein, weil wir um die Schwachpunkte wissen und wie wir ihnen begegnen können.« Sein Blick hält mich gefangen. »Du kannst das, was wir hatten, nicht abtun, Dawn. Ich weiß, dass du das nicht kannst.«

Als Meret in der Grundschule war, kam sie einmal in Tränen aufgelöst nach Hause, weil sie einer Freundin von einer geheimen Schwärmerei für einen Jungen erzählt hatte und nach der Pause alle davon wussten. *Nie wieder werde ich jemandem vertrauen*, sagte sie unter Tränen. Mein erster Instinkt war, ihr zu sagen: *Genau, du solltest nur noch mir vertrauen, für immer und ewig*. Aber stattdessen fragte ich Meret, wonach sie beurteilte, ob jemand vertrauenswürdig war. Sie überlegte und ging ihre wenigen Freundinnen durch. Ein Mädchen hatte sein Kit Kat mit ihr geteilt. Ein anderes hatte am Pausentisch Platz gemacht, damit Meret neben ihm sitzen konnte. Kleine Handlungen, aber von entscheidender Bedeutung. Man vertraut jemandem, der Platz für dich in seinem oder ihrem Leben macht … so sehr, dass sie, wenn du weggehst, deine Abwesenheit spüren. Du übergibst jemandem dein verletzliches, ungeschütztes Herz eingewickelt in die Frage: *Was wirst du damit anstellen?*

»Es ist schwer, das nicht als Schicksal zu begreifen – dass du einen Flugzeugabsturz überlebst, um mit ihm zusammen sein zu können«, setzt Brian seinen Gedankengang fort. »Aber wenn mit Schicksal gemeint ist, dass du für ein vorgegebenes Resultat bestimmt bist, darauf basierend, wer du bist und was du tun sollst, dann kann ein Quantenphysiker das per Definition nur als Bockmist abtun. Wenn andererseits Schicksal das Fehlen eines freien Willens bedeutet – die Idee, dass du keine Kontrolle darüber hast, in welcher Zeitachse du landen wirst –, dann bist du nur eine Schachfigur, die allem ausgesetzt ist, was das Multiversum dir vor die Füße wirft.« Er hebt den Blick. »In diesem Fall sind die Chancen, ob du bei ihm oder bei mir landest, vollkommen zufällig.«

»Willst du damit sagen, dass es nicht mein Fehler ist?«

Er lächelt kläglich. »Na ja. Im Quantensinn. Aber deshalb tut es nicht weniger weh.«

Als Brian sich mir zuneigt und mich küsst, lasse ich es zu. In dieser stillen, schlichten Berührung unserer Lippen liegt das Wissen von fünfzehn Jahren, ob es seine Art ist, seine T-Shirts zu falten, der Kauf von Satsumas, seinem Lieblingsobst, das eine Mal im Jahr, wenn sie im Lebensmittelgeschäft angeboten werden, oder die Packung M&Ms, die er von zu Hause heimlich mitnimmt und mir im Kino in die Hand drückt. Es ist seine Schulter an meiner, während wir Merets Atemzüge in der Wiege beobachten, der Geruch seiner Haut, aber auch die Winterreifen an meinem Wagen, die jedes Jahr wie von Zauberhand aufgezogen werden, ohne dass ich daran gedacht hatte.

Er hält mein Gesicht noch einen Moment umfangen. »Sag mir, dass dir das nichts bedeutet, und ich werde dich loslassen.«

Und das kann ich nicht.

Er lässt mich allein auf der Veranda zurück, wo ich noch eine Stunde oder auch ein ganzes Leben verweile.

Als ich Wins Traueranzeige in der Zeitung finde, muss ich sie zweimal lesen. Es ist ein schaler Abklatsch der Freundin, die ich kannte, aber das haben Worte so an sich. Sie werden ihrer Aufgabe nie ganz gerecht, so wie die Panoramaaufnahme einer Bergkette das Lebendige und die Erhabenheit vermissen lässt.

Ich hole die Schere aus der Küchenschublade mit dem Krimskrams und schneide sie ordentlich aus.

Dann stecke ich die Anzeige in einen Umschlag und versehe diesen mit einem Namen und einer Adresse in Richmond upon Thames. Ohne Absender.

Später liest Brian die Zeitung dann mit einem großen Loch in der Mitte. Irgendwie passt das. Als müsste sich jeder die einzigartige Geschichte ausmalen, die einmal hier ihren Platz gehabt hatte.

Wenn man einen geliebten Menschen verliert, entsteht ein Riss im Gewebe des Universums. Es ist die Narbe, nach der man immer tastet, der Schönheitsfehler, der einem immer ins Auge springt. Es ist die empfindliche Stelle, die nicht belastbar ist. Es ist die Leere.

Aber das Universum tendiert Richtung Maat, Richtung Ordnung, und obwohl der Riss da ist, wird er sorgfältig getarnt. Die Ränder überlappen sich, und nach einiger Zeit könnte man sogar vergessen, dass dies die Stelle war, wo etwas fehlte, die Stelle, durch die man – würde man dagegendrücken – fallen würde. Aber dann reicht ein Duft oder ein Gedanke oder ein Herzschlag, und plötzlich wird es sonnenklar: Das Licht hinter diesem zerfaserten Riss blendet dich so sehr, dass es dir unvorstellbar ist, wie du fälscherweise annehmen konntest, er hätte sich von selbst geschlossen.

Am vierten Tag nach meiner Rückkehr gehe ich zu Wins Beerdigung. Es gibt Red-Velvet-Torte und Sidecars mit ausgezeichnetem Cognac. Wegen des Feuerwerks findet die Zeremonie nachts statt. Die Menschen sind in allen Regenbogenfarben gekleidet und erzählen sich abwechselnd Geschichten über sie. Wyatt kommt mit mir auf die Beerdigung, hält mich fest an der Hand und reicht mir ein Taschentuch, als ich in Tränen ausbreche.

Win wird mich heimsuchen, wenn auch nicht so, wie sie sich das vorgestellt hat. Wenn man jemanden verliert, sieht man ihn überall auf vielfache Weise. Ich werde an sie denken, wenn ich ein Kunstmuseum oder eine Hundewiese besuche. Vor einer leeren Leinwand. Wenn ich Buttermilchbiskuits esse.

Der Himmel ist ein Bluterguss. Violett im Zentrum, blau an den Rändern, eine unerklärlich hübsche Schadensbilanz. Ich verfolge, wie sich die Verletzung ausbreitet und den ganzen Himmel färbt. Wins Freunde und Verwandte sitzen auf Decken und warten auf das Feuerwerk. Wyatt und ich verfolgen das Spektakel im Liegen, ich ruhe auf seiner Schulter und stelle mir vor, dass diese Sternschnuppe niemals zur Erde fallen, sondern sich zu einer vollkommen neuen Konstellation mit Win als ihrem Zentrum verbinden wird.

Nach und nach löst sich die Gesellschaft auf. Ich schließe Felix fest in die Arme und verspreche ihm, in ein paar Tagen nach ihm zu sehen. Aber anstatt zu gehen, breite ich die Decke noch mal aus und setze mich.

Wyatt nimmt neben mir Platz. »Hast du dir was gewünscht?«

Ich nehme seine Hand. »Ich suche den Kleinen Wagen.«

Endlich erspähe ich den Polarstern mitten auf der Deichsel. Er ist entscheidend für die Bestimmung der geografischen Nordrichtung. Da die Sterne der beiden Sternbilder des Großen und Kleinen Wagens ganzjährig zu sehen sind, waren sie eine perfekte Metapher für das Nachleben einer altägyptischen Seele. So wie der Verstorbene sich wünschte, in den Sonnenzyklus mit Re integriert zu werden, wollte er sich auch mit den Zirkumpolarsternen vereinen.

»Die unvergänglichen Sterne im Norden, die nie untergehen«, murmelt Wyatt und zitiert die altägyptische Bezeichnung für diese Sterne. »Das sind wir.«

»Das würde ich gern glauben.«

»Ich wünsche mir die fünfzehn Jahre, die ich nicht mit dir hatte«, sagt er.

»Nur fünfzehn? Und was dann?«

»Dann werde ich neu verhandeln.« Als ich mich ihm zuwende, sieht er mich ernst an. »Wie lange?«

Ich weiß, was er wissen will. Wie lange werden wir uns hier in diesem Limbo aufhalten?

»Es ist doch erst ein paar Tage her«, weiche ich aus. »Ich muss einfach … ich muss erst wieder zu mir kommen.«

Er streicht mit dem Daumen über die Rückseite meiner Hand. »Ich weiß. Aber ich habe fünfzehn Jahre verloren. Und dann hätte ich dich beinahe ganz verloren. Ich habe so lange geglaubt, du wärst von der Erdoberfläche verschwunden, dass ich dich nicht wieder gehen lassen kann, und wenn mich das zu einem Mistkerl macht, dann sei's drum. Du und ich, wir sind noch jung. Es gibt eine Menge Ägyptologen, die erst auf Gold stoßen, wenn sie alt und zittrig sind. Wir haben eine Menge versäumt, Olive. Aber es liegt auch noch *so viel* vor uns.«

Es ist leichter, mit ihm von der Zukunft zu träumen, als das Durcheinander der Gegenwart zu entwirren. Vielleicht macht es das so anziehend: die Einfachheit. Die Mühelosigkeit.

»Ich möchte Meret nicht verlassen«, sage ich.

»Dann tu es nicht.«

»Ich kann sie Brian nicht wegnehmen.«

»Dann werde ich umziehen. Ich werde nach Harvard überlaufen.«

Ich schüttele den Kopf. »Du bist nicht dafür gemacht, in einem Klassenraum zu sitzen, Wyatt. Und Harvard hat auch keine Konzession für Bersche.«

Er lehnt sich zurück. »Du hast Zweifel.« Er spricht langsam, als hätte er diese Worte noch nie in seinem Leben gehört.

»Nicht an dir«, werfe ich rasch ein, weil er es hören muss – und ich ebenso. »Was die … Logistik eines Zuhauses betrifft.«

Wyatt küsst mich so sanft, dass es sich bereits wie eine Erinnerung anfühlt. »Zuhause ist kein Wo, Olive. Es ist ein Wer.«

Es gibt einen alten Text, die Geschichte von Sinuhe, der aus seinem Heimatland flieht. Als er Ägypten verlässt, sagt er: *Mein Herz ist nicht in meinem Körper.* Da für die alten Ägypter das Herz der Sitz des Intellekts, der Emotion und des Glaubens war, konnte man genauso gut sagen: *Ich habe den Verstand verloren.*

Was auch immer geschieht, was auch immer ich gewinne, es wird von Verlust gezeichnet sein.

Mein Herz ist nicht in meinem Körper.

In dieser Nacht träume ich in Blau.

Ich stelle mir Win und Thane vor, die auf der Suche nach dem perfekten Pigment ganz Paris absuchen.

Sehe Meret in dem Moment, als sie auf die Welt kam, die Haut wie Porzellan, bis der Sauerstoff sie rosig färbte wie ein Sonnenaufgang.

Ich habe das Bild von Brian vor mir, als er seine Hand über das blaue Tischtuch ausstreckte und mich bat, ihn zu heiraten, als würde er nach einem Jahr noch immer daran zweifeln, dass ich jede Nacht zu ihm zurückkehren werde.

Und ich erinnere mich an Wyatts Augen nach dem Flugzeugabsturz, als die Wände im Krankenhaus sich wegdrehten und ich zu Boden fiel und weder sprechen noch mich bewegen konnte. Er hatte sich über mich gebeugt und mein Gesichtsfeld ausgefüllt. Obwohl in meinen Ohren nur ein Rauschen war, konnte ich seine Lippen lesen: *Olive.*

Olive.

Ich liebe …

»… dich«, hatte ich keuchend als mein letztes Wort hervorgestoßen, als ich zu sterben glaubte.

Eine Woche nach meiner Heimkehr kommt Kieran vorbei, um meine Klammern zu entfernen. Wyatt ist in seinem Hotel und telefoniert mit Mostafa, dem Antikendirektor. Brian arbeitet. Nachdem mein Bruder gegangen ist, kommt Meret ins Badezimmer, wo ich meine Narbe im Spiegel betrachte. Der unförmige Zopf aus der Hälfte der mir verbliebenen Haare schlängelt sich über meine Schulter.

Herodot schrieb etwa 499 vor unserer Zeitrechnung, dass Histiaios – der abgesetzte König von Milet – einen Aufstand gegen die Perser anzetteln wollte, um zurück an die Macht zu gelangen. Er schrieb eine Nachricht auf die Kopfhaut eines Sklaven und schickte ihn, nachdem die Haare nachgewachsen waren, zu einem Sympathisanten mit der Weisung, dieser solle den Schädel des Mannes rasieren und die Botschaft lesen.

Auch wenn ich auf dieser Seite meines Kopfes wieder Haare haben werde, wird die Geschichte darunter nicht verschwunden sein.

»Das wächst nach«, sagt Meret mit Blick auf die bereits sichtbaren Stoppeln.

»Ja, das wird es.«

Meret nimmt mich an der Hand und zieht mich aus dem Badezimmer. Sie führt mich die Treppe hinunter und schnappt sich meine Tasche von der Küchentheke, bevor sie mich mit nach draußen nimmt.

»Was machen wir?«, frage ich.

»Vertrau mir.«

In Brookline sind wir nur wenige Häuserblocks vom Coolidge Corner entfernt. Meret führt mich zu dem Salon, in dem ich mir zweimal im Jahr Strähnchen machen lasse. Sobald meine Friseurin Siobhan mich und die Narbe an meinem Kopf sieht, klappt ihr die Kinnlade runter.

»Hi«, sagt Meret. »Ich weiß, wir haben keinen Termin, aber meine Mom wäre neulich fast gestorben, und es wäre wirklich cool, wenn Sie sie ausnahmsweise dazwischenschieben könnten.«

Alle Kundinnen im Salon starren mich an. Die Frau, die mit nassen Haaren unter dem Handtuch vor Siobhan sitzt, steht auf. »Sie können meinen Platz haben«, sagt sie.

Ich setze mich, Meret bleibt an meiner Seite. Siobhan scheint unsicher zu sein, ob sie mich fragen kann, wie ich zu dem halb rasierten Schädel und der Narbe gekommen bin. »Gehirn-OP«, erkläre ich.

»Mein Gott«, haucht Siobhan. »Was ist passiert?«

»Ich habe einen Flugzeugabsturz überlebt.« Ich lehne mich zurück und schließe die Augen. »Ich möchte nur… wieder etwas normaler aussehen. Geht das?«

Sie reißt die Augen auf, nimmt eine Schere und betrachtet mich kritisch. »Kurzhaarschnitt«, verkündet sie.

Gleich darauf fällt mein Zopf zu Boden.

Sie dreht den Stuhl so, dass ich ihr nicht im Spiegel bei der Arbeit zusehen kann. Mit einer Schermaschine stutzt sie die feinen Nackenhaare und passt dann die nicht rasierte Seite der rasierten an. Zwanzig Minuten später dreht sie den Stuhl herum.

Würde man sich mir von rechts nähern, könnte man mich für eine alte Ägypterin halten. Meine zu einem glatten Bob geschnittenen Haare enden kurz über der Kinnlinie. Von links jedoch, der rasierten Seite, bin ich ein Punk, ein Cyborg. Ich bin Geschichte und ich bin Zukunft – alles in einem, je nach Blickwinkel.

»Wie finden Sie es?«, fragt Siobhan und hält den Atem an.

Ich breche in Tränen aus.

Nicht etwa, weil ich albern aussehe, denn das ist nicht der

Fall. Als Frisur funktioniert es irgendwie. Sondern weil ich in zwei Hälften gespalten bin und nicht weiß, wie ich wieder zu einer Einheit werden kann.

Bevor Siobhan reagieren oder mich beschwichtigen kann, greift Meret sich den Elektrorasierer vom Tisch, setzt ihn an der Stelle, wo ich meine Haare für die OP lassen musste, an und pflügt sich durchs Haar. »Machen Sie's auch bei mir«, sagt sie und lässt sich in den leeren Stuhl neben meinem sacken. Als die Friseurin nicht darauf reagiert, fordert Meret sie mit ihrem Blick heraus. »Sie werden mich wohl nicht *so* hier rausgehen lassen, oder?«

Sprachlos verfolge ich, wie Siobhan auf der rechten Seite Merets Haare zu einem Bob schneidet und auf der linken Seite abrasiert. Merets Hand arbeitet sich unter dem Plastikumhang hervor, der ihre Locken auffangen soll. »Es sind nur Haare, Mom«, sagt sie weich und nimmt im Spiegel Blickkontakt zu mir auf. »Ich weiß, dass es nicht darauf ankommt, wie man von außen aussieht. Aber auf alle Fälle ist es doch ganz schön, jemandem gleichzusehen, oder?«

Wir nehmen den langen Weg nach Hause, meine tapfere Tochter und ich, wie wir das auch gemacht haben, bevor ich nach Ägypten aufbrach. Wie kleine mit Glitzersteinen besetzte Boote treiben Blätter auf dem Wasser des Reservoirs.

Ich fühle mich leichter ohne die Masse meiner Haare, als wäre der Wind nur dazu da, mich zu berühren. Meret und ich haben den gleichen Tritt. Ich stelle fest, dass sie jetzt größer ist als ich. Nicht viel, vielleicht einen Zentimeter, aber es ist verwirrend. Ich denke an ihren walkürenhaften Auftritt im Frisiersalon.

»Ich liebe dich«, sage ich.

Sie sieht mich von der Seite an. »Okay, Boomer.«

Ich lache. »Ich fand, ich sollte es laut aussprechen.«

Die nächsten Schritte legen wir schweigend zurück.

»Ich mag ihn«, sagt Meret schließlich. »Das hätte ich nicht gedacht.«

Ich bleibe stehen und atme tief durch. »Liebe ist chaotisch. Manchmal verletzt man die Menschen, die man liebt. Und manchmal liebt man die Menschen, die einen verletzen.«

So soll sie mich in Erinnerung behalten: als eine, die ihr die Wahrheit gesagt hat, auch wenn es ein Rasiermesser war; als eine, die es auf die harte Tour lernen musste, damit es ihr erspart bleiben würde.

Ich erkenne Wyatt in ihren Zügen und Brian in ihren Eigenheiten. Ein Wimpernschlag, und Meret ist nicht mehr nur meine Tochter. Sie steht kurz davor, eine Frau zu werden, die eines Tages den gleichen Anziehungskräften des Herzens ausgeliefert sein wird.

»Und?«, fragt Meret. »Was wirst du tun?«

Vielleicht ist das die Essenz der Liebe: Zwillingswege von Schmerz und Lust. Und womöglich besteht das Wunder nicht darin, wo wir am Ende landen, sondern dass wir überhaupt dorthin gelangen.

Ich öffne den Mund und antworte ihr …

NACHWORT UND DANKSAGUNG

Nachdem mein Sohn Kyle Ferreira van Leer 2010 seinen Beschluss bekannt gab, an der Yale seinen Master in Ägyptologie zu machen, erwähnte er beiläufig das Zweiwegebuch. Ohne den blassesten Schimmer davon zu haben, sagte ich: »Das ist ein großartiger Titel für einen Roman.« Erst als er zu erklären begann, worum es sich dabei *tatsächlich* handelte, wurde mir klar, worüber ich schreiben musste – über das Konstrukt von Zeit und Liebe und Leben und Tod. Ich plante eine Reise nach Ägypten, um mehr zu erfahren – und diese sollte ausgerechnet im Jahr des Arabischen Frühlings stattfinden. Meine Reise wurde abgesagt, und ich wandte mich anderen Büchern und Geschichten zu, die erzählt werden mussten.

Aber dieses habe ich nicht aus den Augen verloren. 2016 heiratete Kyle und lud seine Doktormutter Dr. Colleen Darnell dazu ein. Ich erzählte ihr, dass ich unbedingt diesen Roman schreiben wolle, dies aber nicht tun könne, ohne selbst nach Ägypten zu reisen. »Ich nehme Sie mit«, versprach sie, und ein Jahr später war ich dort und bewegte mich als dankbare Empfängerin eines privaten Tutoriums durch eine der führenden Ägyptologinnen Amerikas in den Fußstapfen, die auch meine Romanfigur zurücklegen würde.

Im Dienste der Fiktion habe ich mir einige Freiheiten herausgenommen:

Die Beschreibung der Särge von Djehutinacht und seiner Frau Djehutinacht im Bostoner Museum of Fine Arts orientiert sich am Katalog zur bahnbrechenden Ausstellung 2009: Rita E. Freed, Lawrence M. Berman, Denise M. Doxey und Nicholas S. Picardo, *The Secrets of Tomb 10A: Egypt 2000 B.C.* (Boston: MFA Publications, 2009). Für das Timing des Romans habe ich diese Ausstellung auf 2003 vordatiert. Jedoch hat das FBI tatsächlich die Frage nach der Identität des abgetrennten Kopfes 2018 gelöst: https://www.nytimes.com/2018/04/02/science/mummy-head-fbi-dann.html.

Yale hat keine Konzession für Deir el-Bersche – die gehört der belgischen Katholischen Universität Löwen. Sie reproduziert tatsächlich das Grab von Djehutihotep II. und führt wichtige epigrafische und archäologische Arbeiten in der Nekropole aus. Für mehr Informationen über die Arbeit der Leuven Mission: http://www.dayralbarsha.com. Viele von Dawns Theorien beruhen auf der Arbeit von Harco Willems, dem Leiter dieser Mission im wirklichen Leben, vor allem auf *Chests of Life: A Study of Typology and Conceptual Development of Middle Kingdom Standard Class Coffins* (Leiden: Es Oriente Lux, 1988) und *The Coffin of Heqata: A Case Study of Egyptian Funerary Culture oft he Early Middle Kingdom* (Cairo JdE 36418), (Leuven: Peeters, 1996).

Nachdem ich dieses Buch meinem Herausgeber übergeben hatte, veröffentlichte Harco Willems eine Studie über den Grabschacht, den sein Team 2012 in Deir el-Bersche erneut geöffnet und darin die Überreste des Sarkophags einer Frau namens Ankh mit zwei Zederntafeln gefunden hatte, auf denen das Zweiwegebuch aufgemalt war. Aufgrund dieser Inschriften ist dies nun die älteste bekannte Version des Zweiwegebuchs, ungefähr vierzig Jahre älter als alle, die vorher entdeckt wurden.

Djehutinacht, Sohn von Teti, war wirklich ein Gaufürst des Alten Ägyptens, wie sich das anhand eines tatsächlich vorhandenen Graffitos in hieratischer Schrift nachweisen lässt. Bis heute hat man sein Grab nicht finden können – was aber nicht heißt, dass es nicht irgendwann in der Zukunft noch entdeckt wird. Djehutinacht hatte es sich als Antiquar zur Aufgabe gemacht, die Namen seiner Vorfahren für alle Zeiten am Leben zu erhalten, und in diesem Sinne soll auch dieser Roman eine verspätete Wunscherfüllung für ihn sein.

Der Aufbau des Zweiwegebuchs im fiktionalen Sarg des Djehutinacht ist dem tatsächlich existierenden Zweiwegebuch im Sarg von Sepi entliehen, nach Adriaan de Buck.

Meine Dankbarkeit gilt den vielen Menschen, die zum Entstehen dieses Romans beigetragen und ihn ermöglicht haben:

Nicole Cliffe für ihr Twitter-Futter über Aberglauben.

NBC News für Brians Vorlesungen über Spiegeluniversen (https://www.nbcnews.com/mach/science/scientists-are-searching-mirror-universe-it-could-be-sitting-right-ncna1023206).

Ava und Stan Konwiser für ihre Informationen zu oppositionellem Trotzverhalten und Haltetherapie.

Dr. Claire Phillips für die Tränenforschung: https://twitter.com/DocClaireP/status/1163511118901448707?s=20

Für das freundliche Überlassen ihrer Namen für wohltätige Zwecke: Maureen Beauregard und Abigail Beauregard Trembley für ihre Unterstützung von Families in Transition New Hampshire und Lauri Nebel Cullen und Joe Cullen für die Unterstützung von Trumbull Hall Troupe.

Eleni Lawrence für die Einführung in das Benotungssystem in Cambridge und Carolyn Mays dafür, dass sie korrigiert hat, was ich am britischen Selbstverständnis missverstanden habe.

Mania Salinger, meine Bonusgroßmutter, die mir ihre echte Lebensgeschichte über die Arbeitslager Dora und Pionki während des Zweiten Weltkriegs erzählt und mich gebeten hat, diese mit einzubinden.

Für die Assistenz bei einem fiktionalen Flugzeugabsturz: Chris Bohjalian, Heather Poole, Chris Manno, Ashley Nelson.

Für die vielen Informationen und Überarbeitungen zur Neurochirurgie: Dr. Elizabeth Coon, Lisa Genova, Dr. Eric Stiner, Dr. Nevan Baldwin, Betty Martin, Dr. Christopher Sturm, Dr. Kamal Kalia und Julia Fox Garrison.

Für die kilometerlangen Bergwanderungen mit Diskussionen über Einzelheiten des Plots: Joan Collison und Barb Kline-Schoder. Joan war die Quelle von Brians Mars-und-Murrie-Geschichte. Barb verdanke ich die Erkenntnis, dass Dawn Hospizarbeit leisten muss, und sie war so freundlich, ihre Erfahrungen mit mir zu teilen.

Meiner Familie: Kyle Ferreira van Leer, der für mich ad nauseam aus dem Mittelägyptischen übersetzt hat und sich für dieses Thema lange vor mir begeistert hat; Kevin Ferreira van Leer für seine Erstlektüre; Jake van Leer, der mir das Marvel-Universum und die Regeln von Katz und Maus nähergebracht hat; Melanie Bronstein für ihren Crashkurs in moderner Kunst; Francisco Ramos für seine unermüdlichen Auskünfte zu Kopfverletzungen; und Samantha van Leer Ramos, die mir half, die komplizierte Struktur des Buches zu entwickeln.

Jeremie Harris, dem es gelungen ist, mir Quantenmechanik verständlich zu machen, sodass ich das Gelernte nun an Sie weitergeben kann.

Den wunderbaren Menschen, die ich bei der Pflege am Lebensende und der Sterbebegleitung kennengelernt habe: Todd Starnes-Williams, Alua Arthur, Amy Morales, Rebekah Duplechin, Marcela Navarro, Cara Geary, Samantha Colomer, Lynn Spachuk und Loren Goldberg. Dank euch ist die Welt ein besserer Ort.

Meinen Beta-Lesern, die sich durch sämtliche Fassungen dieses Biests gearbeitet haben: Elyssa Samsel, Jane Picoult, Laura Gross, Katie Desmond, Gillian McDunn. Brigid Kemmerer bekommt ein besonderes Lob, weil ich glaube, dass ihr diese Charaktere noch mehr am Herzen liegen als mir und weil ohne sie das Schreiben dieses Buches doppelt so lang gedauert hätte.

Meiner kleinen Armee des Verlagsteams – ich bin euch allen so dankbar für das, was ihr für mich getan habt und weiterhin tut. Ihr seid der Goldstandard: Gina Centrello, Kara Welsh, Kim Hovey, Deb Aroff, Rachel Kind, Denise Cronin, Scott Shannon, Matthew Schwartz, Theresa Zoro, Paolo Pepe, Erin Kane, Madison Dettlinger, Emily Isayeff, Jordan Pace, und alle anderen bei Ballantine vom Team Jodi.

Susan Corcoran bekommt ein besonderes Dankeschön. Zwar ist sie meine Pressesprecherin, aber genauso meine Lebenshilfe, weil ich mir eine Existenz ohne sie ernsthaft nicht vorstellen kann.

Jennifer Hershey ist die beste Lektorin, mit der ich je zusammengearbeitet habe, und dieser Roman ist ein Beleg ihrer Brillanz. Diese Geschichte hat ein *sehr* untypisches Ende – und es ist mir wirklich schwergefallen, es dabei bewenden zu lassen. Aber Sie *hatten recht*, Jen. Ich respektiere Sie so sehr, Sie machen mich mit jeder neuen Geschichte, die ich erzähle, zu einer besseren Schriftstellerin.

Besonderer Applaus ist wie immer für alle jene reserviert, die mich nicht einfach nur mit der Ägyptologie bekannt gemacht haben, sondern mich in sie eintauchen ließen. Nicht jede Autorin kann sich eines Dr. John Darnell rühmen, der ein falsches Dipinto für sie *erschaffen* und dann noch sämtliche Übersetzungen und Konzepte seiner publizierten Arbeiten zur Verfügung gestellt hat. Ich hatte das Vergnügen, Alberto Urcia kennenzulernen, als ich in Ägypten war, der mir zeigte, auf welche Weise sich Technologie und Ägyptologie überschneiden (außerdem wurde er zum Namensgeber des fiktionalen Alberto). Aber die bei Weitem wichtigste Person dieser Recherche ist Dr. Colleen Darnell. Sie schafft es nicht nur, Wissenschaft auf eine Weise zu präsentieren, die auch eine Novizin wie ich verstehen kann, sondern sie kann auch in ein Grab kriechen und ad hoc Hieroglyphen übersetzen (gekleidet in spektakuläre Vintage-Klamotten). Colleens Leidenschaft für dieses Forschungsgebiet ist ansteckend – ob sie auf ein bestimmtes Zeichen in einer alten Nekropole hinweist oder meine hundertste E-Mail für eine Klarstellung beantwortet. Der Detailreichtum in diesem Roman verdankt sich ihrem Blick, ihrer hervorragenden Lehrkompetenz, ihrer Großzügigkeit im Umgang mit Zeit und ihrer Tatkraft. Ohne sie würden Wyatt und Dawn nicht existieren; ich fühle mich geehrt, sie eine Mentorin *und* eine Freundin nennen zu dürfen.

Und schließlich – denn das ist eine Liebesgeschichte – danke an Tim van Leer, den ich in *jeder* Zeitachse finden würde.

JODI PICOULT, *Dezember 2019*

BIBLIOGRAFIE

Ägyptologie

Baines, John, und Jaromir Malek, *Cultural Atlas of Ancient Egypt*, London: Andromeda Oxford, 1980.

Darnell, John Coleman, »Hathor Returns to Medamûd«, *Studien zur Altägyptischen Kultur* 22 (1995): 4794. *JSTOR* 25152711.

– Ders., »A Midsummer Night's Succubus—The Herdsman's Encounters in P. Berlin 3024: The Pleasures of Fishing and Fowling, the Songs of the Drinking Place, and the Ancient Egyptian Love Poetry«, in: *Opening the Tablet Box: Near Eastern Studies in Honor of Benjamin R. Foster*, Edited by Sarah C. Melville and Alice Slotsky, 99–140. CHANE 42, Leiden: Brill, 2010.

– Ders., »The Rituals of Love in Ancient Egypt: Festival Songs of the Eighteenth Dynasty and the Ramesside Love Poetry«, *Die Welt des Orients* 46 (2016), S. 22–61.

Darnell, John Coleman, und Colleen Manassa Darnell, *The Ancient Egyptian Netherworld Books*, Atlanta: SBL Press, 2018.

– Dies., *Tutankhamun's Armies*, New Jersey: Wiley & Sons, 2007.

De Meyer, Marleen, »Restoring the Tombs of His Ancestors? Djehutinakht, Son of Teti, at Deir al-Barsha and Sheikh Said«, in: M. Fitzenreiter, Hrsg. *Genealogie: Realität und Fiktion von Identität*, S. 125–36, London: 2005.

Dodson, Aidan, und Salima Ikram, *The Mummy in Ancient Egypt*, London: Thames and Hudson, 1998.

- Ders., *The Tomb in Ancient Egypt*, London: Thames and Hudson, 1998

Faulkner, R. O., *The Ancient Egyptian Book of the Dead*, rev. Hrsg. London: British Museum Press, 1985.

Gardiner, Alan, *Egyptian Grammar*, 3d Hrsg. Oxford: Griffith Institute, 1988.

Grajetzki, Wolfram, *The Middle Kingdom of Ancient Egypt*, London: Duckworth & Co., 2006.

Griffith, F. L., und Percy E. Newberry, *El Bersheh II*, London: Egypt Exploration Fund, 1895. Farbfotos vom Grab Djehutihoteps II., http://www.griffith.ox.ac.uk/archive/GI-watercolours /Deir-el-Bersha/GI_wd_Deir_el_Bersha.html.

Haggard, H. Rider, *Sie, Ein Abenteuerroman,* übersetzt von Helmut Degner, Diogenes, Zürich: 1970

Hornung, Erik, *Die Unterweltsbücher der Ägypter*, Artemis & Winkler, Düsseldorf und Zürich: 1992

- Ders., *Der Eine und die Vielen,* von Zabern, Darmstadt/Mainz: 2011

Kemp, Barry, *Ancient Egypt: Anatomy of a Civilization*, Abingdon: Routledge, 2006.

Lesko, Leonard H., *The Ancient Egyptian Book of Two Ways*, Berkeley: University of California Press, 1972.

Parkinson, R. B., *Voices from Ancient Egypt*, London: British Museum Press, 1991.

Robinson, Peter, »›As for them who know them, they shall find their paths‹: Speculations on Ritual Landscapes in the ›Book of Two Ways‹«, in: D. O'Connor and S. Quirke, eds., *Mysterious Lands,* S. 139–59, London: UCL Press, 2003.

Shaw, Ian, *The Oxford History of Ancient Egypt*, Oxford: Oxford University Press, 2000.

Sherbiny, Wael, *Through Hermopolitan Lenses: Studies on the So-called Book of Two Ways in Ancient Egypt*, Leiden: Brill, 2017.

Taylor, John H., *Death and the Afterlife in Ancient Egypt*, Chicago: University of Chicago Press, 2001.

Van de Mieroop, Marc, *A History of Ancient Egypt*, West Sussex, UK: Wiley-Blackwell, 2011.

Waltari, Mika, *Sinuhe der Ägypter*, aus dem Finnischen übersetzt von Andreas Ludden, Bastei Lübbe, Köln: 2014

Wilkinson, Richard H., *The Complete Gods and Goddesses of Ancient Egypt*, Cairo: American University in Cairo Press, 2003.

Übersetzung der Zaubersprüche aus dem Zweiwegebuch im Text aus:

Hermsen, Edmund, *Die zwei Wege des Jenseits: das altägyptische Zweiwegebuch und seine Topographie*, Dissertation Universität Zürich, publiziert bei Vandenhoek Ruprecht, Göttingen: 1991 https://www.zora.uzh.ch/id/eprint/152769/1/Hermsen_1991_Die_zwei_Wege_des_Jenseits.pdf

Übersetzung der Gedichtzeile aus »Ozymandias« von Percy Bysshe Shelley:

von der Vring, Georg, in: *Lyrik der englischen Romantik*, Winkler, München: 1967

Tod und Sterben

Buckman, Robert, »*I Don't Know What to Say…*« Toronto: Key Porter Books, 1988.

Callanan, Maggie, and Patricia Kelley, *Final Gifts*. New York: Bantam Books, 1997.

Dunn, Hank, *Hard Choices for Loving People*. Naples, FL: Quality of Life Publishing, 2016.

Mitreißend und berührend:
eine Tochter auf der Suche nach
ihrer verschwundenen Mutter

Die dreizehnjährige Jenna sucht ihre Mutter, die nach einem tragischen Vorfall im Elefantenreservat von New Hampshire spurlos verschwand. Nachdem Jenna schon alle Vermisstenportale im Internet durchsucht hat, wendet sie sich an die Wahrsagerin Serenity. Diese hat der Polizei beim Aufspüren vermisster Personen geholfen, bis sie glaubte, ihre Gabe verloren zu haben. Zusammen finden sie den abgehalfterten Privatdetektiv Virgil, der als Ermittler mit dem Fall der verschwundenen Elefantenforscherin Alice befasst war. Das kuriose Trio macht sich auf eine spannende, erkenntnisreiche und bewegende Spurensuche – mit verblüffender Auflösung.

PENGUIN VERLAG

»Picoult ist eine geborene Erzählerin, die niemanden unberührt lässt.«
Boston Globe

Sage Singer ist eine junge, leidenschaftliche Bäckerin. Als sie den allseits beliebten pensionierten Lehrer Josef Weber kennenlernt, entwickelt sich trotz des großen Altersunterschieds eine enge Freundschaft zwischen ihnen. Doch als Josef ihr eines Tages ein lange vergrabenes, schreckliches Geheimnis verrät, bittet er Sage um einen schwerwiegenden Gefallen. Wenn sie einwilligt, hat das allerdings nicht nur moralische, sondern auch gesetzliche Konsequenzen. Sage steht vor einem Dilemma. Denn wo verläuft die Grenze zwischen Hilfe und einem Vergehen, Strafe und Gerechtigkeit, Vergebung und Gnade?

»›Kleine große Schritte‹ ist das wichtigste Buch, das Jodi Picoult jemals geschrieben hat.«

Washington Post

Ein bewegender Roman über das, was uns trennt und vereint

Ruth Jefferson ist eine der besten Säuglingsschwestern des Mercy-West Haven Hospitals in Connecticut. Dennoch wird ihr die Versorgung eines Neugeborenen von der Klinikleitung untersagt – die Eltern wollen nicht, dass eine dunkelhäutige Frau ihr Baby berührt. Doch eines Tages arbeitet Ruth allein auf der Station und bemerkt, dass das Kind keine Luft mehr bekommt. Sie entscheidet schließlich, sich der Anweisung zu widersetzen und dem Jungen zu helfen. Doch ihre Hilfe kommt zu spät, und Ruth wird von den Eltern des Jungen angeklagt, schuld an dessen Tod zu sein.
Ein nervenaufreibendes Verfahren beginnt …